物联网技术应用

主　编　陆飘飘　蓝东亮　黄　璐
副主编　王海霞　赵连杰　孙松楠
　　　　高尔芙　刘　艳

哈尔滨工业大学出版社

内 容 简 介

本书较为全面地介绍了物联网技术的基础知识及其在一些相关领域中的应用。全书共 11 个项目,主要介绍了物联网技术概述、物联网的感知识别技术、物联网通信与网络技术、物联网服务与管理技术、工业物联网技术、物联网技术在智慧医院的应用、物联网技术在智能交通中的应用、物联网技术在智能家居领域的应用、农业物联网系统应用、物联网的物流信息与物流运输管理、物联网的物流网络与供应链物流管理等。书后还提供了练习题,通过练习可以帮助学生巩固所学的内容。

本书可以作为职业院校物联网相关专业配套教材,也可以作为物联网培训班教材,并适合广大计算机爱好者自学使用。

图书在版编目(CIP)数据

物联网技术应用 / 陆飘飘,蓝东亮,黄璐主编 . —
哈尔滨:哈尔滨工业大学出版社,2024.5
ISBN 978-7-5767-1444-9

Ⅰ. ①物… Ⅱ… ①陆… ②蓝… ③黄… Ⅲ. ①物联网
—应用 Ⅳ. ①TP393. 4②TP18

中国国家版本馆 CIP 数据核字(2024)第 103813 号

策划编辑　闻　竹　常　雨
责任编辑　邵长玲
封面设计　童越图文
出版发行　哈尔滨工业大学出版社
社　　址　哈尔滨市南岗区复华四道街 10 号　邮编 150006
传　　真　0451-86414749
网　　址　http://hitpress. hit. edu. cn
印　　刷　哈尔滨博奇印刷有限公司
开　　本　787 mm×1 092 mm　1/16　印张 22　字数 495 千字
版　　次　2024 年 5 月第 1 版　2024 年 5 月第 1 次印刷
书　　号　ISBN 978-7-5767-1444-9
定　　价　138.00 元

(如因印装质量问题影响阅读,我社负责调换)

前　　言

　　物联网作为一个近些年形成并迅速发展的新概念,是感知、信息、控制、网络、云计算等多学科相互渗透与融合发展的结果,是一种将现有的、遍布各处的传感设备和网络设施联为一体的应用模式。物联网跟早期的互联网形态局域网一样,前期发挥的作用虽然不大,但其未来发展前景不容置疑。如今越来越多的物联网技术产品进入人们的生活中,比如空气净化器、可穿戴设备、家庭环境监控设备等。这些物联网产品改变了人们的生活,未来还会有更多的新产品出现,这也是物联网技术发展的产物。

　　物联网是当下所有技术与互联网技术的结合,它是在互联网基础上延伸和扩展的网络。现在市场上关于物联网技术与应用的书籍比较多,但是大多数书籍的内容不够全面且不够创新。本书在基础知识、智能产品介绍方面都很完善,并且内容集众家之长于一体,做到了差异创新。物联网产业既是当前我国应对国际经济危机的冲击,保持经济发展的重要举措,也是构建现代产业体系、提升产业核心竞争力和实现经济社会可持续发展的必然选择,有助于将基于云计算的物联网支撑系统运用到实际领域。

　　本书首先从物联网技术概述入手,对物联网技术及应用做了一定的介绍。内容包括,物联网的感知识别技术、物联网通信与网络技术、物联网服务与管理技术与工业物联网技术等。其次讲述了物联网技术在各个领域的应用。内容包括,物联网技术在智慧医院的应用、在智能交通中的应用、在智能家居领域的应用、在农业物联网系统中的应用、物联网的物流信息与物流运输管理、物流网络与供应链物流管理。

　　本书的参考学时为64学时,建议采用理论实践一体化教学模式,各项目的参考学时见学时分配表(表0-1)。

表 0-1　学时分配表

项目	课程内容	学时
项目1	物联网技术概述	4
项目2	物联网的感知识别技术	6
项目3	物联网通信与网络技术	6
项目4	物联网服务与管理技术	6
项目5	工业物联网技术	6
项目6	物联网技术在智慧医院的应用	6
项目7	物联网技术在智能交通中的应用	6

续表 0-1

项目	课程内容	学时
项目 8	物联网技术在智能家居领域的应用	6
项目 9	农业物联网系统应用	6
项目 10	物联网的物流信息与物流运输管理	6
项目 11	物联网的物流网络与供应链物流管理	6
课时总计		64

本书由陆飘飘、蓝东亮、黄璐担任主编,由王海霞、赵连杰、孙松楠、高尔芙、刘艳担任副主编。陆飘飘编写了项目 1、2,蓝东亮编写了项目 3、4,王海霞编写了项目 5,赵连杰编写了项目 6,孙松楠编写了项目 7,高尔芙编写了项目 8,刘艳编写了项目 9,黄璐编写了项目 10、11。王海燕、寇国栋、夏仲影、朱义芳、牛玺几位同志也参与了本书的编写工作。

由于编者水平和经验有限,书中难免有不足和疏漏之处,恳请读者批评指正。

编　者
2023 年 12 月

目　　录

项目1　物联网技术概述

【情景导入】

由于物联网的内涵仍然在不断地发展和丰富,所以目前业界对于物联网的概念一直存在不同意见。本章首先介绍与物联网有着密切关系的智慧地球、M2M 系统、信息物理系统(CPS)、感测网系统等相关概念。接着对物联网的内涵进行辨析,同时探讨泛在网络、普适计算与物联网的关系。最后,介绍物联网的参考体系架构。物联网的参考体系架构是物联网应用的基础。因此,了解和掌握物联网的参考体系架构,有利于理解物联网的应用需求和技术需求。

【知识目标】

(1)了解物联网的相关概念与内涵。

(2)掌握物联网的体系构架。

【能力目标】

(1)掌握物联网参考体系架构需求。

(2)掌握 M2M 的主要业务类型。

【素质目标】

(1)培养学生在应对困难和挑战时,能够勇于承担责任,积极解决问题。

(2)要培养学生的道德行为,让他们在日常生活中能够做到遵守规则、尊重他人、诚实守信等。

【学习路径】

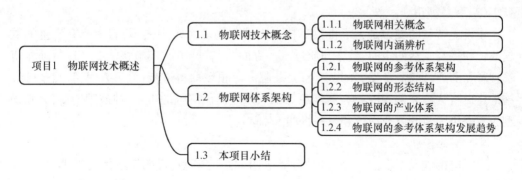

1

1.1 物联网技术概念

1.1.1 物联网相关概念

这里将介绍几个物联网领域中的相关概念,包括智慧地球、M2M通信、信息物理系统(CPS)、感测网系统等。

1. 智慧地球

长久以来,由于人们的思维惯性,认为公路、建筑物、电网、油井等物理基础设施与计算机、数据中心、移动设备、宽带等 IT 设施是两种完全不同的事物。但互联网技术的成熟使人们憧憬在不远的未来几乎任何系统都可以实现数字量化和互联。同时,计算能力的高度发展,使爆炸式的信息得到高速且有效的处理,从而实现智慧的判断、处理和决策。在此基础上,人类可以以更加精细和动态的方式管理生产和生活,从而达到"智慧"的状态。

IBM 公司在其提出的"智慧地球"的愿景中,勾勒出了世界智慧运转之道的三个重要维度。第一,我们需要更透彻地感应和度量世界的本质和变化;第二,我们的世界正在更加全面地互联互通;第三,在此基础上所有的事物、流程、运行方式都具有更深入的智能化。

智慧地球涵盖了医疗、城市、电力、铁路、银行、零售等多个领域。

(1)智慧医疗。

建立一套智慧医疗系统,保障患者只需要用较短的治疗时间、支付较低的医疗费用,就可以享受更多的治疗方案,获得更高的治愈率,还有更友善的服务、更准确及时的信息。通过部署新业务模型和优化业务流程,医疗保健和生命科学体系中的所有实体都可以经济有效地运行。

(2)智慧城市。

建设更智慧的城市是为了将数字技术应用到物理系统中去,并利用所有产生的数据改善和提高生活的空间、效率与质量。一方面,智慧城市的实施将能够直接帮助城市管理者在交通、能源、环保、公共安全、公共服务等领域取得进步;另一方面,智慧基础设施的建设将为物联网、新材料、新能源等新兴产业提供广阔的市场,并鼓励创新,为知识型人才提供大量的就业岗位和发展机遇。

(3)智能电力。

通过电网和发电资产优化管理、智能电网成熟度模型、智能停电优化管理等方案,使发电、输电、配电、送电、用电 5 个方面互动互通。电力企业建立起可自测、自愈的智能电网,主动监管电力故障并进行迅速反应,可以实现更智慧的电力供给和配送,更高的可靠性和效率,以及更高的生产率。

（4）智慧铁路。

在智慧铁路系统中，可以动态调整时刻表，以应对因天气等原因导致的停运状况；以智能化提升运能和利用率，以减少拥堵；拥有自我诊断子系统，以减少延误。它的智慧传感器，能在造成延误或脱轨之前，检测出潜在问题。列车可以进行自我监控、监控供应链，并分析乘客的出行模式，以便将环境的影响降到最低。

（5）智慧银行。

智慧银行能够预测客户需求，感知客户行为模式的变化，随时随地通过便捷的渠道提供个性化金融产品与服务，实时、准确地预测及规避各类金融风险，优化内部资本结构；通过快捷、智能地分析银行内的海量客户与交易数据来提升洞察力和判断力；创建一种智能又安全，适应多变商业环境的灵活 IT 架构，以满足来自不同部门、客户和合作伙伴的各种需求。

（6）智慧零售。

智能零售系统使零售商可以收集客户数据并做出反应，从而生产和销售满足市场需求的产品。具体功能包括，根据消费者特点提供相应的商品陈列；合理地管理商品和运营信息；利用敏捷的供应链优化库存投资；以客户为中心的商品采购和生产。

智慧地球的核心是借助微处理器和 RFID 标签等 IT 手段，使整个社会网络化、智能化。通过数据分析、比较和数据建模，使各种数据可视化，进而对所有信息进行统一管理，为人们创造智慧的生活和工作方式。

2. M2M 通信

M2M（machine to machine）通信是指通过在机器内部嵌入无线通信模块（M2M 模组），以无线通信为主要接入手段，实现机器之间智能化、交互式的通信，为客户提供综合的信息化解决方案，以满足客户对监控、数据采集和测量、调度和控制等方面的信息化需求。

M2M 系统在逻辑上可以分为 3 个不同的域，即终端域、网络域和应用域，其中终端域包括 M2M 终端、M2M 终端网络及 M2M 网关等，经有线、无线或蜂窝等不同形式的接入网络连接至核心网络，M2M 平台可为应用域用户提供终端及网关管理、消息传递、安全机制、事务管理、日志及数据回溯等服务。

（1）M2M 技术优势。

M2M 使机器、设备、应用处理程序与后台信息系统共享信息，并与操作者共享信息，为设备提供了与系统之间、远程设备之间或与个人之间建立实时无线连接和传输数据的手段。M2M 技术的核心价值在于以下几个方面：

①可靠的通信保障。由于物联网中大部分终端具有无人值守的特点，因此有对设备远程监控和维护的基本管理需求，要求能实时监测机器的运行状况以及所连接和控制的外设状态，及时排查和定位故障，以便快速诊断和修复。M2M 为物联网数以亿万计的机器终端提供远程监控和维护功能，为物联网的自由传输提供通信保障。

②统一的通信语言。由于物联网应用横跨众多行业，同一信息需要被多方广泛共享，因此必须有一种统一的语言描述来规范对同一信息的共同理解，并确保信息在网络

的传输过程中采用统一的通信机制,以及信息能被准确识别和还原。M2M 为物联网数以亿万计的机器与机器之间、人与机器之间的通信提供了统一的通信语言。

③智能的机器终端。M2M 不是简单的数据在机器和机器之间的传输,而是提供机器和机器之间的一种智能化、交互式的通信方式,即使人们没有实时发出信号,机器也会根据既定程序主动进行数据采集和通信,并根据所得到的数据智能化地做出选择,对相关设备发出指令而进行控制。可以说,智能化、交互式特征下的机器也被赋予了更多的"思想"和"智慧"。

（2）M2M 的主要业务类型。

就目前来看,M2M 具有以下 5 种主要类型的业务:

①数据测量。数据测量是指远程测量并通过无线网络传递测量的信息和数据。自动抄表即是一种典型的数据测量应用。这种业务被广泛应用于公共事业领域,比如自来水供应、电力供应以及天然气供应等行业,传感器被广泛地安装到用户的终端上,到指定日期或时间,传感器将自动读取计量仪表的数据并把相关的数据通过无线网络传输到数据中心,然后由数据中心进行统一处理。

②监控与告警。监控与告警包括远程测量和数据传输报告两个部分。监控的主要目的是通过远程测量去检测异动或者非正常事件,以触发相应的反应。通常,在后台系统处理远程测量通过无线网络传输回来的数据,一旦突破设定的临界值便会触发告警,提醒有关人员进行处理。如安全监控系统,使用各种传感器监控敏感区域,一旦有异常情况,即触发告警,通知安全管理人员前往处理。

③控制。控制常与数据测量、监控等联合应用,它通常是指通过无线网络发出指令对机器进行远程控制。控制过程一般是自动的,包括打开或者关闭机器以及重新起动发生故障的机器等。控制类业务的典型应用是在有大量分散资产和设备的公共事业部门,它们可以利用 M2M 远程关闭或者打开设备。比如,市政单位可以通过 M2M 自动控制路灯的关闭和打开。

④支付与交易处理。通过无线 M2M 可以进行支付与交易处理,使得远程的自动售货机、移动支付或者其他新商业模式的应用成为可能。自动售货机可以通过 M2M 系统进行移动支付处理和经营信息分析,移动 POS 机也可以通过 M2M 平台安全地处理交易信息。

⑤追踪与物品管理。追踪与物品管理业务功能通常被用作物品管理或者位置管理,典型的应用有车辆管理。这种业务被交通运输企业大量使用,它们可以通过远程的传感器结合无线网络,监控车队和司机,收集速度、位置、里程等大量信息,这些信息不仅能够使管理人员实时掌控车队现状,还能被存储和分析,应用于路线规划、车辆调度等方面。

M2M 表达的是多种不同类型的通信技术的有机结合:机器之间通信、机器控制通信、人机交互通信和移动互联通信等。这种 M2M 通信机制是建立物联网的重要基础。

3. 信息物理系统

信息物理系统(cyber-physical systems,CPS)概念的起源最早可以追溯到一些 IEEE

国际学术会议陆续提出工业监视控制与数据采集系统(supervisory control and data acquisition,SCADA)、物理计算系统(physical computing system,PCS)等概念。

从 CPS 现阶段的存在形式来看,它依赖于计算机的控制系统(computer control systems,CCS),可以被看作常见的简单信息系统与物理系统结合的实例之一。目前,信息系统可用于复杂传感和决策判断,其复杂程度已经远远超过了简单的专用反馈控制回路。如,在美国国防高级研究计划局(defense advanced research projects agency,DARPA)组织开展的应对沙漠与城市环境挑战的军事研究项目中,车辆上的信息系统通过对大范围覆盖的多种传感器进行数据采集和信息处理,可以完成车辆定位,地形推断,对周围车辆、人、障碍的位置以及指示标识的判断等。

图 1-1 给出了 CPS 系统中核心概念之间的关系。CPS 系统实现了通信能力、计算能力、控制能力的深度融合。

图 1-1 CPS 系统中核心概念之间的关系

就目前的情况来看,CPS 的发展还存在诸多问题,以 CPS 为议题的会议多以学术研讨会的形式开展,有关的讨论也多处于前期理论体系、框架结构的建立,内涵、关键技术的划分等阶段。CPS 的发展也缺乏可将信息与物理资源包含到同一框架下的理论。

尽管如此,CPS 在交通、国防、能源与工业自动化、健康与生物医学、农业和关键基础设施等方面所表现的广阔应用前景,正推动着 CPS 相关理论和技术的发展,使之进一步走向成熟。

在我国物联网被热烈讨论的同时,CPS 相关概念正日益受到越来越多人的关注,抓住时机认真研究 CPS 相关理论和技术,对我国信息技术的变革和发展具有重要意义。

4. 感测网系统

感测网(sensor web)系统旨在将异构传感器通过多种接入方式直接接入互联网,基于开放的、标准化的 Web 服务和透明的网络信息通信与交互服务,实现传感器数据测量、设备管理、反馈控制、任务分配和任务协作等用户服务。基于下一代互联网技术和 Web 服务技术,传感器 Web 系统可实现大尺度时空范围内高效、实时或非实时的传感器信息感知和反馈决策服务。

开放地理信息联盟(open geospatial consortium,OGC)专门成立了一个名为感测网启动装置(sensor web enablement,SWE)的工作小组,其目标是制定相关标准,基于 Web 实现传感器、变送器或传感器数据存储系统的可发现、可访问和可使用的服务。

图 1-2 给出了一个简化的 OGC SWE 标准相关的概念模型。可以看出,用户基于标准化的数据编码和信息模型,使用如 SPS、SOS、SAS 和 WNS 等标准化服务,可以实现传感器的任务规划、观测、告警及事件通知等服务。

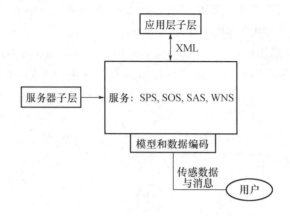

图 1-2　简化的 OGC SWE 概念模型

万维网联盟(world wide web consortium,W3C)和 OGC 目前正在一起制定语义 Sensor Web 相关标准,旨在将语义 Web 的相关技术应用到 Sensor Web 系统中,提供针对传感器数据描述和访问的服务,同时探索具有参考价值的物联网应用和服务模式。

1.1.2　物联网内涵辨析

这里从 3 个特征出发介绍物联网的基本内涵,以及在泛在网络和普适计算领域的延展内涵。

1. 物联网的内涵

物联网(internet of things,IoT)这一概念最早是由美国麻省理工学院于 1999 年提出的,早期的物联网概念局限于使用 RFID(radio frequency identification)的技术和设备相结合,使物品信息实现智能化识别和管理,实现物品的信息互联而形成的网络。随着相关技术和应用的不断发展,物联网的内涵也在不断扩展。现代意义的物联网可以实现对物的感知识别控制、网络化互联和智能处理的有机统一,从而形成高智能决策。

基于现有关于物联网的论述,物联网和传统的互联网相比,物联网具有以下几个鲜明的特征:

一是全面感知,即利用传感器网络、RFID 等随时随地获取对象信息。物联网是各种感知技术的广泛应用。物联网里会部署海量的多种异构类型的传感器,每个单独的传感器都是一个信息源,不同类别的传感器所捕获的信息内容和信息格式各不相同。传感器获得的数据具有实时性,不断更新。

二是可靠传输,通过各种电信网络与互联网的融合,实现对数据和信息的实时准确传输。物联网是一种基于互联网的网络。物联网技术的重要基础和核心仍旧是互联网,通过各种有线和无线网络与互联网融合,物联网能够将物体的信息准确地传递出去。在物联网上的信息由于其数量极其庞大,形成了海量信息,在传输过程中,为了确保海量数据的正确性和及时性,必须适应各种异构网络和协议。

三是智能处理,利用云计算、模糊识别等各种智能计算技术,对海量的数据和信息进行分析和处理,对物体实施智能化控制。物联网不仅提供了基于传感器的感知能力,其本身也具有一定的智能处理能力。物联网通过将传感器和智能处理相结合,利用云计算、模式识别等各种智能技术,扩充其应用领域。从传感器获得的海量信息中分析、加工和处理出有意义的数据,以适应不同用户的不同需求,发现新的应用领域和应用模式。

除了上述三个基本特征之外,泛在网络和普适计算两个概念对于物联网内涵的延伸有着重要影响。

2. 泛在网络

泛在网络来源于拉丁语 Ubiquitous,是指无所不在的网络。泛在网络概念的提出对信息社会产生了革命性的变革,在观念、技术、应用、设施、网络、软件等各个方面都将产生巨大的变化(图 1-3)。

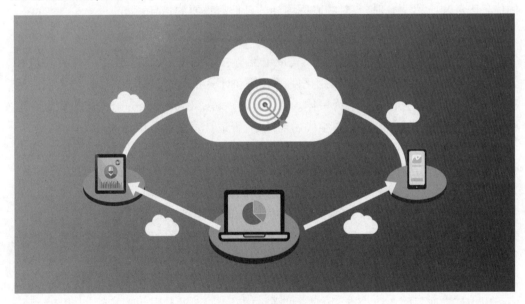

图 1-3　泛在网络

很早的时候,通信业界就提出了要以实现"5W"(whoever、whenever、wherever、whomever、whatever)无缝覆盖为目标的信息社会的构想,这实际上就是泛在网络的建设目标。根据这样的构想,泛在网络将以"无所不在""无所不包""无所不能"为基本特征,帮助人类实现"4A"化通信,即在任何时间(anytime)、任何地点(anywhere)、任何人(anyone)、任何物(anything)都能顺畅地通信。

国际上各相关标准化组织都在开展泛在网络的标准研究和制定。ITU 从 21 世纪初开始,对泛在网络的定义、需求、体系架构、应用、安全、编号命名和寻址及典型应用(如智能交通、智能家居)等开展了研究。ETSI 制定了欧洲智能计量标准、健康医疗等标准;

IEEE 对低速近距离无线通信技术标准、RFID 等进行了规范。其他一些工业标准组织，如 IETF 和 3GPP 等，也开展了一些具体的技术标准研究工作。

然而就当前而言，构成未来泛在网络的各个子网络，如互联网、电信网、移动通信网、广播电视网等技术都在不断完善和发展之中，而且要实现各种无线通信技术之间的无缝覆盖、无缝衔接还存在着许多技术和商用难题，距离真正的商用推广尚需时日。

移动泛在业务环境(mobile ubiquitous service environment,MUSE)最初是作为对未来无线世界愿景目标的一种尝试性描述。MUSE 参考模型综合考虑了网络和终端对于业务的支撑能力，将网络和终端统一归纳为无处不在的，具备个性化、普遍感知和适配性支持能力的业务环境。作为一个未来信息网络的构建模型，MUSE 希望在机器之间、机器与人之间、人与现实环境之间实现高效的信息交互，并通过新的服务使各种信息技术融入社会行为，从信息采集、传输、处理、反应等方面整体优化信息流通模式，最终通过效率的提升带动人类社会综合劳动生产力的提高。

综合以上论述可以发现，在环境感知能力、内容感知能力以及智能性方面，泛在网络和物联网有着很高的相似度。泛在网络所代表的为人类社会提供泛在的、无所不包的信息服务和应用这一理念，对物联网内涵的延伸有重要的指导意义。

3. 普适计算

随着计算机、通信、网络、微电子、集成电路等技术的发展，信息技术的硬件环境和软件环境发生了巨大变化。这种变化使得通信和计算机构成的信息空间，与人们生活和工作的物理空间正在逐渐融为一体。普适计算(pervasive computing)的思想就是在这种背景下产生的。从 20 世纪 90 年代后期开始，普适计算受到了广泛关注。

普适计算作为一项面向未来的新技术，有各种各样的定义。人们普遍认为，在完善的普适环境下，使用任意设备和任意网络，在任意时间都能获得相当质量的计算服务。普适计算的重点在于，提供面向客户、无处不在的自适应计算环境。

在普适计算建立的融合空间中，人们可以"随时随地"和"透明"地获得数字化的服务。在普适计算环境成熟以后，使用者可以在生活和工作场所的任意位置很自然地获得所需要的网络和计算服务。在使用者获得计算服务的过程中，由于提供计算和通信的设备已经融入该环境中，使用者并不需要有意识地选择使用某种设备或者网络。

由于计算能力的无所不在，信息空间将与人们生活和工作的物理空间融为一体。同时，这些设备对于用户而言虽然广泛存在，并可以人机交互，却无须有意识地寻找、感知和操控，计算机好像隐身了，这是普适计算最重要的特征。

根据普适计算的要求，计算机不是以单独的计算设备的形态出现，而是将嵌入式处理器、存储器、通信模块和传感器集成在一起，以各种信息设备的形式出现。这些信息设备集计算、通信、传感器等功能于一身，能方便地与各种传统设备结合在一起。不仅如此，目前的各种日常设备届时也将演变成信息设备，按照用户的个人需求进行个性化服务。

展望普适计算的美好前景，有人将其称为第四代计算。截至目前，这个说法将信息技术发展过程划分为三个层次，具体包括第一代计算，独立的大型主机阶段；第二代计算,具有一定联网比例的个人计算机普及阶段;第三代计算,互联网普及阶段。

综上所述可以发现,普适计算所倡导的信息计算处理设备与周围环境融为一体这一先进理念,不仅代表了未来信息计算技术的发展趋势,同时也为实现"各种设备之间,由各种设备构成的各个相对独立的环境之间,以及设备和用户之间的自由信息交互"提供了重要的参考。因此,普适计算对于物联网内涵的延伸具有重要的指导意义。

1.2　物联网体系架构

1.2.1　物联网的参考体系架构

1. 物联网的参考体系架构需求

(1)自治功能。

为了支持不同的应用领域、不同的通信环境以及大量不同类型的设备,物联网的参考体系架构应支持自治功能,使通信设备能够实现网络的自动配置、自我修复、自我优化和自我保护。

(2)自动配置。

物联网的参考体系架构应支持自动配置,使物联网系统可对组件(如设备和网络)的增加与删除自适应。

(3)可扩展性。

物联网的参考体系架构应支持不同规模、不同复杂度、不同工作负载的大量应用,同时也能支持包含大量设备、应用、用户、巨大数据流等系统。相同组件不仅要能够运行在简单系统上,也要能够运行在大型复杂的分布式系统上。

(4)可发现性。

物联网的参考体系架构支持发现服务,可使物联网的用户、服务、设备和来自设备的数据根据不同准则(如地理位置信息、设备类型等)被发现。

(5)异构设备。

物联网的参考体系架构支持不同类型设备的异构网络,类型包括通信技术、计算能力、存储能力和移动性及服务提供者和用户。同时,物联网的参考体系架构也须支持在不同网络和不同操作系统之间的互操作性。

(6)可用性。

为了实现物联网服务的无缝注册与调用,物联网的参考体系架构应支持即插即用的功能。

(7)标准化的接口。

物联网的参考体系架构组件的接口应该采用定义良好的、可解释说明的、明确的标准。具有互操作性的设备通过标准化的接口能支持内部组件的定制化服务。为了访问传感器信息和利用传感器观察结果,应具有标准化的 Web 服务。

（8）定义良好的组件。

物联网需要连接异构组件来完成不同的功能。物联网的参考体系架构应提供特点鲜明的组件，并用标准化的语义和语法来描述组件。

（9）时效性。

时效性是在指定的时间内提供服务，完成请求者需求响应。为了处理物联网系统内一系列不同级别的功能，时效性必须满足：当使用通信和服务功能时，为了保持相互关联事件之间的同步性，有必要进行时间同步。时效性在物联网系统中是很重要的。

（10）位置感知。

物联网的参考体系架构必须支持物联网的组件能与物理世界进行交互，需要及时向用户报告物理对象的位置，如智能物流。因此，物联网组件要有位置感知功能。位置精度的要求将会基于用户应用的不同而改变。

（11）情感感知。

物联网的参考体系架构应能支持自定义的情感感知能力。

（12）内容感知。

物联网的参考体系架构须通过内容感知以优化服务，如路径选择和基于内容路由通信。

（13）可靠性。

物联网的参考体系架构应在通信、服务和数据管理功能等方面提供适当的可靠性。物联网的参考体系架构应具有鲁棒性，并具有应对外部扰动、错误检测和修复而进行变化的能力。

（14）安全。

物联网的参考体系架构应该支持安全通信、系统访问控制和管理服务以及提供数据安全的功能。

（15）保密性。

物联网的参考体系架构应能实现物联网的保密性和隐私性的功能。

（16）电源和能源管理。

物联网的参考体系架构必须支持电源和能源管理，尤其是在电池供电的网络里。不同的策略适合不同的应用，包含低功耗的组件、限制通信范围、限制本地处理和存储容量、支持睡眠模式和可供电模式等。

（17）可访问性。

物联网的参考体系架构必须支持可访问性。在某些应用领域，物联网系统的可访问性是非常重要的，如在环境生活辅助系统（ambient assisted living，AAL），会有重要的用户参与系统的配置、操作和管理。

（18）继承组件。

物联网的参考体系架构应支持原有组件的集成和迁移功能，这样不会限制未来系统的优化和升级。

（19）人体连接。

物联网的参考体系架构应支持实现人体连接功能。在符合法律法规的前提下，为了提供与人体有关的通信功能,保证特殊的服务质量,还需要提供可靠、安全及隐私保护等保障。

(20)与服务相关的需求。

物联网的参考体系架构必须支持相关的服务需求,如优先级、语义服务、服务组合、跟踪服务、订阅服务等,这些服务会根据应用领域的不同而改变,如在一些位置识别的应用里,可能需要制定高精度的定位服务。

2. 物联网的参考体系架构研究现状

目前针对物联网的体系架构,ITU-T、ETSI、GS1、IEEE 等组织均在进行研究。下面是这几个组织对物联网的体系架构研究的输出成果。

(1)ITU-T。

国际电信联盟远程通信标准化组织(ITU-T)对物联网的架构研究主要成果有 ITU-T Y. 2060、ITU-T Y. 2063、ITU-T Y. 2069 和 ITU-T Y. 2080 等。

ITU-T Y. 2060 描述了物联网参考模型每一层的功能。此外,也定义了物联网参考模型的生态系统和商业模式。

ITU-T Y. 2063 概述了 Web 架构,阐释了服务层、适应层和物理层三层架构以及每一层的功能。ITU-T F. 744 描述了传感网中间件的服务和要求并阐述了传感网(sensor net-work, SN)中间件的功能模型。ITU-T F. 771 介绍了由基于标签识别的物理实体、ID 标签(RFID 或条码)、ID 的终端、网络和服务的功能域触发的多媒体信息访问功能模型。ITU-T H. 621 介绍了由基于标签的识别触发的多媒体信息访问功能架构。

ITU-T Y. 2069 收集了在 ITU-T 发表的物联网相关的术语和定义,主要包括 RFIX 普适计算机、物联网、M2M 等方面的术语和定义。

ITU-T Y. 2080 是分布式网络功能架构。分布式业务网络(distributed service net-work, DSN)是一个覆盖网络,为了在下一代网络(NGN)环境中支持各种多媒体服务和应用,它提供了分布式功能和管理功能。

(2)ETSI。

欧洲电信标准协会(european telecommunications standards institute, ETSI)在物联网架构的主要成果是 ETSI TS102690 标准,它描述了端到端的 M2M 功能架构,包括功能实体和相关联的参考点的描述。M2M 功能架构主要关注服务层方面,并采取底层的端至端服务。

应用实体(AE)。应用实体为端至端的 M2M 解决方案提供应用逻辑。应用程序实体可以快速地跟踪应用程序,如远程血糖监视应用程序、远程电力计量和控制应用程序。

通用服务实体(CSE)。通用服务实体包括一系列 M2M 环境下常见的服务功能,如管理功能、安全机制等。

基础网络服务实体(NSE)。基础网络服务实体为通用服务实体提供服务,如设备管理、位置定位等服务。底层网络服务实体也在 M2M 系统中提供实体间数据传输功能。

（3）GS1。

在全球产品电子编码（electronic product codeglobal，EPCglobal）里，国际物品编码协会（globe standard 1，GS1）EPCglobal 架构框架为其相关标准集合体，包括软件、硬件、资料标准以及核心服务等，由 EPCglobal 及其代表共同经营运作，目标是推进 EPC 编码的使用，促进商业圈和电脑应用的结合，实现有效供应链管理。一个物联网主要由 EPC（产品电子编码）编码体系、RFID 系统、EPC 中间件、发现服务和 EPC 信息服务五部分组成。

EPC 编码体系。物联网实现的是全球物品的信息实时共享，要实现全球物品的统一编码，即对在地球上任何地方生产出来的任何一件产品都要打上电子标签。在电子标签里携带一个电子产品编码，并且全球唯一。电子标签包含了该物品的基本识别信息。

RFID 系统。RFID 系统包括 EPC 标签和读写器。EPC 标签是编号的载体，当 EPC 标签贴在物品上或内嵌在物品中时，该物品与 EPC 标签中的产品电子代码就建立了一对一的映射关系。通过 RFID 读写器可以实现对 EPC 标签内存信息的读取。这个内存信息通常就是物品电子码，它经读写器上报给物联网中间件，经处理后存储在分布式数据库中。用户查询物品信息时，只要在网络浏览器的地址栏中输入物品的编码，就可以实时获悉物品的各种信息。在供应链管理应用中，可以通过产品唯一标识，查询产品在整个供应链上的处理信息。

EPC 中间件。要实现各个应用环境或系统的标准化以及它们之间的通信，在后台应用软件和读写器之间，须设置一个通用平台和接口，通常将其称为中间件。EPC 中间件实现 RFID 读写器和后端应用系统之间的信息交互，捕获实时信息和事件，或上行给后端应用数据库系统以及 ERP 系统，或下行给 RFID 读写器。EPC 中间件一般采用标准的协议和接口，是连接 RFID 读写器和信息系统的纽带。

发现服务（discovery service，DS）。EPC 信息发现服务包括对象名称解析服务（object naming service，ONS）以及配套服务，基于电子产品代码，获取 EPC 数据处理信息。

EPC 信息服务（EPC information service，EPCIS）：EPCIS 即 EPC 系统的软件支持系统，用以实现最终用户在物联网环境下访问 EPC 信息。

（4）IEEE。

电气和电子工程师协会（institute of electrical and electronics engineers，IEEE）的 P24131 工作组正进行物联网体系架构的研究，该工作组希望定义一个物联网体系架构，其包含了各种物联网领域的描述和物联网领域的抽象定义，识别出了不同物联网领域之间的共性，提供一个参考模型，这个参考模型定义了各物联网类别之间的关系（如交通、医疗等），还有常见的体系结构元素。

3. 物联网的网络架构

综上所述，物联网的网络架构由感知层、网络层和应用层组成。感知层实现对物理世界的智能感知识别、信息采集处理和自动控制，并通过通信模块将物理实体连接到网络层和应用层。网络层主要实现信息的路由和控制，包括延伸网、接入网和核心网。网络层可依托公众电信网和互联网，也可以依托行业专用通信网络。应用层包括应用支持子层和各种物联网应用。应用支持子层为物联网应用提供信息处理、计算等通用基础服务设施、能力及资源调用接口,以此为基础实现物联网在众多领域的各种应用。

如果用人来比喻物联网,感知层就像皮肤和五官,用来识别物体、采集信息;传送层则是神经系统,将信息传递到大脑;大脑将神经系统传来的信息进行存储和处理,使人能从事各种复杂的事情,这就是各种不同的应用。

1.2.2　物联网的形态结构

1. 开环式物联网的形态结构

对于开环式物联网的形态结构,传感设备的感知信息包括物理环境的信息和物理环境对系统的反馈信息,对这些信息智能处理后进行发布,为人们提供相关的信息服务(如 PM2.5 空气质量信息发布),或人们根据这些信息去影响物理世界的行为(如智能交通中的道路诱导系统)。由于物理环境、感知目标存在混杂性及其状态、行为存在不确定性等,感知的信息设备存在一定的误差,需要通过智能信息处理来消除这种不确定性及其带来的误差。开环式物联网的形态结构对通信的实时性要求不高,一般来说,通信实时性只要达到秒级就能满足应用要求。

最典型的开环式物联网形态结构是操作指导控制系统,检测元件测得的模拟信号经过 A/D 转换器转换成数字信号,通过网络或数据通道传给主控计算机,主控计算机根据一定的算法对生产过程的大量参数进行巡回检测、处理、分析、记录以及参数的超限报警等处理,通过对大量参数的统计和实时分析,预测生产过程的各种趋势或者计算出可供操作人员选择的最优操作条件及操作方案。操作人员则根据计算机输出的信息改变调节器的给定值或直接操作执行机构。

2. 闭环式物联网的形态结构

对于闭环式物联网的形态结构,传感设备的感知信息包括物理环境的信息和物理环境对系统的反馈信息,控制单元根据这些信息结合控制与决策算法生成控制命令,执行单元根据控制命令改变物理实体状态或系统的物理环境(如无人驾驶汽车)。一般来说,闭环式物联网形态结构的主要功能都由计算机系统自动完成,不需要人的直接参与,且实时性要求很高,一般要求达到毫秒级,甚至微秒级。为此,闭环式物联网的形态结构要求具有精确时间同步、通信确定性调度功能,甚至要求具有很高的环境适应性。

精确时间同步。时间同步精度是保证闭环式物联网各种性能的基础,闭环式物联网系统的时序不容有误,时序错误可能给应用现场带来灾难性的后果。

通信确定性。要求在规定的时刻对事件准时响应,并做出相应的处理,不丢失信息、不延误操作。闭环式物联网中的确定性往往比实时性更重要,保证确定性是对任务执行有严苛时间要求的闭环式物联网系统必备的特性。

环境适应性。要求在高温、潮湿、振动、腐蚀、强电磁干扰等工业环境中具备可靠、完整的数据传送能力。环境适应性包括机械环境适应性、气候环境适应性和电磁环境适应性等。

最典型的闭环式物联网的形态结构是现场总线控制系统。现场总线(fieldbus)是随着数字通信延伸到工业过程现场而出现的一种用于现场仪表与控制室系统之间的全数字化、开放性、双向多站的通信系统,使计算机控制系统发展成为具有测量、控制、执行和过程诊断等综合能力的网络化控制系统。现场总线控制系统实际上融合了自动控制、智能仪表、计算机网络和开放系统互联(OSI)等技术的精粹。

现场总线等控制网络的出现使控制系统的体系结构发生了根本性改变,形成了在功能上管理集中、控制分散,在结构上横向分散、纵向分级的体系结构。把基本控制功能下放到现场具有智能的芯片或功能块中,不同现场设备中的功能块可以构成完整的控制回路,使控制功能彻底分散,直接面对生产过程,把同时具有控制、测量与通信功能的功能块及功能块应用进程作为网络节点,采用开放的控制网络协议进行互联,形成现场层控制网络。现场设备具有高度的智能化与功能自治性,将基本过程控制、报警和计算等功能分布在现场完成,使系统结构高度分散,提高了系统的可靠性。同时,现场设备易于增加非控制信息,如自诊断信息、组态信息以及补偿信息等,易于实现现场管理和控制的统一。

3. 融合式物联网的形态结构

物联网系统既涉及规模庞大的智能电网,又包含智能家居、体征监测等小型系统。对众多单一物联网应用的深度互联和跨域协作构成了融合式物联网结构,它是一个多层嵌套的"网中网"。目前,世界各国都在结合具体行业推广物联网的应用,形成全球的物联网系统还需要很长时间。建立面向全球物联网、适应各种行业应用的体系结构,与下一代互联网体系结构相比,具有更大的困难和挑战。目前,研究人员通常是从具体行业或应用去探索物联网的体系结构。

作为电能输送和消耗的核心载体,一个完整的智能电网包括发电、输电、变电、配电、用电以及电网调度六大环节,是最典型的融合式物联网的形态结构。智能电网通过信息与通信技术对电力应用的各方面进行了优化,强调电网的坚强可靠、经济高效、清洁环保、透明开放、友好互动,其技术集成达到了新的高度。

内布拉斯加大学的 Ying Tan 等提出的一种 CPS 体系结构原型,表示了物理世界、信息空间和人的感知的互动关系,并给出了感知事件流、控制信息流的流程。物联网与物理信息融合系统两个概念目前越来越趋向一致,都是集计算、通信与控制于一体的下一代智能系统。

对 CPS 体系结构原型的几个组件描述如下:

物理世界包括,物理实体(如医疗器械、车辆、飞机、发电站)和实体所处的物理环境。

传感器作为测量物理环境的手段,直接与物理环境或现象相关。

执行器根据来自信息世界的命令,改变物理实体设备状态。

控制单元,基于事件驱动的控制单元接受来自传感单元的事件和信息世界的信息,根据控制规则进行处理。

通信机制,指事件和信息是通信机制的抽象元素。事件既可以是传感器表示的"原始数据",也可以是执行器表示的"操作"。通过控制单元对事件的处理,信息可以抽象地表述物理世界。

　　数据服务器为事件的产生提供分布式的记录方式,事件可以通过传输网络自动转换为数据服务器的记录,便于以后检索。

　　传输网络包括,传感设备、控制设备、执行设备、服务器,以及它们之间的无线或有线通信设备。

1.2.3　物联网的产业体系

1.物联网产业的定义

　　物联网产业是指实现物联网功能所必需的相关产业集合,从产业结构上来看主要包括物联网制造业和物联网服务业两大范畴。

　　物联网制造业以感知端设备制造业为主,又可细分为传感器产业、RFID 产业以及智能仪器仪表产业。感知端设备的高智能化与嵌入式系统息息相关,设备的高精密化离不开集成电路、嵌入式系统、微纳器件、新材料、微能源等基础产业的支撑。部分计算机设备、网络通信设备也是物联网制造业的组成部分(图 1-4)。

图 1-4　物联网产业 1

　　物联网服务业主要包括物联网的网络服务业、物联网应用基础设施服务业、物联网软件开发与应用集成服务业以及物联网应用服务业四大类。其中,物联网的网络服务又可细分为机器对机器通信服务、行业专网通信服务以及其他网络通信服务,物联网应用基础设施服务主要包括云计算服务、存储服务等,物联网软件开发与应用集成服务又可细分为基础软件服务、中间件服务、应用软件服务、智能信息处理服务以及系统集成服务,物联网应用服务又可分为行业服务、公共服务和支持性服务。

　　对物联网产业发展的认识需要进一步澄清。物联网绝大部分产业属于信息产业,但也涉及其他产业,如智能电表等。物联网产业的发展不是对已有信息产业的重新统计划分,而是通过应用带动形成新市场、新业态,整体上可分三种情形。一是物联网应用对已有产业的提升,主要体现在产品的升级换代。如传感器、RFID、仪器仪表发展已有数十年,物联网的应用使之向智能化、网络化升级,从而实现产品功能、应用范围和市场规模的巨大扩展,传感器产业与 RFID 产业成为物联网感知终端制造业的核心。二是物联网应用对已有产业的横向市场拓展,主要体现在领域延伸和量的扩张,如服务器、软件、嵌入式系统、云计算等由于物联网的应用扩展了新的市场需求,形成了新的增长点。仪器仪表产业、嵌入式系统产业、云计算产业、软件与集成服务业不但与物联网相关,而且也是其他产业的重要组成部分。物联网成为这些产业发展新的风向标,是由于物联网应用创造和衍生出的独特市场和服务,如传感器网络设备、M2M 通信设备及服务、物联网应用服务等均是物联网发展后才形成的新兴业态,为物联网所独有。三是物联网产业当前浮现的只是其初级形态,市场尚未大规模启动。

2. 物联网产业的分类

物联网产业可按关键程度划分为物联网核心产业、物联网支撑产业和物联网关联产业,具体内容如下:

物联网核心产业,重点发展与物联网产业链紧密关联的硬件、软件、系统集成及运营服务四大核心领域,着力打造传感器与传感节点、RFID 设备、物联网芯片、操作系统、数据库软件、中间件、应用软件、系统集成、网络与内容服务、智能控制系统及设备等产业。

物联网支撑产业,支持发展微纳器件、集成电路、网络与通信设备、微能源、新材料、计算机及软件等相关支撑产业。

物联网关联产业,着重发挥物联网带动效应,利用物联网大规模产业化和应用对传统产业的重大变革,重点推进带动效应明显的现代装备制造业、现代农业、现代服务业、现代物流业等产业的发展。

3. 物联网产业的发展趋势

未来全球物联网产业总的发展趋势是规模化、协同化和智能化。同时以物联网应用带动物联网产业将是世界各国物联网的主要发展方向。

规模化发展。随着世界各国对物联网技术、标准和应用的不断推进,物联网在各行业、各领域中的规模将逐步扩大,尤其是一些政府推动的国家性项目,如美国智能电网、日本 u-Japan、韩国物联网先导应用工程等,将吸引大批有实力的企业进入物联网领域,大大推动物联网应用进程,为扩大物联网产业规模产生巨大影响。

协同化发展。随着产业和标准的不断完善,物联网将朝着协同化方向发展,形成不同物体、不同企业、不同行业乃至不同地区或国家间物联网信息的互联、互通、互操作,应用模式从闭环走向融合,最终形成可服务于不同行业和领域的全球化物联网应用体系(图 1-5)。

智能化发展。物联网将从目前简单的物体识别和信息采集走向真正意义上的物联网,实时感知、网络交互和应用平台可控可用,实现信息在真实世界和虚拟空间之间的智能化流动。

目前,物联网仍处于起步阶段,产业支撑力度不够,行业需求需要引导,距离成熟应

图 1-5 物联网产业 2

用还需要多年的培育和扶持,其发展还需要各国政府通过政策加以引导和扶持。因此,未来几年各国将结合本国优势,优先发展重点行业应用以带动物联网产业。我国确定的重点发展物联网应用的行业领域包括电力、交通、物流等战略性基础设施,以及能够大幅度促进经济发展的重点领域。

1.2.4 物联网的参考体系架构发展趋势

未来的物联网参考体系架构会是什么样子?本书认为物联网的参考体系架构网络之间互连的协议(internet protocol,IP)化是一种必然的趋势。之所以智能物件要采用 IP 协议,是因为 IP 技术能够解决物联网面对的可发展性、大规模性、应用多样性、互通性、低功耗、低成本等诸多挑战。下面从这几方面说明物联网的参考体系架构 IP 化趋势的必然性。

1. IP 对物联网的重要性

随着全球互联网的成功构建,IP 端到端的架构已经证明了 IP 的可扩展性、稳定性、通用性。IP 将是物联网的最佳选择。

(1)IP 架构的稳定性。

IP 架构已经存在多年。尽管 IP 架构内还存在应用层和链路层间继续发展协议的空间,但这些年来,整体架构一直保持着罕见的稳定性。30 年来,尽管标准已经多次更新,但其作为一个基于分组的通信技术一直保持稳定。对于物联网来说,智能物件系统设计的使用寿命很长,常常多达 10 年,所以稳定性非常重要。

(2)轻量级的 IP。

低功耗、较小的物理体积和低成本是智能物件的三个节点级挑战。由于人们感觉 IP 架构对处理能力和内存需求较大,因此 IP 架构一直被认为是重量级的。人们认为在资源受限的无线传感器设备上嵌入 IP 协议栈不合适,因为嵌入式设备一般只需要几十 KB 的内存。现在,部分基于轻量级的 IP 协议栈被开发出来,带来了基于 IP 架构的无线传感器网络的概念。UIP 协议栈自发布以来,已经广泛应用在网络化的嵌入式系统中。

（3）IP 架构的多样性。

IP 架构被全世界广泛使用，大部分网络设备都支持。IP 架构还很好地支持多种不同的应用场合，如远程设备控制的低速率应用、严格服务质量（quality of service，QoS）需求应用等。这都得益于 IP 架构的优良设计、灵活性与分层结构。

（4）IP 架构的互通性。

互通性是 IP 架构的一个突出特点。互通是因为它运行在多种具有完全不同特性的链路层上，在这些链路层之间提供互通性，也因为 IP 提供了现有网络、应用和协议的互通性。IP 可以跨越不同的平台、设备及底层通信机制来互通。

（5）IP 架构的可扩展性。

随着全球网络的发展，IP 已被证明拥有固有的可扩展性，而其他的网络架构层几乎没有如此规模的部署。通过互联网的全球部署，IP 表明它能部署在大量的系统上。无线传感器节点设备将连接到一个比现有网络数量更高的一个数量级的网络，所以可扩展性是一个主要的关注问题。下一代 IPv6 协议的地址空间扩大到 128 位，这样完全可以满足，给每一个物联网连接设备分配一个 IP。

（6）IP 的配置与管理。

随着网络设备数量的飞速增长，IP 已经开发出许多用于网络配置和管理的机制和协议，当网络增长到数千台主机时，这些机制就非常必要。IP 架构不但提供了自动配置机制，而且提供了高级配置和管理机制。把 IP 引入物联网架构里，可以快速地、低成本地给每一个入网的感知设备进行分配和管理。

（7）端到端的 IP。

IP 提供了端到端的、设备之间的通信，不需要中间的协议转换网关。协议网关本质上是复杂的设计、管理和部署。网关的目的是将两个或两个以上的协议进行转换或映射。随着 IP 端到端架构的形成，将不需要复杂的协议转换网关。IP 端到端的架构建立以后，如果中间节点或者路由器出现故障，端到端的通信将会为设备重新选择路径，维持通信。这非常适合物联网，把 IP 引入物联网架构，这样方便节点之间的通信，同时也方便节点连入互联网，从而方便建立感应节点与应用终端的通信。总之，基于 IP 的物联网架构是物联网以后发展的趋势。

总而言之，智能物件网络及其应用在节点和网络中都带来了挑战，为了迎接这些挑战，IP 架构完全可以满足需要。构建基于 IP 的物联网的参考体系架构是大势所趋。

2. 构建基于 IP 的物联网架构

在网络建构层，目前面向传感网上的解决方案和协议包括 ZigBee、Wireless HART、WIA-PA、Z-Wava 等。这些协议大部分与 IP 架构不兼容。非 IP 协议的智能物件网络要连接到 IP 网络，需要采用多协议转换网关进行互联。因为多协议转换网关存在成本固有的复杂性、灵活性和可扩展性等问题，不具有可扩展性和移植性，而且外部网络的用户不能直接访问无线传感器网络中的节点，因此，不同私有协议的无线传感器网络与各种通信网络互联是物联网发展的必然要求。

越来越多的适用于智能物件的物联网协议已经采用 IP（IPv6）作为基础，如

6LoWPAN 协议、CoAP 协议等，ZigBee 最新的规范也引入 IP。IPv6 作为下一代网络协议，具有地址资源丰富、地址自动配置、移动性好等优点。通过 IPv6 技术，无线传感器网络能够与互联网无缝对接，从而实现人与人、人与物、物与物之间基于开发统一的 IP 协议的自由通信

1.3　本项目小结

项目学习完成后，进行项目检查与评价，检查评价单如表 1-1 所示。

表 1-1　检查评价单

序号	评价内容	评价内容与评价标准	分值	得分
		评价标准		
1	知识运用（20%）	掌握相关理论知识，理解本次任务要求，制订了详细计划，且计划条理清晰、逻辑正确（20 分）	20 分	
		理解相关理论知识，能根据本次任务要求制订合理计划（15 分）		
		了解相关理论知识，制订了计划（10 分）		
		没有制订计划（0 分）		
2	专业技能（40%）	能够掌握物联网技术基本概念（40 分）	40 分	
		能够完成物联网体系架构的自学（40 分）		
		具有良好的自主学习能力、分析并解决问题的能力，整个任务过程中有指导他人（20 分）		
		没有完成任务（0 分）		
3	核心素养（20%）	设备无损坏、设备摆放整齐、工位保持整洁、没有干扰课堂秩序（20 分）	20 分	
		具有较好的学习能力、分析并解决问题的能力，整个任务过程中没有指导他人（15 分）		
		能够主动学习并收集信息，具有请教他人以解决问题的能力（10 分）		
		不主动学习（0 分）		
4	课堂纪律（20%）	设备无损坏、没有干扰课堂秩序（15 分）	20 分	
		没有干扰课堂秩序（10 分）		
		干扰课堂秩序（0 分）		

【项目小结】

通过本项目的学习，学生可以熟悉物联网技术及其相关知识体系的概念，并可以详

细地掌握物联网体系是如何架构的,同时进一步了解物联网参考体系架构的发展趋势。

【能力提高】

一、填空题

1. M2M 通信是指通过在机器内部嵌入_____,以无线通信为主要接入手段,实现机器之间智能化、交互式的通信,为客户提供综合的信息化解决方案,以满足客户对监控、数据采集和测量、调度和控制等方面的信息化需求。

2. M2M 使机器、设备、应用处理程序与后台信息系统共享信息,并与操作者共享信息,为设备提供了与系统之间、远程设备之间或与个人之间建立实时_____和_____的手段。

3. W3C 和 OGC 目前正在一起制定语义感测网相关标准,旨在将语义 Web 的相关技术应用到_____系统中,提供针对传感器数据描述和访问的服务,同时探索具有参考价值的_____应用和服务模式。

4. 在普适计算建立的融合空间中,人们可以"随时随地"和"透明"地获得_____化的服务。

5. 根据普适计算的要求,计算机不是以单独的计算设备的形态出现,而是将_____存储器、_____和传感器集成在一起,以各种信息设备的形式出现。这些信息设备集计算、通信、传感器等功能于一身,能方便地与各种传统设备结合在一起。

二、选择题

1. 从 20 世纪哪个年代后期开始,普适计算受到了广泛关注 （　　）

A. 60 年代 　　　　B. 70 年代 　　　　C. 80 年代 　　　　D. 90 年代

2. 在普适计算建立的融合空间中,人们可以"随时随地"和怎样地获得数字化的服务 （　　）

A. 迅速 　　　　B. 方面 　　　　C. 透明 　　　　D. 不透明

3. 为了支持不同的应用领域、不同的通信环境以及大量不同类型的设备,物联网的参考体系架构应支持什么功能,使通信设备能够实现网络的自动配置、自我修复、自我优化和自我保护 （　　）

A. 自愈 　　　　B. 自治 　　　　C. 自语 　　　　D. 自我

4. 物联网的参考体系架构应该支持系统访问控制、管理服务、提供数据安全和怎样的功能 （　　）

A. 安全通信 　　　B. 安全管理 　　　C. 安全访问 　　　D. 安全架构

5. ITU-T Y.2063 概述了 Web 架构,阐释了服务层、适应层和物理层三层架构以及每一层的什么用途 （　　）

A. 安全 　　　　B. 管理 　　　　C. 访问 　　　　D. 功能

三、思考题

1. 阐释 M2M 通信的含义,以及其与 IoT 的不同之处。

2. 分析物联网的三个形态结构的不同作用,及其核心能力。

3. 举例说明物联网的产业体系包括哪些。

项目 2　物联网的感知识别技术

【情景导入】

物联网与传统网络的主要区别在于,物联网扩大了传统网络的通信范围,即物联网不仅仅局限于人与人之间的通信,还扩展到人与物、物与物之间的通信。在物联网的具体实现中,需要实现对物的全面感知和识别。感知与识别技术主要实现如何识别物体本身的存在,定位物体位置、物体移动情况等,常采用的技术包括二维码技术、RFID 技术、GPS 定位技术、红外感应技术、声音及视觉识别技术、生物特征识别技术等。感知技术主要通过在物体上或物体周围嵌入各类传感器,感知物体或环境的各种物理或化学变化等,常用的技术包括传感器技术等。

物联网的感知与识别技术实现物联网的信息采集与物体识别,是物联网要的数据来源,是联系物理世界与信息世界的重要纽带。本章主要对自动识别技术、条形码技术、RFID 技术、传感器技术和定位技术等进行介绍。

【知识目标】

(1) 了解自动识别技术与条形码技术。

(2) 知道 RFID 技术原理与分类。

【能力目标】

(1) 掌握智能传感器的组成与实现方法。

(2) 了解常见的定位技术。

【素质目标】

(1) 培养学生在面对问题时具备深度分析、提出解决方案并成功实施的能力,以及培养他们面对挑战和解决问题的勇气和实际能力。

(2) 培养学生具备客观评价和反馈的能力,包括对自身和他人的能力进行客观评估,并能够提供建设性的反馈和改进意见。

【学习路径】

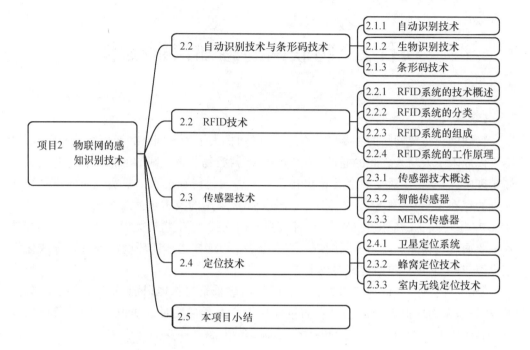

2.1 自动识别技术与条形码技术

2.1.1 自动识别技术

1. 自动识别技术概述

自动识别技术是在计算机技术和通信技术的基础上发展出来的

综合性科学技术，它是信息数据自动识读、自动输入计算机的重要方法和有效手段，解决了人工输入数据速度慢、误码率高、劳动强度大、工作简单重复性高等问题。自动识别技术作为一种革命性的高新技术，正迅速为人们所接受。例如，通过银行卡在 POS 机上刷卡消费或在自动柜员机 ATM 上取款，采用的是磁卡识别技术（图 2-1）；而某些银行卡、接触式集成电路卡以及传真、扫描和复印则采用的是光学字符识别技术；公交 IC 卡、小区门禁系统往往采用非接触式 IC 卡技术；等等。

自动识别技术是一种高度自动化的信息或数据采集技术，对字符、影像、条码、声音、信号等记录数据的载体，采用光识别、磁识别、电识别或 RFID 等多种识别方式完成自动识别，自动地获取被识别物品的相关信息，是集计算机、光、磁、物理、机电、通信技术为一体的高新技术学科。

完整的自动识别计算机管理系统包括自动识别系统（AIDS）、应用程序接口（API）

图 2-1　POS 机上刷卡消费

或者中间件(middleware)和应用系统软件。其中,AIDS 完成系统的采集和存储工作,应用系统软件对自动识别系统所采集的数据进行应用处理,而应用程序接口软件则提供自动识别系统和应用系统软件之间的通信接口包括数据格式,将自动识别系统采集的数据信息转换成应用软件系统可以识别和利用的信息并进行数据传递。

自动识别技术的主要特征包括:

(1)准确性自动数据采集,彻底消除人为错误。

(2)高效性信息交换实时进行。

(3)兼容性自动识别技术以计算机技术为基础,可与信息管理系统无缝连接。

2. 光学字符识别技术

光学字符识别是针对印刷体字符,采用光学的方式将文档资料转换成为原始资料黑白点阵的图像文件,然后通过识别软件将图像中的文字转换成文本格式,以便文字处理软件进一步编辑加工的系统技术。简而言之,OCR 就是利用光学技术对文字和字符进行扫描识别,转化成计算机内码(图 2-2)。

图 2-2　OCR 识别技术

随着计算机的诞生,OCR识别技术逐步成熟,进入人们日常学习、生活、工作等各个应用领域。OCR技术的识别原理可以简单地分为相关匹配识别、概率判定准则和句法模式识别三大类。相关匹配识别是根据字符的直观形象提取特征,用相关匹配进行识别。这种匹配既可在空间域内和时间域内进行,也可在频率域内进行。相关匹配又可细分为图形匹配法、笔画分析法、几何特征提取法等。利用文字的统计特性中的概率分布,用概率判定准则进行识别称概率判定准则法,如利用字符可能出现的先验概率,结合一些其他条件,计算出输入字符属于某类的概率,通过概率进行判别。根据字符的结构,用有限状态文法结构,构成形式语句,用语言的文法推理来识别文字的方法就是语句模式识别法。近年来,人工神经网络和模糊数学理论的发展,对OCR技术起到了进一步的推动作用。

一个OCR识别系统,从影像到结果输出,须经过影像输入、影像前处理、文字特征抽取、比对识别,最后经人工校正将认错的文字更正,将结果输出。OCR识别系统的工作流程如下:

(1)影像输入。

欲经过OCR处理的标的物须透过光学仪器,如影像扫描仪、传真机或任何摄影器材将影像转入计算机。科技的进步,扫描仪等的输入装置已制作得越来越精致,轻薄短小、品质也高,对OCR有相当大的帮助,扫描仪的分辨率使影像更清晰、扫除速度更增进了OCR处理的效率。

(2)影像前处理。

影像前处理是OCR系统中须解决问题最多的一个模块,从得到一个不是黑就是白的二值化影像或灰阶、彩色的影像,到独立出一个个的文字影像的过程,都属于影像前处理。包含影像正规化、去除噪声、影像矫正等影像处理及图文分析、文字行与字分离的文件前期处理。在影像处理和原理及技术方面都已达成熟阶段,因此在市面上或网站上有不少可用的链接库;在文件前期处理方面,则凭各家本领;影像须先将图片、表格及文字区域分离出来,甚至可将文章的编排方向、文章的提纲及内容主体区分开,而文字的大小及文字的字体亦可如原始文件一样判断出来。

(3)文字特征抽取。

单以识别率而言,特征抽取可说是OCR的核心,用什么特征、怎么抽取,直接影响识别的好坏,所以在OCR研究初期,特征抽取的研究报告特别多。而特征可说是识别的筹码,简易的区分可分为两类:一为统计的特征,如文字区域内的黑/白点数比,当文字区分成几个区域时,这一个个区域黑/白点数比之联合,就成了空间的一个数值向量,在比对时,基本的数学理论就足以应付了。而另一类特征为结构的特征,如文字影像细线化后,取得字的笔画端点、交叉点之数量及位置,或以笔划段为特征,配合特殊的比对方法,进行比对,市面上的线上手写输入软件的识别方法多以此种结构的方法为主。

(4)对比数据库。

对输入的文字提取完特征后,不管是用统计特征还是结构特征,都须有一比对数据库或特征数据库来进行比对,数据库的内容应包含所有欲识别的字集文字,根据与输入文字一样的特征抽取方法所得的特征群组。

(5)对比识别。

根据不同的特征特性,选用不同的数学距离函数,较有名的比对方法有欧式空间的比对方法、松弛比对法(relaxation)、动态程序比对法(DP),以及类神经网络的数据库建立及比对,隐马尔可夫模型(hidden markov model,HMM)等著名的方法,为了使识别的结果更稳定,也有所谓的专家系统(experts system)被提出,利用各种特征比对方法的相异互补性,使识别出的结果的信心度更高。

(6)字词后处理。

由于 OCR 的识别率无法达到百分之百,或想加强比对的正确性及信心值,一些除错或甚至帮忙更正的功能,也成为 OCR 系统中必要的一个模块。字词后处理就是一例,利用比对后的识别文字与其可能的相似候选字群中,根据前后的识别文字找出最合乎逻辑的词,实现更正的功能。

(7)人工校正。

一个好的 OCR 软件,除了有一个稳定的影像处理及识别核心,以降低错误率外,人工校正的操作流程及其功能,亦影响 OCR 的处理效率,因此,文字影像与识别文字的对照,及其屏幕信息摆放的位置,还有每一识别文字的候选字功能、拒认字的功能及字词、后处理后特意标示出可能有问题的字词,都是为使用者设计尽量少使用键盘的一种功能,这时要重新校正一次或能在一定程度上允许些许出错。

(8)结果输出。

输出需要的档案格式。结果的输出需要看使用者用 OCR 的目的,如果只要文本文件做部分文字的再使用之用,则只需要输出一般的文字文件;如果需要和输入文件一致,则需要有原文重现的功能;如果注重表格内的文字,则需要与 Excel 等软件结合。

2.1.2　生物识别技术

生物识别技术指通过计算机利用人体固有的生理特性(如指纹、静脉、人脸、虹膜等)和行为特征(如笔迹、声音、步态等)来进行个人身份鉴定的一种技术。生物识别技术主要通过人类生物特征进行身份认证,人类的生物特征通常具有唯一性,具有可以测量或可自动识别和验证、遗传性或终身不变等特点,因此生物识别认证技术较传统认证技术存在较大的优势。生物识别技术具有不易遗忘、防伪性能好、不易伪造或被盗、随身"携带"和随时随地可用等优点。生物识别技术产品均借助于现代计算机技术实现,很容易与安全、监控、管理系统进行整合,实现自动化管理。

目前已经出现的生物识别技术包括指纹识别、视网膜识别、虹膜识别、掌纹识别、手形识别、人耳识别、DNA 识别、人脸识别、签名识别、语音识别、步态识别等。

1. 指纹识别

指纹识别技术是通过读取指纹图像,利用计算机分析指纹的全局特征和指纹的局部特征,特征点如脊(指尖表面的纹路,其中突起的纹线称为脊)、谷(脊之间的部分称为谷)、断点、分叉点和转折点等,将这些指纹特征值与预先保存的指纹数据进行比较,从而非常可靠地通过指纹来确认一个人的身份(图 2-3)。

图 2-3　指纹识别

指纹识别的优点。指纹是人体独一无二的特征,并且它们的复杂度足以提供用于鉴别的足够特征;指纹识别研究历史较久,技术相对成熟;指纹图像提取设备小巧;同类产品中,指纹识别的成本较低。

指纹识别的缺点。指纹识别是物理接触式的,具有侵犯性;指纹易磨损,手指太干或太湿都不易提取图像。

2. 视网膜识别

视网膜识别技术就是使用光学设备发出的低强度光源扫描视网膜上独特的血管图案以区分每个人。有证据显示,视网膜扫描是十分精确的,但它要求使用者注视接收器并盯住一点。这对于戴眼镜的人来说很不方便,而且与接收器的距离很近,也让人不太舒服。所以尽管视网膜识别技术本身很好,但用户的接受程度很低。因此,该类产品虽在 20 世纪 90 年代经过重新设计,加强了连通性,改进了用户界面,但仍然是一种非主流的生物识别产品。

视网膜识别技术的优点。视网膜是一种极其固定的人体生物特征,因为它"隐藏"在眼球后部,不易磨损、老化或是受疾病影响;视网膜识别是非接触性的;视网膜是不可见的,故而不会被伪造。

视网膜识别技术的缺点。视网膜技术未经过任何测试,可能有损使用者的健康,还需要进一步研究;对于消费者,视网膜技术没有吸引力,所以视网膜识别技术得不到广泛的应用;视网膜识别仪器比较贵,很难进一步降低它的成本。

3. 虹膜识别

虹膜识别技术是基于眼睛中的虹膜进行身份识别。人的眼睛结构由巩膜、虹膜、瞳孔晶状体、视网膜等部分组成。虹膜是位于黑色瞳孔和白色巩膜之间的圆环状部分,其包含很多相互交错的斑点、细丝、冠状、条纹、隐窝等的细节特征。而且虹膜在胎儿发育阶段形成后,在整个生命历程中将是保持不变的。这些特征决定了虹膜特征的唯一性,同时也决定了身份识别的唯一性。因此,可以将眼睛的虹膜特征作为每个人的身份识别对象(图 2-4)。

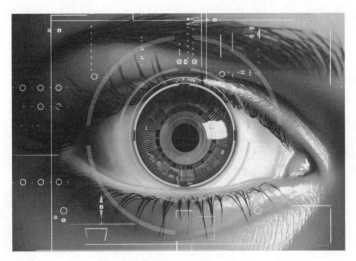

图 2-4 虹膜识别

虹膜识别就是通过对比虹膜图像特征之间的相似性来确定人们的身份。虹膜识别技术具有如下特性。

(1)高独特性。虹膜的纹理结构是随机的,其形态依赖于胚胎期的发育。

(2)高稳定性。虹膜可以保持几十年不变,而且不受除光线之外周围环境的影响。

(3)防伪性好。虹膜本身具有规律性的震颤以及随光强变化而缩放的特性,可以识别出图片等伪造的虹膜。

(4)易使用性。识别系统不与人体相接触。

(5)分析方便。虹膜固有的环状特性,提供了一个天然的极坐标系。

虹膜识别技术被广泛认为是 21 世纪最具有发展前途的生物认证技术,未来的安防、国防、电子商务等多个领域的应用,也必然会以虹膜识别技术为重点。这种趋势已经在全球各地的各种应用中逐渐开始显现出来,市场应用前景非常广阔。

4. 掌纹识别

掌纹与指纹一样也具有稳定性和唯一性,利用掌纹的线特征、纹理特征、几何特征等完全可以确定一个人的身份,因此掌纹识别是基于生物特征身份认证技术的重要内容。

手掌上最为明显的 3~5 条掌纹线,称为主线。在掌纹识别中,可利用的信息有如下几个。

(1)几何特征,包括手掌的长度、宽度和面积。

(2)主线特征。

(3)皱褶特征。

(4)掌纹中的三角形区域特征。

(5)细节特征等。

目前常用的掌纹图像主要分脱机掌纹和在线掌纹两大类。脱机掌纹图像是指在手掌上涂上油墨,然后在一张白纸上按印,再通过扫描仪进行扫描而得到数字化的图像。在线掌纹则是用专用的掌纹采样设备直接获取,图像质量相对比较稳定。随着网络、通信技术的发展,在线身份认证将变得更加重要。

5. 手形识别

手形指的是手的外部轮廓所构成的几何图形。在手形识别技术中,可利用的典型手形特征包括手指的长度和宽度、手掌或手指的长宽比、手掌的厚度、手指的连接模式等。手形识别技术通过采集手指的三维立体形状进行身份识别,由于手形特征稳定性高,不易随外在环境或生理变化而改变,使用方便,在过去的几十年中获得了广泛应用。

手形的测量比较容易实现,对图像获取设备的要求较低,手形图像的处理相对比较简单,可接受程度较高,在所有生物特征识别方法中手形认证的速度是最快的。由于手形特征不像指纹和掌纹特征那样有高度的唯一性,因此,手形识别只用于满足中/低级安全要求的认证。

6. 人耳识别

人耳识别是以人耳作为识别媒介来进行身份鉴别的一种新的生物特征识别技术。人耳作为一种特有的生物特征体,与人脸、虹膜、指纹一样具有唯一性和稳定性。人耳所具有的独特生理特征和观测角度的优势,使人耳识别技术具有相当的理论研究价值和实际应用前景。人耳识别主要由人耳图像采集、图像预处理、边缘检测与分割、特征提取、模式识别等主要环节构成。目前的人耳识别技术是在特定的人耳图像库上实现的,一般通过摄像机或数码相机采集一定数量的人耳图像,建立人耳图像库。动态的人耳图像检测与获取尚未实现。

与其他生物特征识别技术相比较,人耳识别具有以下几个特点:

(1)与人脸识别相比,人耳识别不受人面部表情、是否化妆以及胡须变化的影响,同时人耳具有更大的识别范围;人耳图像具有人脸图像无法比拟的图像面积小、信息处理量少等特点;颜色分配更一致,在转化为灰度图像时信息丢失少。

(2)与指纹识别相比,人耳图像的获取是非接触的,其信息获取方式容易被人接受;人耳还可以利用 3D 结构进行特征提取和识别,而指纹识别只能依靠 2D 数据进行识别。

(3)与虹膜识别相比,人耳图像采集更为方便;虹膜采集装置的成本高于人耳采集装置;就识别来说,头发对人耳的遮挡是可以避免的,而眼睫毛对虹膜的遮挡是难以避免的。

7. 人脸识别

人脸识别是基于人的脸部特征信息进行身份识别的一种生物识别技术。虽然人脸识别的准确性要低于虹膜、指纹的识别,但由于它的无侵害性和对用户最自然、最直观的方式,使其成为最容易被接受的生物特征识别方式。

人脸识别主要有两方面工作:一是,在输入的图像中定位人脸;二是,抽取人脸特征进行匹配识别。目前的人脸识别系统,图像的背景通常是可控或近似可控的,因此人脸定位相对容易。人脸由眼睛、鼻子、嘴、下巴等局部构成,对这些局部和它们之间结构关系的几何描述,可作为识别人脸的重要特征,这些特征称为几何特征。人脸特征提取就是针对人脸的这些特征进行的。人脸识别由于表情、位置、方向以及光照的变化都会产生较大的同类差异,使得人脸的特征抽取十分困难。

8. 签名识别

签名识别是通过计算机把手写签名的图像、笔顺、速度和压力等信息与真实签名进行比对,以鉴别手写签名真伪的技术。从签名中抽取的特征包括静态特征和动态特征,静态特征是指每个字的形态,动态特征是指书写笔画的顺序、笔尖的压力、倾斜度以及签名过程中坐标变化的速度和加速度。签名识别的困难在于,数据的动态变化范围大,即使是同一个人的两个签名也绝不会相同。

签名识别按照数据的获取方式可以分为两种:离线识别和在线识别。离线识别是通过扫描仪获得签名的数字图像;在线识别是利用数字写字板或压敏笔来记录书写签名的过程。离线数据容易获取,但是它没有利用笔画形成过程中的动态特性,因此较在线识别更容易被伪造。

9. 语音识别

语音识别技术就是让机器通过识别和理解过程把语音信号转变为相应的文本或命令的技术。对于语音识别来说,声音的变化范围比较大,很容易受背景噪声、身体和情绪状态的影响(图 2-5)。

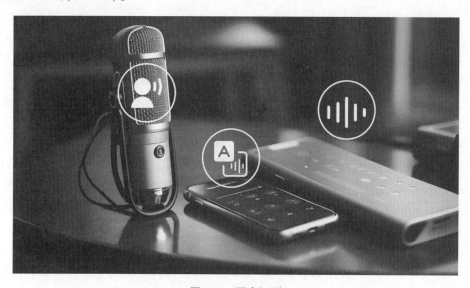

图 2-5 语音识别

语音识别的应用领域非常广泛,常见的应用系统有:

(1)语音输入系统。相对于键盘输入方法,它更符合人的日常习惯,也更自然、更高效。

(2)语音控制系统。用语音来控制设备的运行,相对于手动控制来说更加快捷、方便,可以用在诸如工业控制、语音拨号系统、智能家电、声控智能玩具等许多领域。

(3)智能对话查询系统。根据客户的语音进行操作,为用户提供自然、友好的数据库检索服务,例如家庭服务、宾馆服务、旅行社服务系统、订票系统、医疗服务、银行服务、股票查询服务等。

2.1.3　条形码技术

1.条形码的概念

条形码是将宽度不等的多个黑条和空白,按照一定的编码规则排列,用以表达一组信息的图形标识符。常见的条形码是由反射率相差很大的黑条(简称条)和白条(简称空)排成的平行线图案。条形码可以标出物品的生产国、制造厂家、商品名称、生产日期、图书分类号、邮件起止地点、类别、日期等许多信息,因而在商品流通、图书管理、邮政管理、银行系统等许多领域都得到广泛的应用。

2.条形码的结构与编码方法

(1)条形码的结构。

一个完整的条形码的组成次序依次为静区(前)、起始符、数据符、(中间分割符,主要用于 EAN 码)、校验符、终止符、静区(后)。

①静区:指条码左右两端外侧与空的反射率相同的限定区域,它能使阅读器进入准备阅读的状态,当两条码相距距离较近时,静区则有助于对它们加以区分,静区的宽度通常不小于 6 mm(或 10 倍模块宽度)。

②起止符:指位于条码开始和结束的若干条与空,标志条码的开始和结束,同时提供了码制识别信息和阅读方向的信息。

③数据符:位于条码中间的条、空结构,它包含条码所表达的特定信息。

④校验符;检验读取到的数据是否正确。不同编码规则可能会有不同的校验规则。

(2)条形码的编码方法。

条形码的编码方法有两种,分别是宽度调解法和色度调解法。

①宽度调节法。宽度调节编码法是指条形码符号有宽窄的条单元和空单元以及字符符号间隔组成,宽的条单元和空单元逻辑上表示 1,窄的条单元和空单元逻辑上是 0,宽的条空单元和窄的条空单元可称为 4 种编码元素。code-11 码、code-B 码、code39 码、2/5code 码等均采用宽度调节编码法。

②色度调节法。色度调节编码法是指条形码符号是利用条和空的反差来标识的,条逻辑上表示 1,而空逻辑上表示 0。把 1 和 0 的条空称为基本元素宽度或基本元素编码宽度,连续的 1、0 则可有 2 倍宽、3 倍宽、4 倍宽等。所以此编码法可称为多种编码元素方式,如 ENA\UPC 码采用 8 种编码元素。

3.条形码的识读原理与技术

(1)识读原理。

要将按照一定规则编译出来的条形码转换成有意义的信息,需要经历扫描和译码两个过程。物体的颜色是由其反射光的类型决定的,白色物体能反射各种波长的可见光,黑色物体则吸收各种波长的可见光,所以当条形码扫描器光源发出的光在条形码上反射后,反射光照射到条码扫描器内部的光电转换器上,光电转换器根据强弱不同的反射光信号,转换成相应的电信号。根据原理的差异,扫描器可以分为光笔、红光 CCD、激光、影像 4 种。

电信号输出到条码扫描器的放大电路增强信号之后,再送到整形电路将模拟信号转换成数字信号。白条、黑条的宽度不同,相应的电信号持续时间长短也不同。主要作用就是防止静区宽度不足。然后译码器通过测量脉冲数字电信号 0.1 的数目来判别条和空的数目。

通过测量 0.1 信号持续的时间来判别条和空的宽度。此时所得到的数据仍然是杂乱无章的,要知道条形码所包含的信息,则需根据对应的编码规则,将条形符号换成相应的数字、字符信息。最后,由计算机系统进行数据处理与管理,物品的详细信息便被识别了。

(2)条形码识读系统。

①条形码识读系统的组成。条形码识读系统是由扫描系统、信号整形、译码 3 部分组成的(图 2-6)。

图 2-6 条形码识读

其中,扫描系统由光学系统及探测器即光电转换器件组成,它完成对条码符号的光学扫描,并通过光电探测器,将条码条空图案的光信号转换成为电信号;信号整形部分由信号放大、滤波、波形整形组成,它的功能在于将条码的光电扫描信号处理成为标准电位的矩形波信号,其高低电平的宽度和条码符号的条空尺寸相对应;译码部分一般由嵌入式微处理器组成,它的功能就是对条码的矩形波信号进行译码,其结果通过接口电路输出到条码应用系统中的数据终端。

②条形码识读器的通信接口。条码识读器的通信接口主要有键盘接口和 RS232。

键盘接口方式:条码识读器与计算机通信的一种方式是键盘仿真,即条码阅读器通过计算机键盘接口给计算机发送信息。条码识读器与计算机键盘口通过一个四芯电缆连接,通过数据线串行传递扫描信息。这种方式的优点是,无须驱动程序,与操作系统无关,可以直接在各种操作系统上直接使用,不需要外接电源。

RS232 方式:扫描条码得到的数据由串口输入,需要驱动或直接读取串口数据,需要外接电源。条码扫描器在传输数据时使用 RS232 串口通信协议,使用时要先进行必要的设置,如波特率、数据位长度、有无奇偶校验和停止位等。

2.2　RFID 技术

2.2.1　RFID 系统的技术概述

1. RFID 技术的概念

RFID 是 20 世纪 80 年代发展起来的一种非接触式的自动识别技术,它利用射频信号通过空间耦合(交变磁场或电磁场)实现无接触信息传递并通过所传递的信息达到识别目的,对静止或移动物体实现自动识别。RFID 较其他技术明显的优点是电子标签和阅读器无须接触便可完成识别。它的出现改变了条形码依靠"有形"的一维或二维几何图案来提供信息的方式,通过芯片来提供存储在其中的数量巨大的"无形"信息。RFID技术可识别高速运动物体并可同时识别多个标签,操作快捷方便。RFID 系统通常由电子标签、阅读器和天线组成(图 2-7)。

图 2-7　RFID 技术

2. RFID 技术的特点

(1)电子标签可以重复利用。

读写型电子标签可以重复地增、删、改、除数据,可以回收和重新利用,达到了节省开支和提高效益的目的。

(2)穿透性很好。

射频信号能够将纸张、塑料、木材等非金属材料穿透。

(3)远距离不接触式的识别。

传统的条形码必须要对准才能读取,而电子标签则只要置于阅读器产生的电磁场内部就可以进行读取数据,能够节省人力,适合与各种自动化设备配合使用。

(4)数据存储量很大。

电子标签能够使物品携带更多的相关信息,而且较大的存储量也能够使得世界的每一个标签都拥有与众不同的 ID。

(5)不受恶劣环境的影响、

电子标签对水、油污、灰尘等都有着较强的抗污染性,在黑暗和恶劣的天气影响下,RFID 系统仍然可以工作。

(6)读取速度很快。

RFID 一次能够处理多个标签,读取单个标签的时间与读取条形码也会大幅降低,它的读取效率要高得多。

(7)数据可以更新。

对于读写型标签,其用户的数据部分可进行多次改写,能够方便数据更新等操作,能够追踪商品在整个流水线上或者供应链上的状态。

2.2.2　RFID 系统的分类

RFID 系统的分类方式有很多种,都与 RFID 射频标签的工作方式有关,常见的分类方式有以下几种:

根据采用的频率不同,可分为低频系统、中频系统和高频系统。

低频系统,一般是指工作频率在 100~500 kHz 之间的系统。典型的工作频率有 125 kHz、134.2 kHz 和 225 kHz 等。其基本特点是标签的成本较低、标签内保存的数据量较少、标签外形多样(卡状、环状、纽扣状、笔状)、阅读距离较短且速度较慢、阅读天线方向性不强等。其主要应用于门禁系统、家畜识别和资产管理等场合。

中频系统,一般是指工作频率在 10~15 MHz 之间的系统。典型的工作频段有 13.56 MHz。中频系统的基本特点是标签及阅读器成本较高、标签内保存的数据量较大、阅读距离较远且具有中等阅读速度、外形一般为卡状、阅读天线方向性不强。其主要应用于门禁系统和智能卡的场合。

高频系统,一般是指工作频率在 850~950 MHz 和 2.4~5.8 GHz 之间的系统。典型的工作频段有 915 MHz,2.45 GHz 和 5.08 GHz。高频系统的基本特点是标签内数据量大、阅读距离远且具有高速阅读、适应物体高速运行性能好等优点,但标签及阅读器成本较高。另外,高频系统仍没有较为统一的国际标准,因此在实施推广方面还有许多工作要做。高频系统大多为采用软衬底的标签形状,其主要应用在火车车皮监视和零售系统等场合。

根据读取标签数据的技术实现手段,可将其分为广播发射式、倍频式和反射调制式三大类。

广播发射式系统,实现起来最简单。标签必须采用有源方式工作,并实时将其存储的标识信息向外广播,阅读器相当于一个只收不发的接收机。这种系统的缺点是电子标签必须不停地向外发射信息,既费电,又对环境造成电磁污染,而且系统不具备安全保密性。

倍频式系统,实现起来有一定难度。一般情况下,阅读器发出射频查询信号,标签返回的信号载频为阅读器发出射频的倍频。这种工作模式对阅读器接收处理回波信号提供了便利,但是对无源系统来说,标签将接收的阅读器射频信号转换为倍频回波载频时,其能量转换效率较低。而提高转换效率需要较高的微波技术,这就意味着更高的电子标签成本,同时这种系统工作须占用两个工作频点,一般较难获得无线电频率管理委员会的产品应用许可。

反射调制式系统,实现起来要解决同频收发问题。系统工作时,阅读器发出微波查询(能量)信号,标签(无源)将部分接收到的微波查询能量信号整流为直流电供其内部的电路工作,另一部分微波能量信号被标签内保存的数据信息调制(ASK)后反射回阅读器。阅读器接收到反射回的幅度调制信号后,从中解析出标识性数据信息。系统工作过程中,阅读器发出微波信号与接收反射回的幅度调制信号是同时进行的。反射回的信号强度较发射信号要弱得多,因此技术实现上的难点在于同频接收。

根据标签内是否装有电池为其供电,又可将其分为有源系统、无源系统及半无源三大类。

有源系统,一般指标签内装有电池的 RFID 系统。有源系统一般具有较远的阅读距离,不足之处是电池的寿命有限(3~10 年)。有源系统通过标签自带的内部电池进行供电,它的电能充足,工作可靠性高,信号传送的距离远。有源系统的缺点主要是价格高,体积大,标签的使用寿命受到限制,而且随着标签内电池电力的消耗,数据传输的距离会越来越小,影响系统的正常工作。

无源系统,一般是指标签中无内嵌电池的 RFID 系统。系统工作时,标签所需的能量由阅读器发射的电磁波转化而来。因此,无源系统一般可做到免维护,但在阅读距离及适应物体运动速度方面无源系统较有源系统略有限制。因为无源式标签依靠外部的电磁感应而供电,它的电能就比较弱,数据传输的距离和信号强度就受到限制,需要敏感性比较高的信号接收器才能可靠识读。但它的价格、体积、易用性决定了它是标签的主流。

半无源射频标签。半无源射频标签内的电池供电仅对标签内要求供电维持数据的电路或者标签芯片工作所需电压提供辅助支持,或者对本身耗电很少的标签电路供电。标签未进入工作状态前,一直处于休眠状态,相当于无源标签,标签内部电池能量消耗很少,因而电池可维持几年,甚至长达 10 年。当标签进入阅读器的读出区域时,受到阅读器发出的射频信号激励,进入工作状态时,标签与阅读器之间信息交换的能量支持以阅读器供应的射频能量为主(反射调制方式),标签内部电池的作用主要在于弥补标签所处位置的射频场强不足,标签内部电池的能量并不转换为射频能量。

根据标签内保存的信息注入方式,可将其分为集成电路固化式、现场有线改写式和现场无线改写式三大类。

集成固化式标签,其内的信息一般在集成电路生产时即将信息以 ROM 工艺模式注入,其保存的信息是一成不变的。

现场有线改写式一般将标签保存的信息写入其内部的存储区中,信息改写时需要专用的编程器或写入器,且改写过程中必须为其供电。

现场无线改写式一般适用于有源类标签,具有特定的改写指令,标签内保存的信息也位于其中的存储区。

一般情况下改写数据所需时间远大于读取数据所需时间。通常,改写所需时间为秒级,阅读时间为毫秒级。

2.2.3　RFID 系统的组成

RFID 系统在具体应用过程中,根据不同的应用目的和应用环境,系统的具体组成会有所不同。从宏观考虑,RFID 系统由电子标签、读写器和应用系统组成;从微观考虑,RFID 系统由电子标签、读写器和天线组成。

1. 电子标签

RFID 标签中存有被识别目标的相关信息,由耦合元件及芯片组成,每个标签具有唯一的电子编码,附着在物体上标识目标对象。标签有内置天线,用于和 RFID 射频天线间进行通信。RFID 电子标签包括射频模块和控制模块两部分,射频模块通过内置的天线来完成与 RFID 读写器之间的射频通信,控制模块内有一个存储器,它存储着标签内的所有信息。RFID 标签中的存储区域可以分为两个区:一个是 ID 区——每个标签都有一个全球唯一的 ID 号码,即 UID。UID 是在制作芯片时存放在 ROM 中的,无法修改。另一个是用户数据区,是供用户存放数据的,可以通过与 RFID 读写器之间的数据交换来进行实时的修改。当 RFID 电子标签被 RFID 读写器识别到或者电子标签主动向读写器发送消息时,标签内的物体信息将被读取或改写。

RFID 电子标签具有持久性、信息接收传播穿透性强、存储信息容量大、种类多等特点。根据标签是否有电源,RFID 电子标签分为有源、半有源和无源标签;根据标签的可读写性,RFID 电子标签分为只读和读写标签;根据调制方式,RFID 电子标签分为主动式、被动式和半主动式标签;根据标签和阅读器的通信顺序,RFID 电子标签分为 RTF (reader talk first)和 TTF(tag talk first);根据频段的不同,RFID 电子标签分为低频、高频、超高频和微波标签。

2. 读写器

读写器是 RFID 系统的核心,它可以利用射频技术读取或者改写 RFID 电子标签中的数据信息,并且可以把读出的数据信息通过有线或者无线方式传输到应用系统进行管理和分析。RFID 读写器的主要功能是读写 RFID 电子标签的物体信息,它主要包括射频模块和读写模块以及其他一些辅助单元。RFID 读写器通过射频模块发送射频信号,读写模块连接射频模块,把射频模块中得到的数据信息进行读取或者改写。读写器可将电子标签发来的调制信号解调后,通过 USB、串口、网口等,将得到的信息传给应用系统;应用系统可以给读写器发送相应的命令,控制读写器完成相应的任务。读写器可以在其有效射频范围内激活符合标准的多个电子标签,可以同时识别多个标签,并具有防碰撞功能。RFID 读写器还有其他硬件设备,包括电源和时钟等。电源用来给 RFID 读写器供电,并且通过电磁感应给无源 RFID 电子标签进行供电;时钟在进行射频通信时用于确定同步信息。

3. 天线

天线在电子标签和读写器间传递射频信号。天线是一种以电磁波形式把无线电收发机的射频信号功率接收或辐射出去的装置,天线按其工作的频段可分为短波、超短波、微波等天线;按方向性可分为全向、定向等天线;按外形可分为线状、面状等天线。

电子标签与读写器之间通过耦合元件实现射频信号的空间耦合;在耦合通道内,根据时序关系,实现能量的传递和数据的交换。在 RFID 系统的工作过程中,始终以能量为基础,通过一定的时序方式来实现数据的交换。因此,在 RFID 工作的空间通道中存在 3 种事件模型,即以能量提供为基础的事件模型,以时序方式实现数据交换的事件模型和以数据交换为目的的事件模型。

2.2.4 RFID 系统的工作原理

作为无线自动识别技术——RFID 技术有许多非接触的信息传输方法,主要从耦合方式(能量或信号的传输方式)、标签到读写器的数据传输方法和通信流程进行分析比较。其中主要讲述 RFID 系统读写器与标签间耦合方式的工作原理(图 2-8)。

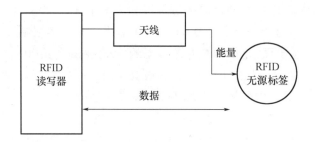

图 2-8 RFID 系统读写器与标签间耦合示意图

1. 耦合方式

(1)电容耦合。

电容耦合方式,读写器与标签间互相绝缘的耦合元件工作时构成一组平板电容。当标签输入时,标签的耦合平面同读写器的耦合平面间相互平行。电容耦合只用于密耦合(工作距离小于 1 cm)的 RFID 系统中。在 ISO10536 中就规定了使用该耦合方法的密耦合 IC 卡的机械性能和电气性能。

(2)磁耦合。

磁耦合是现在使用的中、低频 RFID 系统中最为广泛的耦合方法,其中以 13.56 MHz 无源系统最为典型,读写器的线圈生成一个磁场,该磁场在标签的线圈内感应出电压从而为标签提供能量。这与变压器的工作原理正好完全一样,因此磁耦合也称为电感耦合。

与高频 RFID 系统不同的是,磁耦合 RFID 系统的工作区域是读写器传输天线的"近场区"。一般说来,在单天线 RFID 系统中,系统的操作距离近似为传输天线的直径。对于距离大于天线直径的点,其场强将以距离的 3 次方衰减。这就意味着如仍保持原有场强的话,发射功率就需以 6 次方的速率增加。因此,此耦合主要用于密耦合或是遥耦合(操作距离小于 1 m)的 RFID 系统中。

(3)电磁耦合。

电磁辐射是作用距离在 1 m 以上的远距离 RFID 系统的耦合方法。在电磁辐射场中,读写器天线向空中发射电磁波,其时电磁波以球面波的形式向外传播。置于工作区中的标签处于读写器发射出的电磁波之中并在电磁波通过时收集其中的部分能量。场中某点可获得能量的大小取决于该点与发射天线之间的距离,同时能量的大小与该距离的平方成反比。

对于远距离系统而言,其工作频率主要在 UHF 频段甚至更高。从而读写器与标签之间的耦合元件也就从较为庞大且复杂的金属平板或是线圈变成了一些简单形式的天线,如半波振子天线。这样一来,远距离 RFID 系统体积更小,结构更简单。

2. 通信流程

在电子数据载体上,存储的数据量可达到数千字节。为了读出或写入数据,必须在标签和读写器间进行通信,这里主要有半双工系统、全双工系统两种通信流程系统。

在半双工法(HDX)中,从标签到读写器的数据传输与从读写器到标签的数据传输交替进行。当频率在 30 MHz 以下时常常使用负载调制的半双工法。

在全双工法(FDX)中,数据在标签和读写器间的双向传输是同时进行的。其中,标签发送数据所用的频率为读写器发送频率的几分之一,即采用“分谐波”,或是用一个完全独立的“非谐波”频率。

以上两种方法的共同特点是,从读写器到标签的能量传输是连续的,与数据传输的方向无关。与此相反,在使用时序系统(SEQ)的情况下,从读写器到标签的能量传输总是在限定的时间间隔内进行的(脉冲操作,脉冲系统)。从标签到读写器的数据传输是在标签的能量供应间隙内进行的。

3. 标签到读写器的数据传输方法

无论是只读系统还是可读写系统,作为关键技术之一的标签到读写器的数据传输在不同的非接触传输实现方案的系统中有所区别。作为 RFID 系统的两大主要耦合方式,磁耦合和电磁耦合分别采用负载调制和后向散射调制。

所谓负载调制是用某些差异所进行的用于从标签到读写器的数据传输方法。在磁耦合系统中,通过标签振荡回路的电路参数在数据流的节拍中的变化,从而实现调制功能。在标签的振荡回路的所有可能的电路参数中,只有负载电阻和并联电容两个参数被数据载体改变。因此,相应的负载调制被称为电阻(或有效的)负载调制和电容负载调制。

对于高频系统而言,随着频率的上升其穿透性越来越差,而其反射性却越发明显。在高频电磁耦合的 RFID 系统中,类似于雷达工作原理用电磁波反射进行从标签到读写器的数据传输。雷达散射截面是目标反射电磁波能力的测度,而即 RFID 系统中散射截面的变化与负载电阻值有关。当读写器发射的载频信号辐射到标签时,标签中的调制电路通过待传输的信号控制馈接电路是否与天线匹配实现信号的幅度调制。当天线与馈接电路匹配时,读写器发射的载频信号被吸收;反之,信号被反射。

2.3 传感器技术

2.3.1 传感器技术概述

传感器是实现自动检测和自动控制的首要环节,是物联网应用中的信息来源。传感器技术又是衡量一个国家的科学技术和工业水平的重要标志。在信息时代,如何真实并迅速地认识和处理各类信息显得十分重要,捕捉和认识信息的器件就是传感器。

1. 传感器的定义

传感器是一种检测装置,能够感受被测量信息,并能将检测感受到的信息按一定规律变换成为电信号或其他所需形式的信息输出,以满足信息的传输、处理、存储、显示、记录和控制等要求。

"传感器"在《新韦式大词典》中定义为"从一个系统接受功率,通常以另一种形式将功率送到第二个系统中的器件。"根据这个定义,传感器的作用是将一种能量转换成另一种能量形式,所以不少学者也用"换能器(transducer)"来称谓"传感器"。

2. 传感器的一般组成

传感器一般是把被测量按照一定的规律转换成相应的电信号,其组成包括以下部分。

(1)敏感元件。

敏感元件能直接感受被测量(一般为非电量)并输出与被测量成确定关系的其他物理量的元件。对于具体完成非电量到电路的变换时,并非所有的非电量用现有的手段都能直接转换成电量,必须进行预变换。就是说,将被测非电量预先变换为另一种易于变换成电量的非电量,然后再变换为电量。例如,压力传感器中的膜片就是敏感元件,它首先将压力预变换为位移,然后再将位移量变换为电容量。能完成预变换的器件称为敏感元件,也称为预变换器。此外,在某些场合为了扩大现有变换器的应用,也常采用敏感元件,实现其他非电量到变换器输入端非电量的变换。例如,应变片可以测量应变,当采用应变筒作为敏感元件时就可以将被测力预变换为应变,再通过应变片就可以扩展到力的测量。

(2)传感元件。

传感元件(转换元件)直接或间接感受被测量,并将敏感元件的输出量转换成电量后再输出。能将感受到的非电量直接变换为电量的器件称为传感元件、变换元件或变换器,它是传感器不可缺少的重要组成部分。例如,位移可直接变换为电容、电阻和电感的电容变换器、电阻变换器和电感变换器;能直接把温度变换为电势的热电偶变换器。因为某些传感器并不包括敏感元件,所以有时不加区别地把传感器称为变换器。对传感器的研究更主要的是对其所应用的变换器特性的研究。

（3）测量电路。

测量电路，也称为转换电路。传感器输出的电信号需要经测量电路进行加工和处理，如衰减、放大、调制和解调、滤波、运算和数字化等。根据测量任务的难易程度、测量对象的复杂程度、被测量的种类和数量以及对测量结果提出的要求，有时可采用相当简单的测量电路制成简单的仪表，有时则要用相当复杂的电路，才能制成多种参数，以及多种功能的测量仪器和设备。

（4）辅助电源。

辅助电源为需要电源才能工作的测量电路和传感元件提供正常的工作电源。敏感元件与传感元件有时可以合二为一，直接将已感受到的信号变换成电信号输出。另外，可以将敏感元件、传感元件和测量电路集成为一体化器件。

2.3.2　智能传感器

智能传感器的概念最初是美国宇航局（NASA）在开发宇宙飞船过程中形成的，宇宙飞船在太空中飞行时，需要知道它的速度、姿态和位置等数据。为了宇航员能正常生活，需要控制舱内温度、气压、湿度、加速度、空气成分等，因而要安装大量的传感器，进行科学试验、观察也需要大量的传感器。要处理如此之多的由传感器所获取的信息，需要一台大型电子计算机，而这在飞船上是无法做到的。为了不丢失数据，并降低成本，于是提出了分散处理数据的设想，从而产生了智能传感器。

早期的智能传感器是将传感器的输出信号经处理和转化后由接口送到微处理机部分进行运算处理。20 世纪 80 年代智能传感器主要以微处理器为核心，把传感器信号调节电路、微电子计算机存储器及接口电路集成到一块芯片上，使传感器具有一定的人工智能。20 世纪 90 年代智能化测量技术有了进一步的提高，使传感器实现了微型化、结构一体化、阵列式、数字式，使用方便和操作简单，具有自诊断功能、记忆与信息处理功能、数据存储功能、多参量测量功能、联网通信功能、逻辑思维以及判断功能。

智能化传感器是传感器技术未来发展的主要方向。在今后的发展中，智能化传感器无疑将会进一步扩展到化学、电磁、光学和核物理等研究领域（图 2-9）。

图 2-9　光电传感器

1. 智能传感器的概念

智能传感器是指具有信息检测、信息处理、信息记忆、逻辑思维和判断功能的传感器。它不仅具有传统传感器的各种功能,而且还具有数据处理、故障诊断、非线性处理、自校正、自调整以及人机通信等多种功能。它是微电子技术、微型电子计算机技术与检测技术相结合的产物。

智能传感器是具有信息处理功能的传感器。智能传感器带有微处理机,具有信息检测、信息处理、信息记忆、逻辑思维和判断的功能,是传感器集成化与微处理机相结合的产物。一般智能机器人的感觉系统由多个传感器集合而成,采集的信息需要计算机进行处理,而使用智能传感器就可将信息分散处理,从而降低成本。微处理器是智能传感器的核心,它不但可以对传感器的测量数据进行计算、存储、数据处理,还可以通过反馈回路对传感器进行调节。由于微处理器充分发挥各种软件的功能,可以完成硬件难以完成的任务,从而极大地降低了传感器制造的难度,提高传感器的性能,降低成本。除微处理器以外,智能传感器相对于传统传感器应具有如下的特征:

(1)可以根据输入信号值进行判断和制定决策。

(2)可以通过软件控制做出多种决定。

(3)可以与外部进行信息交换,有输入输出接口。

(4)具有自检测、自修正和自保护功能。

2. 智能传感器的一般组成

智能传感器的基本功能模块包括信号转换、数据采集、数据处理、核心控制、数据传输等几部分。

(1)信号转换。

信号转换的作用是把相应的物理量转换为电压信号,然后对其进行放大和滤波处理。处理的结果作为数据采集电路的输入信号。

(2)数据采集。

数据采集的功能是把信号转换电路输出的模拟信号转换为数字信号(数据序列),然后把数字信号输出给CPU,以便进行相应的处理。

(3)数据处理。

数据采集模块获得的数字信号一般不能直接输入微处理机供应用程序使用,还必须根据需要进行加工处理,如标度变换、非线性补偿、温度补偿、数字滤波等。有些智能传感器还需要对信号进行其他处理,例如,信号幅度的判别、信号特征的提取、显示处理等。总之,根据不同的应用领域,数据处理的要求不尽相同。

(4)核心控制。

核心控制模块由微控制器的软硬件实现,是所谓智能化的主要体现。微控制器可以控制数据采集的时间间隔、速率等相关参数;也可以进行温度补偿、非线性校正等数据处理功能;还可以控制数据传输。

(5)数据传输。

在控制系统中,智能传感器采集并整理好的数据,需要传输给系统的核心控制器或其他控制单元。由于控制系统的特点,数据传输一般需要经过一段空间距离,故需使用专门的电路和方式实现数据传输。例如,对数据进行编码处理后,利用电流环或 RS232 等方式传输。在现有的控制系统中,绝大多数情况下都采用有线传输方式实现传感器与控制系统的连接。

3. 智能传感器的主要功能

智能传感器的功能是通过比较人的感官和大脑的协调动作提出的,随着微电子技术及材料科学的发展,传感器在发展与应用过程中越来越多地与微处理器相结合,不仅具有视觉、触觉、听觉、味觉,还有存储、思维和逻辑判断能力等人工智能。综合考虑智能传感器的诸多特征概括而言,智能传感器的主要功能有以下几点。

(1)自补偿和计算。

利用智能传感器的计算功能对传感器的零位和增益进行校正,对非线性和温度漂移进行补偿。这样,即使传感器的加工不太精密,通过智能传感器的计算功能也能获得较精确的测量结果。

(2)自校正和自诊断。

智能传感器通过自检软件,能对传感器和系统的工作状态进行定期或不定期的检测,诊断出故障的原因和位置并做出必要的响应,发出故障报警信号,或在计算机屏幕上显示出操作提示。

(3)复合敏感功能。

集成化智能传感器能够同时测量多种物理量和化学量,具有复合敏感功能,能够给出全面反映物质和变化规律的信息。

(4)接口功能。

由于传感器中使用了微处理器,其接口容易实现数字化与标准化,可方便地与一个网络系统或上一级计算机进行接口,这样就可以由远程中心计算机控制整个系统工作。

(5)显示报警功能。

集成化智能传感器通过接口与数码管或其他显示器结合起来,可选点显示或定时循环显示各种测量值及相关参数。测量结果也可以由打印机输出。此外,通过与预设上下限值的比较还可实现超限值的声光报警功能。

(6)数字通信功能。

集成化智能传感器可利用接口或智能现场通信器(SFC)来交换信息。

4. 智能传感器的实现方法

智能传感器是测量、半导体、计算机、信息处理、微电子学、材料科学互相结合的综合密集型技术。目前各国科学家正在努力进行开发和研究。目前,智能传感器的实现是沿着传感技术发展的 3 条途径进行的。

(1)非集成化实现。

非集成化智能传感器是将传统的经典传感器(采用非集成化工艺制作的传感器,仅具有获取信号的功能)、信号调理电路、带数字总线接口的微处理器组合为一个整体而构成的智能传感器系统。

这种非集成化智能传感器是在现场总线控制系统发展形势的推动下迅速发展起来的。自动化仪表生产厂家原有的一套生产工艺设备基本不变,附加一块带数字总线接口的微处理器插板组装而成,并配备能进行通信、控制、自校正、自补偿、自诊断等功能的智能化软件,从而实现智能传感器功能。这是一种比较经济、快速建立智能传感器的途径。但将一个或多个敏感器件与微处理器、信号处理电路集成在同一硅片上,集成度高,体积小,目前的技术水平还很难实现。

(2)集成化实现。

这种智能传感器系统是采用微机械加工技术和大规模集成电路工艺技术,利用硅作为基本材料来制作敏感元件、信号调理电路以及微处理器单元,并把它们集成在一块芯片上构成的。这样智能传感器达到了微型化,可以小到放在注射针头内送进血管测量血液流动的情况。使结构一体化,从而提高了精度和稳定性。敏感元件构成阵列后配合相应图像处理软件,可以实现图形成像且构成多维图像传感器。这时的智能传感器就达到了它的最高级形式。

(3)模块化实现。

要在一块芯片上实现智能传感器系统存在着许多棘手的难题。根据需要与可能,可将系统各个集成化环节(如敏感单元、信号调理电路、微处理器单元、数字总线接口)以不同的组合方式集成在两块或三块芯片上,并装在一个外壳里,组成模块式智能传感器。这种传感器集成度不高,体积较大,但在目前的技术水平上,仍不失为一种实用的结构形式。

5. 智能传感器的发展趋势

(1)模糊化。

模糊化智能传感器是近年来发展的一个新方向。它是在经典数值测量的基础上经过模糊推理和知识合成,以模拟人类自然语言符号描述的形式输出测量结果。模糊化智能传感器的"智能"表现在它可以模拟人类感知的全过程。它不仅具有智能传感器的一般优点和功能,而且具有学习推理的能力,具有适应测量环境变化的能力,并能够根据测量任务的要求进行学习推理。此外,它还具有与上级系统交换信息的能力,以及自我管理和调节的能力。

(2)微型集成化。

采用微机械加工技术和大规模集成电路工艺技术,利用硅作为基本材料来制作敏感元件、信号调理电路、微处理单元,并把它们集成在一块芯片上。国外也称它为专用集成微型传感技术(ASIM)。这种传感器具有微型化、结构一体化、精度高、多功能、阵列式全数化等特点。但是由于其集成难度大,需要大批量的规模生产才能降低成本。以目前的技术水平,要低成本实现微型集成化的智能传感器系统还非常困难。但微型集成化的智能传感器系统在航天、导弹制导、精密控制等方面具有重大的应用价值。

(3)网络化。

随着网络时代的到来特别是因特网的迅速发展,信息化已进入崭新的阶段。网络化智能传感器即在智能传感技术上融合通信技术和计算机技术,使传感器具备自检、自校、自诊断及网络通信功能,从而实现信息的采集、传输和处理,成为统一协调的一种新型智能传感器。网络化智能传感器使传感器由单一功能、单一检测向多功能和多点检测发展;从被动检测向主动进行信息处理方向发展;从就地测量向远距离实时在线测控发展。网络化使得传感器可以就近接入网络,传感器与测控设备间无须再点对点连接,极大地简化了连接线路,节省投资,易于系统维护,也使系统易于扩充。

网络化智能传感器研究的关键技术是网络接口技术。网络化传感器必须符合某种网络协议,使现场测控数据能直接进入网络。目前由于工业现场存在多种网络标准,因此也随之发展了多种网络化智能传感器,它们具有各自不同的网络接口单元类型。目前主要有基于现场总线的智能传感器和基于以太网协议的智能传感器两大类。

2.3.3　MEMS 传感器

微机电系统(MEMS)是在微电子技术基础上发展起来的多学科交叉的前沿研究领域。经过几十年的发展,已成为世界瞩目的重大科技领域之一。它涉及电子、机械、材料、物理学、化学、生物学、医学等多种学科与技术,具有广阔的应用前景。从广义上讲,MEMS 是指集微型传感器、微型执行器、信号处理和控制电路、接口电路、通信系统以及电源于一体的微型机电系统(图 2-10)。

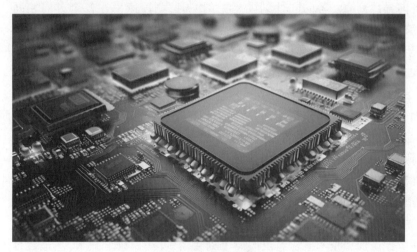

图 2-10　微电子元件

1. MEMS 的分类

MEMS 传感器的门类品种繁多,分类方法也很多。按其工作原理,可分为物理型、化学型和生物型 3 类。按照被测的量又可分为加速度、角速度、压力、位移、流量、电量、磁场、红外、温度、气体成分、湿度、pH 值、离子浓度、生物浓度及触觉等类型的传感器。其中,每种 MEMS 传感器又有多种细分方法。如微加速度计,按检测质量的运动方式划分,有角振动式和线振动式加速度计;按检测质量支承方式划分,有扭摆式、悬臂梁式和弹簧支承方式;按信号检测方式划分,有电容式、电阻式和隧道电流式;按控制方式划分,有开环和闭环式。

2. MEMS 的组成

MEMS 系统主要包括微型传感器、微执行器和相应的处理电路 3 部分。作为输入信号的自然界各种信息，首先通过传感器转换成电信号，经过信号处理单元后（包括 A/D，D/A 转换），再通过微执行器对外部世界发生作用。

3. MEMS 的主要加工工艺

MEMS 的飞速发展是与相关的制造加工技术的进展分不开的。微电子集成工艺是其基础。微细加工技术是在硅微加工方法的基础上发展起来的，由于微电子工艺是平面工艺，在加工 MEMS 三维结构方面有一定的难度，为了实现高深宽比的三维微细加工，通过多学科的交叉渗透，已研究开发出了像 LIGA，激光加工等方法。此外，要构成 MEMS 的各种特殊结构，必须采用一系列特殊的工艺技术，主要包括体微加工技术、表面微加工技术、高深宽比微加工技术、组装与键合技术以及超微精密加工技术等。

（1）体微加工技术。

体微加工技术是为制造微三维结构而发展起来的，即按照设计图形在硅片上有选择地去除一部分硅材料，形成微机械结构。体微加工技术的关键技术是刻蚀。对于硅，鉴于其在多晶或单晶或其他环境下，在刻蚀液里具有不同的刻蚀力，因而分为各向同性刻蚀和各向异性刻蚀。各向同性刻蚀是指刻蚀时，刻蚀速率在各个方向相同。各向异性刻蚀的刻蚀速率与多方面的因素有关。干法刻蚀主要采用物理法和化学等离子刻蚀，适用于各向同性及各向异性刻蚀。选择合适的掩膜板可得到深宽比大、图形准确的三维结构，目前在 MEMS 技术中最成熟。

（2）表面微加工技术。

表面微加工是以硅片作基片，通过淀积和光刻形成多层薄膜图形，再把下面的牺牲层经刻蚀去除，保留上面结构图形的加工方法。表面微加工不同于体加工，它不对基片本身进行加工。在基片上有淀积的薄膜，它们被有选择地保留或去除以形成所需的图形。表面微加工的主要工艺是湿法刻蚀、干法刻蚀和薄膜淀积。薄膜为微器件提供敏感元件、电接触、结构层、掩膜层和牺牲层。牺牲层的刻蚀是表面加工的基础。

（3）高深宽比微加工技术。

高深宽比微加工技术通常有反应离子刻蚀，它可获得数十微米，甚至数百微米深度的台阶，对特种材料还可以采用特种方法。LIGA 技术被认为是最佳高深宽比的微加工技术，加工宽度为几微米，深度高达 1 000 μm，且可实现微器件的批量生产。它是 X 光深度光刻、微电铸和微塑铸 3 种工艺的有机结合，是利用短波段高强度的同步辐射 X 光制造三维器件的先进制造技术。

（4）键合技术。

由上述工艺制造的微构件要通过键合来造成微机械部件，键合技术主要可分为硅熔融键合和静电键合两种。

硅熔融键合是在硅片与硅片之间直接或通过一层薄膜进行原子键合。静电键合可将玻璃与金属、合金或半导体键合在一起，不能用黏合剂，键合界面气密性和稳定性都好。

4. MEMS 的材料

MEMS 所用的材料按性质可分为功能材料和结构材料。前者主要指压电材料、光敏材料等具有一定功能的材料;后者是指具有一定的机械强度,用于构造微机械器件结构基体的材料。

(1)结构材料。

MEMS 发源于微电子技术,所以硅是其主要结构材料。它不仅具有良好的机械及电性能,而且加工工艺和手段也较完善,是一种很好的结构材料。根据微观晶体组成不同又可分为单晶硅和多晶硅。单晶硅断裂强度和硬度比不锈钢的高,而弹性模量与不锈钢相近,密度却仅为不锈钢的1/3。单晶硅的机械品质因数高,滞后和蠕变极小,因而机械稳定性极好。多晶硅是由许多排列和取向无序的单晶颗粒构成的,它一般通过薄膜工艺制作在衬底上,机械性能与单晶硅相近,但性能受工艺影响较大。硅的导热性较好,硅材料还有多种传感特性。因此,硅是一种十分优良的 MEMS 材料。和一般的金属材料相比,硅也有一定的特殊性:

①单晶硅的机械特性是各向异性的。

②呈现一定的脆性,容易以断裂方式失效。

③机械特性受工艺影响大,例如,弹性模量会随着掺杂浓度的增加而增加。在加工中,应该注意减少硅片表面、边缘和体内缺陷的形成,尽量少用切、磨、抛光等机械加工;在高温工艺、多重薄膜的淀积中要尽量减少内应力;采取一定的表面钝化、保护措施等。

(2)功能材料。

这是一类有能量变换能力,可以实现敏感和致动(或执行)功能的材料。它包括各种压电材料、光敏材料、形状记忆合金、磁致伸缩材料、电流变体、气敏和生物敏等多种材料。

5. MEMS 的关键技术

MEMS 的飞速发展是与相关的制造加工技术的进展分不开的。微电子集成工艺是其基础。此外,要构成 MEMS 的各种特殊结构,除了开发各种新加工工艺和完善现有的工艺外,还要解决以下问题:CAD 技术、封装和测试、可靠性、应用研究和标准化问题。在 CAD 封装和测试方面,MEMS 和 IC 的最大区别在于 MEMS 要与现实世界发生多方面的相互作用,涉及多种能量和物质的传输和处理,因此比 IC 要复杂得多,成为 MEMS 技术进一步发展的瓶颈。目前各国的科研机构已对这些问题给予了高度的重视,正在努力地解决,并有所突破。

MEMS 的可靠性和应用研究是目前 MEMS 技术的难点。可靠性是 MEMS 器件使用者最关心的问题之一,尤其是在 MEMS 应用于医疗领域时,可靠性尤为突出。黏附、杂质玷污以及加工中的残余应力是目前 MEMS 中造成机械结构失效的主要原因。IC 技术的成熟和广泛应用与可靠性规律的充分掌握和测试手段的完善是分不开的。同时,MEMS 的工艺和材料比 IC 丰富得多,其失效规律必然更加多样化,故有必要进行深入研究。另外,掌握了失效规律后,如何在设计、制造和使用中避免失效也是 MEMS 研究的一个重要方面。

MEMS 的基础理论研究的必要性在于:MEMS 有其自身的特点,它不是简单地将宏观的机电系统微型化,其自身还有传统理论难以做出解释和预测的特定规律。MEMS由于几何尺寸的微小化,力的尺寸效应和表面效应在微观领域将变得非常突出,此时,体积力已不是主要的,相反,表面张力、范德华力等将起主要作用。在进行微机械理论的研究时,一定要注意力的尺寸效应、微结构表面效应、热传导等的研究。目前在MEMS 理论研究方面已取得了一定进展,但尚不系统,有待于进一步研究。

2.4 定 位 技 术

在物联网的许多应用中,需要知道物体的位置信息,特别是对于移动的物体,需要知道物体变化的位置信息。位置信息一般包括所在的地理位置、处在该地理位置的时间、处在该地理位置的对象三大要素。由于位置信息的重要性,如何获取位置信息就成为物联网的一个重要研究内容。

2.4.1 卫星定位系统

1. 全球定位系统 GPS

全球定位系统(GPS)是 20 世纪 70 年代由美国陆、海、空三军联合研制的新一代空间卫星导航定位系统。其主要目的是为陆、海、空三大领域提供实时、全天候和全球性的导航服务,并用于情报收集、核爆监测和应急通信等一些军事目的。这个系统可以保证在任意时刻,地球上任意一点都可以同时观测到 4 颗卫星,以保证卫星可以采集到该观测点的经纬度和高度,以便实现导航、定位、授时等功能。这项技术可以用来引导飞机、船舶、车辆以及个人,安全、准确地沿着选定的路线,准时到达目的地。

(1)GPS 的组成。

GPS 由空间部分、地面控制系统和用户设备部分组成。

①空间部分。

GPS 系统的空间部分是指 GPS 工作卫星星座,由 24 颗卫星组成,其中 21 颗工作卫星,3 颗备用卫星,均匀分布在 6 个轨道上。卫星轨道平面与地球赤道面倾角为 55°,各个轨道平面的升交点赤经相差 60°,轨道平均高度为 20 200 km,卫星运行周期为 11 小时 58 分(恒星时),同一轨道上的各卫星的升交角距为 90%GPS 卫星的上述时空配置,基本保证了地球上任何地点,在任何时刻均至少可以同时观测到 4 颗卫星,以满足地面用户实时全天候精密导航和定位。GPS 卫星的主体呈圆柱形,直径约为 1.5 m,重约774 kg,两侧各安装两块双叶太阳能电池板,能自动对日定向,以保证卫星正常工作用电。GPS 卫星上设有微处理机,可以进行必要的数据处理工作,它主要的 3 个基本功能:一是根据地面监控指令接收和存储由地面监控站发来的导航信息,调整卫星姿态、启动备用卫星。二是向 GPS 用户播送导航电文,提供导航和定位信息。三是通过高精度卫星钟向用户提供精密的时间标准。

②地面监控部分。

GPS 地面监控系统由分布于全球的 4 个地面站组成。1 个主控站,位于美国本土科罗拉多斯平土的联合空间执行中心。主控站的主要任务为,根据各监控站提供的观测资料推算编制各颗卫星的星历、卫星钟差和大气层修正参数并把这些数据传送到注入站;提供 GPS 系统的时间标准;调整偏离轨道的卫星,使之沿预定的轨道运行;启用备用卫星以取代失效的工作卫星。3 个注入站,分别设在印度洋的迪戈加西岛、南大西洋的阿松森岛和南太平洋的卡瓦加兰。注入站的主要任务是,在主控站的控制下,把主控站传来的各种数据和指令等正确并适时地注入相应卫星的存储系统。5 个监测站,其中 4个与主控站、注入站重叠,另外一个设在夏威夷。监测站的主要任务是,给主控站编算导航电文提供观测数据,每个监控站均用 GPS 信号接收机,对每颗可见卫星每 6 s 进行一次伪距测量和积分多普勒观测,并采集气象要素等数据。

③用户设备部分。

用户设备由 GPS 接收机硬件和相应的数据处理软件以及微处理机及其终端设备组成。其主要功能是接收 GPS 卫星发射的信号,获得必要的导航和定位信息及观测量,并经简单数据处理实现实时导航和定位,用后处理软件包对观测数据进行精加工,以获取精密定位结果。

(2)GPS 系统定位原理。

GPS 系统定位的基本原理是测量出已知位置的卫星到用户接收机之间的距离,然后综合多颗卫星的数据就可以知道接收机的具体位置。要达到这一目的,卫星的位置可以根据星载时钟所记录的时间在卫星星历中查出。而用户到卫星的距离则通过记录卫星信号传播到

用户所经历的时间,再将其乘以光速得到。由于大气层电离层的干扰,这一距离并不是用户与卫星之间的真实距离,而是伪距(PR):当 GPS 卫星正常工作时,会不断地用 1 和 0 二进制码元组成的伪随机码(简称伪码)发射导航电文。GPS 系统使用的伪码一共有两种,分别是民用的 C/A 码和军用的 P(Y)码。C/A 码频率 1.023 MHz,重复周期 1 μs,码间距 1 μs,相当于 300 m;P 码频率 10.23 MHz,重复周期 266.4 d,码间距 0.1 μm,相当于 30 m。而 Y 码是在 P 码的基础上形成的,保密性能更佳。导航电文包括卫星星历、工作状况、时钟改正、电离层时延修正、大气折射修正等信息。它是从卫星信号中解调制出来,以 50 bit/s 调制在载频上发射的。导航电文每个主帧中包含 5 个子帧每帧长 6 s。前三帧各 10 个字;每 30 s 重复一次,每小时更新一次。后两帧共 15 000 bit。导航电文中的内容主要有遥测码,转换码,第 1、2、3 数据块,其中最重要的则为星历数据。当用户接收到导航电文时,提取出卫星时间并将其与自己的时钟做对比便可知卫星与用户的距离,再利用导航电文中的卫星星历数据推算出卫星发射电文时所处位置,用户在 WGS-84 大地坐标系中的位置速度等信息便可得。

按定位方式,GPS 定位分为单点定位和相对定位(差分定位)。单点定位就是根据一台接收机的观测数据来确定接收机位置的方式,它只能采用伪距观测量,可用于车船等的概略导航定位。相对定位(差分定位)是根据两台以上接收机的观测数据来确定观测点之间的相对位置的方法,它既可采用伪距观测量也可采用相位观测量,大地测量或

工程测量均应采用相位观测值进行相对定位。

在 GPS 观测量中包含了卫星和接收机的钟差、大气传播延迟、多路径效应等误差，在定位计算时还要受到卫星广播星历误差的影响，在进行相对定位时大部分公共误差被抵消或削弱，因此定位精度将大幅提高。

2. 北斗卫星导航系统

北斗卫星导航系统(beidou navigation satellite system,BDS)又称 COMPASS,中文音译名称：BeiDou。是中国自行研制的全球卫星导航系统(图 2-11)。

图 2-11　北斗卫星导航系统

(1)技术原理。

北斗卫星导航系统由 40 颗卫星组成,由 5 个分布在地球不同位置的地面控制站进行控制,能够实现全天候、全天时、高精度的定位服务。北斗卫星导航系统的核心技术是卫星定位技术,主要由卫星发射器、卫星轨道控制器、卫星地面控制系统以及用户设备组成。该系统通过卫星向用户发送定位信号,用户通过接收信号计算自身位置信息,实现定位导航。

北斗卫星导航系统具有三级服务能力,即公共服务、授权服务和加密服务。公共服务主要满足民用用户的基本导航需求;授权服务旨在为特定用户提供高精度、高可靠性和高稳定性的导航服务;加密服务主要满足国家安全、军事安全等领域的高级应用需求。

(2)应用前景。

随着社会经济的快速发展和科技进步,北斗卫星导航系统的应用前景十分广阔,可以服务于多个领域。首先,北斗卫星导航系统可以为国家的经济发展提供重要支撑,满足制造业、交通运输、农业、林业等行业的定位导航需求,提高生产效率和现代化水平。其次,北斗卫星导航系统可以为国家的国防安全提供重要保障,满足军事领域的高级需求,提升我国军事技术实力。最后,北斗卫星导航系统可以为国家的民生服务提供便利,满足消费需求,提高公众生活质量。

（3）国际竞争。

北斗卫星导航系统在国际上具有重要的区域影响力和战略意义。目前,北斗卫星导航系统已经逐渐覆盖全球范围内的多达 70 多个国家和地区,成为唯一一个宣布对外开放服务的全球卫星导航系统。然而,北斗卫星导航系统也面临着国际竞争的挑战。目前,全球主要卫星导航系统有美国的 GPS 系统、俄罗斯的 GLONASS 系统、欧盟的 Galileo 系统和日本的 QZSS 系统,这些系统也在不断升级和优化。为了在国际上取得更大的竞争优势,北斗卫星导航系统需要加强技术研发、优化服务质量、扩大用户群体等。

综上所述,北斗卫星导航系统是我国国家重要的战略性技术,具有长远的发展前景和广泛的应用空间。通过技术研发和应用创新,北斗卫星导航系统将为我国的经济发展、国防安全、民生服务等领域做出更大的贡献。

3. Galileo 导航系统

由于美国发展 GPS 技术的实质是以军用为主、民用为辅。一旦出现战事等紧急情况,美国将采取相应措施限制或终止外国使用 GPS,在海湾战争和科索沃战争期间,美国对外限制 GPS 的使用,进一步给欧洲人敲响了警钟,增强了欧盟建立自己的、不受美国控制的卫星导航定位系统的决心。同时,随着 GPS 逐步向民间开放,它已逐渐成为一个年产值达千亿美元的大产业。欧洲发展卫星导航系统,涉及重大的政治与经济利益,一方面是不"受制于人";另一方面可为欧盟各国带来巨大的商机,极大地提高欧盟的经济竞争力,所以,从 20 世纪 90 年代起,欧盟就开始酝酿建立自己的全球卫星导航系统。Galileo 系统是欧洲计划建设的新一代民用全球卫星导航系统,多用于民用,但也用于防务,它可提供 3 种服务信号:对普通用户的免费基本服务,加密且需注册付费的服务,供友好国家防务等需要的高精度加密服务,其精度依次提高,用户可根据需要进行选择。

Galileo 与 GPS 比较具有一些明显的优势:

（1）定位精度高,Galileo 定位误差在 1 m 之内,远优于 GPS 的 10 m,有专家形象地评价说:"如果 GPS 可以发现街道,Galileo 就能够找到车库门。"

（2）Galileo 的轨道位置比 GPS 高,可覆盖全世界所有地方,而 GPS 系统尚不能完全覆盖北欧。

（3）工作卫星多 6 颗,在同一地点可观测到的卫星比 GPS 多,能解决 GPS 系统解决不了的"城市森林"现象。

（4）是它能与 GPS、GLONASS 系统相互兼容,Galileo 接收机可以采集各个系统的数据或者通过各个系统数据的组合来实现定位导航的要求。

2.4.2　蜂窝定位技术

GPS 定位时需要首先寻找卫星,GPS 接收机的启动相对比较缓慢,往往需要 3 ～ 5 min 的时间,因此初始定位速度相对较慢。在建筑物内部、地下和恶劣环境中,经常收不到 GPS 信号,或者收到的信号不可靠。因此,蜂窝基站定位技术作为 GPS 定位的补充应运而生。

蜂窝基站定位主要应用于移动通信中广泛采用的蜂窝网络,目前大部分的 GSM、CDMA 等通信网络均采用了蜂窝网络架构,即将通信网络中的通信区域被划分成一个个蜂窝小区,通常每个小区有一个对应的基站。当移动设备要进行通信时,先连接所在蜂窝小区的基站,然后通过该基站接入 GSM 网络进行通信。在进行移动通信时,移动设备始终是和一个蜂窝基站联系起来的,蜂窝定位就是利用这些基站来定位移动设备的。

在蜂窝系统中采用的定位技术主要有以下几类。

1. 场强定位

移动台接收的信号强度与移动台至基站的距离成反比关系,通过测量接收信号的场强值和已知信道衰落模型及发射信号的场强值可以估算出收发信机之间的距离,根据多个距离值可以估算移动台的位置。由于小区基站的扇形特性,天线有可能倾斜、无线系统的不断调整以及地形、车辆等因素都会对信号功率产生影响,故这种方法的精度较低。

2. 起源蜂窝小区定位

起源蜂窝小区定位(COO)是一种单基站定位方法,它以移动设备所属基站的蜂窝小区作为移动设备的坐标。COO 的最大优点是它确定位置信息的响应时间快(3 s 左右),而且 COO 不用对移动台和网络进行升级就可以直接向现有用户提供基于位置的服务。但是,COO 与其他技术相比,其精度是最低的。在这个系统中,基站所在的蜂窝小区作为定位单位,定位精度取决于小区的大小。

3. 到达角定位

到达角(AOA)定位方式是根据信号到达的角度,测定出运动目标的位置。在 AOA 定位方式中,只要测量出运动目标与两个基站的信号到达角度参数信息,就可以获取目标的位置。蜂窝移动网的 AOA 定位方式,指的是基站接收机利用基站的天线阵列,接收不同阵元的信号相位信息,并测算出运动目标的电波入射角,从而构成一根从接收机到发射机的径向连线,即测位线,目标终端的二维位置坐标可通过两根测位线的交点获得。

4. 到达时间定位

到达时间(TOA)定位方式也称为基站三角定位方式,通过测量从运动目标发射机发出的无线电波,到达多个(3 个及以上)基站接收机的传播时间,来确定运动目标的位置。已知电波传播速度为 c,假设运动目标与基站之间的传播时间为 t,运动目标位于以基站为圆心,以移动终端到基站的电波传输距离 ct 为半径的定圆上,则可由 3 个基站定位圆的交点来确定目标移动的二维位置。TOA 定位方式中,为了根据发射信号到达基站的接收时间来确定信号的传播时间,要求运动目标发射机在发射信号中,加有发射的时间戳信息。这种定位方式的定位精度取决于各基站和运动目标的时钟精度,以及各基站接收机和运动目标发射机时钟间的同步。

TOA 算法要求参加定位的各个基站在时间上严格同步,由于电磁波的传播速率很高,微小的误差将会在算法中放大,使定位精度大幅降低。传播中的多径干扰、NLOS 以及噪声等干扰造成的误差会使圆无法交汇,或者交汇处不是一点而是一个区域。因此

TOA 对系统同步的要求很高,并且需要在信号中加时间戳(要求基站之间的同步),而实际参加定位的基站一般在 3 个以上,误差是不可避免的。这时可以利用 GPS 对基站进行校正并利用其他补偿算法来估计位置,提高算法的精确度,但同时增加系统的开销和算法复杂程度,因此单纯的 TOA 算法在实际中应用很少。

5. 到达时间差定位

到达时间差(TDOA)定位方式通过测量目标移动终端发射机到达不同基站接收机的传播时差来确定运动目标的位置信息。TDOA 定位方式中,不需要移动终端与基站间的精确同步,也不需要在上行信号中加时间戳信息,还可以消除或减少目标移动终端与基站间由于信道所造成的共同误差。在该定位方式中,将目标移动终端定位于两个基站为焦点的双曲线方程上。确定目标移动终端的三维坐标需要至少建立两个双曲线方程(至少 3 个基站),两条双曲线交点即为目标移动终端的二维坐标。

TDOA 算法是对 TOA 算法的改进,它不是直接利用信号到达时间来确定目标的位置信息,而是用多个基站接收到信号的时间差信息来确定目标的位置信息,与 TOA 算法相比,它不需要加入专门的时间戳信息,定位精度也有所提高。

6. A-GPS 定位

网络辅助 GPS 定位 A-GPS 是 GPS 定位和蜂窝基站定位的有机结合,利用基站定位方法快速确定当前所处的大致范围,然后利用基站连入网络,通过网络服务器查询到当前位置上方可见的卫星,极大地缩短了搜索卫星的速度。A-GPS 有移动台辅助和移动台自主两种方式。移动台辅助 GPS 定位是将传统 GPS 接收机的大部分功能转移到网络上实现。网络向移动台发送短的辅助信息,包括时间、卫星信号多普勒参数和码相位搜索窗口。这些信息经移动台 GPS 模块处理后产生辅助数据,网络处理器利用辅助数据估算出移动台的位置。自主 GPS 定位的移动台包含一个全功能的 GPS 接收器,具有移动台辅助 GPS 定位的所有功能,再加上卫星位置和移动台位置计算功能。A-GPS 的优点是网络改动少,网络无须增加其他设备,网络投资少,定位精度高。由于采用了GPS 系统,定位精度较高,理论上可达到 5 ~ 10 m。缺点是现有移动台均不能实现 A-GPS 定位方式,需要更换,从而使移动台成本增加(图 2-12)。

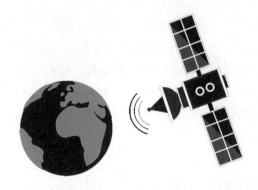

图 2-12　A-GPS 定位

与 GPS 定位技术不同,蜂窝定位技术是以地面基站为参考物,定位方法灵活多样,特别是能方便地实现室内定位,使其在紧急救援、汽车导航、智能交通、蜂窝系统优化设计等方面发挥着重要的作用。但是,由于过分依赖地面基站的分布和密度,在定位精度、稳定性方面无法与 GPS 定位技术相比。在实际的定位应用中,主要是将两者结合起来,实现混合定位,在扩大定位覆盖范围的同时,又能提高定位的精度,为定位应用提供更高质量的技术支撑。

2.4.3 室内无线定位技术

GPS 是目前应用最为广泛的定位技术。当 GPS 接收机在室内工作时,由于信号受建筑物的影响而大幅衰减,定位精度也很低,要想达到与室外一样直接从卫星广播中提取导航数据和时间信息是不可能的。而基站定位的信号受到多径效应的影响,定位结果也会大打折扣。随着无线通信技术的发展和数据处理能力的提高,人们对室内定位的需求日益增大,尤其在复杂的室内环境下,如机场大厅、体育馆、货品仓库、超市、图书馆、地下停车场、矿井等环境中,快速准确地获取人员以及物品的位置信息,并提供位置服务的需求变得日益迫切。因此,诸多室内定位技术解决方案应运而生。

1. 超声波定位技术

超声波测距主要采用反射式测距法,通过三角定位等算法确定物体的位置,即发射超声波并接收由被测物产生的回波,根据回波与发射波的时间差计算出待测距离,有的则采用单向测距法。超声波定位系统由一个主测距器和若干个电子标签组成,主测距器可放置于被测物体上,各个电子标签放置于室内空间的固定位置。定位过程如下:先由上位机发送同频率的信号给各个电子标签,电子标签接收后又反射传输给主测距器,从而可以确定各个电子标签到主测距器之间的距离。当同时有 3 个或 3 个以上不在同一直线上的电子标签做出回应时,可以根据相关计算确定出被测物体所在的二维坐标系中的位置。

目前,比较流行的超声波定位技术有两种:一种为将超声波与射频技术结合进行定位。由于射频信号传输速率接近光速,远高于射频速率,那么可以利用射频信号先激活电子标签而后使其接收超声波信号,利用时间差的方法测距。这种技术成本低、功耗小、精度高。另一种为多超声波定位技术。该技术采用全局定位,可在移动机器人身上 4 个朝向安装 4 个超声波传感器,将待定位空间分区,由超声波传感器测距形成坐标,总体把握数据,抗干扰性强,精度高,而且可以解决机器人迷路问题。

超声波定位整体定位精度较高,结构简单,但超声波受多径效应和非视距传播影响很大,同时需要大量的底层硬件设施投资,成本太高。

2. 红外线定位技术

红外线是一种波长在无线电波和可见光波之间的电磁波。红外线室内定位的原理是红外线 IR 标识发射调制的红外射线,通过安装在室内的光学传感器接收进行定位。虽然红外线具有相对较高的室内定位精度,但是由于光线不能穿过障碍物,使得红外射线仅能视距传播。直线视距和传输距离较短这两大主要缺点使其室内定位的效果很差。当标识放在口袋里或者有墙壁及其他遮挡时就不能正常工作,需要在每个房间、走廊安装接收天线,造价较高。因此,红外线只适合短距离传播,而且容易被荧光灯或者房间内的灯光干扰,在精确定位上有局限性。

3. 超宽带定位技术

超宽带技术是一种全新的、与传统通信技术有极大差异的通信新技术。它不需要使用传统通信体制中的载波,而是通过发送和接收具有纳秒或纳秒级以下的极窄脉冲来传输数据,从而具有 GHz 量级的带宽。超宽带可用于室内精确定位,例如,战场士兵的位置发现、机器人运动跟踪等。

超宽带系统与传统的窄带系统相比,具有穿透力强、功耗低、抗多径效果好、安全性高、系统复杂度低、能提供精确定位精度等优点。因此,超宽带技术可以应用于室内静止或者移动物体以及人的定位跟踪与导航,且能提供十分精确的定位精度。

2.5　本项目小结

【项目评价】

项目学习完成后,进行项目检查与评价,检查评价单如表 2-1 所示。

表 2-1　检查评价单

序号	评价内容	评价标准	分值	得分
		评价内容与评价标准		
1	知识运用(20%)	掌握相关理论知识,理解本次任务要求,制订了详细计划,且计划条理清晰、逻辑正确(20分)	20分	
		理解相关理论知识,能根据本次任务要求制订合理计划(15分)		
		了解相关理论知识,制订了计划(10分)		
		没有制订计划(0分)		
2	专业技能(40%)	了解物联网的感知识别技术 了解物联网体感知识别技术具体内容(40分)	40分	
		具有良好的自主学习能力、分析并解决问题的能力,整个任务过程中有指导他人(20分)没有完成任务(0分)		
3	核心素养(20%)	设备无损坏、设备摆放整齐、工位保持整洁、没有干扰课堂秩序(20分)	20分	
		具有较好的学习能力、分析并解决问题的能力,整个任务过程中没有指导他人(15分)		
		能够主动学习并收集信息,具有请教他人以解决问题的能力(10分)		
		不主动学习(0分)		

续表 2-1

序号	评价内容	评价标准	分值	得分
4	课堂纪律（20%）	设备无损坏、没有干扰课堂秩序（15分）	20分	
		没有干扰课堂秩序（10分）		
		干扰课堂秩序（0分）		

【项目小结】

通过本项目的学习,了解了物联网的感知识别技术,具体包括自动识别技术、条形码技术、生物识别技术、RFID 技术和传感器技术以及定位技术等等。

【能力提高】

一、填空题

1. _____是在计算机技术和通信技术基础上发展起来的综合性科学技术,它是信息数据自动识读、自动输入计算机的重要方法和有效手段,解决了人工输入数据速度慢、误码率高、劳动强度大、工作简单重复性高等问题。

2. 生物识别技术指通过计算机利用人体固有的_____和行为特征(如笔迹、声音、步态等)来进行个人身份鉴定的一种技术。

3. 指纹识别的优点表现在:指纹是人体_____的特征,并且它们的复杂度足以提供用于鉴别的足够特征。

4. 语音识别技术就是让机器通过识别和理解过程把_____转变为相应的文本或命令的技术。

5. 常见的条形码是由反射率相差很大的黑条(简称条)和白条(简称空)排成的_____图案。

二、选择题

1. 光电转换器根据强弱不同的反射光信号,转换成相应的电信号。根据原理的差异,扫描器可以分为光笔、激光、影像和哪种方式 （ ）

A. 红光 CCD　　　　B. 蓝光 CCD　　　　C. 黄光 CCD　　　　D. 紫光 CCD

2. 电信号输出到条码扫描器的放大电路增强信号之后,再送到整形电路将模拟信号转换成数字信号。主要作用就是防止静区宽度不足。译码器通过测量脉冲数字电信号多少的数目来判别条和空的数目 （ ）

A. 0.1　　　　　　B. 0.2　　　　　　C. 0.3　　　　　　D. 0.4

3. 标签未进入工作状态前,一直处于休眠状态,相当于无源标签,标签内部电池能量消耗很少因而电池可维持几年,甚至长达多少年 （ ）

A. 7　　　　　　　B. 8　　　　　　　C. 9　　　　　　　D. 10

4. 全球定位系统(GPS)是 20 世纪哪个年代由美国陆海空三军联合研制的新一代空间卫星导航定位系统 （ ）

A. 50　　　　　　B. 60　　　　　　C. 70　　　　　　D. 80

三、思考题

1. 请结合生活实例谈谈条形码技术是如何应用的。

2. 请简述 RFID 系统的组成。

3. 请简要介绍一下智能传感器的功能。

4. 尝试说一说 MEMS 传感器有哪些应用方向,请举例。

5. 试比较不同定位技术的优缺点。

项目 3 物联网通信与网络技术

【情景导入】

物联网要实现物物相连,需要网络作为连接的桥梁。物联网的通信与组网技术主要完成感知信息的可靠传输。由于物联网连接的物体多种多样,物联网涉及的网络技术也有多种,如可以是有线网络、无线网络;可以是短距离网络和长距离网络;可以是企业专用网络、公用网络;还可以是局域网、互联网;等等。通信技术简单地说是指将信息从一个地点传送到另一个地点所采取的方法和措施。按照历史发展的顺序,通信技术先后由人体传递信息通信到简易信号通信,再发展到有线通信和无线通信。近年来发展最快、应用最广的就是无线通信技术。

【知识目标】

(1)了解无线个域网络技术的基础知识。

(2)掌握无线局域网络技术的构成。

【能力目标】

(1)明确无线广域网络技术的分类。

(2)了解物联网的接入技术。

【素质目标】

(1)培养学生自主学习和持续学习的能力,包括目标设定、学习计划制订、学习方法选择以及深化学习后的反思能力。

(2)培养学生社会责任感和高尚的道德品质,以及塑造他们具备积极的公民意识、明晰的道德判断和积极融入社会的参与能力。

【学习路径】

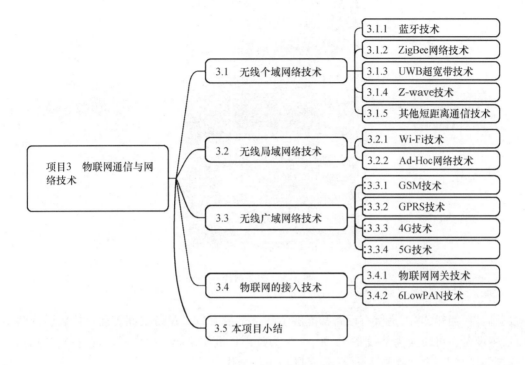

3.1　无线个域网络技术

无线个域网(wireless personal area network, WPAN)是一种小范围的网络,是一个以个人工作区为中心,通过无线通信来连接其中设备的网络。无线个域网提供了一种小范围内无线通信的手段。大多数 WPAN 技术如 Bluetooth 都是基于 IEEE802.15 标准,其覆盖范围一般从几厘米到几十米不等。

目前已成型的无线个域网络协议主要有两个:一个是无线个人网络(WPAN,IEEE802.15.1),具有代表性的是蓝牙技术;另一个是低速无线个人网络(LR-WPAN,IEEE802.15.4),具有代表性的是 ZigBee 网络技术。

3.1.1　蓝牙技术

蓝牙技术(bluetooth)是一种较为高速和普及的技术,常用于短距离的无线个域网。

1. 蓝牙设备的通信连接

蓝牙系统既可以实现点对点连接,也可以实现一点对多点连接。在一点对多点连接的情况下,信道由几个蓝牙单元分享。两个或者多个分享同一信道的单元构成了所谓的微微网,图 3-1 是蓝牙系统的核心,蓝牙芯片。

蓝牙主设备最多可与一个微微网(一个采用蓝牙技术的临时计算机网络)中的 7 个

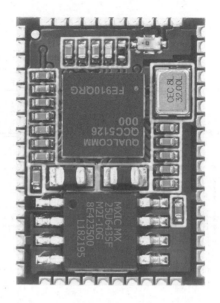

图 3-1　蓝牙芯片

设备通讯,当然,并不是所有设备都能够达到这一最大量。设备之间可通过协议转换角色,主设备也可转换为从设备,比如,一个头戴式耳机如果向手机发起连接请求,它作为连接的发起者,自然就是主设备,但是随后也许会作为从设备运行。

蓝牙核心规格提供两个或两个以上的微微网连接,以形成分布式网络,让特定的设备在这些微微网中自动同时分别扮演主和从的角色。

数据传输可随时在主设备和其他设备之间进行(应用极少的广播模式除外)。主设备可选择要访问的从设备,典型的情况是,它可以在设备之间以轮替的方式快速转换。因为是主设备来选择要访问的从设备,理论上来说,从设备就要在接收槽内待命,主设备的负担要比从设备少一些。主设备可与 7 个从设备连接,但是从设备却很难与一个以上的主设备相连。规格对于散射网中的行为要求是模糊的。

2. 蓝牙技术应用

目前,蓝牙技术已经应用在了生活中的许多方面。现在常用的蓝牙技术产品有蓝牙耳机(图 3-2)、蓝牙鼠标、蓝牙自拍杆、蓝牙智能手环、蓝牙游戏手柄等。

图 3-2　蓝牙耳机

蓝牙技术常见应用包括以下几个方面。

(1)移动电话和免提设备之间的无线通信。

(2)特定距离内的电脑组成无线网络。

(3)电脑与外设的无线连接,如鼠标、耳机、打印机等。

(4)蓝牙设备之间的文件传输。

(5)家用游戏机的手柄,包括 PS4、PS3、Nintendo Wii 等。

(6)依靠蓝牙,可以使电脑通过手机网络上网。

3.1.2　ZigBee 网络技术

在使用过程中,人们发现蓝牙技术尽管有许多优点,但仍存在许多缺陷。对工业、家庭自动化控制和工业遥测遥控领域而言,蓝牙技术存在太过复杂、功耗大、距离近、组网规模太小等问题。而随着工业的发展,工业自动化对无线数据通信的需求越来越强烈,而且这种无线传输必须具有高可靠性,能抵抗工业现场的各种电磁干扰。在人们的长期努力下,ZigBee 协议终于在 21 世纪初正式问世。

1. ZigBee 的概念

ZigBee 又称紫蜂协议。这一名称来源于蜜蜂的八字舞,由于蜜蜂(bee)是靠飞翔和“嗡嗡”(zig)地抖动翅膀的“舞蹈”来与同伴传递花粉所在的方位信息,也就是说,蜜蜂依靠这样的方式构成了群体中的通信网络。

ZigBee 是一种新兴的近距离、低复杂度、低功耗、低数据速率、低成本的无线网络技术。它依据 IEEE802.15.4 标准,在数千个微小的传感器之间相互协调实现通信,主要用于近距离无线连接。这些传感器只需要很少的能量,以接力的方式通过无线电波将数据从一个网络节点传到另一个节点,所以它们的通信效率非常高。

简而言之,ZigBee 就是一种便宜的、低功耗的近距离无线组网通信技术。

2. ZigBee 与 IEEE802.15.4 协议

ZigBee 是基于 IEEE802.15.4 之上,一个低速、短距离传输的无线网络协定,主要应用于远程控制和传感器。

ZigBee 协议从下到上分别为物理层(PHY)、媒体访问控制层(MAC)、传输层(TL)、网络层(NWK)、应用层(APL)等。其中物理层和媒体访问控制层遵循 IEEE802.15.4 标准的规定。

IEEE802.15.4 协议是 IEEE802.15.4 工作组为低速率无线个域网制定的标准。该工作组致力于为低能耗的简单设备提供有效覆盖范围在 10 m 左右的低速连接,可广泛用于交互玩具、库存跟踪监测等消费与商业应用领域。

随着无线传感器网络技术的发展,无线传感器网络的标准也得到了快速发展。IEEE802.15.4 标准定义了在个人区域网中,通过射频方式在设备间进行互连的方式与协议,该标准使用避免冲突的载波监听多址接入方式作为媒体访问机制,同时支持星型与对等型拓扑结构。

ZigBee 底层是采用 IEEE802.15.4 标准规范的媒体访问层与物理层。在此之上的应用层和网络层规范则由 Zigbee 自己定义。

3. ZigBee 技术特点

ZigBee 是一种无线连接,可工作在 2.4 GHz(全球流行)、868 MHz(欧洲流行)和 915 MHz(美国流行)3 个频段上,分别具有最高 250 kbit/s、20 kbit/s 和 40 kbit/s 的传输速率,它的主要传输距离在 10~75 m 的范围内,但可以继续增加。

作为一种无线通信技术,ZigBee 具有如下特点。

(1)数据传输速率低。ZigBee 只有 $10×10^3$ 字节每秒到 $250×10^3$ 字节每秒,专注于低传输应用。

(2)低功耗。由于 ZigBee 的传输速率低,发射功率仅为 1 mW,而且采用了休眠模式,因此 ZigBee 设备非常省电。据估算,ZigBee 设备仅靠两节 5 号电池就可以维持长达 6 个月到 2 年左右的使用时间,这是其他无线设备望尘莫及的,也是 ZigBee 的支持者一直引以为豪的独特优势。

(3)成本低。ZigBee 数据传输速率低,协议简单,且 ZigBee 协议是免专利费的,所以 ZigBee 的成本大大降低。

(4)网络容量大。一个星型结构的 ZigBee 网络最多可以容纳 254 个从设备和 1 个主设备,网络组成灵活。

(5)有效范围小。ZigBee 有效覆盖范围为 10~75 m 之间,具体依据实际发射功率的大小和各种不同的应用模式而定,基本上能够覆盖普通的家庭或办公室环境。

(6)时延短。ZigBee 通信时延和从休眠状态激活的时延都非常短,典型的搜索设备时延为 30 ms,休眠激活的时延是 15 ms,活动设备信道接入的时延为 15 ms。因此 Zig-Bee 技术适用于对时延要求苛刻的无线控制(如工业控制场合等)应用。

(7)数据传输可靠。ZigBee 采取了碰撞避免策略,同时为需要固定带宽的通信业务预留了专用时隙,避开了发送数据的竞争和冲突。MAC 层采用了完全确认的数据传输模式,每个发送的数据包都必须等待接收方的确认信息。如果传输过程中出现问题可以进行重发。

(8)安全性好。ZigBee 提供了基于循环冗余校验(CRC)的数据包完整性检查功能,支持鉴权和认证,并采用了 AES-128 的加密算法,各个应用可以灵活确定其安全属性。

4. ZigBee 网络结构

在 ZigBee 网络中根据节点不同的功能,可以分为协调器节点、路由器节点和终端节点 3 种。一个 ZigBee 网络由一个协调器节点、多个路由器和多个终端设备节点组成。

ZigBee 技术具有强大的组网能力,可以形成星形、树形和网状网。用户可以根据实际项目需要来选择合适的网络结构。

(1)星形拓扑。

星形拓扑是最简单的一种拓扑形式,包含一个协调器节点和多个终端节点。每一个终端节点只能和协调器节点进行通信。如果需要在两个终端节点之间进行通信必须通过协调器节点进行信息转发。

这种拓扑形式的缺点是节点之间的数据路由只有唯一的路径。协调器有可能成为整个网络的瓶颈。实现星形网络拓扑不需要使用 ZigBee 的网络层协议,因为本身 IEEE802.15.4 的协议层就已经实现了星形拓扑形式,但是这需要开发者在应用层进行更多的工作,包括自己处理信息的转发。

(2)树形拓扑。

树形拓扑包括一个协调器节点以及一系列的路由器和终端节点。协调器连接一系列的路由器和终端,它的子节点的路由器也可以连接一系列的路由器和终端,这样可以重复多个层级。

树形拓扑中的通信规则:每一个节点都只能和它的父节点和子节点之间通信。如果需要从一个节点向另一个节点发送数据,那么信息将沿着树的路径向上传递到最近的祖先节点,然后再向下传递到目标节点。

这种拓扑方式的缺点是信息只有唯一的路由通道。另外,信息的路由是由协议栈层处理的,整个路由过程对于应用层是完全透明的。

(3)网状拓扑。

网状拓扑包含一个协调器和一系列的路由器和终端。这种网络拓扑形式和树形拓扑相同。但是,网状拓扑具有更加灵活的信息路由规则,在可能的情况下,路由节点之间可以直接通信。这种路由机制使得信息的通信变得更有效率,而且意味着一旦一个路由路径出现了问题,信息可以自动地沿着其他路由路径进行传输。

通常在支持网状网络的实现上,网络层会提供相应的路由探索功能,这一特性使得网络层可以找到信息传输的最优路径。需要注意的是,以上所提到的特性都是由网络层来实现的,应用层不需要进行任何参与。

总之,网状拓扑结构的网络具有强大的功能,可以通过"多级跳"方式来通信。该拓扑结构还可以组成极为复杂的网络,这种网络具备自组织、自愈功能。

5. ZigBee 的应用

随着我国物联网进入发展的快车道,ZigBee 正在被国内越来越多的用户接受,已在部分智能传感器场景中得到应用。

通常符合如下条件之一的应用,就可以考虑采用 Zigbee 技术做无线传输。

(1)需要数据采集或监控的网点多。

(2)要求传输的数据量不大,而且要求设备成本低。

(3)要求数据传输可靠性高,安全性高。

(4)设备体积很小,不便放置较大的充电电池或者电源模块。

(5)电池供电。

(6)地形复杂,监测点多,需要较大的网络覆盖。

(7)现有移动网络的覆盖盲区。

(8)使用现存移动网络进行低数据量传输的遥测遥控系统。

(9)使用 GPS 效果差,或成本太高的局部区域移动目标的定位应用。

下面简要介绍 ZigBee 技术在工业、医学、建筑领域的应用情况。

在工业领域,利用传感器和 ZigBee 网络,使得数据的自动采集、分析和处理变得更加容易,可以作为决策辅助系统的重要组成部分。如危险化学成分的检测,火警的早期监测和预报,高速旋转机器的检测和维护,远程抄表等。这些应用不需要很高的数据吞吐量和连续的状态更新,重点在于低功耗和灵活的组网形式,从而最大限度地延长电池寿命,减少 ZigBee 网络的维护成本。

在医学领域,借助于各种传感器和 ZigBee 网络,可以准确且实时地检测每位病人的血压、体温、心跳速度等信息,从而减轻医生查房的工作负担,有助于医生把主要精力用于对病人的治疗,特别是重病和病危患者的监护和治疗上。

在智能建筑领域,可以借助 ZigBee 传感器进行照明控制,使用传感器检测周围环境,检测到人来的时候自动将照明开关打开。该系统还可以通过 ZigBee 网络进行集中控制。在家庭自动化领域中,ZigBee 可用于安全系统、温控装置等方面。另外,ZigBee可用于遥控装置,其优点在于不像目前采用的红外装置那样会受到角度的限制。而且ZigBee 支持各种网络结构,更容易扩展覆盖范围。同时,由于 ZigBee 设备功耗低,电池的使用寿命也和红外装置差不多。在无线家庭网关的设计中,使用 ZigBee 于家庭内网,可以更高效地控制家用电器。

另外,由于 ZigBee 的低延迟特性,ZigBee 可以用于 PC 机的外设。如带反馈的无线游戏垫或手柄可以充分利用 ZigBee 的低延迟特性,其性能与有线控制器相同。

3.1.3 UWB 超宽带技术

1. UWB 超宽带技术的概念

超宽带(ultra-wideband,UWB)技术是一种新型的无线通信技术(图 3-3)。它通过对具有很陡上升和下降时间的冲击脉冲进行直接调制,使信号具有 GHz 量级的带宽。

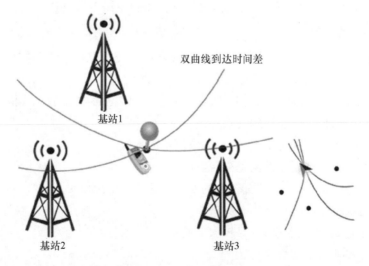

图 3-3　UWB 超宽带技术

超宽带技术解决了困扰传统无线技术多年的传播方面的重大难题,它具有对信道衰落不敏感、发射信号功率谱密度低、低截获能力、系统复杂度低、能提供数厘米的定位精度等优点。无线通信应用,可以用在适合需要高质量服务的无线个域网络、家庭网络连接和短距离雷达等领域。

广义的 UWB 概念指以极窄脉冲纳秒级方式进行无线发射和接收的特种技术,它能够同时做到高速带宽、低成本和低功耗,解决了传统无线技术中的两难问题。

2. UWB 技术特点

UWB 的技术主要有以下特点。

(1)低耗电。使用非连续性的窄脉冲,设备发射功率小。

(2)高速传输。UWB 技术占据了数 GHz 的带宽,从而换取了高速的传输速率,并且具有极大的带宽扩展空间。

(3)高安全性。对于一般通信系统而言,UWB 信号相当于白噪声,从电子噪声中将脉冲信号检测出来是一件非常困难的事。

(4)低干扰性。UWB 技术不单独占用已经拥挤不堪的频率资源,而是共享其他无线技术使用的频带。

(5)低成本。UWB 技术不需要功用放大器与混频器,不需要中频处理,因而使用零件较少。

(6)定位精确。冲击脉冲具有很高的定位精度,而常规无线电难以做到这一点。超宽带无线电具有极强的穿透能力,可在室内或地下进行精确定位。

UWB 技术与一些其他短距离无线通信技术如 Wi-Fi、蓝牙相比,在传输速率、传输距离、发射功率、应用范围上具有不同的优劣势,具体见表 3-1。

表 3-1　UWB 与 Wi-Fi、蓝牙对比

项目	UWB	Wi-Fi(802.11a)	蓝牙(802.15.1)
传输速率	1 Gbit/s	54 Mbit/s	1 Mbit/s
传输距离	小于 10 m	10~100 m	10 m
发射功率	小于 1 mW	大于 1 W	1~100 mW
应用范围	近距离多媒体	无线局域网	设备互联

3. UWB 的应用

UWB 在物联网中的应用十分广泛,总结起来有以下方面:

①雷达成像系统(包括穿地雷达、墙中成像雷达、穿墙成像雷达、医学成像系统、监视系统等)。

②高速无线通信系统。

③精确测量定位系统(包括车载雷达、精密测量和传感定位系统)。

(1)雷达成像系统。

在雷达成像系统中,主要以 UMB 穿墙成像雷达为主。目前国外已有用于军事、抢险、资源探测方面的 UMB 穿墙成像雷达产品,这类产品主要依据的是 FCC 制定的频谱

限值要求,最大平均等效全向发射功率(EIRP)不超过 41.3 dBm/MHz,工作频段在 2 GHz 以上。

UMB 穿墙成像技术产品往往都是利用持续时间极为短暂的 UMB 信号脉冲穿过一定厚度的墙壁,通过设置在成像设备上的信息屏幕,获取墙壁另一侧的物体(运动)信息。

此外,大地探测雷达也可以应用 UMB 技术,其工作原理与穿墙雷达相似。

(2)高速无线通信系统。

在高速无线通信应用中,UMB 可以作为一种短距离高速传输的无线接入手段,非常适合支持无线个域网的应用。

UMB 将通过支持无线 USB 的应用,取代传统的 USB 电缆,使无线高速 USB 应用成为可能。

UMB 可应用于移动通信、计算机及其外设、消费电子、信息安全等诸多领域,如家用高清电视图像传送、数字家庭宽带无线连线、消费电子中高速数据传输、高清图片及视频显示、汽车视频与媒体中心等。

(3)精确测量定位系统。

在精确定位应用中,UMB 由于其高分辨率,在精确测量定位系统中得到了广泛应用,汽车防碰雷达系统(车载 UMB 雷达)就是一个典型的例子。车载 UMB 雷达主要应用在 24GHz 频段。

3.1.4 Z-wave 技术

无线网络技术的应用主要集中在高速率方面,研究重点始终放在提高数据速率上,而低速率应用受到的关注较少,但这并不能说明低速率应用不重要。事实上,低速率应用比高速率应用更贴近人们的日常生活。

26-wave 和 ZigBee 相似,是关注于低速率应用的无线组网技术,Z-wave 强调简单易用、近距离、低速率、低功耗、电池寿命长但价格较低廉的市场定位,支持嵌入式应用的无线传感器网络。

1. Z-wave 技术简介

Z-wave 是由一家丹麦公司一手主导的无线组网规格,Z-wave 联盟(Z-wave alliance)虽然没有 ZigBee 联盟强大,但是 Z-wave 联盟的成员均是已经在智能家居领域有现行产品的厂商,该联盟成员已经包括 160 多家国际知名公司,范围基本覆盖全球各个国家和地区。

Z-wave 是一种新兴的、基于射频的、低成本、低功耗、高可靠、适于网络的短距离无线通信技术。信号的有效覆盖范围在室内是 30 m,室外可超过 100 m,适合于窄带宽应用场合。随着通信距离的增大,设备的复杂度、功耗以及系统成本都在增加,相对于现有的各种无线通信技术,Z-wave 技术是功耗最低和成本最低的技术,有力地推动了低速率无线个人区域网发展。

2. Z-wave 性能与其他无线技术对比

Z-wave 技术具有低功耗和低成本的特点,有力地推动了物联网的发展和应用。

Z-wave 与其他无线技术比较,有其独特的性能优点,如表 3-2 所示。例如,Z-wave 使用 1 GHz 以下频率,目前使用这段频带的设备相对较少,而 ZigBee 使用的 2.4 Ghz 频段正逐渐变得拥挤而容易受到干扰。

表 3-2　Z-wave 与其他无线技术比较

项目	Z-wave	ZigBee	蓝牙(802.15.1)	Wi-Fi(802.11a)
传输速率	100 kbit/s	20~250 kbit/s	1 Mbit/s	54 Mbit/s
传输距离	小于 30 m	1~100 m	10 m	10~100 m
频段	865~923 MHz	2.4 GHz	2.4 GHz	2.4 GHz
穿透效果	好	一般	差	差
功耗	低	较低	一般	一般
安全性	好	好	一般	一般

3. Z-wave 的应用优势

Z-wave 技术在应用上具有以下优势。

(1)成本低。Z-Wave 技术专门针对窄带应用,并采用创新的软件解决方案取代成本高的硬件,因此只需花费其他同类技术的一小部分成本,就可以组建高质量的无线网络。

(2)低功耗。Z-wave 利用压缩帧格式,同时采用自适应发射功率模式,在通信连接状态下采用休眠模式。一般情况下,Z-wave 设备仅靠 2 节 7 号电池,就可以维持长达 2 年以上的寿命。

(3)模块体积很小,可以方便地集成到各种设备中。

(4)高度健全性和可靠性。Z-wave 采用双向应答式(FSK)的传送机制,确保了网络中的所有设备之间的高可靠通信。

(5)全网覆盖。Z-wave 可以智能识别周边 30 m 范围内的 Z-wave 设备,判断可行性,以最快速的指令抵达全网任意一个终端设备。

(6)网络管理便捷化。Z-wave 技术可以使智能化网络内的每一个 Z-wave 设备都有其自身专属的网络标识,便于网络管理。

4. Z-wave 的应用

Z-wave 技术设计主要用于住宅、照明商业控制以及状态读取应用,如抄表、照明及家电控制、HVAC、接入控制、防盗及火灾检测等。Z-wave 可将任何独立的设备转换为智能网络设备,从而实现控制和无线监测。

Z-wave 技术在最初设计时,就定位于智能家居无线控制领域。它采用小数据格式传输,40 kbit/s 的传输速率足以应对日常需求,早期它甚至使用 9.6 kbit/s 的速率传输。与其他同类无线技术相比,Z-wave 技术拥有相对较低的传输频率、相对较远的传输距离和一定的价格优势。

随着 Z-Wave 联盟的不断发展,该技术的应用将不仅局限于智能家居方面,在酒店控制系统、工业自动化、农业自动化等多个领域,都将得到广泛应用。

3.1.5　其他短距离通信技术

1. NFC 近距离通信技术

(1)NFC 简介。

近场通讯(near field communication,NFC),又称近距离无线通信,是一种短距离的高频无线通信技术,允许电子设备之间进行非接触式点对点数据传输和数据交换。这个技术由非接触式 RFID(RFID)演变而来,采用主动和被动两种读取模式。

NFC 在 13.56 MHz 频率运行于 20 cm 距离内。其传输速度有 106 kbit/s、212 kbit/s 和 424 kbit/s 三种。

NFC 具有成本低廉、方便易用和更富直观性等特点,只需通过一个芯片、一根天线和一些软件的组合,就能够实现各种设备在几厘米范围内的通信。

(2)NFC 设备的应用(图 3-4)。

当前很多智能手机已经支持 NFC 技术。NFC 技术在手机上应用主要包括以下五类。

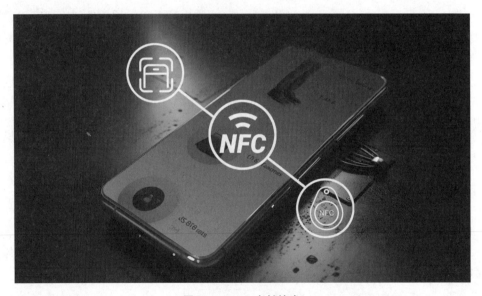

图 3-4　NFC 支付技术

①接触通过。如门禁管理、车票和门票等,用户将储存车票证或门控密码的设备靠近读卡器即可使用,也可用于物流管理。

②接触支付。如非接触式移动支付,用户将设备靠近嵌有 NFC 模块的 POS 机,可进行支付并确认交易。

③接触连接。如把两个 NFC 设备相连接,进行点对点数据传输,可下载音乐、图片互传和交换通讯录等。

④接触浏览。如用户可将 NFC 手机靠近街头有 NFC 功能的智能公用电话或海报，以浏览交通信息等。

⑤下载接触。用户可通过 GPRS 网络接收或下载信息，用于支付或门禁等功能，如用户可发送特定格式的短信至家政服务员的手机，以控制家政服务员进出住宅的权限。

2. IrDA 红外技术

（1）IrDA 简介。

IrDA 是红外数据组织（infrared data association）的简称，是一种利用红外线进行点对点通信的技术。

红外线是波长在 750 nm~1 mm 之间的电磁波，它的频率高于微波而低于可见光，是一种人眼看不到的光线。目前，无线电波和微波已被广泛应用于长距离的无线通信之中，由于红外线的波长较短，对障碍物的衍射能力差，所以它更适合应用在需要短距离无线通信的场合，进行点对点的直线数据传输。

（2）IrDA 的应用。

红外通信有着成本低廉、连接方便、简单易用和结构紧凑的特点，因此，在小型的移动设备中获得了广泛的应用。这些设备包括笔记本电脑、掌上电脑、机顶盒、游戏机、移动电话、计算器、仪器仪表、数码相机以及打印机等计算机外围设备中。

试想一下，如果没有红外通信，连接以上其中两个设备就必须要有一条特制的连线，如果要使它们能够两两任意互联传输数据，需要多少种连线呢？而有了红外口，这些问题就迎刃而解了。

随着移动计算和移动通信设备的日益普及，红外数据通信已经进入了发展的黄金时期。尽管现在有了同样属于近距离无线通信的蓝牙技术，但红外通信技术以低廉的成本和广泛兼容的优势，势必会在将来很长一段时间内在短距离无线数据通信领域占据重要地位。

3. WiGig 无线技术

无线千兆联盟（wireless gigabit alliance，WiGig）是一种更快的短距离无线技术，可用于在家中快速传输大型文件。

WiGig 与 Wi-Fi 有很多相似之处。WiGig 可以作为 Wi-Fi 标准的一个补充，随着各种条件的成熟，Wi-Fi 和 WiGig 将来有可能融合为一体。

WiGig 的应用优势如下：

（1）WiGig 技术比 Wi-Fi 技术快 10 倍，且无须网线就可以将高清视频由电脑和机顶盒传输到电视机上。

（2）WiGig 的传输距离比 Wi-Fi 短，WiGig 可以在一个房间内正常运转，也能延伸至相邻房间。

（3）WiGig 不是 Wireless HD（无线高清）等技术的直接竞争对手，它拥有更广泛的用途，其目标不仅是连接电视机，还包括手机、摄像机和个人电脑等。

（4）WiGig 和 Wireless HD 都使用 60 GHz 的频段，这一基本尚未被使用的频段可以在近距离内实现极高的传输速率。

（5）WiGig 可以达到 6 Gbit/s 的传输速率，差不多能在 15 s 内传输一部 DVD 的内容。

3.2 无线局域网络技术

局域网（LAN），又称内网，指覆盖局部区域（如办公室或楼层）的计算机网络。

无线局域网（WLAN），是不使用任何导线或传输电缆连接，而使用无线电波作为数据传送媒介的局域网，其传送距离一般只有几米到几十米。无线局域网的主干网络通常使用有线电缆，无线局域网用户通过一个或多个无线接取器接入无线局域网。

无线局域网现在已经广泛应用于商务区、学校、机场及其他公共区域。无线局域网最通用的标准是 IEEE 定义的 802.11 系列标准。

3.2.1 Wi-Fi 技术

1. Wi-Fi 简介

无线高保真（Wi-Fi）属于无线局域网的一种，是一个创建于 IEEE802.11 标准的无线局域网技术。

Wi-Fi 是当前最常用的家庭无线组网技术，IEEE802.11 的设备已涵盖市场上的许多产品，如个人电脑、游戏机、智能手机、打印机、笔记本电脑以及其他周边设备。

Wi-Fi 是当今应用比较广泛的短距离无线网络传输技术，可以将个人电脑、手持设备（如 PDA、手机）等终端以无线方式互相通信，它以传输速度高，有效距离较长的优势得到广泛应用。

现在，Wi-Fi 的覆盖范围在国内越来越广，高级宾馆、豪华住宅区、飞机场以及咖啡厅等区域都有 Wi-Fi 接口。当我们外出旅游、办公时，可以在这些场所使用掌上设备接入互联网。

2. Wi-Fi 技术优势

（1）无线电波的覆盖范围广。

基于蓝牙技术的电波覆盖范围非常小，半径大约只有 15 m，而 Wi-Fi 的半径可达 100 m，有的 Wi-Fi 交换机甚至能够把通信距离扩大到 6.5 km。

（2）传输速度快。

虽然由 Wi-Fi 技术传输的无线通信质量不是很好，数据安全性能比蓝牙稍差，传输质量也有待提高，但其传输速度非常快，可以达到 11 Mbit/s，可符合个人和社会信息化的需求。

（3）厂商进入该领域的门槛较低。

厂商只要在机场、车站、咖啡店、图书馆等人员较密集的地方设置"热点"，并通过高速线路将因特网接入上述场所。这样，由于"热点"所发射出的电波可以达到距接入点半径数十米至 100 m 的地方，用户只要将支持无线 LAN 的笔记本电脑、PDA 或智能手机拿到该区域内，即可高速接入因特网。也就是说，厂商不用耗费资金来进行网络布线接入即可使用,从而节省了大量的成本。

(4)无须布线。

Wi-Fi 最大的优势在于不需要布线,可以不受布线条件的限制,因此非常适合移动办公用户的需要,具有广阔的市场前景。

(5)健康安全。

IEEE802.11 规定的发射功率不可超过 100 mW,实际发射功率约 60~70 mW,而手机的发射功率约 200 mW~1 W,手持式对讲机高达 5 W。比较起来,Wi-Fi 产品的辐射更小,而且使用无线网络并非像手机直接接触人体,安全系数更高。

(6)组建方法简单。

一般架设无线网络的基本配备就是无线网卡及一台 AP,如此便能以无线的模式,配合既有的有线架构来分享网络资源,架设费用和复杂程序远远低于传统的有线网络。如果只是几台电脑的对等网,也可不要 AP,只需要每台电脑配备无线网卡。它主要在媒体存取控制层 MAC 中扮演无线工作站及有线局域网络的桥梁。有了 AP,就像一般有线网络的 Hub 一样,无线工作站可以快速且轻松地与网络相连。特别是对于宽带的使用,Wi-Fi 更具优势。有线宽带网络 ADSL、小区 LAN 等到户后,连接到一个 AP,然后在电脑中安装一块无线网卡即可使用。普通家庭有一个 AP 就足够使用,甚至用户的邻居得到授权后,则无须增加端口,也能以共享的方式上网。

3. Wi-Fi 组成结构

Wi-Fi 是由 AP 和无线网卡组成的无线网络。

(1)AP。

AP 为 Access Point 简称,一般翻译为“无线访问节点”或“网络桥接器”。它是传统的有线局域网络与无线局域网络之间的桥梁,因此任何一台装有无线网卡的 PC 均可通过 AP 分享有线局域网络甚至广域网络的资源,其工作原理相当于一个内置无线发射器的 Hub 或者路由。

(2)无线网卡。

无线网卡是负责接收由 AP 所发射信号的用户终端设备。

4. Wi-Fi 应用分类

一般根据 Wi-Fi 产品目标用户的不同,可以将 Wi-Fi 产品分为四类:个人 Wi-Fi、家庭 Wi-Fi、商业 Wi-Fi 和公众 Wi-Fi。

(1)个人 Wi-Fi。一般为单个用户提供 Wi-Fi 服务,通常以现有终端设备为载体,生成小范围的 Wi-Fi 热点,供用户自己使用。比如,当前大多数智能手机都能够通过生成一个 Wi-Fi 热点,实现网络共享,供其他设备上网。

(2)家庭 Wi-Fi。一般指无线路由器,通过接入运营商网络,提供 Wi-Fi 信号给家庭范围内的各种设备使用。

(3)商业 Wi-Fi。指面向企业客户,为客户提供包括硬件、软件、服务等内容的系统解决方案。

(4)公众 Wi-Fi。是指政府主导、相关企业参与的面对公众的无线城市建设。

5. 局域网络中的 Wi-Fi 的实现

为了实现局域网内部网络与外部因特网相连互通,在局域网内外和外部因特网之间需要一个局域网网关。该网关是整个局域网无线网络系统的核心部分,它一方面完成局域网无线网络中各种不同通信协议之间的转换和信息共享,同外部网络进行数据交换,另一方面还负责对局域网中网络终端进行管理和控制。

局域网中的网络终端也通过这个网关与外部网络连通,实现交互和信息共享。同时,该网关还具有防火墙功能,能够避免外界网络对局域网内部网络终端设备的非法访问和攻击。

在局域网中,Wi-Fi 主要应用于各种无线终端和局域网关上。我们可以使用个人电脑、手持网络终端或者遥控器与局域网网关进行连接,并通过局域网网关对无线终端实施各种有效的管理和控制。网关充当服务器的角色,控制设备对无线终端的控制也通过网关完成,这样有利于实现胖服务器—瘦客户端的结构。

6. Wi-Fi 的发展和未来

近年来,无线网络的方便与高效使无线 AP 的数量迅猛增长,得到迅速普及。除了一些公共地方有 AP 之外,国外已经有以无线标准来建设城域网的先例,Wi-Fi 在无线网络中的地位将会日益凸显。

Wi-Fi 是目前无线接入的主流标准,但是,Wi-Fi 会走多远呢? 在 Intel 的强力支持下,Wi-Fi 已经有了接班人。它就是全面兼容现有 Wi-Fi 的 WiMAX,相比于 Wi-Fi 的802.11X 标准,WiMAX 就是 802.16X。WiMAX 具有更远的传输距离、更宽的频段选择以及更高的接入速度等,预计在未来几年内它将成为无线网络的一个主流标准,Intel 计划将来采用该标准来建设无线广域网络。

总而言之,家庭和小型办公网络用户对移动连接的需求是无线局域网市场增长的动力,虽然到目前为止,美国、日本等仍然是 Wi-Fi 用户数量最多的国家,但随着电子商务和移动办公的进一步普及,廉价的 Wi-Fi 将成为那些随时需要进行网络连接用户的必然之选。

3.2.2 Ad-Hoc 网络技术

我们经常提及的移动通信网络一般都是有中心的,要基于预设的网络设施才能运行。如蜂窝移动通信系统要有基站的支持,无线局域网一般工作在有 AP 接入点和有线骨干网的环境中。但是,对于有些特殊场合来说,有中心的移动网络并不能胜任。如战场上部队快速推进,地震或水灾后的营救等。这些场合的通信不能依赖于任何预设的网络设施,而需要一种能够临时快速自动组网的移动网络。Ad-Hoc 网络可以满足这样的要求(图 3-5)。

1. Ad-Hoc 网络简介

Ad-Hoc 源于拉丁语,意思是"特设的、特定目的的、临时的"。

Ad-Hoc(wireless ad hoc network,无线随意网络),又称无线临时网络,是一种分散式的无线网络系统。它被称为 Ad-Hoc,是因为这种网络系统是临时形成的,由节点与

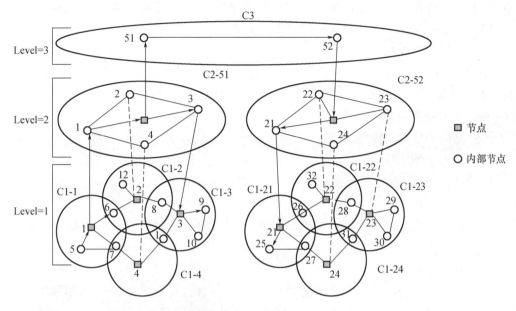

图 3-5　Ad-Hoc 网络

内部节点间的动态联结组成。它不需要依赖一个既存的网络架构,如有线系统的路由器,或无线系统的无线网络基地台。相反,每一个节点,都有能力转送网络封包给其他节点(这称为路由)。

Ad-Hoc 结构是一种省去了无线中介设备 AP 而搭建起来的对等网络结构,只要安装了无线网卡,不同计算机之间即可实现无线互联。其原理是网络中的一台计算机主机建立点到点连接,相当于虚拟 AP,而其他计算机就可以直接通过这个点对点连接进行网络互联与共享。

2. Ad-Hoc 网络的特点

Ad-Hoc 网络作为一种新的组网方式,具有以下特点。

(1)具有网络独立性。

Ad-Hoc 网络相对常规通信网络而言,最大的区别就是可以在任何时间、任何地点不需要硬件基础网络设施的支持,快速构建起一个移动通信网络。它的建立不依赖于现有的网络通信设施,具有一定的独立性,适合灾难救助、偏远地区通信等应用。

(2)动态变化的网络拓扑结构。

在 Ad-Hoc 网络中,移动主机可以在网中随意移动。主机的移动会导致主机之间的链路增加或消失,主机之间的关系不断发生变化。在自组网中,主机可能同时还是路由器,移动会使网络拓扑结构不断发生变化,而且这种变化的方式和速度都是不可预测的。对于常规网络而言,网络拓扑结构则相对较为稳定。

(3)有限的无线通信带宽。

在 Ad-Hoc 网络中没有有线基础设施的支持,主机之间的通信均通过无线传输来完成。由于无线信道本身的物理特性,它提供的网络带宽相比有线信道要低得多。除此以外,考虑到竞争共享无线信道产生的碰撞、信号衰减、噪音干扰等多种因素,移动终端可得到的实际带宽远远小于理论中的最大带宽值。

（4）有限的主机能源。

在 Ad-Hoc 网络中,主机均是一些移动设备,如 PDA、便携计算机或掌上电脑等。由于主机可能处在不停地移动状态中,主机工作所需的能源主要由电池提供,因此 Ad-Hoc 网络具有能源有限的特点。

（5）网络的分布式特性。

在 Ad-Hoc 网络中没有中心控制节点,主机通过分布式协议互联。一旦网络中的某个或某些节点发生故障,其余节点仍然能够正常工作。

（6）生存周期短。

Ad-Hoc 网络主要用于临时的通信需求,相对于有线网络,它的生存时间一般比较短。

（7）有限的物理安全。

移动网络通常比固定网络更容易受到物理安全攻击,易于遭受窃听、欺骗和拒绝服务等攻击。现有的链路安全技术有些已应用于无线网络中来减少安全攻击。不过 Ad-Hoc 网络的分布式特性相对于集中式的网络具有一定的抗毁性。

3. Ad-Hoc 网络的应用领域

由于 Ad-Hoc 网络的特殊性,它的应用领域与普通的通信网络有着显著的区别。Ad-Hoc 网络适合应用于无法或不便预先铺设网络设施的场合、需快速自动组网的场合等。针对 Ad-Hoc 网络的研究是因军事应用而发起的。军事应用仍是 Ad-Hoc 网络的主要应用领域,但是民用方面,Ad-Hoc 网络也有非常广泛的应用前景。

Ad-Hoc 的应用场合主要有以下几类。

（1）军事应用。

军事应用是 Ad-Hoc 网络技术的主要应用领域。因其特有的无须架设网络设施、可快速展开、抗毁性强等特点,Ad-Hoc 成为数字战场通信的首选技术。

（2）传感器网络。

传感器网络是 Ad-Hoc 网络技术的另一大应用领域。对于很多应用场合来说,传感器网络只能使用无线通信技术,而考虑到体积和节能等因素,传感器的发射功率不可能很大。使用 Ad-Hoc 网络实现多跳通信是非常实用的解决这一问题的方法。分散在各处的传感器组成 Ad-Hoc 网络,可以实现传感器之间与控制中心之间的通信。这在爆炸残留物检测等领域具有非常广阔的应用前景。

（3）紧急应用。

在发生地震、洪灾、强热带风暴或遭受其他灾难打击后,固定的通信网络设施(如有线通信网络、蜂窝移动通信网络的基站等网络设施、卫星通信地球站以及微波接力站等)可能被全部摧毁或无法正常工作,对于抢险救灾来说,这时就需要 Ad-Hoc 网络这种不依赖任何固定网络设施又能快速布设的自组织网络技术。另外,处于边远或偏僻野外地区时,同样无法依赖固定或预设的网络设施进行通信。Ad-Hoc 网络技术的独立组网能力和自组织特点,是这些场合通信的最佳选择。

(4)个人通信。

个人局域网(PAN)是 Ad-Hoc 网络技术的另一应用领域。它不仅可用于实现 PDA、手机、手提电脑等个人电子通信设备之间的通信,还可用于个人局域网之间的多跳通信。

(5)与移动通信系统相结合。

Ad-Hoc 网络还可以与蜂窝移动通信系统相结合,利用移动台的多跳转发能力扩大蜂窝移动通信系统的覆盖范围,均衡相邻小区的业务,提高小区边缘的数据速率等。在实际应用中,Ad-Hoc 网络除了可以单独组网实现局部的通信外,还可以作为末端子网通过接入点接入其他的固定或移动通信网络,与 Ad-Hoc 网络以外的主机进行通信。Ad-Hoc 网络也可以作为各种通信网络的无线接入手段之一。

3.3　无线广域网络技术

广域网(wide area network,WAN),有时也称为远程网,是连接不同地区的局域网或城域网的计算机通信的远程网。广域网通常覆盖很大的物理范围,从几十平方千米到几千平方千米,它能连接多个地区、城市和国家,或横跨几个洲并能提供远距离通信,形成国际性的远程网络。

广域网所覆盖的范围比城域网(MAN)更广。因为距离较远,信息衰减比较严重,相对来说,广域网会有更高的传播延迟。

广域网的通信子网主要使用分组交换技术,利用公用分组交换网、卫星通信网和无线分组交换网,将分布在不同地区的局域网或计算机系统互连起来,达到资源共享的目的。

无线广域网(wireless wide area network,WWAN)指覆盖全国或全球范围内的无线网络,能够提供更大范围内的无线接入。卫星通信系统以及手机的移动网络通信,如 GSM 移动通信系统等都是典型的无线广域网。

3.3.1　GSM 技术

1. GSM 简介

全球移动通信系统(global system for mobile communications,GSM)俗称"全球通",是一种起源于欧洲的移动通信技术标准,其开发目的是让全球各地可以共同使用一个移动电话网络标准,让用户使用一部手机就能走遍全球。

GSM 是当前应用最为广泛的移动电话标准,全球超过 200 个国家和地区有超过 10 亿人正在使用 GSM 电话。随着 GSM 标准的广泛使用,在移动电话运营商之间签署"漫游协定"后,用户的国际漫游变得十分平常。

2. GSM 数字蜂窝网络

GSM 数字移动通信系统是在蜂窝系统的基础上发展而成的。

蜂窝网络或移动网络(cellular network)是一种移动通信硬件架构,分为模拟蜂窝网络和数字蜂窝网络。由于构成网络覆盖的各通信基地台的信号覆盖呈六边形,从而使整个网络像一个蜂窝而得名。

GSM 是一个数字蜂窝网络,客户连接到它能搜索到最近的蜂窝单元区域。

GSM 网络蜂窝根据单元覆盖区域分为 4 种:巨蜂窝、微蜂窝、微微蜂窝和伞蜂窝。

(1)巨蜂窝。基站天线一般安装在天线杆或者建筑物顶上。

(2)微蜂窝。天线高度低于平均建筑高度,一般用于市区内。

(3)微微蜂窝。用于室内的小型蜂窝,只覆盖几十平方米的范围。

(4)伞蜂窝。用于覆盖更小的蜂窝网盲区,填补蜂窝之间的信号空白区域。蜂窝半径范围根据天线高度、增益和传播条件可以从百米以下到数十千米以上。

GSM 规范设计的最大小区半径,一般情况下为 35 km。如果采用扩展蜂窝的技术,则可以达到 120 km 以上,适用于一些传播条件极好的情况。

3. GSM 系统结构

GSM 系统主要由移动台(MS)、基站子系统(BSS)、移动网子系统(NSS)和操作支持子系统(OSS)四部分组成(图 3-6)。

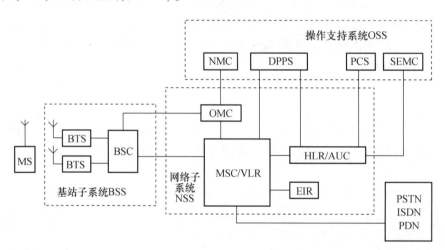

图 3-6　GSM 系统结构

(1)MS。

MS 是公用 GSM 移动通信网中用户使用的设备,也是用户能够直接接触的整个 GSM 系统中的唯一设备。移动台的类型不仅包括手持台,还包括车载台和便携式台。随着 GSM 标准的数字式手持台朝着小型、轻巧和功能日益完善的趋势发展,手持台的用户将占整个用户的极大部分。

(2)BSS。

BSS 是 GSM 系统中与无线蜂窝方面关系最直接的基本组成部分。它通过无线接口直接与移动台相接,负责无线发送接收和无线资源管理。另一方面,BSS 与 NSS 中的移动业务交换中心(MSC)相连,实现移动用户之间或移动用户与固定网络用户之间的通信连接,传送系统信号和用户信息等。当然,要对 BSS 部分进行操作维护管理,还要建立 BSS 与操作支持子系统(OSS)之间的通信连接。

(3) NSS。

NSS 主要包含 GSM 系统的交换功能和用于用户数据与移动性管理、安全性管理所需的数据库功能,它对 GSM 移动用户之间通信、GSM 移动用户与其他通信网用户之间通信起着管理作用。NSS 由一系列功能实体构成,整个 GSM 系统内部,即 NSS 的各功能实体之间和 NSS 与 BSS 之间都通过符合 CCIT 信令系统 7 号协议和 GSM 规范的 7 号信令网络互相通信。

(4) OSS。

OSS 需要完成多项任务,包括移动用户管理、移动设备管理以及网络操作和维护等。

4. GSM 技术特点

GSM 的主要技术特点如下。

(1)频谱效率高。

GSM 采用了高效调制器、信道编码、交织、均衡和语音编码技术,使系统具有高频谱效率。

(2)容量大。

由于每个信道传输带宽增加,降低了同频复用载干比,加上半速率话音编码的引入和自动话务分配以减少越区切换的次数,GSM 系统的容量效率(每兆赫每小区的信道数)比 TACS 系统高 3~5 倍。

(3)话音质量好。

鉴于数字传输技术的特点以及 GSM 规范中有关空中接口和话音编码的定义,在门限值以上时,GSM 话音质量总能达到相当的水平,而与无线传输质量无关。

(4)开放的接口。

GSM 标准所提供的开放性接口,不仅限于空中接口,还包括网络之间以及网络中各设备实体之间的接口。

(5)安全性好。

GSM 系统通过鉴权、加密和 TMSI 号码的使用,达到安全的目的。鉴权用来验证用户的入网权利。加密用于空中接口,由 SIM 卡和网络 AUC 的密钥决定。TMSI 是一个由业务网络给用户指定的临时识别号,以防止有人跟踪而泄漏用户的地理位置。

(6)与 ISDN、PSTN 等的互联。

GSM 系统与其他网络的互联通常利用现有的接口,如 ISUP 或 TUP 等。

(7)在 SIM 卡基础上实现漫游。

漫游是移动通信的重要特征,它标志着用户可以从一个网络自动进入另一个网络。GSM 系统可以提供全球漫游,当然需要网络运营者之间的某些协议作为前提,如计费等。

3.3.2　GPRS 技术

1. GPRS 简介

通用分组无线服务技术(GPRS)是一种基于 GSM 系统的无线分组交换技术,提供端到端的、广域的无线 IP 连接,是 GSM 移动电话用户可用的一种移动数据业务。

GPRS 是一项高速数据处理的技术,以分组的形式传送资料到用户手中。作为现有GSM 网络向第三代移动通信演变的过渡技术,它经常被描述成"2.5G"。

2. GPRS 的特点

GPRS 有下列特点:

(1)依托现有资源。GPRS 可充分利用中国移动全国范围的电信网络 GSM 现有资源,方便、快速、低建设成本为用户数据终端提供远程接入网络的部署。

(2)传输速率高。GPRS 数据传输速度可达到 57.6 kbit/s,最高可达到 115 ~ 170 kbit/s,可以满足用户应用的需求。

(3)接入时间短。GPRS 接入等待时间短,可快速建立连接,平均为 2 s。

(4)提供实时在线功能。用户将始终处于连线和在线状态,使访问服务变得非常简单、快速。

(5)按流量计费。GPRS 用户只有在发送或接收数据期间才占用资源,用户可以一直在线,按照用户接收和发送数据包的数量来收取费用,没有数据流量的传递时,用户即使挂在网上也是不收费的。

3. GPRS 的应用

GPRS 应用主要分为面向个人用户的横向应用和面向集团用户的纵向应用。

(1)横向应用。GPRS 可提供网上冲浪、E-mail、文件传输、数据库查询、增强型短消息等业务。

(2)纵向应用。GPRS 可提供的应用较广。如车辆及智能调度,无线 POS、无线ATM、自动售货机、流动银行等。

3.3.3　4G 技术

随着数据通信与多媒体业务需求的发展,适应移动数据、移动计算及移动多媒体运作需要的第四代移动通信开始兴起。4G 拥有的超高数据传输速度,被中国物联网校企联盟誉为机器之间当之无愧的"高速对话"。

1.4G 简介

第四代移动电话行动通信标准(The Fourth Generation of Mobile Phone Mobile Communication Technology Standards),指的是第四代移动通信技术,外文缩写为 4G。

国际电信联盟-无线电通信部门(ITU-R)指定一组用于 4G 标准的要求,命名为IMT-Advanced 规范,规定在 IMT-Advanced 的蜂窝网络系统必须满足以下要求。

(1)基于全 IP(All IP)分组交换网络。

（2）在高速移动性的环境下达到约 100 Mbit/s 的速率,如移动接入;在低速移动性的环境下高达约 1 Gbit/s 的速率,如游牧/固定无线网络接入的峰值数据速率。

（3）能够动态地共享和利用网络资源来支持每单元多用户同时使用。

（4）使用 5～20 MHz 可扩展的信道带宽,最高可达 40 MHz。

（5）实现不同系统网络之间的平滑切换。

（6）提供高质量的服务 QoS(quality of service),为支持新一代的多媒体传输能力。

2. 网络结构

4G 移动系统网络结构可分为三层:物理网络层、中间环境层、应用网络层。

物理网络层提供接入和路由选择功能,它们由无线和核心网的结合格式完成。中间环境层的功能包括 QoS 映射、地址变换和完全性管理等。

物理网络层与中间环境层及其应用环境之间的接口是开放的,它使发展和提供新的应用及服务变得更为容易,提供无缝高数据率的无线服务,并运行于多个频带。

3. 4G 标准

（1）LTE 技术。

长期演进(long term evolution,LTE)项目是 3G 的演进,是高速下行分组接入 4G 发展的过渡版本,俗称为 3.9G。

长期演进技术应用手机及数据卡终端的高速无线通信标准,它改进并增强了 3G 的空中接入技术,并使用调制技术提升网络容量及速度,改善了位于小区边缘的用户的使用体验,提高小区容量和降低系统延迟。

（2）LTE-Advanced 技术。

虽然长期演进技术被电讯公司夸大宣传为“4G LTE”,实际上它并不是真正的 4G,因为它并不符合国际电信联盟无线电通信部门要求的 4G 标准。长期演进技术升级版(LTE-Advanced)才符合国际电信联盟无线电通信部门要求的 4G 标准。

LTE-Advanced 是 LTE 的升级演进,由 3GPP 主导制定,完全兼容 LTE,通常在 LTE 上通过软件升级即可使用。其峰值速率为下行 1 Gbit/s,上行 500 Mbit/s。LTE-Advanced 是第一批被国际电信联盟承认的 4G 标准,也是事实上的唯一主流 4G 标准。

3.3.4　5G 技术

1. 5G 的概念

5G 是第五代移动通信技术的简称,也被称为第五代移动电话通信标准,是最新一代中国移动通信技术(图 3-7)。5G 技术的主要目标是追求高速率,最大限度减少延迟,进一步节省能源,降低运营成本。与上一代的 4G 通信技术相比,5G 技术的主要优势就是数据传输速率快,最高传输速率提高了近 100 倍。下一代移动通信联盟制图得益于 5G 技术研究的迅速发展,相关商业化应用在 2020 年逐步推开,以满足广大消费者和企业具体需求。5G 不仅可以提供更快的传输速度,还可以满足更多的用户使用需求,如互联网广播类服务以及发生自然灾害时的生命通信等,具有广阔的市场空间。

图 3-7　5G 技术

2. 5G 特性分析

5G 技术的主要优势有：超大带宽、超低时延及超多连接。其中最显著的优势是传输速度快，5G 可以达到当前 4G 速度的 100 倍，为其在各种复杂场景中的应用提供了必要的技术支持。

第一，5G 应用场景分析。就当前 4G 技术而言，移动互联网是其主要的应用场景。5G 具有 4G 不具有的诸多特性，其应用场景将更为广泛。在未来，智能交通、智能医疗、智能家居、超高清视频等领域都会看到 5G 技术的身影。可以说，4G 改变了我们的生活，而 5G 会深刻改变我们的社会。

第二，5G 技术应用趋势。在 4G 时代，人与人之间实现了互联。在 5G 时代，将会实现万物互联。可以设想，在 5G 技术应用的各阶段将会呈现出不同的应用趋势。在应用的初始阶段，5G 将主要被用于超高清视频以及 AR/VR 领域。在应用的发展阶段，5G 将会实现万物互联，体验的范围将进一步扩大。在应用的成熟阶段，将会实现基于 5G 技术的广泛应用，最终将步入数字经济时代。

3. 5G 技术在物联网中的应用

（1）进行研发牵引和标准引导。

技术人员在对当前我国物联网技术发展现状进行分析时发现，对 5G 技术的创新和应用需要在产业的发展情况上进行分析。

①需要按照要求培育出一批自主物联网平台，其主要目的是积极参与国际竞争，还要结合以前网络技术的特点，提高总体设计质量，对数据信息进行采集，保障设备连接的有效性。在此过程中，技术人员本身还要具备数据处理等基础能力，对行业物联网应用进行引导。

②需要重点对高端智能传感器和物联网等多种内容进行安全管理。由于物联网的数据开放性强，因此需要强化其隐私保护等功能，以物联网终端和操作系统为基础，建

立一体化的管理平台,应用 5G 技术整合产业链上下游,积极促进产业生态的有效发展。最后,还需要对不同的产业发展情况进行标准引导,建立相关的物联网标准体系,从而保障 5G 技术在物联网中的有效应用。

(2)积极带动物联网的发展。

5G 通信技术在社会网络体系中得到了快速发展,物联网技术也在此基础上得到进一步发展。5G 手机的出现不仅在一定程度上打破了物联网技术以前的布局,还实现了对网络结构的智能化改造。5G 通信技术会让智能设备的数量和类型明显增加,为物联网技术的有效应用提供了基础,让网络的应用变得更加便捷。5G 技术的特点还在各种设备上得到一定的体现,它可以借助毫米波开展通信,还可以在一定程度上有效缩小通信设备与占地面积,为小型化和便捷化设备在生产中的稳定运行提供条件。在 5G 技术的物联网背景下,广大用户还会体验到在 4G 网络中不能体验到的功能,并将其运用到日常工作与生活中,为人们提供更大的便利。在 5G 技术的基础上,人工智能等设备在物联网的发展中也得到了广泛使用,如智能导航驾驶会出现在人们的生活中,在保障驾驶人员安全性的基础上,为用户提供更准确的数据信息。以 5G 技术为前提,对物联网中的潜在功能和作用进行全面挖掘,可以为人们提供更加便捷的服务。尤其是在全球化的时代背景下,5G 通信技术与物联网技术的有效结合,能提高我国的网络技术水平,让各大行业在激烈的市场竞争中脱颖而出。

(3)政府和运营商需要共同推进 5G 技术的发展。

5G 技术的发展,需要以 PC+互联网为基础,发挥其本身特有的功能,加强 5G 技术在电子政务和电子商务中的有效应用,还需要以智能手机+移动互联网为前提,发挥其移动支付功能,创新支付方式,加强其有效应用。尤其是在移动物联网发展的背景下,多种信息技术都得到了完善,5G 技术已经成为智慧城市建设的主要内容,成为物联网发展的有效措施。在此背景下,政府和运营商需要加强合作,在城市神经网络和人工智能等方面,合理应用 5G 技术,实现"物与物、人与物"的全面信息化。如加强 5G 技术在智慧环保、智慧交通和智慧照明等多领域中的应用。政府作为智慧城市规划以及政策制定中的主导者,需要结合城市总体的发展目标,进行顶层设计,主要包括对资源的整合,创新网络、运维和商业等多种模式,确保在城市可以平稳运行的基础上,加强对 5G 技术的有效应用。此外,政府还能够通过政策扶持,或者财政补贴等方式,完善 5G 技术的物联网建设体系。

(4)建立公共网络服务平台。

在 5G 技术背景下,建立公共物联网服务平台,可以汇聚行业的信息数据,为各行各业的发展提供更好的物联网服务。目前,全球已经大约有 50 家运营商建立了物联网平台,实现对物联网的生态建设。在我国,运营商非常重视生态建设,一般会利用模组补贴、生态联盟和创新大赛等多种手段,增加上下游合作伙伴的数量。尤其是在商业模式方面,为了避免传统风险投资和收入分享等对物联网发展的影响,运营商结合城市公共产品以及服务类型,建立了相应的公共服务平台。

5G 技术已经成为社会网络发展的必然趋势。加强 5G 技术在物联网中的应用,可以进一步完善我国的网络建设体系。

4. 5G 移动通信技术在物联网的作用

从物联网的体系结构上来看,5G 移动通信技术处于网络层,所以从物联网的需求上分析,5G 技术并不会对物联网所有应用行业产生影响。物联网本质是一种更高发展的互联网。5G 的研发目标是实现在任何地点、任何时候的无缝隙连接,以及连接的高可靠性和高安全性,并且根据需要具备移动性功能。这种应用需求就使得无线网络的作用变得更加重要。从网络层上讲,现有的无线网络都可使用,但因为各种网络存在各自的优缺点,它们就不能完全适应物联网发展的需要。物联网的网络层,在架构上是以现有的通信网络及互联网建立起来的,或者说网络层其实就是通信网和互联网,它利用这两者进行服务,在功能上主要是信息接入、信息的传输及业务承载。现有的通信网及互联网的性能指标各有不同,如通信网,常见的各类移动通信网、有线网络,带宽上又有窄带和宽带的,而且物联网的接入单元、使用单元、信息的种类等有极大区别,所以在分析物联网的网络层需求时,一种技术肯定不可能满足所有要求。根据 5G 技术特点,从物联网体系中的网络层需求来看,5G 技术更为符合现时大部分的物联网应用的需求。

5G 的三个典型应用场景的分类及技术上的关键性能指标,在对典型场景的适应性上基本能满足目前物联网的网络层需求。从技术需求上说,5G 将成为未来物联网的核心网络。5G 其实只是提供物联网网络层的技术服务。5G 的三个典型应用场景的技术特点主要包括以下几个方面。

增强移动宽带(eMBB)是面向传统类的大流量移动宽带业务,如超高清视频、超高清电视会议等。这类应用其实是对目前 4G 或者其他无线网络应用的增加,现有的物联网应用中对容量和速率的需求越来越大,现有的无线网络不足以支持这些需求,5G 将使得这些应用产生巨大变动。

海量机器类通信(mMTC)是针对大规模的物联网业务,目前建设的主要是 NB-IoT,但将来可以利用其丰富的无线资源主要发展 6GHz 以下的无线资源。在 5G 技术以前,人们更多使用的是 Wi-Fi、ZigBee、蓝牙等技术,这些技术从覆盖范围来讲都比较小,只能用在小范围的场景,数据传输主要利用 4G 移动通信系统。目前主要建设的是大范围覆盖的 NB-IoT、LoRa 技术,它们可以有效促进物联网的发展应用。

在现在的智能化工厂中,大量传感器都安装在机器内部,相关信息经传感器传达到后端网络,通过处理后再传送回机器的整个过程中,以现有网络的传输性能,延迟现象比较明显,极有可能引发安全事故。URLLC 将网络等待时间降低至 1 ms 以下,URLLC 的低时延和高可靠性的特点,使它成为无人驾驶、工业自动化等业务的首选。5G 的三大典型应用场景可以满足物联网不同的应用需求。如电视会议、远程视频监控等大流量的应用场景 eMBB 可以满足需求;mMTC 能满足海量低功耗终端的数据连接和传输需求。URLLC 可以将网络的时延降低到 1 ms 以下,能符合工业自动化控制过程中,系统和设备间进行实时传输数据的要求。

5. 5G 移动通信技术在物联网中的技术支持

目前,在不考虑成本因素的情况下,物联网各个行业及领域中的通信在技术需求上越来越趋向于要求超大容量、高速率、低时延。而这些技术需求全部体现在 5G 的关键指标要求中。

(1)超大容量指的是海量的同时用户接入数,物联网应用中经常需要大量物的连接。

(2)高速率指的是数据传输速率高,物联网中涉及大数据的采集和处理,必须有高的数据传输速率。

(3)低时延指用户接入网络用时少且得到的信息响应快,在物联网中有不少应用要求极低的时延,如前述的无人驾驶和工业自动化等。

总而言之,5G 在空口关键技术和网络关键技术中分别实现超大容量、高速率、低时延三大性能要求。针对用户接入数量体现的超大容量问题,作为无线物理层的关键核心技术,5G 采用各种新型的多址接入技术,通过在时域、频域、空域、码域的非正交技术复合手段,在同等资源的情况下实现更多用户的接入,还可以根据当前场景的需要灵活变换,从而实现物联网要求的超大容量,目前 5G 已开发的技术有 SCMA、MUSA、PDMA、NOMA 等非正交多址接入技术。在对速率提升明显的技术中,各种编码技术是提升速率的关键手段,同样 5G 提出的新调制编码技术、新频段的使用和新的 MIMO 技术分别在频谱利用率、增加新的频谱资源和频谱在空间的复用等手段上实现高速率的数据传输。移动通信的网络架构对通信中时延、速率、容量有着重大影响,在 5G 新的无线网络架构中,从全新的网元功能上满足了 5G 的高容量、高速率、低时延的需求,5G 的无线网络架构基本发展思路就是扁平化,人们相应地开发了 C-RAN、SDN、NFV、UDN、SON、D2D 等 5G 无线网络架构技术。

3.4　物联网的接入技术

物联网的接入技术是指将末梢汇聚网络或单个的节点接入核心承载网络的技术。核心承载网络可以包括如 4G、5G、GPRS 等各种公共商业网络,也可以是企业专网、物联网专网等,此外还包括全球性的核心承载网络——互联网。物联网的接入可以是单个物体(节点)的接入,如野外的单个观测节点,这就需要核心承载网络将分散的节点信息汇聚,或者将单个节点的信息传输到需要数据的地方。物联网的接入也可以是末梢网络多个节点信息汇聚后的接入,这种应用并不关注在末梢网络中单个节点的作用,而更加重视末端网中共同监测或汇聚信息的接入传输。物联网的接入技术多种多样,就接入设备而言,主要有物联网网关、嵌入物体的通信模块、各种智能终端(如手机)等。就接入的位置是否变化而言,可分为固定接入和移动接入两种。由于物联网需要一个无处不在的通信网络,而移动通信网具有覆盖广、建设成本低、部署方便、具备移动性等特点,这使得无线网络将成为物联网的一种便捷的接入方式。移动接入方式主要包括接入各种商业无线网络,如 GSM、GPRS、4G 网络、5G 网络等。

下面主要对物联网网关接入技术、6LowPAN 技术做简单介绍。

3.4.1 物联网网关技术

1. 物联网网关接入的主要技术及场景业务

物联网网关接入技术是构建物联网的核心,它主要包括:以太网技术、Wi-Fi 技术、蓝牙技术、ZigBee、UWB 技术及 NFC 技术。这些技术主要针对某一应用展开,大多缺乏兼容性。目前,国内外已经针对物联网网关的标准化工作展开深入的研究,以实现各种通信技术标准的互联互通。

Wi-Fi 设备数量巨大,ZigBee 功耗较低,相比较,主流芯片厂家更支持 Wi-Fi。

Wi-Fi 基于 IEEE802.11b 标准,利用无线电波传播并以最快的速度传输,而其有效的覆盖范围很大。它拥有可达 11 Mbps 的信息传输速度,从而满足高速传输信息的要求。而 100 多米的囊括范围也让 Wi-Fi 信号可以轻松到达房屋的各个角落,成本的低廉性和方便性也是它受到运营商们青睐的原因,人们只需要将智能设备带入其覆盖范围内就可连接到网络,省去了线路的连接,节省成本,且不需要昂贵的网络访问费用和移动网络费用,这也是其最受欢迎和使用率居高不下的关键因素之一。

相较于 Wi-Fi 技术,ZigBee 就显得相对冷落。ZigBee 是一种基于 IEEE802.15.4 标准的紫峰技术。它是一种范围小,能量损耗低,低数据速率和低成本的双向无线通信技术。ZigBee 主要适用于远程操控领域和自动控制的应用,在地理定位时可以通过接入各式设备并进行信号传输。在工业领域,ZigBee 技术通过直接序列扩频和动态网络,自动路由和网状拓扑,完全可以驾驭复杂度很高的工业自动化控制。ZigBee 技术在当今工业控制和智能建筑等领域发展十分迅速。

2. 物联网网关的硬件设施

传感器是物联网网关硬件设施中最重要的组成之一。物联网虽然是一个新兴概念,而传感器却是一个已有概念。在中国知网上,以"传感器"为关键字进行搜索,可发现其最早的研究可以追溯至 20 世纪 50 年代,相关研究共 30 多万篇。物联网是对现有技术的综合利用,有其现实基础,而不是一个新的技术。通过对现有研究分析发现,传感器相关研究主要分为传感器的研发和传感器的应用两大方面,由于物联网的发展,传感器技术也需要不断提高。传感器于物联网具有重大意义:

(1)传感器是物联网的重要组成部分,是云平台和终端用户连接的重要手段,是物联网建设的基础部件。

(2)物联网运行性能一定程度上依赖于传感器,因为传感器是数据和信息准确、可靠的基础保证。

(3)传感器推动物联网网络的发展。随着传感器不断升级,形成的传感器网络也不断更新换代,物联网也是第四代传感器网络推动的结果。

(4)传感器的水平决定物联网的发展前景。传感器技术经过近 70 年的发展,虽然已经取得了很大的进步,但是还有许多问题有待解决。与计算机、通信技术相比,传感器技术的发展还处于早期阶段,存在诸多问题,如技术创新能力差、研究投入不足、人才短缺和竞争力弱等。

综上所述,在推动物联网发展的同时,要重视推动传感器技术的发展,加强国内自主权,既提升自身经济实力,还要保证国内市场的稳定发展。

3. 物联网网关的软件设计

物联网网关的软件在整个过程中起辅助作用,却至关重要,软件与硬件缺一不可。物联网网关的软件设计在软件开发平台的选择上,多以 Linux 系统为主,在开发语言上具有多种选择,与计算机编程语言的发展相一致。计算机语言经历了机器语言、汇编语言和高级语言 3 个阶段,而机器语言编程效率低,已经被淘汰,在设计过程中多使用汇编语言和高级语言,并以高级语言为主。不同学者尝试利用不同的语言编写物联网网关软件,如 C/C++,但上述语言编写过于烦琐、安全性低且对开发人员技术要求较高。为此,有学者提出使用实时 Java 语言,并将 Java 实时程序中的缺陷进行了修复。Python语言也成为近年应用的热点。

通过资料分析可知,国内外各行各业越来越重视物联网的发展,将其视为新的经济增长点,制定了国家的长期战略规划,并提出建立"智慧地球"的目标。物联网网关作为物联网的重要组成部分,具有桥梁的作用,连接着终端用户与云平台,保证数据的传输过程的实现。本文以物联网网关为研究对象,对其研究情况和体系架构进行概述,详细介绍了三层体系架构和四层体系架构。在此基础上,本书对物联网网关的硬件和软件进行综述后发现,传感器技术是物联网发展的关键,而 Java 技术在物联网中的需求也在不断增加,且利用 Python 是未来发展的一个必然趋势。

4. 物联网网关的技术优势

(1)广泛的接入能力。

目前用于近程通信的技术标准很多,常见技术标准包括 ZigBee、Wi-Fi 等。各类技术主要针对某一应用展开,缺乏兼容性和体系规划。现在国内外已经展开针对物联网网关进行的标准化工作,如 3GPP、传感器工作组,以实现各种通信技术标准的互联互通。

(2)管理能力。

强大的管理能力,对于任何大型网络都是必不可少的。首先要对网关进行管理,如注册管理、权限管理、状态监管等。网关实现子网内的节点管理,如获取节点的标识、状态、属性、能量等,以及远程实现唤醒、控制、诊断、升级和维护等。由于子网的技术标准不同,协议的复杂性不同,所以网关具有的管理能力不同。

(3)协议转换能力。

从不同的感知网络到接入网络的协议转换,将下层的标准格式的数据统一封装,保证不同的感知网络的协议能够变成统一的数据和信令,将上层下发的数据包解析成感知层协议可以识别的信令和控制指令。

3.4.2　6LowPAN 技术

6LowPAN(IPv6 over low power wireless personal area network,基于 IPv6 的低功率无线个域网),主要实现将低功率无线个域网连接到 IPv6 网络中。

6LowPAN 同 ZigBee 一样,是基于 IEEE802.15.4 标准的无线连接技术。

1. 6LowPAN 发展背景

一直以来,将 IP 协议引入无线通信网络被认为是不现实的。迄今为止,无线网只采用专用协议,因为 IP 协议对内存和带宽要求较高,要降低它的运行环境要求以适应微控制器及低功率无线连接十分困难。

6LowPAN 技术是一种在 IEEE802.15.4 标准基础上传输 IPv6 数据包的网络体系,可用于构建无线传感器网络。6LowPAN 技术底层采用 IEEE802.15.4 规定的 PHY 层和 MAC 层,网络层采用 IPv6 协议。

建立在 IEEE802.15.4 标准 MAC 层之上的 ZigBee,可以说是目前最流行的低速率、无线网络标准,已经广泛用于智能家居、智能电网、商业楼宇自动化和其他低数据速率无线网络。6LowPAN 利用 IEEE802.15.4 的底层标准传输 IPv6 数据包,并由于其能支持与其他 IP 系统的无缝连接而表现出巨大的吸引力。

随着 IPv4 地址的耗尽,IPv6 的应用是大势所趋。物联网技术的发展,将进一步推动 IPv6 的部署与应用。6LowPAN 技术具有无线低功耗、自组织网络的特点,是物联网感知层、三线传感器网络的重要技术。

2. 6LowPAN 应用场景

从个人健康到大规模的设备监控,都可以使用 6LowPAN 标准。以下列出了几种需要使用 6LowPAN 标准的场景:

(1)嵌入式设备需要与基本互联网协议进行通信。

(2)低功耗,但是异构的网络需要捆绑在一起。

(3)对于新的用途和服务,网络必须是开放的、可重用的和可扩展的。

(4)在移动的大型网络设施中必须支持可扩展性。

6LowPAN 并不需要基础设施就可以实现自组织。因此,在家庭和楼宇自动化、医疗自动化、工业自动化、个人健康和实时监测等应用场景中,6LowPAN 具有显著优势。

3. 6LowPAN 框架

6LowPAN 网络基于 IEEE802.15.4 协议,只支持 IPv6 协议,并通过一个 6LowPAN 适配层来实现对标准和协议的简化。

(1)IEEE802.15.4 标准。

IEEE802.15.4 针对低功耗无线个人局域网,主要定义了网络中的 MAC 层和 PHY 层的标准。在 LPWPAN 中有两种设备,分别是完整功能设备 FFD 和精简功能设备 RFD。在所有的无线通信芯片中支持唯一的 EUI-64 地址,同时支持 16 位短地址。IEEE802.15.4 定义了工作在(2)4 GHz、915 MHz 和 868 MHz 频段上的低功耗无线嵌入式无线通信,可以提供 20~250 kbit/s 的数据传输速率。信道共享通过使用载波侦听多址访问来实现,物理层的有效载荷为 127 B。

(2)IPv6。

随着互联网的迅速发展,32 位的 IPv4 地址已无法满足现有用户的地址需求。IETF 在 1998 年发布了 RFC2460 规范,采用 128 位地址格式。IPv6 协议的优势在于地址容量的扩展,支持更多地址层次,更大数量的节点以及更加简单的地址自动配置,同时简化报头,报头的固定长度仅为 40 B,减少了处理包的开销。另外,IPv6 提供更好的 QoS,支持地址自动配置,同时支持认证与隐私,具有更高的安全性。

(3)6LowPAN 技术分析。

①分片重组。

为了减小报文长度,适配层的报文分为分片和不分片形式,当数据大于 MAC 层 MTU 时,需要进行分片。

②报头压缩。

在 6LowPAN 中报头压缩的思想是将报头中所有不变域都进行压缩。6LowPAN 中提出无状态报头压缩方案。这一方案能够对报头进行很好的压缩,但是大多数情况下,LowPAN 网络中的主机和节点都会和外部的主机和节点进行通信,源地址和目的地址都是不可进行路由的地址。在这样的数据包中,IPv6 地址只有 8B 可以进行压缩。基于上下文的头部压缩方案假定当节点加入网络时会有一种方法来获得上下文信息,这些信息可以在头部压缩时当作参考,但这种报头压缩方案并没有规定是怎样得到上下文信息的。基于上下文的报头压缩方案分为用于 IP 报头的方案(LowPAN_IPHC)和用于下一个报头的可选的压缩方案(LowPAN_NHC)。

③路由转发。

在 6LowPAN 中路由转发方式分为 Mesh-Under 和 Router-Over 两种方式。Mesh-Under 路由转发基于 MAC 层中的 EUI-64 地址或 16 位短地址,利用适配层的头部实现转发。目前 Mesh-Under 路由协议有 AODV、LOAD、按需动态 MANET 协议、HiLow 等。Router-Over 路由是基于 IP 地址来实现路由转发的。目前 RPL 协议主要是 IETF 的 ROLL 工作组进行研制的。RPL 协议通过建立一个目标导向的有向无环图 DODAG 来建立整个网络的路由拓扑,分为非存储模式和存储模式。在非存储模式中,根节点能够根据 DODAG 图计算出到目的节点的路由,同时把完整的传输路径信息随数据包一起发送到目的节点。在存储模式中,在每一个父节点中都有记录到各个子孙节点的路由表。

④安全性。

在物联网中最值得关注的问题就是安全性,随着无人驾驶、智能家居等行业的兴起,怎样保障用户安全至关重要。物联网安全包括安全框架、安全路由、密钥分配等重要环节。IPsec 已经成为 IPv6 的一部分,包含三种协议,分别是 AH、ESP 和 IKE,它可以工作在隧道模式和传输模式下。AH 和 ESP 规范了报文格式和实际数据定义保密性和完整性的机制。IKE 是密钥管理方案(网络密钥交换[RFC2409]),但是 IKE 中有许多复杂的密钥管理不适合在 LowPAN 中使用,因此还需要进一步研究。

接下来要接入互联网的是数以亿计的嵌入式设备,这些嵌入式系统使用大量专有技术,因此对物联网的整合非常重要。6LowPAN 标准可以支持大量应用,在今后物联网的发展中,6LowPAN 标准将会扮演非常重要的角色。

4.6LowPAN 的技术优势

（1）普及性。

IP 网络应用广泛，作为互联网核心技术的 IPv6，也在加速其推广普及的步伐，在低速无线个域网中使用 IPv6 更易于被用户接受。

（2）适用性。

IP 网络协议栈架构受到人们广泛的认可，低速无线个域网完全可以基于此架构进行简单、有效地开发。

（3）更多地址空间。

IPv6 应用于低速无线个域网时，最大亮点就是庞大的地址空间。这恰恰满足了部署规模较大、高密度低速无线个域网设备的需要。

（4）支持无状态自动地址配置。

当 IPv6 中节点启动时，可以自动读取 MAC 地址，并根据相关规则配置所需的 IPv6 地址。这个特性对传感器网络来说，非常具有吸引力，因为在大多数情况下，开发者不可能对每个传感器节点配置用户界面，节点必须具备自动配置功能。

（5）易接入。

低速无线个域网使用 IPv6 技术，更易于接入其他基于 IP 技术的网络及下一代互联网，使其可以充分利用 IP 网络技术进行发展。

（6）易开发。

目前基于 IPv6 的许多技术已比较成熟，并被广泛接受。针对低速无线个域网的特性对这些技术进行适当的精简和取舍，可以简化协议开发的过程。

3.5　本项目小结

【项目评价】

项目学习完成后，进行项目检查与评价，检查评价单如表 3-3 所示。

表 3-3　检查评价单

评价内容与评价标准				
序号	评价内容	评价标准	分值	得分
1	知识运用（20%）	掌握相关理论知识，理解本次任务要求，制订了详细计划，且计划条理清晰、逻辑正确（20 分）	20 分	
		理解相关理论知识，能根据本次任务要求制订合理计划（15 分）		
		了解相关理论知识，制订了计划（10 分）		
		没有制订计划（0 分）		

续表 3-3

评价内容与评价标准

序号	评价内容	评价标准	分值	得分
2	专业技能（40%）	能够掌握物联网通信的网络相关技术 能够学习 4G、5G 各自的优缺点（40 分）	40 分	
		具有良好的自主学习能力、分析并解决问题的能力，整个任务过程中有指导他人（20 分）		
		没有完成任务（0 分）		
3	核心素养（20%）	设备无损坏、设备摆放整齐、工位保持整洁、没有干扰课堂秩序（20 分）	20 分	
		具有较好的学习能力、分析并解决问题的能力，整个任务过程中没有指导他人（15 分）		
		能够主动学习并收集信息，具有请教他人以解决问题的能力（10 分）		
		不主动学习（0 分）		
4	课堂纪律（20%）	设备无损坏、没有干扰课堂秩序（15 分）	20 分	
		没有干扰课堂秩序（10 分）		
		干扰课堂秩序（0 分）		

【项目小结】

通过本项目的学习，可以熟悉物联网通信的网络相关技术，具体包括无线个域网络技术、无线广域网络技术、无线局域网络技术、物联网接入技术。还能学习到 4G、5G 各自的优缺点。

【能力提高】

一、填空题

1. 蓝牙技术是一种较为高速和普及的技术，常用于_____的无线个域网。

2. _____是一种新兴的近距离、低复杂度、低功耗、低数据速率、低成本的无线网络技术。

3. 树形拓扑包括一个_____以及一系列的路由器和终端节点。

4. Wi-Fi 是当今应用比较广泛的短距离无线网络传输技术，可以将个人电脑、手持设备（如 PDA、手机）等终端以无线方式互相通信，它以传输速度_____，有效距离较_____的优势得到广泛应用。

5. 鉴于数字传输技术的特点以及 GSM 规范中有关空中接口和话音编码的定义，在门限值以上时，GSM 话音质量总是达到相同的水平，而与_____质量无关。

二、选择题

1. NFC 在 13.56 MHz 频率运行于多少厘米距离内 （　　）

A. 10 cm　　　　　　B. 20 cm　　　　　　C. 30 cm　　　　　　D. 40 cm

2. 红外线是波长在多少纳米至 1 mm 之间的电磁波,它的频率高于微波而低于可见光,是一种人眼看不到的光线 （　　）

A. 650 nm　　　　　　B. 700 nm　　　　　　C. 750 nm　　　　　　D. 800 nm

3. 基于蓝牙技术的电波覆盖范围非常小,半径大约只有 15 m,而 Wi-Fi 的半径可达 100 m,有的 Wi-Fi 交换机甚至能够把通信距离扩大到多少千米 （　　）

A. 3.5 km　　　　　　B. 4.5 km　　　　　　C. 5.5 km　　　　　　D. 6.5 km

4. IEEE802.11 规定的发射功率不可超过 100 mW,实际发射功率约 60~70 mW,而手机的发射功率约多少毫瓦至 1 W （　　）

A. 100 mW　　　　　　B. 200 mW　　　　　　C. 300 mW　　　　　　D. 400 mW

5. 5G 技术的主要目标是追求高速率,最大限度减少延迟,进一步节省能源,降低运营成本。与上一代的 4G 通信技术相比,5G 技术的主要优势就是数据传输速率快,最高传输速率提高了近多少倍 （　　）

A. 50 倍　　　　　　B. 100 倍　　　　　　C. 150 倍　　　　　　D. 200 倍

三、思考题

1. 请简述 ZigBee 网络技术。

2. 请简述无线 Wi-Fi 技术,并尝试提出未来改进方向。

3. 尝试比较 4G 技术和 5G 技术的优缺点。

4. 请结合生活探讨一下物联网网关技术的实际应用。

5. 试分析 6Low PAN 的技术优势体现在哪些方面?

项目 4　物联网服务与管理技术

【情景导入】

物联网的服务与管理主要解决数据的管理与运用问题,包括数据的流动管理(如中间件技术)、数据如何存储(数据库与海量存储技术)、如何检索数据(搜索引擎)、如何使用数据(数据挖掘与机器学习等)、如何保护数据(数据安全与隐私保护等)等等。物联网产业是软硬结合的产业,涵盖数据的产生、收集、托管、发现、分析和交易整个生命周期的数据处理和分析,以及由此产生的信息智能是驱动未来信息世界和物理世界的基本燃料。本章主要介绍物联网的信息处理与服务管理技术中的云计算技术、中间件技术、数据库与存储技术、数据融合与数据挖掘、智能信息处理技术、信息安全与隐私保护技术等。

【知识目标】

(1)了解物联网与云计算技术的基础理论。

(2)明确物联网中间件技术及其应用需求。

【能力目标】

(1)掌握物联网智能信息处理的相关技术。

(2)掌握物联网信息安全与隐私保护的相关技术。

【素质目标】

(1)培养学生具备批判性思维的能力,包括分析、评估和判断的技能。

(2)培养学生对信息和观点进行批判性思考的能力。

【学习路径】

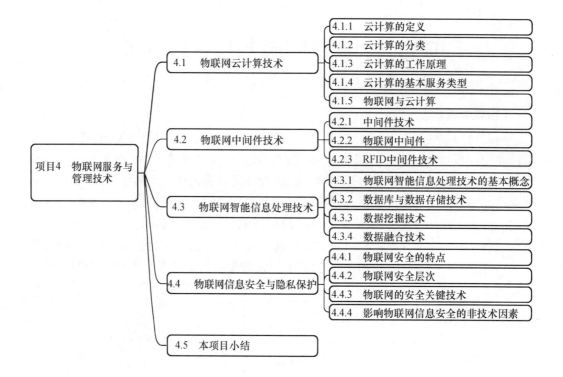

4.1 物联网云计算技术

4.1.1 云计算的定义

云计算(cloud computing)是继 20 世纪 80 年代大型计算机到客户端——服务器的大转变后的又一次巨变。

云计算是通过使计算分布在大量的分布式计算机上,而非本地计算机或远程服务器中,企业能够将资源切换到需要的应用上,根据需求访问计算机和存储系统。好比是从古老的单台发电机模式转向了电厂集中供电的模式。云计算的出现意味着计算能力也可以作为一种商品进行流通,就像煤气、水电一样,取用方便,费用低廉。云计算与其他商品最大的不同在于,它是通过互联网进行传输的。

简单的云计算技术在网络服务中已经随处可见,例如,搜索引擎、网络信箱等,用户只要输入简单指令就能得到大量信息。也就是说,云计算是一种 IT 资源的交付和使用模式,即通过网络以按需、易拓展的方式获得所需的硬件和软件、平台、软件及服务等资源。这种服务模式被称为云服务(图 4-1)。

对云计算的定义有多种说法。目前通常使用美国国家标准与技术研究院(NIST)的

图 4-1　云科技数据服务

定义：云计算是一种按使用量付费的模式，这种模式提供可用的、便捷的、按需的网络访问，进入可配置的计算资源共享池（资源包括网络、服务器、存储、应用软件、服务），这些资源能够被快速提供，用户只需投入很少的管理工作，或与服务供应商进行很少的交互。

4.1.2　云计算的分类

1. 按服务模式划分

现阶段，从云计算技术的服务模式来看，云计算能提供的共享资源池服务能力可以大体分为三种类型：基础设施即服务（infrastructure as a service, IaaS）、平台即服务（platform as a service, PaaS）、应用即服务（soft-ware as a service, SaaS）。

IaaS 是云资源中心提供计算资源、网络资源、存储资源等 IT 基础架构支撑能力的服务。云平台为所有用户按需提供资源和服务，其服务能力需要基于广泛的互联网接入进行业务数据通信。根据云平台的发展现状，云平台支持各个地区以及匹配行业业务发展的需求，需借助已搭建完善的互联网提供商进行数据传输，构建服务业务网络体系。

云资源中心通过虚拟化技术整合硬件能力，把物理资源进行资源池化，并通过基础架构为使用者动态地提供虚拟资源，如虚拟机服务、虚拟化存储、虚拟交换机、虚拟化防火墙、虚拟负载均衡器、操作系统模板等，并利用整个虚拟资源池提供全部资源的高可用和多数据中心间的容灾保护。根据不同业务的应用和系统需要，云资源中心为其提供所需的计算资源、网络资源和存储资源，来满足系统的正常运行。

云资源中心的服务器需要进行大量的数据交互，因此要对整个云中心设计和搭建高性能和高可靠性的网络架构，采用高性能和高带宽的交换设备做支撑，也是对运行在云平台上的各客户虚拟机和应用系统的重要保证。将服务器、交换机、磁盘阵列通过虚拟化技术进行虚拟资源池化，通过云管理平台形成 IaaS 资源中心，最终以整体资源的形式对业务系统提供计算能力、存储能力和网络数据交互，针对不同业务对计算能力需求的大小提供相应的资源，为各种业务之间的数据提供高速可靠的传输，支撑云平台上的所有业务系统。

PaaS 是云资源中心在为用户提供计算资源、网络资源、存储资源的基础上还为用户整合了通用的操作系统、中间件、数据库、集成了应用开发环境和开发工具等业务支撑服务能力。云资源中心提供主流的中间件能力包括数据库中间件、远程过程调用中间件、消息队列中间件、基于对象请求代理的中间件、事务处理中间件等。云资源中心提供的数据库能力包括微软 SQL Server，MYSQL，Mongo DB 等。云资源中心提供的应用开发支撑软件包括：Java EE 平台开发框架中间件 Struts2，Hibernate，Spring，以及其集成开发工具 MyEclipse 等。平台服务云为了便于运行和管理各个业务模块和子系统的稳定运营和效率，通常利用 J2EE 技术中的底层网页技术为核心，建立一套一体化的业务支撑平台架构，进行相应的应用保障服务，作为系统应用的基本运行环境。平台用户可以在租用的开发运行环境中采用预部署的开发工作来创建自己的业务，后期还能直接在平台服务云上运营该业务，为部署在平台服务云中的业务系统提供各类开发、测试和业务部署。

SaaS 是用户通过互联网直接使用云资源中心上提供的一种或多种应用系统，实现业务应用的快速上线服务。具体来说，就是提供面向公众企业用户或内部用户服务的业务系统支持以及服务门户，主要由云资源中心统一规划、设计、开发和部署各类应用系统软件组成。在应用服务云的设计中必须考虑业务系统和功能模块的在线升级，保障所有 API 接口一致性和应用服务的高可用性。在云平台上需要设计规划用户和应用软件的使用权限管理、多租户运营，方便不同的租户在自己的权限范围内使用。应用服务云平台将采用面向服务的体系架构（SOA）提供应用服务。SOA 是一个组件模型，它将业务系统的不同业务处理模块（称之为服务）通过这些模块之间预先定义好的接口和规范连接在一起为用户提供整体服务的能力。这些规范的定义采用较为公立的模式，并在硬件环境和软件开发环境范围内独立，不会对第三方产生依托。在这种环境下的业务系统内部的各个模块采用通用的模式进行数据传输及逻辑交互。

综上所述，应用服务云为用户的整个企业提供完备的软件，用户可根据需要订阅特定的 SaaS 应用服务，如会计、人力资源管理、营销管理、采购管理、项目管理、销售管理、供应链管理和运输管理等。云平台上的应用套件可以让用户按角色对软件进行个性化设置，借助企业应用套件，轻松地从任何地方通过任何设备连接企业业务。此外，企业可以连接至其他云并集成到现有系统中。在安全方面，应用服务云可在云的每一层确保自身安全性，实现内置的企业实践流程和嵌入式、数据驱动的智能管理。

2. 按部署方式划分

在现阶段云计算技术领域，按照整体部署方式划可分为公有云、私有云和混合云三种方式。

公有云是指云服务提供商自己搭建云业务数据中心,为其他企业用户提供通用的云产品服务。公有云一般通过互联网进行访问,按照实际使用情况进行付费,其核心理念是提供共享的资源服务。这种云有许多实例,可在当今整个开放的公有网络中提供服务,能够用相对低廉的价格,提供给最终企业用户完善的服务,为用户创造新的业务价值。目前主流的公有云提供商有阿里云、亚马逊 EC2、微软 Azure,IBM,Google、世纪互联、Salesforce 等(图 4-2)。

图 4-2　网络服务器储存设备

公有云为用户提供了安全可靠的网络连接和信息化支撑服务,同时提供了安全的数据存储服务。中小企业可以专注于业务本身而不用担心数据安全的维护和保障。然而,很多企业信息中心管理者认为数据只有在自己的机房内才是最安全的,其实并不是这样。不论是存储在计算机还是服务器、存储中的数据都有可能被使用人员误操作或遇到病毒攻击导致数据损失,这就凸显了数据备份和容灾的重要性。中小企业自建备份和容灾中心成本高昂,完全可以利用云数据中心的备份和容灾能力或者安全的数据保障机制。然而,当用户数据保存在百度云盘、金山网盘等网络服务平台上,就不再用担心数据的泄露或丢失了。因为在公有云的数据中心内,有业界最专业的 IT 人员进行数据中心运维,而且复杂的权限管理和数据隔离策略可以防止用户的数据被他人窃取。

公有云提供的云盘服务在便捷方面具有传统架构无法比拟的优势。用户可以直接在浏览器中修改存储在共有云盘上的数据文件,也可以多人共享协同编辑云端的文件,极大地提高了企业协同办公的效率,同时再不用担心文档多次修改后的最新版本遗失问题,公有云提供了丰富的版本管理的能力。公有云在进行数据共享和应用分享上有着天然优势。公有云为企业业务变革带来无限可能,为企业的业务数据存储提供了近乎无尽的空间,也为企业业务数据的处理提供了近乎无尽的计算能力。

私有云是为某个特定用户、机构建立的,只供建设企业自己使用的,实现企业内部的资源优化,只为企业内部运营提供 IT 支撑和技术服务。建设私有云的企业不与其他企业做任何资源共享,服务对象是对安全性和可管理性以及个性化 IT 建设要求较高的企业。私有云主要由大规模的 IT 厂商和解决方案提供商主导,为用户提供产品和解决方案。目前,主要的解决方案商有 IBM、联想、华为、浪潮、青云、微软等。

目前,资源丰富的大型公司纷纷率先开始向私有云架构进军,通过搭建企业内部的私有云平台,迁移传统的业务系统和应用,提高对业务支撑的敏捷和效率,逐步加快自身的数字化转型。在私有云的建设过程中,各企业要根据业务的发展要求进行总体规划与顶层设计,制订可行合理的方案,既要体现创新性和科学严谨性,又要在操作层面切实可行,要从底层基础架构到上层应用对现有的业务系统进行迁移,从提高效率和降低成本的视角统一规划和设计,在系统中实现最大程度的集成、整合和信息共享,保证云平台在建设过程中,提前预留通用的接口和框架,防止新的业务需求到来时平台无法兼容和快速升级。

混合云指企业在建设数据中心时搭建了自己私有云的同时又租用了公有云,并且把公有云和私有云通过互联网连接到一起进行统一规划、建设和管理运维。混合云是未来云计算建设的主要模式和发展趋势。私有云主要出于某些特定的企业用户对于敏感信息保护的考虑,他们更愿意将敏感数据保存在私有云的业务系统内,同时渴望通过公有云获取通用的价格低廉的计算资源。基于这种考虑,越来越多的企业开始使用混合云部署方案,它融合了私有云和公有云各自的方案优势,从而获得节约成本、安全可靠和弹性扩展的能力。

混合云是几种资源和模式的任意混合,这种混合可以是计算的、存储的,也可以两者兼有。在公有云尚不完全成熟,而私有云存在运维难、部署时间长、动态扩展难的现阶段,混合云是一种较为理想的平滑过渡方式。短时间内其市场占比将会大幅上升。在未来,即使不是企业自有的私有云和公有云做混合,也需要内部的数据与服务与外部的数据与服务进行不断的调用(PaaS 级混合)。一个大型客户把业务放在不同的公有云上,相当于把鸡蛋放在不同篮子里,不同篮子里的鸡蛋自然需要统一管理,这也算广义的混合。

私有云在数据隐私保护的安全性上比公有云更高,而公有云的庞大计算资源池所带来的低成本又是私有云无法比拟的。混合云解决方案的出现完美地解决了这个问题,用户可以通过私有云获得敏感数据的安全性的同时,还可以将通用的业务系统部署在更高效便捷的公有云平台上。混合云解决了私有云对于硬件无限扩展的制约,跟公有云平台相结合可以满足企业未来发展对无尽的计算能力需求。企业用户把存储非敏感信息的业务系统部署在公有云平台上,可以减少对私有云的建设投入和运维需求。所以,混合云可以最大限度地帮助企业实现降本增效。企业可以根据自身的实际情况将业务系统和数据分别放在最适合的平台上,获得最高的组合收益。

4.1.3 云计算的工作原理

云计算的基本原理是,通过网络将庞大的计算处理程序自动分拆成无数个较小的子程序,再交由多部服务器所组成的庞大系统经搜寻、计算分析之后将处理结果回传给用户。通过这项技术,网络服务提供者可以在数秒之内处理数以千万计甚至亿计的信息,达到与"超级计算机"同样强大效能的网络服务。

在典型的云计算模式中,用户通过终端接入网络,向"云"提出需求;"云"接受请求后组织资源,通过网络为"端"提供服务。用户终端的功能可以大大简化,诸多复杂的计算与处理过程都将转移到终端背后的"云"上完成(图 4-3)。

图 4-3　云计算

用户所需的应用程序并不需要运行在用户的个人电脑、手机等终端设备上,而是运行在因特网的大规模服务器群集;用户所处理的数据也无须存储在本地,而是保存在因特网上的数据中心。提供云计算服务的企业负责这些数据中心和服务器正常运转的管理和维护,并保证为用户提供足够强大的计算能力和足够大的存储空间。在任何时间和任何地点,用户只要能够连接至因特网,就可以访问云平台中的数据,实现随需随用。

4.1.4　云计算的基本服务类型

云计算包括三个层次的服务:IaaS、PaaS 和 SaaS。

1. IaaS

云计算提供给用户的服务是对所有计算基础设施的利用,包括 CPU、内存、存储、网络和其他基本的计算资源,用户能够部署和运行任意软件,包括操作系统和应用程序。用户不管理或控制任何云计算基础设施,但能控制操作系统的选择、存储空间、部署的应用,也可以有限制地控制网络组件(如路由器、防火墙、负载均衡器等)。

在 IaaS 环境中,用户相当于在使用裸机和磁盘,既可以让它运行 Windows,也可以让它运行 Linux,几乎可以做任何想做的事情,但用户必须考虑如何才能让多台机器协同工作起来。

2. PaaS

把用户需要的开发语言和工具(如 Java,python,Net 等)、开发或收购的应用程序等,部署到供应商的云计算基础设施上,用户不需要管理或控制底层的云基础设施,包括网络、服务器、操作系统、存储等,但能控制部署的应用程序,也可能控制运行应用程序的托管环境配置。

3. SaaS

提供给用户的服务是运营商运行在云计算基础设施上的应用程序,用户可以在各种设备上通过客户端界面(如浏览器)访问。

SaaS 既不像 PaaS 一样提供计算或存储资源类型的服务,也不像 IaaS 一样提供运行用户自定义应用程序的环境,它只提供某些专门用途的服务供应调用。

4.1.5 物联网与云计算

云计算是实现物联网的核心。运用云计算模式,使物联网中数以兆计的各类物品的实时动态管理、智能分析变为可能。

物联网通过将 RFID 技术、传感器技术、纳米技术等新技术运用到各行各业中,将各种物体进行连接,并通过无线等网络将采集到的各种实时动态信息送达计算处理中心,进行汇总、分析和处理。物联网应用带来了海量大数据,这些数据具有实时感应、高度并发、自主协同和涌现效应等特征,迫切需要云计算提供数据处理并提供应用服务。云计算能为连接到云上设备终端提供强大的运算处理能力,以降低终端本身的复杂性。二者都是为满足人们日益增长的需求而诞生的。

虽然云计算不是单纯为物联网的应用服务的,但随着物联网应用的大规模推广,大量的智能物体会连接到互联网上,给云计算带来更好的发展机遇。

1. IaaS 模式在物联网中的应用

物联网发展到一定规模后,物理资源层与云计算结合是必然的。一部分物联网行业应用,如智能电网、地震台网监测等,其终端数量的规模化导致物联网应用对物理资源产生了大规模需求,一方面是介入终端的数据可能是海量的,另一方面是采集的数据可能是海量的。

无论是横向通用的支撑平台,还是纵向特定的物联网应用平台,都可以在 IaaS 技术虚拟化的基础上实现物理资源的共享,以及业务处理能力的动态扩展。

IaaS 技术在对主机、存储和网络资源的集成与抽象的基础上,具有可扩展性和统计复用能力,允许用户按需使用。除网络资源外,其他资源均可通过虚拟化提供成熟的技术实现,为解决物联网应用的海量终端接入和数据处理提供了有效途径。同时,IaaS 对各类内部异构的物理资源环境提供了统一的服务界面,为资源定制、出让和高效利用提供统一界面,有利于实现物联网应用的软系统与硬系统之间某种程度的松耦合关系。

目前国内建设的一些和物联网相关的云计算中心、云计算平台,主要是 IaaS 模式在物联网领域的应用。

2. PaaS 模式在物联网中的应用

Gartner(高德纳信息咨询公司)把 PaaS 分成两类,APaaS 和 IPaaS。APaaS 主要为应用提供运行环境和数据存储,IPaaS 主要用于集成和构建复合应用。人们常说的 PaaS

平台大多是指 APaaS,如 Force.com 和 Google App Engine。

在物联网范畴内,由于构建者本身价值取向和实现目标的不同,PaaS 模式的具体应用存在不同的应用模式和应用方向。

3. SaaS 模式在物联网中的应用

SaaS 模式的存在由来已久,通过 SaaS 模式,可以实现物联网应用提供的服务被多个客户共享使用。这为各类行业应用和信息共享提供了有效途径,也为高效利用基础设施资源、实现高性价比的海量数据处理提供了可能。

随着物联网的发展,SaaS 应用在感知延伸层进行了拓展。它们依赖感知延伸层的各种信息采集设备采集大量的数据,并以这些数据为基础进行关联分析和处理,向最终用户提供业务功能和服务。

例如,传感网服务提供商可以在不同地域放置传感节点,提供各个地域的气象环境等基础信息。其他提供综合服务的公司可以将这些信息聚合起来,开放给公众,为公众提供出行指南。同时,这些信息被送到政府的监控中心,一旦有突发的气象事件,政府的公共服务机构就可以迅速展开防范行动。

总之,从目前来看,物联网与云计算的结合是必然趋势,但是,物联网与云计算的结合也需要水到渠成。不管是 PaaS 模式还是 SaaS 模式,在物联网的应用,都需要在特定的环境中才能发挥应有的作用。

4.2　物联网中间件技术

4.2.1　中间件技术

1. 中间件的概念

中间件(middleware)是一类连接软件组件和应用的计算机软件,它包括一组服务,以便于运行在一台或多台机器上的多个软件通过网络进行交互。

中间件是基础软件的一大类,属于可复用软件的范畴。顾名思义,中间件处于操作系统软件与用户应用软件的中间。

中间件在操作系统、网络和数据库之上,应用软件的下层,总的作用是为处于自己上层的应用软件提供运行与开发的环境,帮助用户灵活、高效地开发和集成复杂的应用软件。

在众多关于中间件的定义中,比较普遍被接受的是来自互联网数据中心(IDC)的表述:中间件是一种独立的系统软件或服务程序,分布式应用软件借助这种软件在不同的技术之间共享资源,中间件位于客户机服务器的操作系统之上,管理计算资源和网络通信。IDC 对中间件的定义表明,中间件是一类软件,而非一种软件;中间件不仅仅实现互联,还要实现应用之间的互操作;中间件是基于分布式处理的软件,最突出的特点是其网络通信功能。

我们可以把中间件理解为面向信息系统交互、集成过程中的通用部分的集合,屏蔽了底层的通讯、交互、连接等复杂又通用化的功能,以产品的形式提供出来,系统在交互时,直接采用中间件进行连接和交互,避免了大量的代码开发和人工成本。

从理论上来讲,中间件所提供的功能通过代码编写都可以实现,只是开发的周期和需要考虑的问题太多,逐渐地人们把这些部分以中间件产品的形式进行了替代。如常见的消息中间件,即系统之间的通讯与交互的专用通道,类似于邮局,系统只需要把传输的消息交给中间件,由中间件负责传递,并保证解决传输过程中的各类问题,如网络问题、协议问题、两端的开发接口问题等均由消息中间件屏蔽了,出现网络故障时,消息中间件会负责缓存消息,以避免信息丢失。相当于你想往美国发一个邮包,只需要把邮包交给邮局,填写地址和收件人,至于运送过程中的一系列问题都会由邮局解决。

2. 中间件的特点

中间件一般具有以下特点:

(1)满足大量应用的需要。

(2)运行于多种硬件和 OS 平台。

(3)支持分布计算,提供跨网络、硬件和 OS 平台的透明性的应用或服务的交互。

(4)支持标准的协议。

(5)支持标准的接口。

由于标准接口对于可移植性、标准协议对于互操作性的重要性,中间件已成为许多标准化工作的主要部分。在应用软件开发中,中间件远比操作系统和网络服务更为重要。中间件提供的程序接口定义了一个相对稳定的高层应用环境,不管底层的计算机硬件和系统软件怎样更新换代,只要将中间件升级更新,并保持中间件对外的接口定义不变,应用软件就几乎不需要进行任何修改,从而减少了企业在应用软件开发和维护中的巨额投资成本。

3. 中间件的分类

为了解决分布式应用问题,研究者们提出来“中间件”的概念,同时,针对不同的应用需求涌现出多种各具特色的中间件产品。中间件包括的范围十分广泛,至今还没有一个统一的定义。从不同的角度或层次上看,中间件的分类也有所不同。根据中间件在应用系统中的作用和采用的技术不同,可以将其大致分为以下几种。

(1)数据访问中间件。

数据库访问中间件是在系统中建立数据资源互操作的模式,为在网络中虚拟缓存、格式转换等带来方便。它是目前应用最广、技术也最成熟的一种中间件,最典型的例子就是 ODBC。

(2)远程过程调用中间件。

远程过程调用中间件在 Client/Server 分布式计算方面相对于数据访问中间件迈进了一步,是一种广泛使用的分布式应用程序处理方法。事实上,一个远程过程调用应用分为 Server 和 Client 两部分,可以提供一个或多个远程过程服务,请求由 Client 发起,通过通信链路 Server 接收信息或者提供服务。

（3）面向消息的中间件。

面向消息的中间件是指利用高效可靠的消息传递机制进行平台无关的数据交流，并基于数据通信来进行分布式系统的集成。面向消息中间件能够跨平台通信，实现可靠的、高效的、实时的数据传输，可以用来屏蔽不同平台及协议之间的差异性，实现各应用程序间的协同工作。面向消息的中间件最大的优点就是能够在客户端与服务器间提供同步或者异步的连接，同时在任何时候都可以将信息进行传输或者储存转发。消息中间件适用于一些多进程的分布式环境，是一种重要的中间件，也是目前各大中间件厂商生产的最热门的产品。

（4）面向对象的中间件。

面向对象的中间件又称作对象请求代理中间件，是对象技术和分布式计算技术相结合的产物，它提供了一种透明地在分布式计算环境中传递对象请求的通信框架，是当今软件技术的主流方向。其中功能最强大的是 CORBA 和 DCOM 这两种标准。

（5）事务处理监控中间件。

事务处理监控最早应用在大型机上，提供保证交易完整性、数据完整性等大规模事务处理的可靠运行环境。事务处理监控中间件为用户提供基于事务处理的 API，这些 API 可以提供进程管理、事务管理、通讯管理等功能。

中间件可向上提供不同形式的通信服务，包括同步、排队、订阅发布、广播等。它在平台上还可构筑各种框架，为应用程序提供不同领域内的服务，如事务处理监控器、分布数据访问、对象事务管理器 OTM 等。平台为上层应用屏蔽了异构平台的差异，而其上的框架又定义了相应领域内的应用的系统结构、标准的服务组件等，用户只需告诉框架所要关心的事件，然后提供处理这些事件的代码。当事件发生时，框架则会自行调用用户的代码。用户代码不用调用框架，用户程序也不必关心框架结构、执行流程、对系统级 API 的调用等，所有这些由框架负责完成。基于中间件开发的应用具有良好的可扩充性、易管理性、高可用性和可移植性。

4. 中间件技术的发展趋势

中间件技术的发展方向，将聚焦于消除"信息孤岛"，推动无边界信息流，支持开放、动态、多变的互联网环境中的复杂应用系统，实现对分布于互联网上的各种信息资源（计算资源、数据资源、服务资源、软件资源）的标准、快速、灵活、可信、高效能及低成本的集成、协同和综合利用，提高组织的 IT 基础设施的业务敏捷性，降低总体运维成本，促进 IT 与业务之间的匹配。

中间件技术正呈现出业务化、服务化、一体化、虚拟化等诸多新的重要发展趋势。

5. 中间件的应用需求

由于网络世界是开放的、可成长的和多变的，分布性、自治性、异构性已经成为信息系统的固有特征。实现信息系统的综合集成，已经成为国家信息化建设的普遍需求，并直接反映了国家整体信息化建设的水平。中间件通过网络互连、数据集成、应用整合、流程衔接、用户互动等形式，已经成为大型网络应用系统开发、集成、部署、运行与管理的关键支撑软件。

随着中间件在我国信息化建设中的广泛应用,中间件应用需求也表现出一些新的特点。

(1)可成长性。

因特网是无边界的,中间件必须支持建立在因特网上的网络应用系统的生长与代谢,维护相对稳定的应用需求。

(2)适应性。

随着环境和应用需求的不断变化,应用系统需要不断演进。作为企业计算的基础设施,中间件需要感知、适应这种变化,提供对下列环境的支持:

①支持移动、无线环境下的分布应用,适应多样性的设备特性以及不断变化的网络环境。

②支持流媒体应用,适应不断变化的访问流量和带宽约束。

③能适应未来还未确定的应用要求。

(3)可管理性。

领域问题越来越复杂、IT 应用系统越来越庞大,其自身管理维护则变得越来越复杂,中间件必须具有自主管理能力,简化系统管理成本:

①面对新的应用目标和变化的环境,支持复杂应用系统的自主再配置。

②支持复杂应用系统的自我诊断和恢复。

③支持复杂应用系统的自主优化。

④支持复杂应用系统的自主防护。

(4)高可用性。

提供安全、可信任的信息服务:

①支持大规模的并发客户访问。

②提供 99.99%以上的系统可用性。

③提供安全、可信任的信息服务。

4.2.2 物联网中间件

1. 物联网中间件的作用

在物联网中采用中间件技术,目的是实现多个系统和多种技术之间的资源共享,最终组成多个资源丰富、功能强大的服务系统。

物联网的中间件是中间件技术在物联网中的应用,涉及物联网的各个层面,一般处于物联网集成服务器、感知层和传输层的嵌入式设备中。

2. 使用物联网中间件的必要性

在物联网中使用中间件是十分必要的,具体表现在以下几方面:

(1)屏蔽异构性。

物联网的各种传感器、RFID 标签、二维码、摄像头等不同的信息采集设备及网关拥有不同的硬件结构、驱动程序和操作系统等。

另外,这些设备采集的数据格式也不相同,需要对这些不同的数据格式进行统一转化,以便于应用系统的处理。

（2）实现互操作。

在物联网应用中,一个采集设备采集的信息往往供多个应用系统使用。另外,不同的系统之间也需要数据互通与共享。

物联网本身涉及的技术种类繁多,为解决各种异构性,使不同应用系统的处理结果不依赖于各自的计算环境,使不同系统能够根据应用需要有效地相互集成,需要使用中间件作为一种通用的交互平台。

（3）数据预处理。

物联网感知层往往要采集海量的信息,这些原始信息难免存在一定的错误率,如果直接将这些信息传输给应用系统,不仅仅会导致应用系统处理困难,还有可能得到错误结果,因此需要中间件对原始数据进行各种过滤、融合、纠错等处理,然后再传送给应用系统。

物联网中间件是快速构建大规模物联网应用的架构支撑与工具手段,有利于促进物联网应用的规范化和标准化,大幅降低物联网应用建设成本。例如,利用感知事件高效处理技术、海量数据挖掘与综合智能分析技术等核心技术的中间件,能够提高物联网应用的效益。发展物联网应用中间件有利于支撑大规模的物联网应用,加快物联网应用的发展。

物联网中间件有很多种类,主要包括 RFID 中间件、嵌入式中间件、通用中间件和M2M 物联网中间件等。下面主要介绍 RFID 中间件。

4.2.3　RFID 中间件技术

1. RFID 中间件技术概念理解

RFID 中间件技术拓展了基础中间件的核心设施和特性,将企业级中间件技术延伸到 RFID 领域,是 RFID 产业链的关键共性技术。RFID 中间件屏蔽了 RFID 设备的多样性和复杂性,能够为后台业务系统提供强大的支撑,从而驱动更广泛、更丰富的 RFID 应用。RFID 中间件技术重点研究的内容包括数据过滤、数据访问、信息传递等。

RFID 中间件技术属于消息导向的软件中间件。通过 RFID 中间件技术进行的信息传递过程中,信息主要是以消息的形式从一个程序模块被传递到另一个或多个程序模块中。这种消息的传送可以是不同步进行的,因此传送者也不需要等待回应。相对于原有的企业应用中间件而言,RFID 中间件技术继承发展了企业原有的应用中间件的优点,实现了自身功能的不断完善。

2. RFID 中间件的作用

RFID 中间件位于 RFID 硬件设备与 RFID 应用系统之间,是一种可以实现数据传输、数据过滤、数据格式转换等功能的中间程序软件。

RFID 中间件将 RFID 读写器读取的各种数据信息,经过中间件提取、解密、过滤、格式转换后导入企业的管理信息系统,并通过应用系统反映在程序界面上,供操作者进行查询、浏览、选择、修改等操作。

3. RFID 中间件的特征

一般来说,RFID 中间件具有以下特征:

(1)独立性。

RFID 中间件作为应用系统中的一个技术组件,本身具有一定的独立性,这一中间件存在于 RFID 读写器和后台应用程序之间,和任何 RFID 系统之间都不存在依赖关系,还能实现与一个或者多个 RFID 读写器和后台应用程序之间的有效连接,可以简化系统架构,让系统维护更加简便易行。

(2)数据流。

数据流是 RFID 中间件技术中的最核心环节,数据流的主要工作任务就是通过转换,实现实体对象格式向信息环境下虚拟对象的转变,实现数据的处理功能。RFID 中间件技术的数据处理功能是这一技术系统中最重要的功能之一。此外,RFID 中间件技术还能实现数据采集、过滤、整合和传递的功能,有利于系统将正确的数据信息等传递到后台应用系统中,实现数据信息的高效传输目标,提升数据传输的准确性和效度。

(3)处理流。

处理流属于消息中间件,其作用是提供顺序的消息流,还能对数据流进行有效的设计和管理。在 RFID 中间件系统中,用户常常需要对于相关数据的传输路径、路由以及相关规则进行有效维护,还要确保数据传输和使用过程的安全,确保数据不被篡改和删减,保持接收的数据与原始数据的一致性,数据流就是实现这些数据传输效果的有效消息中间件。

(4)标准。

RFID 主要应用于自动数据采样技术与辨识实体对象方面。EPC global 目前正在研究为各种产品的全球唯一识别号码提出通用标准,即 EPC(产品电子编码)。EPC 是在供应链系统中,以一串数字来识别一项特定的商品。EPC 通过无线射频辨识标签由 RFID 读写器读入后,传送到计算机或是应用系统中的过程称为对象命名服务(object name service,ONS)。对象命名服务系统会锁定计算机网络中的固定点获取有关商品的消息。EPC 存放在 RFID 标签中,被 RFID 读写器读出后,即可提供追踪 EPC 所代表的物品名称及相关信息,并立即识别及分享供应链中的物品数据,有效地提高信息透明度。

4. RFID 中间件的关键技术

(1)数据过滤。

RFID 中间件的关键技术内容之一就是对于系统中多余的数据信息进行过滤,读写器中大量的数据信息传递到 RFID 中间件中,其中也包含了一些被读错的数据信息。所以,对这些数据信息进行过滤是十分有必要的,这是确保传递给上级 RFID 中间件的信息是有效的保障。这里多余的数据信息指的是短期内统一都写起对于同一组数据的重复上报数据,此外,还包括多台位置接近的读写器同时上报相同规定数据信息。在很多情况中,用户可能还需要对某些特定的数据信息进行提取,在提取这些特定的时间范围或者信息范围内的数据时,为了节省时间,实现信息提取的高效快速,需要尽可能缩小数据范围,对于关联度不大的信息进行删除,这里都需要用到数据过滤技术。这种过滤技术主要是通过特定的过滤器来实现的,一般涉及的过滤器品种为产品过滤器、时间过滤器、平滑过滤器以及 EPC 过滤器,不同的过滤器发挥不同的数据信息过滤功能,还能将不同的过滤器进行拼装,以达到数据过滤的更佳功效。

（2）数据聚合。

读写器传达给 RFID 中间件的原始数据形式都是单一的、零散的,数据的使用价值和现实意义模糊,需要对于这些数据信息进行聚合,这里需要用到复杂事件处理 CEP 技术来实现,这一技术通过在复杂的数据信息中进行整理归纳,整合出具有价值的数据信息,将简单事件变得可供分析研究,从而推断出复杂事件,再从复杂事件中提取可用信息。

（3）信息传递。

在对相关数据进行处理后,RFID 中间件将获得的有价值的数据信息传递给相应的应用程序,实现数据信息的资源利用,如将数据传送给企业应用程序,EPC 服务信息系统或者其他相关的 RFID 中间件,通过采取消息服务对数据信息进行传递。

事实上,RFID 中间件是一种面向消息的中间件,相关数据信息在程序间得以传递和共享,异步传输的方式不需要传输者花费精力关注传输情况,也不需要等待回应。这种信息传递的中间件功能远不止于此,它还可以进行数据广播、数据安全、数据恢复等除错操作,实现读写器和企业应用程序的有效连接。

5. RFID 中间件技术的具体应用领域

（1）在车辆管理中的应用。

RFID 技术的出现,能够为车辆管理提供一种新的技术路径。RFID 技术是一种基于射频原理实现的非接触式自动识别技术,该技术通过无线射频信号的空间耦合传输特性来实现对象的自动识别。RFID 系统一般由标签、阅读器、天线和中间件组成。同传统条形码技术相比,RFID 中间件技术在识别速度、识别距离、存储容量、读写能力和环境适应性等方面具有明显优势。因此,RFID 被逐步应用于社会、经济和国防等众多领域。

现阶段,RFID 中间件技术在汽车制造行业中的应用比较广泛,国内外很多汽车企业都在积极探索 RFID 中间件技术在汽车制造中的有效应用途径和范围。在学习了国外相关的应用经验后,国内的汽车企业也开始研究 RFID 中间件技术在汽车行业的运用途径和范围,并在国有企业中推出了基于 RFID 中间件技术的技术研发和应用项目。

在汽车行业中,RFID 中间件技术的应用主要是通过数据处理功能实现对于汽车作业时间的统计及分析,以及对汽车生产制造的信息化管理效益。利用 RFID 中间件中的标签技术,在车辆中安装智能电子标签,就能对车辆实现实时的定位和可视化管理,针对汽车的整车制造、库存以及营销等工作流程和信息实现有效管理。智能电子标签就是车辆的信息代号,借助这个智能标签,可以对汽车的整体和局部信息进行查看、读取,进一步提升车辆的可视化管理效率,实现精准有效的车辆信息管理目标,这一点对于车辆的销售、物流、产品售后管理等都具有重要意义。

借助 RFID 中间件技术，汽车企业可以进一步提升管理的效率，提升客户满意度。如某品牌汽车在嵌入 RFID 中间件技术后，一旦出现故障的车辆进入店内，工作人员就能借助阅读器读取车辆的所有信息，包括维修历史，追溯质量问题，及时排查，快速修理。

（2）在图书管理系统中的应用。

目前，智慧图书馆建设脚步不断加快，越来越多的地区图书馆、高校图书馆开始积极建设智慧图书馆，而 RFID 中间件技术在地区智慧图书馆建设中发挥了较大的效用，为智慧图书馆建设提供了有效的技术支持。如盛世龙图公司将 RFID 系统和 EAS 常规防盗系统相结合，研发出了独家双系统 EMID 设备，BESTIOT-EU 系列设备可做到精准分通道报警效果，植入彩光及人次统计系统。弥补了 UHF RFID 设备受金属液体等物品干扰强的缺点，将设备检测灵敏度提高到 99.99%。使设备具备超高信号识别率的同时，还可以实现超强防损检测报警功能。

RFID 中间件技术以其独有的技术优势实现了在众多领域的有效应用，目前，RFID 中间件技术随着物联网技术的进一步改进还在不断优化中，相信未来随着科技的进步，RFID 中间件技术还会应用到更多的领域中，发挥更大的技术价值。

4.3　物联网智能信息处理技术

智能信息处理最早起源于 20 世纪 30 年代，但是由于智能信息处理系统运作过程需要大量的计算，而当时又没有快速的计算工具，因此极大地束缚了智能信息处理技术在初期的发展。20 世纪 40 年代后期计算机的问世，给智能信息处理技术的发展创造了良好的条件，一些具备智能信息处理功能的高科技产品相继被推出，并产生了巨大的社会效益和经济效益。

4.3.1　物联网智能信息处理技术的基本概念

智能信息处理技术就是自动地对信息进行处理，从信息采集、传输、处理到最后提交都自动完成。它涉及计算机技术、人工智能、电子技术、嵌入式技术等多个方面，具有智能、准确、高效实时的特点，目前已被广泛应用于物流、工业控制等多个领域。

4.3.2　数据库与数据存储技术

在物联网应用中数据库起着记忆（数据存储）和分析（数据挖掘）的作用，因此没有数据库的物联网是不完整的。目前，常用的数据库技术一般分为关系型数据库和非关系型数据库。

1.关系型数据库

（1）关系型数据库的概念。

关系型数据库是指采用关系模型来组织数据的数据库。简单来说，关系模型指的就是二维表格模型,而一个关系型数据库就是由二维表及其之间的联系组成的一个数据组织。

关系型数据库可以简单地理解为二维数据库,表的格式有行有列。常用的关系型数据库有 Oracle、SqlServer、Informix、MySql、SyBase 等,我们平时看到的数据库都是关系型数据库。

目前,关系型数据库广泛应用于各个行业,是构建管理信息系统,存储及处理关系数据不可缺少的基础软件。

(2)关系型数据库的特点。

关系型数据库具有以下特点。

①容易理解。

二维表结构是非常贴近逻辑世界的一个概念,关系模型相对网状、层次等其他模型来说更容易理解。

②使用方便。

通用的 SQL 语言使得操作关系型数据库非常方便,程序员和数据管理员更容易在逻辑层面操作数据库,而不必在理解其底层实现上浪费精力。

③易于维护。

丰富的完整性(实体完整性、参照完整性和用户定义的完整性)大大降低了数据冗余和数据不一致的概率。

2. 实时数据库

物联网完成数据采集后必须要建立一个可靠的数据仓库,而实时数据库可以作为支撑海量数据的数据平台。

实时数据库(real time data base,RTDB)是数据库系统发展的一个分支,是数据库技术结合实时处理技术产生的,适用于处理不断更新的快速变化的数据及具有时间限制的事务。

(1)实时数据库的作用。

实时数据库系统是开发实时控制系统、数据采集系统、CIMS 系统等的支撑软件。

在流程行业中,大量使用实时数据库系统进行控制系统监控,系统先进控制和优化控制,并为企业的生产管理和调度、数据分析、决策支持及远程在线浏览提供实时数据服务和多种数据管理功能。

实时数据库已经成为企业信息化的基础数据平台,可直接实时采集、获取企业运行过程中的各种数据,并将其转化为对各类业务有效的公共信息,满足企业生产管理、企业过程监控、企业经营管理之间对实时信息完整性、一致性、安全共享的需求,为企业自动化系统与管理信息系统间建立起信息沟通的桥梁,帮助企业的各专业管理部门利用这些关键的实时信息,提高生产销售的营运效率。

目前,实时数据库已广泛应用于电力、石油石化、交通、冶金、军工、环保等行业,是构建工业生产调度监控系统、指挥系统、生产实时历史数据中心的不可缺少的基础软件。

（2）实时数据库的重要特性。

实时数据库最初是基于先进控制和优化控制而出现的，对数据的实时性要求比较高，因而实时、高效、稳定是实时数据库最关键的指标。

实时数据库的一个重要特性就是实时性，它包括数据实时性和事务实时性。

①数据实时性。

数据实时性是现场 IO 数据的更新周期。作为实时数据库，不能不考虑数据实时性。一般数据的实时性主要受现场设备的制约，特别是对于一些比较老的系统而言，这种情况更加突出。

②事务实时性。

事务实时性是指数据库对其事务处理的速度。它一般分为事件触发方式和定时触发方式。

第一，事件触发是该事件一旦发生可以立刻获得调度，这类事件可以得到立即处理，但是比较消耗系统资源。

第二，定时触发是在一定时间范围内获得调度权。

作为一个完整的实时数据库，从系统的稳定性和实时性而言，必须同时提供两种调度方式。

3. 关系型数据库和实时数据库的选择

关系型数据库和实时数据库在一定程度上具有相似的性能和相同之处。作为两种主流的数据库，实时数据库比关系型数据库更能胜任海量并发数据的采集、存储工作。面对越来越多的数据，关系型数据库的处理响应速度会出现延迟甚至"假死"，而实时数据库则不会出现这样的情况。

且根据数据库结构的性能差异，二者有着不同的应用范围。对于仓储管理、标签管理、身份管理等数据量相对比较小，实时性要求低的应用领域，选用关系型数据库比较合适。而对于智能电网、水域监测、智能交通、智能医疗等面临海量迸发、对实时性要求极高的应用领域，实时数据库具有更大的优势。

另外，在项目处于试点工程阶段时，需要采集点较少，对数据也没有存储年限的要求，此时关系型数据库可以替代实时数据库。但随着试点项目工程的不断推广，其应用范围越来越广泛，采集点就会相应增多，实时数据库就是最好的选择。

4. No SQL 数据库

随着物联网、云计算等技术的发展，大数据广泛存在，同时呈现出了许多云环境下的新型应用，如社交网络、移动服务、协作编辑等。这些新型应用对海量数据管理（云数据管理系统）提出了新的需求，如事务的支持、系统的弹性等。

No SQL 数据库能够满足物联网应用的大数据需求，并随着物联网应用的发展不断开发新的应用，拓展更大的发展空间。

（1）No SQL 数据库的产生。

No SQL（Not Only SQL）意思是"不仅仅是 SQL"，它泛指非关系型的数据库。

随着互联网 Web2.0 网站的兴起，传统的关系数据库在应付 Web2.0 网站时已显得力不从心,暴露了很多难以克服的问题。而非关系型的数据库依靠其本身的优势得到迅速发展。

No SQL 数据库的产生解决了大规模数据集合多重数据种类带来的挑战,尤其是解决了大数据应用难题。No SQL 数据库的主要功能是。

①满足对数据库高并发读写的需求。

②满足对海量数据的高效率存储和访问的需求。

③满足对数据库的高可扩展性和高可用性的需求。

(2)No SQL 数据库的四大分类。

No SQL 不使用 SQL 作为查询语言,而是使用如 Key-Value 存储、列存储、文档型、图形等存储数据模型。

常用的 No SQL 数据库包括以下 4 类。

①键值(Key-Value)存储数据库。

这一类数据库主要使用一个哈希表,这个表中有一个特定的键和一个指针指向特定的数据。Key/Value 模型对于 IT 系统来说,其优势在于简单、易部署。但是如果 DBA 只对部分值进行查询或更新的时候,Key/Value 的效率低下。

②列存储数据库。

此种数据库通常用来应对分布式存储的海量数据。键仍然存在,但是它们的特点是指向了多个列。这些列是由列家族来安排的。

③文档型数据库。

文档型数据库与第一种键值存储类似。该类型的数据模型是版本化的文档,半结构化的文档以特定的格式存储。文档型数据库可以看作是键值数据库的升级版,允许之间嵌套键值,而且文档型数据库比键值数据库的查询效率更高。

④图形(Graph)数据库。

图形结构的数据库同其他行列以及刚性结构的 SQL 数据库不同,它使用灵活的图形模型,并且能够扩展到多个服务器上。No SQL 数据库没有标准的查询语言(SQL),因此进行数据库查询需要制定数据模型。

(3)No SQL 数据库的特征。

No SQL 并没有一个明确的范围和定义,但普遍存在以下特征。

①不需要预定义模式。

No SQL 不需要事先定义数据模式、预定义表结构。数据中的每条记录都可能有不同的属性和格式。当插入数据时,并不需要预先定义它们的模式。

②无共享架构。

相对于将所有数据存储的存储区域网络中的全共享架构,No SQL 往往将数据划分后分别存储在各个本地服务器上。因为从本地磁盘读取数据的性能往往好于通过网络传输读取数据的性能,从而提高了系统的性能。

③弹性可扩展。

No SQL 可以在系统运行的时候,动态增加或者删除结点。不需要停机维护,数据可以自动迁移。

④分区。

相对于将数据存放于同一个节点,No SQL 数据库需要将数据进行分区,将记录分散在多个节点上。并且通常分区的同时做复制。这样既提高了并行性能,又能保证没有单点失效。

(4)No SQL 数据库适用场合。

No SQL 数据库适用于以下情况。

①数据模型比较简单。

②需要灵活性更强的 IT 系统。

③对数据库性能要求较高。

④不需要高度的数据一致性。

⑤对于给定 key,比较容易映射复杂值的环境。

4.3.3 数据挖掘技术

1. 数据挖掘的基本概念

数据挖掘(data mining,简称 DM)是指从大量数据中抽取挖掘出未知的、有价值的模式或规律等知识的过程。

(1)数据挖掘的特征。

数据挖掘是在没有明确假设的前提下去挖掘信息、发现知识。数据挖掘所得到的信息应具有先前未知、有效和可实用三个特征。

①先前未知的信息是指该信息是预先未曾预料到的。

②数据挖掘是要发现那些不能靠直觉发现的信息或知识,甚至是违背直觉的信息或知识。

③挖掘出的信息越是出乎意料,可能越有价值。

(2)数据挖掘过程。

数据挖掘的过程是一个反复迭代的人机交互和处理过程,主要包括以下三个阶段。

①数据预处理阶段。

第一,数据准备。了解领域特点,确定用户需求。

第二,数据选取。从原始数据库中选取相关数据或样本。

第三,数据预处理。检查数据的完整性及一致性,消除噪声等。

第四,数据变换。通过投影或利用其他操作减少数据量。

②数据挖掘阶段。

第一,确定挖掘目标。确定要发现的知识类型。

第二,选择算法。根据确定的目标选择合适的数据挖掘算法。

第三,数据挖掘。运用所选算法,提取相关知识并以一定的方式表示。

③知识评估与表示阶段。

第一,模式评估。对在数据挖掘步骤中发现的模式(知识)进行评估。

第二,知识表示。使用可视化和知识表示相关技术,呈现所挖掘的知识。

2. 数据挖掘的主要分析方法

数据挖掘的分析方法主要包括以下几种。

(1)分类。

从数据中选出已经分好类的训练集,在该训练集上运用数据挖掘分类的技术,建立分类模型,对于没有分类的数据进行分类。

例如:

①风险等级。信用卡申请者的分类为低、中、高风险。

②故障诊断。中国宝钢集团与上海天律信息技术有限公司合作,采用数据挖掘技术对钢材生产的全流程进行质量监控和分析,构建故障地图,实时分析产品出现瑕疵的原因,有效提高了产品的优良率。

注意:类的个数是确定的,预先定义好的。

(2)估计。

估计与分类类似,不同之处在于分类描述的是离散型变量的输出,而估计处理连续值的输出;分类数据挖掘的类别是确定数目的,估计的量是不确定的。

例如:

①根据购买模式,估计一个家庭的孩子个数。

②根据购买模式,估计一个家庭的收入。

③估计不动产的价值。

一般来说,估值可以作为分类的前一步工作。给定一些输入数据,通过估值,得到未知的连续变量的值,然后根据预先设定的阈值进行分类。

例如,银行对家庭贷款业务,运用估值,给各个客户记分,然后根据阈值,将贷款级别分类。

(3)预测。

通常,预测是通过分类或估值起作用的,也就是说,通过分类或估值得出模型,该模型用于对未知变量的预言。从这种意义上说,预言其实没有必要分为一个单独的类。预言其目的是对未来未知变量的预测,这种预测是需要时间来验证的,即必须经过一定时间后,才知道预言准确性是多少。

(4)相关性分组或关联规则。

决定哪些事情将一起发生。两个或两个以上变量的取值之间存在某种规律性,称为关联。

数据关联是数据库中存在的一类重要的、可被发现的知识。关联分析的目的是找出数据库中隐藏的关联网。一般用支持度和可信度两个阈值来度量关联规则的相关性,还可引入兴趣度、相关性等参数,使得挖掘的规则更符合需求。

例如:

①超市中客户在购买 A 的同时,经常会购买 B,即 A≥B(关联规则)。

②客户在购买 A 后,隔一段时间,会购买 B(序列分析)。

（5）聚类。

聚类是对记录分组，把相似的记录分在一个聚集里。聚类和分类的区别是聚集不依赖于预先定义好的类，不需要训练集。

例如：

①一些特定症状的聚集可能预示了某种特定的疾病。

②租 VCD 类型不相似的客户聚集，可能暗示成员属于不同的亚文化群。聚集通常作为数据挖掘的第一步。如"哪一种类的促销对客户响应最好？"对于这一类问题，首先对整个客户做聚集，将客户分组在各自的聚集里，然后每个不同的聚集分别回答问题，可能效果更好。

（6）时序模式。

时序模式通过时间序列搜索出的重复发生概率较高的模式。与回归一样，它也是用已知的数据预测未来的值，但区别是这些数据的变量所处的时间不同。

（7）偏差分析。

偏差中包括很多有用的知识，数据库中的数据存在很多异常情况，发现数据库中数据存在的异常情况是非常重要的。偏差检验的基本方法就是寻找观察结果与参照之间的差别。

（8）描述和可视化。

描述和可视化是对数据挖掘结果的表示方式。一般是指数据可视化工具，包含报表工具和商业智能分析产品（BI）的统称。如通过一些工具进行数据的展现、分析、钻取，将数据挖掘的分析结果更形象、深刻地展现出来。

3. 物联网的数据挖掘

数据挖掘是决策支持和过程控制的重要技术手段，是物联网的重要内容之一。

由于物联网具有明显的行业应用特征，需要对各行各业的不同数据格式的海量数据进行整合、管理、存储，并在整个物联网中提供数据挖掘服务，从而实现预测、决策，进而反向控制这些传感网络，达到控制物联网中客观事物运动和发展进程的目的。

在物联网中进行数据挖掘已经从传统意义上的数据统计分析、潜在模式发现与挖掘，转向成为物联网中不可缺少的工具和环节。

（1）物联网的计算模式。

物联网一般有两种基本计算模式，即物计算模式和云计算模式。

①物计算模式。

基于嵌入式系统，强调实时控制，对终端设备的性能要求较高，系统的智能主要表现在终端设备上。这种智能建立在对智能信息结果的利用上，而不是建立在终端计算基础上，对集中处理能力和系统带宽要求较低。

②云计算模式。

以互联网为基础，目的是实现资源共享和资源整合，其计算资源是动态、可伸缩、虚拟化的。云计算模式通过分布式的构架采集物联网中的数据，系统的智能主要体现在数据挖掘和处理上，需要较强的集中计算能力和高带宽，但终端设备比较简单。

（2）两种模式的选择。

物联网数据挖掘的结果主要用于决策控制，挖掘出的模式、规则、特征指标用于预测、决策和控制。在不同的情况下，可以选用不同的计算模式。例如，在物联网要求实时高效的数据挖掘，物联网任何一个控制端均需要对瞬息万变的环境实时分析、反应和处理，需要雾计算模式和利用数据挖掘结果。

另外，物联网的应用以海量数据挖掘为特征。物联网需要进行数据质量控制，多源、多模态、多媒体、多格式数据的存储与管理是控制数据质量、获得真实结果的重要保证。除此之外，物联网还需要分布式整体数据挖掘，因为物联网计算设备和数据天然分布，不得不采用分布式并行数据挖掘。在这些情况下，基于云计算的方式比较合适，能保证分布式并行数据挖掘和高效实时挖掘，保证挖掘技术的共享，降低数据挖掘应用门槛，普惠各个行业，并且企业租用云服务就可以进行数据挖掘，不用独立开发软件，不需要单独部署云计算平台。

（3）数据挖掘算法的选择。

一般而言，数据挖掘算法可以分为分布式数据挖掘算法和并行数据挖掘算法等。

①分布式数据挖掘算法适合数据垂直划分的算法，重视数据挖掘多任务调度算法。

②并行数据挖掘算法适合数据水平划分、基于任务内并行的挖掘算法。云计算技术如同物联网应用的基石，能够保证分布式并行数据挖掘，高效实时挖掘。云服务模式是数据挖掘的普适模式，可以保证挖掘技术的共享，降低数据挖掘的应用门槛，满足海量挖掘的要求。

4.3.4 数据融合技术

随着计算机技术、通信技术的快速发展，作为数据处理的新兴技术——数据融合技术，在近十多年中得到惊人发展，并已进入军事等诸多应用领域。

1. 数据融合的基本概念

数据融合技术是指利用计算机对按时序获得的若干观测信息，在一定准则下加以自动分析、综合，以完成所需的决策和评估任务而进行的信息处理技术。

数据融合技术，包括对各种信息源给出的有用信息的采集、传输、综合、过滤、相关及合成，以便辅助人们进行态势/环境判定、规划、探测、验证、诊断等。

例如，在军事战场上及时准确地获取各种有用的信息，对战场情况和威胁及其重要程度进行适时完整的评价，实施战术、战略辅助决策与对作战部队的指挥控制，是极其重要的。

2. 数据融合的种类

数据融合一般有 3 类，即数据级融合、特征级融合、决策级融合。

（1）数据级融合。

它是直接在采集到的原始数据层上进行的融合，在各种传感器的原始测报未经预处理之前就进行数据的综合与分析。

数据级融合一般采用集中式融合体系进行融合处理过程，这是低层次的融合。例如,成像传感器中通过对包含若干像素的模糊图像进行图像处理,从而确认目标属性的过程,就属于数据级融合。

（2）特征级融合。

特征级融合属于中间层次的融合,它先对来自传感器的原始信息进行特征提取(特征可以是目标的边缘、方向、速度等),然后对特征信息进行综合分析和处理。

特征级融合的优点在于实现了可观的信息压缩,有利于实时处理,并且由于所提取的特征直接与决策分析有关,因而融合结果能最大限度地得出决策分析所需要的特征信息。

（3）决策级融合。

决策级融合通过不同类型的传感器观测同一个目标,每个传感器在本地完成基本的处理,其中包括预处理、特征抽取、识别或判决,以建立对所观察目标的初步结论,然后通过关联处理进行决策级融合判决,最终获得联合推断结果。

3. 数据挖掘与数据融合的联系

数据挖掘与数据融合既有联系,又有区别。它们是两种功能不同的数据处理过程,前者发现模式,后者使用模式。

二者的目标、原理和所用的技术各不相同,但功能上相互补充,将二者集成可以达到更好的多源异构信息处理效果。

4.4 物联网信息安全与隐私保护

4.4.1 物联网安全的特点

与互联网不同,物联网的特点在于无处不在的数据感知,以无线为主的信息传输和智能化的信息处理。从物联网的整个信息处理过程来看,感知信息经过采集、汇聚、融合、传输、决策与控制等过程,体现了它与传统的网络安全不同的特点。

1. 影响物联网安全的因素

物联网的安全特征体现了感知信息的多样性、网络环境的异构性和应用需求的复杂性,呈现出网络的规模和数据的处理量大,决策控制复杂等特点,对物联网安全提出了新的挑战。

物联网除了面对 TCP/IP 网络、无线网络和移动通信网络等传统网络安全问题之外,还存在着大量特殊的安全问题。具体来讲,物联网常常在以下方面受到安全威胁。

（1）物联网的设备、节点等无人看管,容易受到操纵和破坏。

物联网的许多应用可以代替人完成一些复杂、危险和机械的工作,这些设备、节点的工作环境大都无人监控。因此攻击者很容易接触这些设备,从而对设备或嵌入其中的传感器节点进行破坏。攻击者甚至可以通过更换某些设备的软硬件,对它们进行非法操控。

（2）信息传输主要靠无线通信方式，信号容易被窃取和干扰。

物联网在信息传输中多使用无线传输方式，暴露在外的无线信号很容易成为攻击者窃取或干扰的对象，对物联网的信息安全造成严重的危害。同时，攻击者也可以在物联网无线信号覆盖的区域内，通过发射无线电信号进行干扰，从而使无线通信网络不能正常工作，甚至瘫痪。

（3）出于低成本的考虑，传感器节点通常是资源受限的。

物联网的许多应用通过部署大量的廉价传感器覆盖特定区域。廉价的传感器一般体积较小，使用能量有限的电池供电，其能量、处理能力、存储空间、传输距离、无线电频率和带宽都受到限制，因此传感器节点无法使用较复杂的安全协议，因而这些传感器节点或设备也就无法拥有较强的安全保护能力。攻击者针对传感器节点的这一弱点，可以通过采用连续通信的方式使节点的资源耗尽。

（4）物联网中物品的信息能够被自动地获取和传送。

物联网通过对物品的感知实现物物相连。如通过 RFID、传感器、二维识别码和 GPS 定位等技术能够随时随地自动地获取物品的信息。同样地，这种信息也能被攻击者获取，在不知情的情况下，物品的使用者可能就会被扫描、定位及追踪，对其个人的隐私构成了极大威胁。

2. 物联网的安全要求及安全建设

物联网安全的总体需求是物理安全、信息采集的安全、信息传输的安全和信息处理的安全，而最终目标是要确保信息的机密性、完整性、真实性和网络的容错性。

一方面，物联网的安全性要求物联网中的设备必须是安全可靠的，不仅要可靠地完成设计规定的功能，更不能因发生故障而危害到人员或者其他设备的安全；另一方面，它们必须要有能力防护自身安全，在遭受黑客攻击和外力破坏的时候仍然能够正常工作。

物联网的信息安全建设是一个复杂的系统工程，需要从政策引导、标准制定、技术研发等多个方面向前推进，通过坚实的信息安全保障手段，保障物联网健康、快速地发展。

4.4.2 物联网安全层次

1. 物联网安全层次概述

我们已经知道，物联网具备三个特征：一是全面感知，二是可靠传递，三是智能处理。物联网安全性相应地也分为三个逻辑层，即感知层，传输层和处理层。除此之外，在物联网的综合应用方面还有一个应用层，它是对智能处理后的信息的利用。

在某些框架中，尽管智能处理与应用层被作为同一逻辑层进行处理，但从信息安全的角度考虑，将应用层独立出来更容易建立安全架构。

其实，对物联网的几个逻辑层，目前已经有许多针对性的密码技术手段和解决方案。但需要说明的是，物联网作为一个应用整体，各层独立的安全措施简单相加不足以

为自身提供可靠的安全保障。而且,物联网与几个逻辑层所对应的基础设施之间还存在许多本质的区别。最基本的区别如下:

(1)已有的对传感网(感知层)、互联网(传输层)、移动网(传输层)、安全多方计算、云计算(处理层)等安全解决方案在物联网环境可能不再适用。其主要原因,第一,物联网所对应的传感网的数量和终端物体的规模是单个传感网所无法相比的;第二,物联网所连接的终端设备或器件的处理能力有很大差异,它们之间需要相互作用;第三,物联网所处理的数据量比现在的互联网和移动网都大得多。

(2)即使分别保证感知层、传输层和处理层的安全,也不能保证物联网的安全。这是因为,第一,物联网是融几层于一体的大系统,许多安全问题来源于系统整合;第二,物联网的数据共享对安全性提出了更高的要求;第三,物联网的应用将对安全提出新要求,比如隐私保护不属于任何一层的安全需求,但却是许多物联网应用的安全需求。

鉴于以上原因,为保障物联网的健康发展,需要重新规划并制定可持续发展的安全架构,使物联网在发展和应用过程中,其安全防护措施得到不断完善。

2. 感知层的安全需求和安全框架

感知层的任务是全面感知外界信息,或者说感知层是一个原始信息收集器。该层的典型设备包括 RFID 装置、各类传感器(如红外、超声、温度、湿度、速度等)、图像捕捉装置(摄像头)、全球定位系统(GPS)、激光扫描仪等。这些设备收集的信息通常具有明确的应用目的,因此过去这些信息直接被处理并应用,如公路摄像头捕捉的图像信息直接用于交通监控。

在物联网应用中,多种类型的感知信息可能会同时处理、综合利用,甚至不同感应信息的结果将影响其他的控制调节行为。如,湿度的感应结果可能会影响温度或光照控制的调节。同时,物联网应用强调的是信息共享,这是物联网区别于传感网的最大特点之一。如,交通监控录像信息可能还同时被用于公安侦破、城市改造规划设计、城市环境监测等。如何处理这些感知信息将直接影响信息的有效应用。为了使同样的信息被不同应用领域有效使用,应该建立一个综合处理平台,这就是物联网的智能处理层,将这些感知信息传输到这个处理平台进行处理。

感知信息要通过一个或多个与外界网连接的传感节点,被称为网关节点(sink 或 gate-way),所有与传感网内部节点的通信都需要经过网关节点与外界联系,因此在物联网的传感层,我们只需要考虑传感网本身的安全性。

(1)感知层的安全挑战。

感知层可能遇到的安全挑战包括下列情况:

①传感网的网关节点被敌手控制——安全性全部丢失。

②传感网的普通节点被敌手控制(敌手掌握节点密钥)。

③传感网的普通节点被敌手捕获(但由于没有得到节点密钥,而没有被控制)。

④传感网的节点(普通节点或网关节点)受到来自网络的 DOS 攻击。

⑤接入到物联网的超大量感知节点的标识、识别、认证和控制问题。

敌手捕获网关节点不等于控制该节点,实际上一个传感网的网关节点被敌手控制的可能性很小,因为控制网关节点需要掌握该节点的密钥(与传感网内部节点通信的密钥或与远程信息处理平台共享的密钥),而做到这点是十分困难的。如果敌手掌握了一个网关节点与传感网内部节点的共享密钥,那么他就可以控制传感网的网关节点,并由此获得通过该网关节点传出的所有信息。但如果敌手不知道该网关节点与远程信息处理平台的共享密钥,那么就不能篡改发送的信息,只能阻止部分或全部信息的发送,但这样极容易被远程信息处理平台觉察。若能识别一个被敌手控制的传感网,便可以降低甚至避免由敌手控制的传感网传来的虚假信息所造成的损失。

目前,传感网遇到比较普遍的情况是某些普通网络节点被敌手控制而发起攻击,传感网与这些普通节点交互的所有信息都被敌手获取。敌手的目的可能不仅仅是被动窃听,还包括通过所控制的网络节点传输一些错误数据。传感网的安全需求应包括对恶意节点行为的判断和对这些节点的阻断,以及在阻断一些恶意节点(假定这些被阻断的节点分布是随机的)后,网络的连通性如何保障。

更为常见的情况是敌手捕获一些网络节点,不需要解析它们的预置密钥或通信密钥(这种解析需要付出代价和时间),只需要鉴别节点种类,如检查节点是用于检测温度、湿度还是噪音等。有时候这种分析对敌手是很有用的。因此,安全的传感网络应该具有保护其正常工作的安全机制。

既然传感网最终要接入其他外在网络,包括互联网,那么就难免受到来自外在网络的攻击。目前能预期到的主要攻击除了非法访问外,还有拒绝服务(DOS)攻击。因为通常传感网节点的资源(计算和通信能力)有限,所以对抗 DOS 攻击的能力比较弱,在互联网环境里不被识别为 DOS 攻击的访问就可能使传感网瘫痪。所以,传感网的安全应该包括节点抗 DOS 攻击的能力。考虑到外部访问可能直接针对传感网内部的某个节点(如远程控制启动或关闭红外装置),而传感网内部普通节点的资源一般比网关节点更小,网络抗 DOS 攻击的能力还应分为网关节点和普通节点两种情况。

传感网接入互联网或其他类型网络所带来的问题,不仅仅是传感网如何对抗外来攻击,更重要的是如何与外部设备相互认证,而认证过程又需要特别考虑传感网资源的有限性,因此,认证机制需要的计算和通信代价都必须尽可能小。此外,对于外部互联网来说,其所连接的不同传感网的数量可能是一个庞大的数字,如何区分这些传感网及其内部节点,有效地识别它们,是安全机制能够建立的前提。

(2)感知层的安全需求。

针对上述的挑战,感知层的安全需求可以总结为以下几点:

①机密性。多数传感网内部不需要认证和密钥管理,如统一部署的共享一个密钥的传感网。

②密钥协商。部分传感网内部节点进行数据传输前,需要预先协商会话密钥。

③节点认证。个别传感网(特别当传感数据共享时)需要节点认证,确保非法节点不能接入。

④信誉评估。一些重要传感网需要对可能被敌手控制的节点行为进行评估,以降低敌手入侵后的危害(某种程度上相当于入侵检测)。

⑤安全路由。几乎所有传感网内部都需要不同的安全路由技术。

（3）感知层的安全防护。

根据物联网本身的特点和上述物联网感知层在安全方面存在的问题,需要采取有效的防护对策,具体做法如下:

①加强对传感网机密性的安全控制。

在传感网内部需要建立有效的密钥管理机制,用于保障传感网内部通信的安全,在通信时需要建立一个临时会话密钥,确保数据安全。如在物联网构建中选择 RFID 系统,应该根据实际需求考虑是否选择有密码和认证功能的系统。

②加强节点认证。

节点认证可以通过对称密码或非对称密码方案解决。使用对称密码的认证方案需要预置节点间的共享密钥,在效率上比较高,消耗网络节点的资源较少,许多传感网都选用此方案。而使用非对称密码技术的传感网一般具有较好的计算和通信能力,并且对安全性要求更高。在认证的基础上完成密钥协商是建立会话密钥的必要步骤。

③加强入侵监测。

在敏感场合,节点要设置封锁或自毁程序,发现节点离开特定应用和场所,启动"封锁"或"自毁",可使攻击者无法完成对节点的分析。

④加强对传感网的安全路由控制。

几乎所有传感网内部都需要应用不同的安全路由技术。

综上,由于传感网的安全一般不涉及其他网络的安全,因此,传感网安全是相对较独立的问题,有些已有的安全解决方案在物联网环境中也同样适用。但由于物联网环境中传感网遭受外部攻击的机会增大,因此用于独立传感网的传统安全解决方案需要提升安全等级后才能使用。也就是说,传感网在安全上要求更高。

3. 传输层的安全需求和安全框架

物联网的传输层主要用于把感知层收集到的信息安全可靠地传输到信息处理层,然后根据不同的应用需求进行信息处理,即传输层主要是网络基础设施,包括互联网、移动网和一些专业网(如国家电力专用网、广播电视网)等。信息在传输过程中,可能经过一个或多个不同架构的网络进行信息交接。如普通电话座机与手机之间的通话就是一个典型的跨网络架构的信息传输。在信息传输过程中,跨网络传输是很正常的,在物联网环境中这一现象更突出,而且很可能在极普通的事件中产生信息安全隐患。

（1）传输层的安全挑战。

网络环境目前遇到前所未有的安全挑战,而物联网传输层所处的网络环境也存在安全挑战,甚至是更大的挑战。同时,由于不同架构的网络需要相互连通,因此在跨网络架构的安全认证等方面会面临更大的挑战。

物联网传输层的安全问题主要存在以下方面:

①DOS 攻击、DDOS(分布式拒绝服务攻击)攻击。

②假冒攻击、中间人攻击等。

③跨异构网络的网络攻击。

（2）传输层的安全需求。

在物联网发展过程中,目前的互联网或者下一代互联网将是物联网传输层的核心载体,多数信息要经过互联网传输。互联网遇到的 DOS 和 DDOS 仍然存在,需要采取更好的防范措施和灾难恢复机制。

考虑到物联网所连接的终端设备性能和对网络需求的巨大差异,其对网络攻击的防护能力也有很大差别,因此,很难设计出通用的安全方案,而应对不同网络性能和网络需求采取不同的防范措施。

在传输层,异构网络的信息交换将成为安全的弱点,特别在网络认证方面,难免存在中间人攻击和其他类型的攻击（如异步攻击、合谋攻击等）。这些攻击都需要采取更高的安全防护措施。

如果仅考虑互联网和移动网以及其他一些专用网络,则物联网传输层对安全的需求可以概括为以下几点:

①数据机密性。需要保证数据在传输过程中不被泄露。

②数据完整性。需要保证数据在传输过程中不被非法篡改,或非法篡改的数据容易被检测出。

③数据流机密性。某些应用场景需要对数据流量信息进行保密,目前只能提供有限的数据流机密性。

④DDOS 攻击的检测与预防。DDOS 攻击是网络中常见的攻击类型之一,在物联网中更为常见。物联网中需要解决的问题还包括如何防护 DDOS 对脆弱节点的攻击。

⑤移动网中认证与密钥协商（AKA）机制的一致性或兼容性、跨域认证和跨网络认证。

（3）传输层的安全防护。

传输层的安全机制可分为端到端的机密性和节点到节点的机密性。

对于端到端的机密性,需要建立安全机制。如端到端认证机制、端到端密钥协商机制、密钥管理机制和机密性算法选取机制等。在这些安全机制中,根据需要可以增加数据完整性服务。

对于节点到节点的机密性,需要节点间的认证和密钥协商协议,这类协议要重点考虑效率因素。

机密性算法的选取和数据完整性服务,可以根据需求决定是否选用。考虑到跨网络架构的安全需求,需要建立不同网络环境的认证衔接机制。

另外,根据应用层的不同需求,网络传输模式可能区分为单播通信、组播通信和广播通信,针对不同类型的通信模式也应该建立相应的认证机制和机密性保护机制。

简言之,传输层的安全防护主要包括以下几个方面:

①节点认证、数据机密性、完整性、数据流机密性、DDOS 攻击的检测与预防。

②移动网中 AKA 机制的一致性或兼容性、跨域认证和跨网络认证。

③相应密码技术。密钥管理（密钥基础设施 PKI 和密钥协商）、端对端加密和节点对节点加密、密码算法和协议等。

④组播和广播通信的认证性、机密性和完整性安全机制。

4. 处理层的安全需求和安全框架

处理层是信息到达智能处理平台的处理过程,包括如何从网络中接收信息。在从网络中接收信息的过程中,需要判断哪些信息是真正有用的信息,哪些是垃圾信息甚至是恶意信息。

在来自网络的信息中,有些属于一般性数据,用于某些应用过程的输入,而有些可能是操作指令。在这些操作指令中,又有一些可能是由于某种原因造成的错误指令(如指令发出者的操作失误、网络传输错误、遭到恶意修改等),或者是攻击者的恶意指令。

如何通过密码技术等手段甄别出真正有用的信息,又如何识别并有效防范恶意信息和指令带来的威胁是物联网处理层面临的重大安全挑战。

(1)处理层的安全挑战。

物联网处理层的重要特征是智能,智能的技术实现少不了自动处理技术,其目的是使处理过程方便迅速,而非智能的处理手段可能无法应对海量数据。但是,自动过程对恶意数据,特别是恶意指令信息的判断能力是十分有限的,而智能也仅限于按照一定规则进行过滤和判断,攻击者很容易避开这些规则,正如过滤垃圾邮件一样,多年来一直是一个难以彻底解决的问题。

因此,处理层的安全挑战包括以下几个方面。

①来自超大量终端的海量数据的识别和处理。

②智能变为低能。

③自动变为失控(可控性是信息安全的重要指标之一)。

④灾难控制和恢复。

⑤非法人为干预(内部攻击)。

⑥设备(特别是移动设备)的丢失。

(2)处理层的安全需求。

针对所面临的安全问题,处理层产生了以下安全需求。

①物联网时代需要处理的信息是海量的,需要处理的平台数量众多。当不同性质的数据通过一个处理平台处理时,该平台需要多个功能各异的处理平台协同处理。但是,首先应该知道将哪些数据分配到哪个处理平台,因此数据类别分类是必需的。同时,安全的要求使得许多信息都是以加密形式存在的,因此如何快速有效地处理海量加密数据是智能处理阶段遇到的一个重大挑战。

②计算技术的智能处理过程与人类的智力相比具有本质的区别,但计算机的智能判断在速度上是人类智力判断所无法比拟的。由此,人们期望物联网环境的智能处理水平不断提高,而且不能用人的智力代替。换而言之,只要智能处理过程存在,就可能让攻击者有机会躲过智能处理过程的识别和过滤,从而达到攻击目的。在这种情况下,智能与低能相当。所以,物联网的传输层需要高智能的处理机制。

③如果智能水平很高,那么可以有效识别并自动处理恶意数据和指令。但再好的智能也存在失误,特别是在物联网环境中,即使出现失误的概率非常小,因为自动处理过程数据量非常庞大,因此出现失误的情况还是很多。

④在发生失误而致使攻击者攻击成功后,如何将攻击所造成的损失降低到最低程度,并尽快从灾难中恢复到正常工作状态,是物联网智能处理层的另一重要问题,也是一个重大挑战。

⑤智能处理层虽然使用智能自动处理手段,但还是允许人为干预,这是十分必要的。人为干预可能发生在智能处理过程无法做出正确判断的时候,也可能发生在智能处理过程有关键中间结果或最终结果的时候,还可能发生在其他任何原因而需要人为干预的时候。人为干预的目的是使处理层更好地工作,但也有例外,那就是实施人为干预的人试图实施恶意行为时。来自人的恶意行为具有很大的不可预测性。所以,物联网处理层的防范措施除了技术辅助手段外,更多地需要依靠科学管理手段。

⑥智能处理平台的大小不同,大的如高性能工作站,小的如移动设备,智能手机等。工作站的威胁来自内部人员恶意操作,而移动设备的一个重大威胁是丢失。由于移动设备不仅是信息处理平台,其本身通常也携带大量重要机密信息,如何降低作为处理平台的移动设备丢失所造成的损失是目前面临的重要安全挑战之一。

(3)处理层的安全防护。

为了满足物联网智能处理层的基本安全需求,需要采取以下的安全防护措施。

①可靠的认证机制和密钥管理方案。

②高强度数据机密性和完整性服务。

③可靠的密钥管理机制,包括 PKI 和对称密钥的有机结合机制。

④可靠的高智能处理手段。

⑤入侵检测和病毒检测。

⑥恶意指令分析和预防,访问控制及灾难恢复机制。

⑦保密日志跟踪和行为分析,恶意行为模型的建立。

⑧密文查询、秘密数据挖掘、安全多方计算、安全云计算技术等。

⑨移动设备文件(包括秘密文件)的可备份和恢复。

⑩移动设备识别、定位和追踪机制。

5. 应用层的安全需求和安全框架

应用层负责综合的或有个体特性的具体应用业务,它所涉及的某些安全问题通过前面几个逻辑层的安全解决方案可能仍然无法解决。在这些问题中,隐私保护就是典型的一种。无论感知层、传输层还是处理层,都不涉及隐私保护问题,但隐私保护却是一些特殊应用场景的实际需求,即应用层的特殊安全需求。物联网的数据共享分为多种情况,涉及不同权限的数据访问。此外,在应用层还涉及知识产权保护、计算机取证、计算机数据销毁等安全需求和相应技术。

(1)应用层的安全挑战。

应用层的安全挑战主要包括以下几个方面:

①如何根据不同访问权限对同一数据库内容进行筛选。

②如何提供用户隐私信息保护,同时能正确认证。

③如何解决信息泄露追踪问题。

④如何进行计算机取证。

⑤如何销毁计算机数据。

⑥如何保护电子产品和软件的知识产权。

（2）应用层的安全需求。

针对以上应用层面临的安全问题，应用层的安全需求包括以下内容：

①由于物联网需要根据不同应用需求对共享数据分配不同的访问权限，而且不同权限访问同一数据可能得到不同的结果。

②随着个人和商业信息的网络化，越来越多的信息被认为是用户隐私信息。需要隐私保护的应用至少包括以下几种：第一，移动用户既需要知道（或被合法知道）其位置信息，又不愿意非法用户获取该信息。第二，用户既需要证明自己合法使用某种业务，又不想让他人知道自己在使用某种业务，如在线游戏等。第三，病人急救时需要及时获得该病人的电子病历信息，但又要保护该病历信息不被非法获取，包括病历数据管理员。事实上，电子病历数据库的管理人员可能有机会获得电子病历的内容，但隐私保护采用某种管理和技术手段，使病历内容与病人身份信息在电子病历数据库中无关联。第四，许多业务需要匿名性，如网络投票等。

③很多情况下，用户信息是认证过程的必填信息，如何对这些信息提供隐私保护，是一个具有挑战性的问题，但又是必须要解决的问题。例如，医疗病历的管理系统需要病人的相关信息来获取正确的病历数据，但又要避免该病历数据跟病人的身份信息相关联。在应用过程中，主治医生知道病人的病历数据，这种情况下对隐私信息的保护具有一定困难性，但可以通过密码技术手段掌握医生泄露病人病历信息的证据。

④在使用互联网的商业活动中，特别是在物联网环境的商业活动中，无论采了什么技术措施，都难以避免恶意行为的发生。如果能根据恶意行为所造成后果的严重程度给予相应的惩罚，就可以减少恶意行为的发生。从技术层面来看，计算机取证就显得非常重要。当然，这有一定的技术难度，主要是因为计算机平台种类太多，包括多种计算机操作系统、虚拟操作系统、移动设备操作系统等。

⑤与计算机取证相对应的是数据销毁。数据销毁的目的是销毁那些在密码算法或密码协议实施过程中所产生的临时中间变量，一旦密码算法或密码协议实施完毕，这些中间变量将不再有用。但这些中间变量如果落入攻击者手里，可能为攻击者提供重要的参数，从而增大攻击成功的可能性。所以，这些临时中间变量需要及时安全地从计算机内存和存储单元中删除。

计算机数据销毁技术不可避免地会为计算机犯罪提供证据销毁工具，从而增大计算机取证的难度。如何处理好计算机取证和计算机数据销毁之间的矛盾，是一项具有挑战性的技术难题，也是物联网应用中需要解决的问题。

⑥物联网的主要市场是商业应用。在商业应用中存在大量需要保护的知识产权产品，包括电子产品和软件等。所以，对电子产品的知识产权保护将会提高到一个新的高度，对应的技术要求也是一项新的挑战。

（3）应用层的安全防护。

基于物联网应用层的安全挑战和安全需求，需要建立以下的安全防护机制。

①有效的数据库访问控制和内容筛选机制。

②不同场景的隐私信息保护技术。

③叛逆追踪和其他信息泄露追踪机。

④有效的计算机取证技术。

⑤安全的计算机数据销毁技术。

⑥安全的电子产品和软件的知识产权保护技术。

针对这些安全架构，需要开发相关的密码技术，包括访问控制、匿名签名、匿名认证、密文验证(包括同态加密)、门限密码、叛逆追踪、数字水印和指纹技术等。

4.4.3　物联网的安全关键技术

1.物联网感知层安全关键技术

物联网感知层主要包括传感器节点、传感网路由节点、感知层网关节点(又称为协调器节点或汇聚节点)以及连接这些节点的网络，通常是短距离无线网络，如 ZigBee、蓝牙、Wi-Fi 等。广义上，传感器节点也包括 RFID 标签，感知层网关节点包括 RFID 读写器，无线网络也包括 RFID 使用的通信协议，如 EPCglobal。考虑到许多传感器的特点是资源受限，因此处理能力有限，对安全的需求也相对较弱，但完全没有安全保护会面临更大问题，因此需要轻量级安全保护。什么是轻量级？它与物联网的概念一样，目前仍没有一个标准的定义。但我们可以分别以轻量级密码算法和轻量级安全协议进行描述。

由于 RFID 标准中为安全保护预留了 2 000 门等价电路的硬件资源，因此如果一个密码算法能使用不多于 2 000 门等价电路来实现的话，这种算法就可以称为轻量级密码算法。目前已知的轻量级密码算法包括 PRESENT 和 LBLOCK 等。而对轻量级安全协议，目前仍没有一个量化描述。虽然轻量级密码算法有一个量化描述，但追求轻量的目标却永无止境。以下分别是几项轻量级密码算法设计的关键技术和挑战。

(1)超轻量级密码算法的设计。这类密码算法包括流密码和分组密码，设计目标是在硬件实现成本上越小越好，不考虑数据吞吐率和软件实现成本和运行性能，使用对象是 RFID 标签和资源非常有限的传感器节点。

(2)可硬件并行化的轻量级密码算法的设计。这类密码算法同样包括流密码和分组密码算法，设计目标是考虑不同场景的应用，或通信两端的性能折中，虽然在轻量化实现方面也许不是最优，但当不考虑硬件成本时，可使用并行处理技术实现吞吐率的大幅度提升，适合协调器端使用。

(3)可软件并行化的轻量级密码算法的设计。这类密码算法的设计目标是满足一般硬件轻量级需求，但软件实现时可以实现较高的吞吐率，适合在一个服务器管理大量终端感知节点情况下使用。

(4)轻量级公钥密码算法的设计。在许多应用中，公钥密码具有不可替代的优势，但公钥密码的轻量化到目前为止是一个没有攻克的技术挑战，即公开文献中还没有找到一种公钥密码算法可以使用小于 2 000 门等价电路实现，且在当前计算能力下不可实际破解。

(5)非平衡公钥密码算法的设计。这其实是轻量级公钥密码算法的折中措施,目标是设计一种在加密和解密过程很不平衡的公钥密码算法,使其加密过程达到轻量级密码算法的要求,或解密过程达到轻量级密码算法的要求。考虑到轻量级密码算法的使用很多情况下是在传感器节点与协调器或服务器进行通信,而后者计算资源不受限制,因此无须使用轻量级算法,只要在传感器终端上使用的算法具有轻量级即可。目前,对于轻量级安全协议,既没有量化描述,也没有定性描述。总体上,安全协议的轻量化需要与同类协议相比,要减少通信轮数(次数)、通信数据量、计算量,当然这些要求的代价是一定会有所牺牲,如可靠性甚至某些安全性方面的牺牲。

可靠性包括对数据传递的确认(是否到达目的地),对数据处理的确认(是否被正确处理)等,而安全性包括前向安全性、后向安全性等,因为这些安全威胁在传感器网络中不太可能发生,其攻击成本高而造成的损失小。轻量级安全协议包括以下几种:

一是轻量级安全认证协议,即如何认证通信方的身份是否合法。

二是轻量级安全认证与密钥协商协议(AKA),即如何在认证成功后建立会话密钥,包括同时建立多个会话密钥的情况。

三是轻量级认证加密协议,即无须对通信方的身份进行专门认证,在传递消息时验证消息来源的合法性即可。这种协议适合非连接导向的通信。

四是轻量级密钥管理协议,包括轻量级 PKI,轻量级密钥分发(群组情况),轻量级密钥更新等。无论轻量级密码算法还是轻量级安全协议,必须考虑消息的新鲜性,以防止重放攻击和修改重放攻击。这与传统数据网络有着本质的区别。

2. 物联网传输层安全关键技术

物联网传输层主要包括互联网、移动网络(如 GSM、5G、LTE 等),也包括一些非主流的专业网络,如电信网、电力载波等。但研究传输层安全关键技术时一般主要考虑互联网和移动网络。事实上,互联网有许多安全保护技术,包括物理层、IP 层、传输层和应用层的各个方面,而移动网络的安全保护也有专门的国际标准,因此物联网传输层的安全技术不是物联网安全中的研究重点。

3. 物联网处理层安全关键技术

物联网处理层就是数据处理中心,小的如一个普通的处理器,大的包括由分布式机群构成的云计算平台。从信息安全角度考虑,系统越大,遭受攻击者关注的可能性就越大,相应地需要的安全保护程度就越高。因此物联网处理层安全的关键计算主要是云计算安全的关键技术。由于云计算作为一个独立的研究课题已经得到广泛关注,这方面的安全关键技术有许多专门论述和研究,因此不在本文的讨论范围。

4. 物联网应用层安全关键技术

物联网的应用层严格地说不是一个具有普适性的逻辑层,因为不同的行业应用在数据处理后的应用阶段表现形式相差各异。

综合不同的物联网行业应用可能需要的安全需求,物联网应用层安全的关键技术包括以下几个方面。

(1)隐私保护技术。

隐私保护包括身份隐私和位置隐私。身份隐私就是在传递数据时不泄漏发送设备的身份,而位置隐私则是告诉数据中心某个设备在正常运行,但不泄漏设备的具体位置信息。事实上,隐私保护是相对的,没有泄漏隐私并不意味着没有泄漏关于隐私的任何信息,如位置隐私,通常要泄漏(有时是公开或容易猜到的信息)某个区域的信息,要保护的是这个区域内的具体位置,而身份隐私也常泄漏某个群体的信息,要保护的是这个群体的具体个体身份。隐私保护的研究是一个传统问题,国际上对这一问题早有研究,如在物联网系统中,隐私保护包括 RFID 的身份隐私保护、移动终端用户的身份和位置隐私保护、大数据下的隐私保护技术等。

在智能医疗等行业应用中,传感器采集的数据需要集中处理,但该数据的来源与特定用户身份没有直接关联,这就是身份隐私保护。这种关联的隐藏可以通过第三方管理中心来实现,也可以通过密码技术来实现。隐私保护的另一个种类是位置隐私保护,即用户信息的合法性得到检验,但该信息来源的地理位置不能确定。位置隐私的保护方法之一是通过密码学技术手段。根据我们的现有经验,在现实世界中稍有不慎,我们的隐私信息就被暴露于网络上,有时甚至处处小心还是会泄漏隐私信息。因此,如何在物联网应用系统中不泄漏隐私信息是物联网应用层的关键技术之一。在物联网行业应用中,如果隐私保护的目标信息没有被泄漏,就意味着隐私保护是成功的,但在学术研究中,我们需要对隐私的泄漏进行量化描述,即一个系统也许没有完全泄漏被保护对象的隐私,但已经泄漏的信息让这个被保护的隐私信息非常脆弱,再有一点点信息就可以确定,或者说该隐私信息可能以较大概率被猜测成功。除此之外,大数据下的隐私保护如何研究,是一个值得深入探讨的问题。

(2)移动终端设备安全。

智能手机和其他移动通信设备的普及为生活带来极大便利的同时,也带来很多安全问题。当移动设备失窃时,设备中数据和信息的价值可能远大于设备本身的价值,因此如何保护这些数据不丢失、不被窃,是移动设备安全要解决的重要问题之一。当移动设备成为物联网系统的控制终端时,移动设备的失窃所带来的损失可能会远大于设备中数据的价值,因为对 A 类终端的恶意控制所造成的损失不可估量。所以,作为物联网 B 终端的移动设备安全保护是重要的技术挑战之一。

(3)物联网安全基础设施。

即使保证物联网感知层安全、传输层安全和处理层安全,也保证终端设备不失窃,仍然不能保证整个物联网系统的安全。一个典型的例子是智能家居系统,假设传感器到家庭汇聚网关的数据传输得到安全保护,家庭网关到云端数据库的远程传输得到安全保护,终端设备访问云端也得到安全保护,但对智能家居用户来说还不是 100%安全,因为感知数据存储于由别人控制的云端。如何实现端到端安全,即 A 类终端到 B 类终端以及 B 类终端到 A 类终端的安全,需要由合理的安全基础设施完成。

对智能家居这一特殊应用来说,安全基础设施可以非常简单,如通过预置共享密钥的方式完成,但对其他环境,如智能楼宇和智慧社区,预置密钥的方式不能被用户接受,也不能让用户放心。如何建立物联网安全基础设施的管理平台,是安全物联网实际系统建立中不可或缺的组成部分,也是重要的技术问题。

(4)物联网安全测评体系。

安全测评不是一种管理,而是一种技术。首先要确定测评什么,即确定并量化测评安全指标体系,然后给出测评方法,这些测评方法应该不依赖于使用的设备或执行的人,且具有可重复性。这一问题必须首先解决好,才能推动物联网安全技术落实到具体的行业应用中。

4.4.4　影响物联网信息安全的非技术因素

物联网的信息安全问题不仅仅是技术问题,还涉及许多非技术因素。例如,以下几方面的因素很难通过技术手段来实现。

(1)教育。让用户意识到信息安全的重要性,以及如何正确使用物联网服务,以减少机密信息的泄露。

(2)管理。严谨的科学管理方法将使信息安全隐患降低到最小,特别应注意信息安全管理。

(3)信息安全管理。找到信息系统安全方面最薄弱环节并进行加强,以提高系统的整体安全程度,包括资源管理、物理安全管理、人力安全管理等。

(4)口令管理。许多系统的安全隐患来自账户口令的管理。

因此,在物联网的设计和使用过程中,除了需要加强技术手段以提高信息安全的保护力度外,还应注重对信息安全有影响的非技术因素,从整体上降低信息被非法获取和使用的概率。

1. 安全的物联网平台标准

经过发展演变,计算机和智能手机现已包含了拥有内置安全措施的复杂操作系统。不过,通常的物联网设备,如厨房家电、婴儿监控器、健身追踪器等,在设计过程中并没有采用计算机级别的操作系统,也不具有相应的安全特性。那么,谁应当负责这些联网产品所需的端对端安全呢?答案是让联网设备制造商对优质的物联网平台加以利用。

一个完整的平台解决方案能够让物联网设备在设备端、云端以及软件层面一直保持其可用性和安全性。以下是物联网平台应当遵守的重要安全原则。

(1)提供 AAA 安全。AAA 安全指的是认证(authentication)、授权(authorization)和审计(accounting),能够实现移动和动态安全。它将对用户身份进行认证,通常会根据用户名和密码对用户的身份进行认证;对认证用户访问网络资源进行授权;经过授权认证的用户需要访问网络资源时,会对过程中的活动行为进行审计。

(2)对丢失或失窃设备进行管理。包括远程擦除设备内容或者禁止设备联网。

(3)对所有用户身份认证信息进行加密。加密有助于对传输中的数据进行保护,不论是通过网络、移动电话、无线麦克风、无线对讲机,还是通过蓝牙设备进行传输。

(4)使用二元认证。双重保护,使黑客在进行攻击时必须突破两层防线,大大增加安全系数。

(5)对静态数据、传输中的数据以及云端数据提供安全保护。传输中的数据安全取决于采用何种传输方法。确保静态数据以及传输中的数据安全通常需要涉及基于 HTPS 和 UDP 的服务,从而确保每个数据包都采用 AES128 位加密法进行了子加密。备份数据也要进行加密。为了确保经过云端的数据安全,需要使用在 AWS 虚拟私有云 (VPC)环境中部署的服务,从而为服务提供商分配一个私有子网并限制所有人随意访问。

联网设备制造商需要为物联网平台服务商提供以下支持。

一是分析用户数据的潜在情景。终端用户应当对数据拥有多少隐私控制,如他们什么时候离开家,什么时候回家? 维护或服务人员应当有权访问哪些数据? 哪些不同类型的用户可能希望与同一部设备进行互动,用什么方式进行互动? 等等。

二是思考客户将如何获得设备的所有权。当所有权转移时,原始所有者的数据将如何处理? 这一理念不仅适用于非经常性转移,如购买并入住新房,也适用于房客每天开房退房的酒店等场景。

三是在首次使用物联网平台时对所提供的缺省凭证进行处理。如无线接入点和打印机等很多设备都拥有已知的管理员 ID 和密码。设备可能会为管理员提供一个内置的网络服务器,让他们能够对设备进行远程连接、登陆以及管理。这些缺省凭证构成了能够被攻击者利用的一些潜在安全隐患。

四是在保护用户隐私,以及应对现实中各类型的物联网设备时,基于角色的访问控制是必不可少的。凭借基于角色的访问,可以对安全性进行调整,从而应对几乎所有类型的情景或使用情况。

4.5　本项目小结

【项目评价】

项目学习完成后,进行项目检查与评价,检查评价单如表 4-1 所示。

表 4-1　检查评价单

评价内容与评价标准				
序号	评价内容	评价标准	分值	得分
1	知识运用 (20%)	掌握相关理论知识,理解本次任务要求,制订了详细计划,且计划条理清晰、逻辑正确(20 分)	20 分	
		理解相关理论知识,能根据本次任务要求制订合理计划(15 分)		
		了解相关理论知识,制订了计划(10 分)		
		没有制订计划(0 分)		

续表 4-1

评价内容与评价标准

序号	评价内容	评价标准	分值	得分
2	专业技能（40%）	能够了解物联网信息安全与隐私包括的相关内容（40分）	40分	
		了解物联网云计算（20分）		
		没有完成任务（0分）		
		具有良好的自主学习能力、分析并解决问题的能力，整个任务过程中有指导他人（20分）		
3	核心素养（20%）	具有较好的学习能力、分析并解决问题的能力，整个任务过程中没有指导他人（15分）	20分	
		能够主动学习并收集信息，具有请教他人以解决问题的能力（10分）		
		不主动学习（0分）		
		设备无损坏、设备摆放整齐、工位保持整洁、没有干扰课堂秩序（20分）		
4	课堂纪律（20%）	设备无损坏、没有干扰课堂秩序（15分）	20分	
		没有干扰课堂秩序（10分）		
		干扰课堂秩序（0分）		
		干扰课堂秩序（0分）		

【项目小结】

通过本项目的学习,学生可以了解物联网信息安全与隐私包括的相关内容,包括物联网安全的特点、物联网安全的层次、物联网安全的关键技术等等内容。

【能力提高】

一、填空题

1. 云计算的基本原理是,通过网络将庞大的计算处理程序自动分拆成无数个较小的_____,再交由多部服务器所组成的庞大系统经搜寻、计算分析之后将处理结果回传给用户。

2. 云计算提供给用户的服务是对所有计算基础设施的利用,包括_____、_____存储、网络和其他基本的计算资源,用户能够部署和运行任意软件,包括操作系统和应用程序。

3. 物联网中间件有很多种类,主要包括 RFID 中间件、_____、通用中间件和 M2M 物联网中间件等。

4. _____是 RFID 中间件技术中的最核心环节,数据流的主要工作任务就是通过转换,实现实体对象格式向信息环境下虚拟对象的转变,实现数据的处理功能。

5. RFID 中间件是一种面向消息的中间件,相关数据信息在程序间得以传递和共享,＿＿＿＿＿＿＿的方式不需要传输者花费精力关注传输情况,也不需要等待回应。

二、选择题

1.由于 RFID 标准中为安全保护预留了多少门等价电路的硬件资源,因此如果一个密码算法能使用不多于 2 000 门等价电路来实现的话,这种算法就可以称为轻量级密码算法　　　　　　　　　　　　　　　　　　　　　　　　　　　　　　　　(　　)

A. 1 000　　　　　B. 2 000　　　　　C. 3 000　　　　　D. 4 000

2.智能信息处理最早起源于 20 世纪哪个年代　　　　　　　　　　　　(　　)

A. 30　　　　　　　B. 40　　　　　　　C. 50　　　　　　　D. 60

3. No SQL 不需要事先定义数据模式、预定义表结构。数据中的每条记录都可能有不同的格式和　　　　　　　　　　　　　　　　　　　　　　　　　　　　(　　)

A. 数据　　　　　　B. 信息　　　　　　C. 属性　　　　　　D. 来源

4.感知信息要通过一个或几个与外界网连接的传感节点,被称为网关节点　(　　)

A. 二　　　　　　　B. 三　　　　　　　C. 五　　　　　　　D. 多

三、思考题

1.请简述云计算技术是如何与物联网结合的。

2.除了文中案例之外,结合生活谈谈 RFID 中间件技术的其他应用。

3.简要比较关系型数据库和实时数据库的优缺点。

4.请简述物联网数据挖掘技术的应用领域。

5.请用自己的语言介绍一下物联网安全技术。

6.影响物联网信息安全的非技术因素有哪些?请结合生活分析。

项目 5　工业物联网技术

【情景导入】

工业物联网并非空穴来风或是概念炒作,而是工业自动化发展的必然。随着工业技术的进步、市场竞争的加剧,为了提高生产效率和产品质量,充分利用资源,减轻劳动强度,适应批量生产需要,工业自动化应运而生。而工业物联网是从工业自动化行业分离出来的,使传感器经历着从传统传感器(dumb sensor)到数字化传感器(digital sensor)到智能传感器(smart sensor)再到嵌入式 Web 传感器(embedded web sensor)的内涵不断丰富的发展过程,逐步实现工业设备的微型化、智能化、信息化和网络化。

【知识目标】

(1)了解工业物联网的内涵与逻辑结构。

(2)掌握工业物联网关键技术与创新应用。

【能力目标】

(1)掌握加密算法模式。

(2)掌握多跳网格时间同步补偿算法。

【素质目标】

(1)培养学生的网络素养,指导他们正确处理和学习网络信息。

(2)引导学生在网络行为中做出正确决策,学会保护个人隐私安全。

【学习路径】

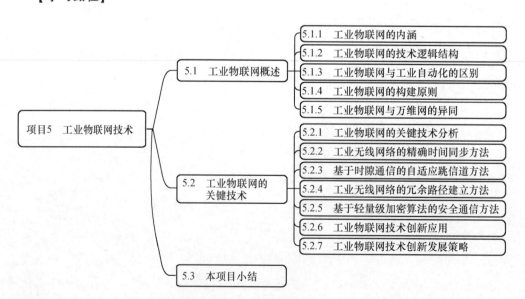

5.1　工业物联网概述

5.1.1　工业物联网的内涵

工业物联网核心理念是基于信息安全技术(security)、网络通信技术(net work)和广域自动化技术(automation)的充分融合,把新一代信息技术充分运用在各行各业之中。具体地说,就是把感应器嵌入和装备到电网、铁路、桥梁、隧道、公路、建筑、供水系统、大坝、油气管道等各种物体中,然后将"物联网"与现有的互联网整合起来,实现人类社会与物理系统的整合。在这个整合的网络当中,存在能力超级强大的中心计算机群,能够对整合网络内的人员、机器、设备和基础设施实施实时的管理和控制。在此基础上,人类可以以更加精细和动态的方式管理生产和生活,达到"工业智能"状态,提高资源利用率和生产力水平。

工业物联网使传统企业信息化系统延伸到互联网,能够实现基于互联网的广域自动化,如远程监控、远程维护、工厂管理等。因此,工业物联网可以定义为依托公众网络,连接专用网络,以生产自动化为基础,实现企业全面信息化的技术体系。正如美国经济学家兰斯·科登(Lance Cordon)所说:"工业物联网(industrial internet)能使互联网络成为企业的工作互联网(working internet),而不仅仅是销售互联网(selling internet)。"

工业物联网,是由机器、设备、集群和网络组成,能够在更深的层面和连接能力、大数据分析相结合,从而能更有效地发挥出各机器的潜能,提高生产力。工业物联网最显著的特点是能最大限度地提高生产效率,节省成本,推动设备技术的升级,从而提高效益。

1. 企业单元

企业单元是由企业本体及其输入、输出构成的工业物联网的基本单元。

企业本体,是指从事实际生产运营的企业,包含了企业所有运营、生产、管理的机制和环节。

输入,是指将企业本体看作一个机构,将外部信息、原材料、能源等外部资源送入企业的环节。

输出,是指将企业本体看作一个机构,将产品、排放、其他衍生服务等产出资源送出企业的环节。

企业单元不同于一般意义上的企业的概念,而是将企业的输入、输出环节与企业本体作为一个完整的系统进行研究。企业单元是工业领域及工业物联网的基本构成单元,工业物联网的构建,是以企业单元的一个或几个要素为主题,以企业单元为节点互联互通而构成的网络体系,并基于这样的广泛范围的网络实现智慧应用和信息共享。例如,企业管理加上公共能源管理平台,就是将企业单元中的输入、输出及企业本体运营中的"能源因素"作为主题,利用一定技术构建起网络及服务平台,并以此为基础进行相关智慧应用的开发和信息的共享。

2. 类工业领域

基于企业单元的概念，可以找到一般工业物联网的组成规律。然而，在实际工业领域的生产运用中，存在着某些大型的行业型企业，例如，电力系统、石油石化等。由于这些企业规模大，其子系统分布广泛，并且其子系统往往具备一般企业单元中企业本体的基本特征，并有着企业单元中必不可少的输入、输出环节，例如，电力系统中的输配电站、发电厂、电力调度中心等，这些类企业单元构成的并不是一般意义上的工业领域，而是一种被称为"类工业领域"的垂直概念。

类工业领域实质上是某个行业中垂直应用的集成，属于工业领域中比较特殊的一种。因此，工业物联网的概念范围，也包含了类工业领域，类工业领域中的工业物联网应用一般称为"垂直应用"。

3. 广义工业

传统的工业是指采集原料，并把它们在工厂中生产成产品的工作和过程。而工业物联网所涉及的广义工业概念，已经不再局限于生产的工作和过程，而是覆盖了所有与工业相关的各类因素和领域，将行业甚至是公共社会的概念引入"工业"的范畴，将"工业"概念打造为一种"公共服务"的平台和各类资源的集成与整合。简单言之，广义工业是社会化的工业概念，是公共事业的统称。

工业物联网的广义工业概念，是由物联网的特性所决定的。物联网最基本的物物相联的特性，以及普通对象设备化、自治终端互联化和普适服务智能化的特征，决定了工业物联网绝不是单一的局限于工厂以及工业生产的应用，而是涵盖整个社会及国民经济框架的泛在体系。

工业物联网的广义工业概念，明确了最大程度上的工业物联网的概念范围，也为工业物联网的应用领域指明了方向。理解了工业物联网的广义工业概念，对于研究、发掘和建立工业物联网的标准体系和具体实践，有着非常重要的意义。

5.1.2　工业物联网的技术逻辑结构

工业物联网作为物联网的一个特殊领域，具有以仪器仪表和专用网络为基础构件向不同的方向不断延伸的内部架构，其自身技术因此也带有不同于一般物联网技术的特点。

1. 嵌入式

嵌入式是工业物联网最主要的一个技术特点，是将"无感知物体"转变为"智能物体"的关键技术，该特性使物体具备根据外部环境变化进行反应的能力。

嵌入式智能技术的特点是将硬件和软件相结合，利用了嵌入式微处理器的低功耗、体积小、集成度高，以及嵌入式软件的高效率、高可靠性等优点，综合人工智能技术，推动工业物联网中智能环境的实现。

嵌入式系统涵盖嵌入式硬件和软件两大部分。硬件由嵌入式处理器、存储器与外固设备、现场总线组成。硬件的嵌入是指工业物联网通过在工业设备终端嵌入形形色色的智能传感器而获取数据和采集数据。这些传感器包括温度传感器、压力传感器、速度传感器、光敏传感器等。

软件包括操作系统、文件系统、图形用户接口等。软件的嵌入,也就是工业物联网的固件技术。固件是担任着一个工业物联网最基础最底层工作的软件。固件就是硬件设备的灵魂,决定着工业设备的功能及性能。

2. 高度异构

广义工业领域的数据,具备高度异构的特点,尤其是工业实时数据,相互间的结构差异非常大,这一点与传统物联网中的数据有着明显的差异。在工业物联网中,某一个企业、行业的应用系统中,某一个企业、行业的应用系统中,往往包含了各种领域的数据,例如,温度、pH 酸碱度、浓度、材料物理尺寸、原来配比乃至企业的管理数据、运营数据等。而且每个参与的数据库计算机体系结构异构,这些数据库分别运行在大型机、小型机、工作站、PC 或嵌入式系统中。各个数据库系统的基础操作系统也异构,有 Unix、Windows NT、Linux 等不同的操作系统。数据管理系统(database management system, DMBS)本身的异构,有的是同为关系型数据库系统的甲骨文(oracle)服务器、结构化查询语言(structured query language, SQL)服务器等,也可以是不同数据模型的数据库,如关系、模式、层次、网络、面向对象、函数型数据库共同组成一个异构数据库系统。

这些数据的类型和结构完全不同,体现出工业物联网数据高度异构的特性。

另外,基于工业物联网广义工业概念的特点,工业物联网中实时数据、媒体数据和关系型数据共存,专用网络和公用网络并存,造成了整体结构充满各种异构性的特点。简而言之,工业物联网中企业、行业、领域及位置的不同而造成更高度异构特性。

3. 大数据

工业物联网与传统物联网相比,由于其涵盖的范围涉及跨企业、跨行业、跨领域的特点,使其所包含的数据量要远远大于传统的物联网应用,越来越多的业务部门都需要操作海量数据,如规划部门的规划数据,水利部门的水文、水利数据,气象部门的气象数据,这些部门处理的数据量通常都非常大,使工业物联网所包含的数据量要远远大于传统的物联网应用。它包括各种空间数据、报表统计数据、文字、声音、图像、超文本等各种环境和文化数据信息。此外,目前的企业数据多为类型复杂的非结构化数据,海量数据主要是结构性数据,是从存储的角度去考虑问题,而大数据除了包括数据存储,还包括商务智能和数据分析。

随着网络技术的发展,特别是国际互联网(internet)和企业内网(intranet)技术的飞快发展,使得非结构化、类型复杂数据的数量日趋增大。有调查发现,复杂数据中有85%的数据属于广泛存在于社交网络、物联网、电子商务等之中的非结构化数据。这些非结构化数据的产生往往伴随着社交网络、移动计算和传感器等新的渠道和技术的不断涌现和应用。

据互联网数据中心(internet data center, IDC)的一项调查报告中指出:企业中 80% 的数据都是非结构化数据,这些数据每年都按指数增长 60%。非结构化数据,顾名思义,是存储在文件系统的信息,而不是数据库。该报道还指出,平均只有 1%～5% 的数据是结构化的数据。因此,大数据是工业物联网又一明显特性。

4. 更高的安全要求

基于工业物联网的定义及其广义工业的概念,使其与传统物联网相比,有着更高的安全性的要求。

与传统物联网的应用相比,工业物联网的应用领域,企业往往有着更高的技术要求、运营风险及利益回报,这些特点决定了工业物联网在安全性上有着比传统物联网更高的要求,也就是在安全体系架构、网络安全技术、智能化设备的潜在风险、隐私保护、安全管理及保证措施上,有着比传统物联网更高的标准。从微观层面,安全性涉及企业的商业机密、商业利益;宏观层面,安全性则涉及国家机密及技术安全。

根据工业物联网的特性,上海可鲁系统软件有限公司对于工业物联网的技术逻辑结构可以重新划分和分层,围绕"数据"的概念,将传统物联网概念的三层结构,转变为更加切合工业物联网特性和需求的四层结构。

正因为具备了上述特征,从技术角度看,工业物联网是物联网的关键技术体系,是物联网在工业领域应用的基石。

5.1.3　工业物联网与工业自动化的区别

工业物联网与以工业自动化为代表的先进制造技术有着根本上的区别。总的来说,工业自动化是面向企业内部生产的技术应用,而工业物联网是面向企业单元、类企业单元间的互通互联的服务应用。相比之下,工业物联网具有以下特点。

1. 更广泛的互联互通

工业自动化是工业生产中的先进制造技术的一种,是提高生产效率、降低人力消耗、科学规划生产和管理的一种手段和途径。工业自动化的互联互通,是指生产设备以及生产技术人员间的互联互通,是工厂、企业内部的网络体系。工业自动化通过数据采集和反馈、生产工序的设计和调整以及简单的数据分析,来达到自动化生产的目的。

工业物联网有着比工业自动化远为宽泛的互联互通。目前中国的工业自动化大多是局域网内实现的,如电力、石油、铁路、煤炭等领域。虽然局域网保密性好,且便于数据信息的安全性管理,但是随着监控管理范围的扩大,局域网难以提供信息资源的及时有效传输以及整合利用。工业物联网能够依托公众网络资源实现局域网与广域网的完美衔接,在保证信息安全的前提下,提高资源整合和利用能力。从物理地域来说,工业物联网能够跨企业、跨区域;从规模角度来说,工业物联网能够跨行业、跨领域。也就是说,在广义工业的概念下,工业物联网是全社会联动的信息载体体系,从局域网延伸到广域网,使得企业能实现更广泛的互联互通,这和工业自动化有着根本的区别。

2. 更全面的智能服务

工业自动化是初级的工业智能技术,其目的为以解放人力资源,提高生产效率。工业自动化通过对某一项或几项工业生产过程的分析,引入适当的传感系统、执行系统及人机交互系统,完成初级工业智能化的进程。工业自动化关注的是实际生产过程,是以"生产车间"为构架基础的技术体系。

工业物联网与工业自动化相比,有着更为全面的智能服务。除了在工业数据获取及执行控制方面与工业自动化有交集之外,工业物联网主要涉及企业、行业、公共事业的管理、运营、统筹、规划、决策等诸多方面。工业物联网与工业自动化相比,工业物联网以构建"智慧"工业为目标,因此有着更为全面和高级的智能服务。传统意义上的工业智能,是指工业领域中获取正确信息的能力;而工业物联网所倡导的智慧工业,则具备了主动索取正确信息的能力,在信息的协调和融合上,有着更高的要求。

3. 信息共享的实现

工业自动化产生是面向企业生产环节的技术,因此,工业自动化并不涉及信息共享的概念。

工业物联网的初衷,正是将各个孤立的企业单元,通过一个或几个主题因素,通过物联网技术联结起来,实现信息的互联互通。所以,信息共享是工业物联网的一个基本特征,这也是工业物联网和工业自动化之间最大的区别所在。

综上所述,工业物联网与工业自动化有着本质上的区别。后者为前者技术体系中工业数据获取及控制执行的一种手段和方法,是前者感知层的一项技术体系。工业自动化面向企业内部,而工业物联网面向企业、类企业之间的信息沟通和智慧应用。从两者之间的对比分析中,可以进一步认清工业物联网的概念和确切含义。

4. 更经济更便捷

工业物联网将广泛应用云计算和云存储实现数据有效处理。云存储的概念与云计算类似,通过集群应用、网格技术或分布式文件系统等功能,将网络中大量各种不同类型的存储设备通过应用软件集合起来协同工作,共同对外提供数据存储和业务访问功能的一个系统。

工业物联网把智能终端采集到的数据传输到互联网上,通过云储存、云计算,实现工业传感网与互联网的巧妙链接。因而,对工业企业而言,不仅节省了大量局域网的建设费用,并且使得数据传输上了互联网的高速公路。因此,更经济、更便捷、更可靠、更安全的数据传输是工业物联网又一特点。

5.1.4　工业物联网的构建原则

工业物联网的构建应依照以下几个原则进行。

1. 信息集成原则

由于网络信息资源的激增、资源的种类越来越丰富,数据库和信息资源检索系统越来越多,检索方式、检索手段各式各样。这形成了数据冗余、相互关联程度低,大量的信息孤岛出现,同时用户的检索负担也日益加重。因此,需要有一种手段把这些信息集中、整序、关联起来,把检索系统集成起来,使用户知道到哪里可以找到所需要的信息,怎样去查找这些信息,如何筛选检索结果。因此,需要信息集成(information integration),即将工业物联网中各子系统和用户的信息采用统一的标准、规范和编码,实现全系统信息共享,为工业物联网应用层提供基础数据通信平台,进而使企业在不同应用系统之间实现数据共享,即实现数据在不同数据格式和存储方式之间的转换,对来源不同、形态不一、内容不等的信息资源进行系统分析、辨清正误、消除冗余、合并同类,进而产生具有统一数据形式的有价值信息。

2. 寄生原则

工业物联网产业依附于现有产业。工业物联网是集感知技术、信息传输技术和信息处理技术的网络,从而提供各种基于"物"的行业应用,因此,工业物联网产业并不是完全新型的产业,它依附于现有的产业。工业物联网涉及各行各业的应用,是综合性强、辐射面广的庞大产业体系。且工业物联网的建设是以现有的互联网通信网络以及工业领域的局域网为基础,不改变、不重建现有的网络通信基础设施,通过网关、协议转换技术等将局域网与互联网相连,组成工业物联网信息传输基础网络。因此,工业物联网的构建寄生并依附于现有产业与网络。

现阶段的工业物联网业务可以与现有业务通过目前的网络实现混载,也可以直接跨越混载阶段,采用新增接入层节点和汇聚层逻辑数据区分相结合的方式实现工业物联网业务区分承载的阶段,随着工业物联网业务的爆炸式发展,物联网业务承载进入独立承载阶段,新建接入层实现物理上的独立,在汇聚层进行逻辑子网划分实现虚拟上的独立,因为物联网是一张寄生网。

3. 安全核心原则

工业是物联网应用的重要领域。具有环境感知能力的各类终端、基于泛在技术的计算模式,移动通信等不断融入工业生产的各个环节,可大幅提高制造效率,改善产品质量,降低产品成本和资源消耗,将传统工业提升到智能工业的新阶段。在工业领域,物联网的发展和应用最终可以落实在信息化层面,物联网将信息化贯穿到生产环节中的各个方面,使信息化更加深化和扩大,其大规模应用将有效促进工业化和信息化"两化融合",成为经济转型、产业升级、技术进步、经济发展的重要推动力。同时,物联网在工业领域实施过程中,不仅要面临不同协议之间的数据处理问题,还需要面对当控制网络与信息网络连接后所面临的网络安全问题。

首先,网络安全涉及企业机密,而不同行业的物联网信息安全有自己的特点和重点。如石油、石化、电力、钢铁、煤矿等连续生产行业的监控,对连续生产的安全性和可靠性,以及信息安全有着极高要求。

其次,随着工业物联网在重要工业领域中的应用。如石油、石化、冶金、电力、煤矿等,其安全问题已经上升到了国家层面,事关国家信息安全。尤其是在美国的"棱镜门"事件之后,网络安全的重要性进一步提升。

因此,工业领域的信息安全比商业领域的更为重要,所以需要重构满足工业物联网应用需求的安全体系,侧重于安全策略的重建。

4. 兼容原则

物联网通过一个真正具有可互操作性和兼容性的全球物联网架构把亿万的物体和东西通过电子连接起来,从而实现机器和机器之间的通信。

随着工业物联网应用不断深入,跨系统、跨平台、跨地域之间的信息交互、异构系统之间的协同和信息共享会逐步增多,因此需要建立通用客户端概念和信息交换标准,实现信息交流、监控与管理。而目前中国工业物联网编码标识方面存在的突出问题就是各应用编码标识不统一,方案互不兼容,无法实现跨行业、跨平台、规模化的物联网应用。

在现有各种应用系统基础之上,提出具有兼容性的解决方案,既能让现有各种编码系统继续发挥作用,又能充分考虑新的应用需求,制定统一的编码标识体系。应整合各种工业物联网的应用,实现多功能、多领域的兼容性的工业物联网编码标识技术,以支撑各个行业的工业物联网应用,推动中国工业制造的发展。

5.1.5 工业物联网与万维网的异同

工业物联网与万维网在通信网络、建设目标、功能以及技术手段上有许多相似之处(表 5-1)。

表 5-1 工业物联网与万维网的相似之处

	相似点要素
通信网络	构建于公众网络,企业局部和专有网络之上
建设目标	构建互联互通系统,实现广域范围的信息共享和发布,以提高工作效率,提升生活品质
功能	广泛的咨询获取,满足"任何地点(anywhere)"和"任何时间(anytime)"的工作或生活需要
技术手段	信息技术和网络技术有机结合

工业物联网和万维网是两个不同的概念,因此在使用对象、用户需求、通信网络、网络设备应用服务、安全目标等方面存在很大的不同。总结起来如表 5-2 所示。

表 5-2 工业物联网与万维网的不同之处

	万维网	工业物联网
使用对象	大众用户	小众用户——工业用户
用户需求	方便性需求突出;吞吐量(大进大出);无具体可靠性要求;安全性要求不高	可靠性要求高;安全性要求高;经济型要求高(竞争性)
通信网络	在统一协议栈的基础上,组网方式多样化,共享公众网络	在不同协议栈上的组网方式多样化,以专用网络为主,兼容公众网络
网络设备	PC(personal computer)服务器和路由器	智能设备、应用网关和应用服务
应用服务	Web 服务器	自动化应用服务器
安全管理目标	开放,拒绝已知的非法访问者	授权管理,具有明显的专属特征
信息服务提供模式	有相对标准的服务提供模式,供应商分工明确	缺乏标准的服务提供模式,专业供应商缺乏

续表 5-2

	万维网	工业物联网
网络管理	无须专用的网管和远程维护设备 网关功能与设备高度融合 网管系统已标准化	需要专门的网管及远程维护设备与系统

5.2 工业物联网的关键技术

5.2.1 工业物联网关键技术分析

为了满足工业应用的各种复杂需求,工业无线网络应支持星型结构、Mesh 结构、Mesh+星型结构等多种网络拓扑,并具有足够的安全性和冗余性,要求现场设备、路由、网关、网络管理器和安全管理器都能冗余。为了扩大网络覆盖面积,在工业无线网络的网络结构中引入骨干网,骨干网是一个高速的网络,可以减小数据时延。所有现场设备通过骨干路由器 BR 接入骨干网,终端设备和现场路由器组成的网络为工业无线网络 DLL 子网。DLL 子网节点往往是资源受限的微型嵌入式设备,通常在高温、潮湿、振动、腐蚀、强电磁干扰以及开放环境下工作,要求严格按时序工作,在规定的时间对事件及时产生响应,否则将产生严重的灾难性事故。

由于商用无线技术无法满足工业应用的需求,必须在继承商用无线技术长处的基础上,解决精确时间同步、确定性调度、自适应跳信道、冗余路径自愈、轻量级安全通信等关键技术难题,并在工业物联网通信协议中加以实现。

物理层主要负责启动和终止无线射频收发器、能量探测、链路质量指示,选择信道,检测空闲信道以及通过物理媒介收发数据。

数据链路层是保障工业无线网络通信性能的核心层,包括精确时间同步、时隙通信、确定性调度、数据重传、信道跳频机制等关键技术。精确时间同步确保了时分多址(time division multiple access,TDMA)接入方式的可靠性与稳定性。数据重传、确定性调度、时隙通信等可避免恶劣工业环境中数据报文的丢失、误传、不确定延迟等带来的灾难性后果。信道跳频机制解决与其他网络(如 IEEE 802.11b、蓝牙、微波网络等)的兼容、共存与抗干扰问题。

网络层的关键技术主要有寻址、路由、分段重组等。寻址规定了网络中设备地址的分配和使用方法,标识一个设备区别于其他设备。路由确定了设备进行数据通信时的路径选择,是网络可靠运行的基础之一。分段重组解决了长字节报文在 IEEE 802.15.4 底层封装包的传输问题。

工业无线网络应用层(application layer,AL)包括用户应用进程(user application process,UAP)和应用子层(application sub layer,ASL)两部分。用户应用进程主要通过

传感器采集物理世界的数据信息,产生并发布报警功能;应用子层主要提供数据传输服务和管理服务。而数据传输服务为用户应用进程和设备管理应用进程提供端到端的透明数据通信服务,支持 C/S(client/server)、P/S(publisher/subscriber)、R/S(report source/sink)通信模式的数据传输。

5.2.2　工业无线网络的精确时间同步方法

为了保证通信的实时性和确定性,工业无线网络的 MAC 层普遍采用基于 TDMA 技术的时隙通信机制,无线数据的收发以时隙为单位完成。在时隙网络中,时间同步技术是系统运行所需解决的首要关键技术问题。为了满足不同工业应用的需求,工业无线网络的时间同步技术需从同步精度、同步复杂度、能量开销、同步可靠性等多方面进行详细设计。

1. 工业无线网络的时间同步方法

现有的 ISA100.11a、WIA-PA、无线 HART 等主流工业无线通信技术,在时间同步问题上主要采用两种时间同步方法:信标帧时间同步和命令帧时间同步。这两种方法分别满足不同的精度需求,并相互补充。其中,信标帧时间同步是基于广播的单向时间同步,而命令帧时间同步是信标帧时间同步基础上的二次同步,可以使整个网络的同步精度达到更高的要求。

(1)信标帧时间同步方法。

为了减少由时间同步带来的能量开销,在采用 IEEE 802.15.4 物理层的工业无线网络中,可利用信标帧来完成时间同步。

网关设备周期性广播时间同步信标帧给它的邻居路由设备,并且将信标发送时间 T_1 装载到信标帧的指定字段;现场路由设备在接收信标帧时产生帧首定界符(start frame delimiter,SFD)中断,记录本地的信标接收时间 T_2;路由设备通过发送和接收得到的时间戳计算本设备时钟与标准时钟的时间偏差 $\theta = |T_1 - T_2|$,补偿本地时钟,这样就实现了与时间源设备的同步。同样,在星型网络中,路由设备周期性地广播信标帧,星型网络中的节点设备同样接收信标帧完成同步,这样网络中的所有设备都可以与自己的时间源同步,最终完成全网的时间同步。

(2)命令帧时间同步方法。

为了满足不同工业应用对精度的要求,使时间同步的精度达到毫秒(ms)甚至几十微秒(μs)级,工业无线网络还可使用专门的时间同步命令帧进行二次同步。时间同步命令帧可以由网关设备和路由设备周期性地发送。网关设备利用簇间通信段发送时间同步命令帧,实现网状网络的时间同步。路由设备利用簇内通信时段发送时间同步命令帧,实现星型网络的时间同步。

在时间同步命令帧的具体设计上,可采用以下两种命令帧同步方式。

①周期广播同步。如果网络中信标帧同步的精度误差较大,或者网络本身时间同步精度要求较高,那么时间源设备应该周期性地发送时间同步命令帧来满足应用的需要。这种情况与信标帧同步类似。

②点到点按需同步。设备可以根据自身的需要向时间源申请时间同步命令帧,以便实现更高的时间同步精度。这种情况与第一种情况有很大差别,并不是广播同步而是点到点的同步。其思想是,首先设备会向时间源节点发出装载发送时间戳 T_1 的同步请求,时间源节点接收到请求后,会记录接收到的请求时间 T_2,并且解析请求中的时间信息。时间源节点在 T_3 时刻发送时间同步命令帧给设备,需同步设备在 T_4 时刻接收到命令帧。需同步节点设备计算时间偏差 θ 值,时间偏差值和同步帧传输时间为

$$\theta = \frac{(T_1 - T_2) - (T_4 - T_3)}{2}, d = \frac{(T_2 - T_1) + (T_4 - T_3)}{2} \qquad (5-1)$$

最后,申请同步设备根据计算的时间偏差补偿自己的本地时钟。

在实际的工业应用中,对于不同的应用场景往往会有不同的应用需求。在各种工业无线网络标准中,虽然定义了两种时间同步机制,但并没有对具体的时间同步算法进行详细说明,这些都需要厂商自己来解决。为此,本书提出并设计了多种高精度时间同步算法和方案。

2. 时间同步的芯片解决方案

"渝芯一号"的时间同步全部由硬件完成,用户只需通过设置寄存器,就能自动完成时间同步的调整。

硬件时间同步解决方案中,时间同步和国际原子时钟(international atomic time,IAT)的维护完全由硬件完成,软件不参与时间同步处理,具有时间同步精度高、内存开销小、同步可靠性高等优点。

3. 多跳网络时间同步补偿算法

在大规模千点级的工业无线网络应用中,终端节点设备发送的数据报文往往需要通过多跳传输才可以到达汇聚节点,而时间同步精度误差会随着跳数的增加不断积累。为了减小多跳网络中同步传递所带来的误差积累,下面给出多种同步算法来提高同步的精度。

(1)拟合频率漂移。

时间同步误差的来源除了两个节点时钟的初始时间偏差,时钟的晶振漂移是最主要的因素。为此,本书研究了利用多次同步对时钟的晶振频率漂移作线性拟合的算法对漂移值进行补偿。算法建立了一次函数的时钟同步模型,即

$$T_n = \alpha T_m + \beta \qquad (5-2)$$

式中,T_n 为同步帧的接收时间,T_m 为发送时间,α 为晶振频率漂移,β 为原始时间偏差。周期性多次同步可以得到多个时间数据点,对这些点进行参数拟合可以得到频率漂移和时间偏差值。频率漂移值的补偿可以减少时间同步的周期次数,节省能量开销,减少误差积累。

(2)统计参数估计。

时间同步误差的另一个重要来源是同步报文的发送、传输和接收过程中产生的时间延迟,其中包括确定性延时和不确定性延时。确定性延时是可计算延时,它可以通过报文的长度、偏移量、报文的发送速率等计算出来。不确定性延时是报文在传输过程中

产生的随机延时,是未知的。所以为了减小时延误差,这里利用统计信号处理的方法对时间偏差进行参数估计。时钟同步模型为

$$T_{2i}^{SA} = f_{\text{skew}} \cdot (T_{1i}^{S} + X_i^{SA} + d^{SA}) + \theta_{\text{offset}}^{SA} \qquad (5-3)$$

式中,T_{2i}^{SA} 为第 i 次同步节点 A 的同步报文接收时间,T_{1i}^{S} 为时间源节点同步报文发送时间,f_{skew} 为两节点的相对频率漂移,$\theta_{\text{offset}}^{SA}$ 为两节点的原始时间偏差,d^{SA} 为报文传输时间(确定性延时),X_i^{SA} 为报文传输过程中的随机延时(不确定性延时)。假设 X_i^{SA} 服从高斯正态分布,进而可以通过最大似然估计对时间的偏差进行参数估计,得到时间偏移值。统计信号处理方法的优点在于考虑到了报文传输过程中的随机延时,能够大大提高时间同步的精度。

(3)冗余时间源时间同步方法。

在大规模千点级的工业无线传感器网络中,由于动态变化的网络环境、无线网络介质等的开放性特点,设备易受到干扰,为了保证设备在失去与时间源正常通信时仍能够正常工作,应该给每个路由设备配置备选的时间源(冗余时间源),以满足工业应用确定性与可靠性的要求。

路由设备作为冗余时间源的一个必要条件是它的同步能力或者同步精度高于其他普通路由器,为此,需要设计一种冗余时间源的选取方法。先在网络形成前,路由设备通过接收的广播信标时间消息计算出自己的频率漂移 f 和时间偏差 θ;路由设备入网时向网关声明自己的同步能力(频率漂移 f、晶振 ppm);网关根据设备入网时声明的同步能力和该设备邻居路由器节点的信息为每个路由器配置备选时间源,备选时间源信息可以通过网关的入网响应通告给每个路由设备;每个路由设备都应该维护一个自己的时间源邻居表,该表中记录了其首选时间源的信息,同时也包含了邻居路由器节点的时间源信息,这些信息应包括邻居路由设备发送信标帧的时刻(时隙)、是否有能力成为它的备选时间源等。当路由器失去与首选时钟源的联系时,应从该表中选择出备选时间源并完成通信,直到再次收到首选时钟源的信息。

设备根据如下依据来判断何时才应与冗余时间源进行通信获取时间信息:设备如果在最大同步周期内没有收到首选时钟源的时钟更新信息,就应该主动选择备选时钟源进行通信。最大同步周期是设备在未收到时钟信息更新的状态下仍能够正常工作的最长时间,如果超过这个时间设备仍未能收到时钟更新,那么设备可能与时间源的时间偏差过大而导致无法正常通信。设备的最大同步周期可以根据标准中的参数来确定,在最长的超帧周期内路由设备之间的同步误差不应该超过基本时隙的 10%,所以可以确定最大的同步周期为 $T = t/\text{ppm}$,其中 t 为一个基本时隙的 10%,一般是 1 ms;ppm 是设备的晶振漂移。

(4)时间同步精度测试结果。

对于大规模千点级的工业无线网络,时间同步的精度要求至关重要。为了使精度达到毫秒级甚至几十微秒,对时间同步算法进行优化,并对其精度进行详细测试,测试结果表明同步精度能够达到 30 μs 左右。

在测试过程中,引入第三方测试设备,其广播数据报文给被测设备,该数据报文对

被测设备起到同时触发接收的作用。编写测试代码,时间源周期性广播时间同步信标帧完成同步,被测设备同时触发接收中断并记录接收时间,通过串口打印助手输出50 min 内的采样观测值。

5.2.3 基于时隙通信的自适应跳信道方法

1. 自适应跳信道方式

自适应跳信道技术是短距离无线通信网中一种主要的抗干扰技术。当前主流工业无线网络标准的物理层和媒体访问控制层均兼容 IEEE802.15.4 标准,工作频段采用的是 4 GHz 的 ISM 频段,有 16 个信道可以使用。为了提高工业无线网络与其他同频段网络的抗干扰能力,改善其系统性能,减小系统共频段的干扰,达到各系统共存的目的,工业无线网络的信道序列可由网络管理者预先指定,同时可采用如下 3 种跳信道方式。

①自适应频率切换(adaptive frequency switching,AFS)。在超帧结构中,信标阶段、竞争接入阶段和非竞争接入阶段在不同的超帧周期根据信道质量按照跳信道序列更换信道。

②自适应跳频(adaptive frequency hopping,AFH)。根据超帧每个时隙所在信道的信道质量进行信道切换,信道质量通过丢包率进行评估,超过一定的阈值则认为该信道是差的信道,将该信道从信道列表中屏蔽,并广播全网;当该信道状态恢复好的状态时就将其恢复,然后通知网络中的设备进行解除。非活动期的簇内通信段采用 AFH 跳频机制。

③时隙跳频(timeslot hopping,TH)。时隙跳频主要应用在超帧的非活动期的 Mesh 网络通信过程,按照预先设定的跳信道序列,每次新的时隙到来就按照序列切换信道,不管信道的质量是好或差。

2. 自适应跳信道系统设计

自适应跳信道系统需要能够在跳信道通信过程中自适应地选择好的信道,实时屏蔽被干扰的信道,拒绝使用曾经用过但传输不成功的信道,从而提高跳信道通信中接收信号的质量。自适应跳信道通信的主要过程一般分为通信链路建立、信道信息采集和通信保持三个阶段。在通信链路建立阶段,必须先建立同步,在保证通信双方时钟同步、帧同步的基础上,确保双方跳信道序列的同步。在信道信息采集阶段,现场设备对信道的丢包率、重传次数以及链路质量等信息进行采集统计,将信道信息发送给系统管理器,系统管理器根据信道质量评估准则确定被干扰的信道,并把被干扰的信道通过黑名单技术通知对方,使网络的设备同时删除被干扰的全部信道,跳信道序列保持一致,并在确定的时刻同时进入自适应跳信道通信阶段。在通信保持阶段,由于信道条件的变化(如现场设备位置的变化或干扰环境的改变等),系统管理器的信道质量评估单元会将变化的检测结果通过广播方式通知网络设备,及时屏蔽跳信道序列中被干扰的信道,并保证通信的设备跳信道序列保持一致。

根据上述要求,自适应跳信道系统结构如图 5-1 所示,现场设备周期性发送本设备的信道质量状况给网络的系统管理器,系统管理器的信道质量评估单元监测现场设备所有信道的质量状况,并根据可靠的信道质量评估算法及接收信号的质量判定信道的好坏,从而选出可用的信道,根据评估结果更新信道黑名单信息,并将黑名单信息通过广播通知现场设备,现场设备收到数据包后,根据黑名单信息修改本设备的跳信道列表,然后按照新的信道列表进行跳信道发送与接收数据。

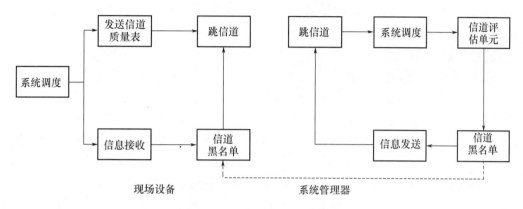

图 5-1　自适应跳信道系统结构

3. 信道评估机制

(1)信道序列选取。

2.4GHz 频段上划分了 16 个信道,采用 IEEE 802.15.4 物理层和 MAC 层规范中规定的直接序列扩频(direct sequence spread spectrum,DSSS),设备可工作于某个选定的信道(11~26)。

16 个信道可以分成两种,专用信道和一般信道。专用信道主要用于设备的入网、簇内管理、重传,这些信道受干扰的概率比较小,因此可选信道 15、20、25、26 为专用信道。其余的信道作为一般信道,用于一般数据的发送与接收。为了提高网络的抗干扰性,16 个信道可以按照如下规则组合成不同的跳信道序列。

当一个信道被使用后,它的下一跳信道要与该信道保持 3 个信道以上的间隔。某一信道受到干扰时,下一跳选用的信道应该保证不会再在这个干扰的范围内。16 个工作信道可分为 4 组:11、12、13、14 为一组,16、17、18、19 为一组;21、22、23、24 为一组;最后 15、20、25、26 信道为一组。选取跳信道序列可以按以下步骤操作,从每组中的第一个信道依次选取,接着从每组的第二个信道依次选取,按照此规则选择相应的信道。生成的跳信道序列为 11、16、21、15、12、17、22、20、13、18、23、25、14、19、24、26。从选择好的跳信道序列可以看出,任何相邻的两个信道都不会被 IEE 802.11b 的某一信道同时覆盖。例如,工业无线网络中的 11 信道受到了 IEEE 802.11b 信道 1 的干扰,如果系统采用的是时隙跳信道模式,那么设备在下一跳选用的信道 16 将不会受到 IEEE 802.11b 信道 1 的干扰。

当网络中包含几个子网设备的时候,同一子网的设备应该选择同一个跳信道序列,不同子网之间的设备应该选择不同的跳信道序列。同一时刻,不同子网之间的设备保证在不同的信道上工作,从而避免了设备之间的相互干扰。例如,不同子网之间的两个设备都采用时隙跳信道模式进行通信,设备 1 的跳信道序列为 16、21、15、12、17、22、20、13、18、23、25、14、19、24、26、11,而设备 2 选择的跳信道序列为 12、17、22、20、13、18、23、25、14、19、24、26、11、16、21、15。工业无线网络中的两个设备的跳信道序列都按照规则 1 来选取,从而减小了来自 IEEE 802.11b 网络的干扰,而且在同一时隙,两个设备工作的信道均不相同,因此有效地避免了子网之间的相互干扰,整体上提高了工业无线网络的抗干扰性能。

(2)信道评估算法。

信道质量评估技术用于测量无线网络中当前正被使用的信道的状况或质量。根据跳频信道的实时接收信号,用信道质量判决准则周期性地分析判断信道的质量,从而判定该跳信道频点是否受到干扰和能否进行正常通信。信道质量评估方法以丢包率、链路品质信息(link quality indicator,LQI)、重发次数等为评估参数,按照一定的信道评估算法对信道进行评估,并划分信道质量的等级,实现从跳信道序列中去除被干扰的坏信道,使收发双方在无干扰的频率集上同步跳信道,通信的过程中根据干扰情况随时更新跳信道序列。

更新信道序列有两种方法:①将全部可使用的信道分成两组,一组定义为使用信道序列,另一组为备用信道序列,当使用信道序列中出现被干扰的坏信道时,则随机地从备用信道序列中选出一个可以使用的信道来替代该坏信道,这种替代可以一直进行下去,直至备用信道序列中没有可以使用的信道;②不分使用和备用信道序列,所有信道组成一个跳信道序列,当发现被干扰的坏信道时,可以选择当前信道中的下一个好信道来加以替代。两种方法的主要区别是,前者频谱利用率较低,跳频频谱的均匀性相对较好,适用于可使用的信道个数较多的情况;后者频谱利用率较高,但可能导致跳频频谱的均匀性变差,比较适用于可使用的跳信道频率数较少的情况。

(3)信道评估时间。

信道评估时间的长短会直接影响工业无线系统的安全性和实时性。系统在受到干扰的时候信道评估时间太长,可能导致重要数据信息丢失,而信道评估时间太短又造成不必要的能源浪费,因此信道评估的时间尤为重要。

工业无线网络采用确定性调度技术,由于在每个信道上发送数据包的次数各不相同,系统管理器设置了信道评估门限值(Pm),当设备在某一信道上发送数据包的个数达到 Pn 时,开始进行信道评估。因此,网络的信道评估时间与系统的调度(链路的配置)、超帧周期、跳信道模式、跳信道序列以及 Pth 相关。

若网络的跳信道序列为 19、12、20、24、16、23、18、25、14、21、11、15、22、17、13、26,超帧周期为 100 个时隙,超帧偏移为 1 的时隙上配置一条发送链路,设备工作在时隙跳信道模式,根据信道使用率计算方法可以推出超帧每个时隙的信道偏移和信道使用个数,时隙 1 使用的信道为 12、23、21、17。

因此,设备评估信道时只需要统计这 4 个信道上的评估参数,其他信道没有被使用,则不需要进行评估。当设备增加新的时隙链路时,如在超帧偏移为 5 的时隙上配置另一条发送链路,同理可计算出该链路使用的信道为 23、21、17、12。信道的使用频率比原来提高了一倍,所以网络的信道评估时间不应该采用统一的时间周期,而应该根据具体的信道使用频率来决定。

（4）信道评估参数。

工业无线网络中有多个管理对象属性表，如超帧对象属性表、链路对象属性表和信道对象属性表等。系统管理器可以对整个网络的通信资源进行配置、管理、增加或者删除等操作。

网络中的每一个设备需要定期对工作的信道进行质量评估，可以根据丢包率、接收信道强度指示（received signal strength indication，RSSI）、LQI、重传次数等信道评估参数，检测出每一条信道的质量状况，将评估结果存储在信道状况报告表中，然后周期性地将信道状况报告表发送给系统管理器。

（5）黑名单技术。

工业无线网络通过黑名单技术来管理网络频谱资源的使用。系统管理器先查询设备管理应用进程（device management application process，DMAP），判断是否收到设备的信道质量状况报告，如果接收到设备的信道质量状况报告，则按照信道评估方法对信道进行评估，判断信道是好信道还是坏信道。如果信道是坏信道，则修改黑名单信息，并发送信标帧通知网络的设备；设备收到信标帧之后，解析黑名单子域，如果与本设备的黑名单属性信息不相同，则立即更新。

4. 基于时隙通信的自适应跳信道实现方法

工业无线网络标准定义了超帧属性、链路属性、信道属性等管理对象的数据结构，数据链路层访问的时候直接调用相应的表属性元素进行读、写、添加、删除、查找等操作，用链接队列形式来实现每个属性结构体的存储。

当设备处于空闲状态时，根据信道的评估时间周期性地统计信道质量评估参数（如丢包率和 LQI 等），将统计结果保存到信道状况报告表中，然后发送给系统管理器。

系统在实施跳信道功能时，需要确定网络的跳信道模式和跳信道序列，根据超帧结构计算当前时隙所使用的信道，然后根据跳信道序列更改当前的物理信道。同一个子网中的设备一般使用相同的超帧、跳信道序列，这样才能保证在某个时隙跳到相同的信道上进行通信。实现跳信道功能主要涉及链路表、超帧表和信道表，首先查询链路表，获取当前时隙优先级最高的链路，再根据该链路信息中的超帧 ID 确定该超帧使用的跳信道序列。

基于时隙通信的自适应跳信道实现流程如图 5-2 所示，首先根据超帧属性判断跳信道的类型，然后计算出当前时隙的信道偏移，在跳信道序列中选择对应的信道，查询黑名单信息，确认该信道是否可用，如果不能用，则选择下一个信道，信道选好之后，设置硬件的寄存器，更改通信信道。

5. 自适应跳信道的实现方案

在复杂的工业环境中，使用软件实现自适应跳信道机制有很多缺陷。例如，自适应跳信道机制需要精确的时间同步，如果时间同步不精确就会导致跳信道序列的错序，无法正常进行接收；同时代码量大，维护工作比较困难；而且信道评估需要花费一定的时间，从而影响信道的切换。渝芯一号采用硬件实现跳信道机制，将网络的跳信道序列写

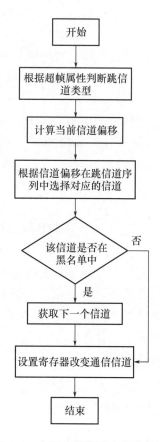

图 5-2   自适应跳信道实现流程图

入调度表中,硬件判断新时隙是否到来,如果到来就按照调度表中该时隙对应的信道进行切换,在该信道上完成规定的工作。信道的评估、选取和切换完全由硬件来完成,测试表明,硬件实现跳信道机制不仅提高了无线网络通信的成功率和无线网络通信的实时性与可靠性,而且增强了系统的抗干扰能力,同时减小了 CPU 处理软件的负担。

5.2.4   工业无线网络的冗余路径建立方法

1. 冗余机制

工业无线网络时常出现某些设备因环境、软件或硬件等原因而引起的故障,这些问题都有可能对工业现场带来毁灭性的灾难,因此,工业网络需采用防错容错机制使设备间能够可靠、安全、无误、实时地通信。为了提高网络的可靠性,工业无线网络中允许存在冗余的网关设备和冗余的路由设备分别作为网关设备和路由设备的热备份。工业无线网络的冗余系统包括冗余设备、冗余网关、冗余路由器协议栈以及上层监控系统。

参照工业无线网络的实际需求,冗余设计采用 1∶1 冗余接入方案,即主设备处在工作状态,接收无线设备节点的采样数据,冗余设备处于监听状态,具体完成冗余网关冗余路由切换过程、工作流程、设备状态监测以及协议栈相关层的软件设计与实现。

工业无线网络中同时存在主网关和冗余网关,冗余网关是主网关的热备份,二者具有相同的属性配置。主路由和冗余路由同时在网,二者具有相同的属性配置,当处于工作状态的路由节点能量过低或者出现故障而无法继续正常工作时,冗余路由将被激活,代替主路由实现完全相同的功能。

冗余设备主要通过 Keep-alive 命令帧来判断主设备是否在网,此外由于工业无线网络采用分层时间同步,所有子设备会周期性接收到父设备的信标帧,因此,本书提出了通过监听主设备的信标帧来判断主设备是否在网,不仅可以节省网络资源,而且能提升设备切换效率,使开发维护更加便捷。工业无线网络中主设备的优先级高于冗余设备,当主设备不能正常工作时就激活冗余设备,一旦主设备恢复工作,冗余设备立刻变成热备份状态。

2. 冗余网络通信协议栈

设备切换以及路由设备状态检测在协议栈的数据链路层实现,冗余网络通信协议如图 5-3 所示。

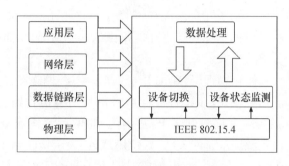

图 5-3　冗余网络通信协议示意图

设备切换模块指冗余网络中的网关与路由,替代主网关、主路由,在 DLL 中实现。设备状态检测指冗余网关检测个域网(personal area network,PAN)内路由在网情况,并向上位机报告,在 MAC 层中实现。

协议栈运行起始完成初始化,进入应用层状态机,按照状态机状态执行相应的程序;跳出应用层状态机后就逐层往下进入各层的状态机,直至物理层状态机 phyFSM;然后逐层返回,在各层主状态机的运行过程中,会调用其他相关状态机,如 MAC 层接收状态机(macRxFSM),数据链路层接收状态机(dlslRxFSM)等。

冗余网关的切换以及冗余路由的切换主要在 dlslFSM 和 MAC 层中的 macRxFSM 中实现。下面将具体说明这两个状态机中涉及的相关任务。

冗余设备执行程序进入 dlslFSM 中,先要判断新时隙是否到来(NewTsFlag = =1)。如果到了,就更新超帧指针和时隙偏移,然后搜索新时隙配置的链路。如果是发送链路(WinKindLink = =1),则根据状态机的状态处理相应帧的发送;如果是接收链路(WinKindLink = =2),就处理相关帧的接收。如果是广播信标帧链路(WinKindLink = =3),就判断冗余网关、冗余路由的冗余开关是否打开,如果打开,则需要激活冗余设备,广播信标帧并且代替主设备工作;如果没有打开则继续处于监听状态,然后等待下一个新时隙的到来。

冗余网络通信协议运行至 macRxFSM 之后,先要判断接收缓存是否非空,如果是则取出接收到的包,解析 MAC 帧头,判断帧类型:如果是数据帧则往上递交给 dlslRxFSM 处理,数据帧会逐层往上直到应用层;如果是确认帧,则直接释放;如果是命令帧则转交给 macFSM 处理;如果是信标帧,则冗余网关和冗余路由会做出相应的处理。

3. 冗余网关流程设计

冗余网关和主网关同时存在于冗余网络中,有完全相同的属性配置,担当网络管理者和安全管理者的角色,负责将各个簇头转发过来的采样数据接入上层网络以及周期性的广播信标帧维护网络。冗余网关除了替代主网关完成相同的功能外,还向上位机发送路由设备在网络态指令,报告在网路由设备情况。

(1)冗余网关切换流程。

冗余网关在网络中持续监听主网关的信标帧,如果监听到,则只需向上位机发送主网关在网指令,如果在一定时间内没有监听到,则打开冗余开关标识位,激活冗余网关代替主网关,同时向上位机发送冗余网关在网指令。此外冗余网关也持续监听在网路由的信标帧,通过解析接收的信标帧获得在网路由的详细情况,从而向上位机报告在网路由情况。

冗余网关打开后,初始化物理层、MAC 层、数据链路层、网络层、应用层,打开射频收发,开始监听主网关的信标帧。macRxFSM 接收及解析所有接收到的帧。当 MAC 层接收缓存非空时,表明冗余网关接收到了 PAN 内的帧,然后解析 MAC 层帧头判断帧类型。如果是信标帧,而且源地址是网关的 16 位短地址,表示接收到了主网关的信标帧,就向上位机发送主网关在网指令。如果规定时间内未收到主网关信标帧,就打开冗余网关发送信标帧,并且上传冗余网关在网指令,同时监测在网路由情况,上传在网路由指令。

(2)冗余网关上传指令过程。

冗余网关通过解析信标帧 MAC 层帧头(MAC header,MHR)中的源地址域(source address,SrcAddr)子域来收集在网路由的情况,并通过解析信标帧中超帧描述子域(superframe spec)的冗余(redundant)标识位来判断接收到的信标帧是主设备或是路由设备广播的,从而向上位机发送设备在网指令。

4. 冗余路由工作流程

冗余路由是主路由的热备份,与主路由充当一样的角色,完成完全相同的功能,包括广播信标帧、维护和组建星型网、转发簇成员节点的数据等。

冗余路由和主路由具有完全相同的属性配置以及相同的通信资源配置,这样就保证了冗余路由替换了主路由之后能够立刻代替主路由完成相同的功能。主路由处于工作状态时,冗余路由持续监听主路由的信标帧,在一定时间内没有收到主路由的信标帧就激活,接替主路由工作,代替主路由广播信标帧、转发数据。

通过在工业无线网络中部署冗余网关和冗余路由设备,可以避免由于关键设备失效引起的网络故障及网络瘫痪,能够整体提升网络的实时性和可靠性。

5.2.5 基于轻量级加密算法的安全通信方法

工业无线网络安全机制通过通信安全与数据安全有机地结合,协同保障整个网络端到端的安全。

1. 轻量级加密技术

轻量级加密技术是解决资源与开销矛盾的有效方法,同时加密算法的硬件实现是实现低开销的有效途径。

(1)轻量级加密算法模式和等级。

为提高轻量级加密算法在物联网感知层的通用性,下面采用加密技术分级的方法,以实现不同安全需求下同种算法的普适性。

在现有的对称加密算法中,主要有 5 种加密处理模式:电子密码本(electronic code book,ECB)模式、分组链接(cipher block chaining,CBC)模式、加密反馈(cipher feed back,CFB)模式、输出反馈(output feed back,OFB)模式和计数器(counter,CTR)模式。其中分组链接模式一般用于完整性校验,计数器模式一般用于数据加密。

针对网络通信数据保密性的需要,对上下行数据、普通节点与骨干节点之间的数据、骨干节点之间的数据、管理者与骨干节点之间的数据实行不同的安全等级。其总体设计需求为,下行数据的安全等级应高于上行数据,骨干节点之间以及管理者与骨干节点之间数据的安全等级应该高于普通节点与骨干节点之间数据的安全等级。

通过对加密算法的分级,以及对不同应用、网络中不同数据进行分类,能够更为有效地利用资源,达到低开销的目的。

(2)基于加密参量表的轻量级动态加密方法。

由于物联网感知层数据包分片重组技术的使用以及互通体系的需求,增加了物联网感知层所提供的服务种类以及报文数量,从而对节点的动态密钥更新提出了需求,即使用不同的密钥对分片报文进行加密,以达到增强保密性的目的。基于加密参量表的动态加密方法在不需要频繁更新密钥的情况下,通过使用不同的加密参量提供报文加密的随机性,从而代替动态更新方法在物联网感知层中的使用,其具体方法如下。

启动安全通信时,通信双方除了保存一个对偶密钥(该密钥可更新)用于数据加密,还需要保存一个加密参量表。在通信过程中,发起者在表中随机选取加密参量参与加密过程。也就是说,在使用相同密钥和相同数据的情况下,由于选取的加密参量不同,生成的密文和完整性校验码不同。

轻量级加密算法的输入项为密钥和明文信息,但是在不同的加密模式中,以 CCM (counter with CBC-MAC)为例,包括随机值、有效载荷和附加鉴别数据。其中附加鉴别数据通过输入变换共同生成加密运算和鉴别运算的参量,加密参量表中保存的参量用于构造加密算法附加鉴别数据。由于网络的异构性以及应用场景的区别,加密参量表中的单位参量长度以及参量表大小可根据安全等级以及节点类型进行选择。例如,全功能设备(full function device,FFD)参量表大于简化功能设备(reduced function device,RFD),缺省情况下加密参量表结构为 4×4,单位参量长度为 8 位,如表 5-3 所示。

表 5-3　加密参量表结构

	1	2	3	⋯	j
1	Nonce 1-1	Nonce 1-2	Nonce 1-3	⋯	Nonce 1-j
2	Nonce 2-1	Nonce 2-2	Nonce 2-3	⋯	Nonce 2-j
3	Nonce 3-1	Nonce 3-2	Nonce 3-3	⋯	Nonce 3-j
⋮	⋮	⋮	⋮	⋮	⋮
i	Nonce i-1	Nonce i-2	Nonce i-3	⋯	Nonce i-j

本方法不需要频繁地更新对偶密钥或者保存大量密钥完成密钥的动态使用,以改变数据加密过程中的参量来加强数据加密过程中的随机性,在保证端到端数据传输安全的同时,实现了动态密钥管理的低开销性。

2. 工业无线网络密钥管理

(1)密钥管理架构。

安全管理的核心是安全密钥管理,因为密钥管理是保障整个网络安全的前提,其目标是合理使用安全密钥,为设备之间建立共享的加密密钥,同时保证任何未授权的设备不能得到关于密钥的任何信息。密钥管理包括密钥分发和密钥更新。密钥分发由协议栈来实现,在设备入网后由安全管理者进行分发。密钥更新由上位机发起,对密钥更新周期到期或受到安全威胁的设备进行更新。

在集中式管理模式下,工业无线网络安全管理者对网络中所有的对称密钥进行管理,安全密钥管理机制包括了密钥的产生、分配、更新、撤销等安全服务。工业无线网络使用了以下对称加密密钥。

配置密钥(provision key,PK):建立于设备预配置期间,由工业无线网络安全管理者分配,用于生成加入密钥。

加入密钥(join key,JK):设备加入网络时使用的密钥,在加入网络之前由配置密钥、待加入网络的设备 D 及单调随机序列共同生成,用于鉴别设备的身份。

密钥加密密钥(key encryption key,KEK):设备加入网络以后,根据密钥协商协议产生的共享于设备和安全管理者之间的秘密密钥,用于在分发传送密钥时加密保护新密钥。

数据加密密钥(data encryption key,DEK):设备加入网络以后,由工业无线网络安全管理者分配,提供数据传输过程中各层数据帧的保密性和完整性校验。工业无线网络使用的数据加密密钥包括数据链路层加密密钥、应用层加密密钥。

对称主密钥(symmetric master key,SMK):存储于工业无线网络安全管理者中的最高层次密钥,用于派生出设备的其他加密密钥,如应用层加密密钥、数据链路层加密密钥。特殊情况下对称主密钥也可以作为密钥加密密钥使用。

(2)密钥分发。

工业无线网络中所有密钥都是由安全管理者统一产生分发的。网络无线设备在安装于现场之前,应该根据实际需求向现场设备装载初始密钥即为配置密钥,该配置密钥可通过安全管理者直接下载在新设备内,或者通过手持等移动设备进行分发。设备在加入网络之前,需要利用配置密钥生成加入密钥。当设备上线时,加入密钥通过某种不可逆的摘要算法在安全管理者和设备之间提供认证消息,确保设备的网络认证。

设备安全入网后,安全管理者将为设备分发通信密钥,包括密钥加密密钥、数据加密密钥,此时簇首中的安全管理代理负责转发簇内设备的密钥加密密钥和数据加密密钥。安全管理者通过秘密密钥产生(secret key generation,SKG)协议为设备产生共享的对称主密钥,通信密钥的建立基于对称主密钥,安全管理者可以利用对称主密钥派生设备的通信密钥。

(3)密钥更新。

当需要更新设备密钥时,安全管理者根据实际应用环境的安全强度要求升级安全密钥策略,同时利用主密钥派生新的密钥值,并采用设备的密钥加密密钥,对新密钥进行保护后传送给相应设备。设备接收到密钥信息后,使用自己的密钥加密密钥将其解密,从而更新密钥信息。网络自动更新密钥的周期由用户决定,推荐为 24 h。

(4)密钥撤销。

在设备正常的密钥更新之后,安全管理者将撤销所有过期的密钥。当设备发现密钥的安全受到威胁、密钥已经泄露等情况时,就要及时通知安全管理者将该密钥撤销。安全管理者也可以根据工业无线网络受威胁的情况,在密钥未过期之前强制撤销设备中的某个密钥。撤销通知应包括密钥 D、撤销的时间、撤销的原因等。在密钥撤销之前,安全管理者应及时为该设备更新密钥。

安全管理者将执行整个工业无线网络的密钥管理功能,包括获取密钥请求或响应、更新密钥请求或响应等。

3. 基于监督机制的工业无线网络安全数据聚合

为了解决工业无线网络数据聚合的安全问题,本书提出了基于监督机制的工业无线网络安全数据聚合方法。该方法以路由设备为聚合节点,冗余路由设备为监督节点,通过监督信息来保证聚合信息的安全性。当监督节点开始执行监督功能时,一方面监督信息是对融合信息的监督,另一方面监督信息是对融合信息的冗余。

(1)数据聚合和监督功能的执行。当确定聚合节点周期和监督节点周期后,聚合节点对簇成员上传到聚合节点的数据进行数据聚合。网关设备可以周期性地或主动发送激活报文来激活监督节点使其履行监督功能,当监督节点被激活后,开始监听与聚合节点同时同源的簇成员的数据,并采用和聚合节点相同的聚合算法形成监督节点的聚合信息——监督信息。

(2)聚合信息与监督信息的上传。监督节点将监督信息传给聚合节点,经聚合节点传送给网关设备,该信息的安全性采用监督节点与网关之间的应用层密钥来保证。聚合节点生成的聚合信息的安全性采用聚合节点与网关设备之间的数据链路层密钥和应用层密钥来保证。

(3)网关设备对于聚合信息可信性的判定。网关设备将聚合节点上传的聚合信息和监督节点上传的监督信息相比对,当聚合信息与监督信息不一致时,需对聚合节点进行认证,判断其是否可信;若网关设备超过系统设定的容忍时间未收到监督信息,则亦可判定该聚合节点为恶意节点。

(4)路由设备的撤销。当聚合信息与监督信息不一致时,网关设备需对聚合节点进行认证,认证通过则判定监督节点为非恶意节点,广播报警信息并上报主控计算机,要求更换冗余路由设备。认证不通过则启用冗余路由设备作为聚合节点,并上报主控计算机,更换路由设备。

5.2.6 工业物联网技术创新应用

基于信息化数据应用模式,匹配信息化专家、自动化智能设备后,共同打造更加和谐的智能工业化升级方案,确保工业企业战略发展规划和实际管理相匹配。

1. 工业物联网技术具体应用

(1)打造安全工业环境。

为了顺应工业物联网技术的应用要求,要匹配对应的元件和物联网控制模块,保证相关工作都能顺利落实,提升联结装置的应用效率。在企业工厂内安装危险源感知测试装置,建立工业现场分布式信息系统,从而保证信息收集和统一汇总的规范性。并且,借助系统就能实时监控工业现场的可燃性气体、粉尘浓度等参数,以保证综合分析管控的规范性。例如,若是现场出现危险,借助声光控制元件、PC以及移动终端,就能及时完成信息汇总分析,从而在一定程度上减少现场事故的危害。

另外,在建立分布式监测点预警机制的过程中,能对工业现场环境予以实时监督和管理,若是预测工业现场区域可能会出现危险或者是安全隐患,就会借助声光短信及时通知相关抢修人员,保证智能物联网技术并行环境中能有效利用自动控制模块,对现场的气源和通风设备予以智能化启停。

(2)落实预测性维护。

为了保证设备管理工作的基本水平,减少故障问题对其综合应用产生的影响,要打造更加合理且可靠性、稳定性高的预测性维护项目管理模块,以保证相关工作都能顺利开展。以某石化企业塑料事业部设备状态监测系统为例,通过该系统实现重要设备健康状态的实时数据采集,为技术人员在线诊断提供及时可靠的信息,为实现设备状态实时监控、预防性维护及数据深度分析奠定基础。健康状态监测系统基于现场无线网络通过OPC协议传送的现场设备运行状态数据分析及预警,为设备技术人员提供实时在线数据支持及分析,从而提高整个塑料部设备可用率及可靠性。该系统包括装置和工业平台构建的相关信息,保证设备的健康管理预测性维护系统的合理性。利用旋转机械故障诊断和往复式机械故障诊断、模拟状态分析诊断、振动与噪声分析诊断等模块,就能更好地提升设备管理效率,减少设备故障问题对工业物联网技术产生的影响。

①边缘计算模块。主要是提取故障特征值,并且配合机械物理信号预处理实现综合管理,同时也能实现设备数据时域分析和设备数据小波分析,保证计算结果能为物联网实时性应用管理提供保障。

②信号采集和信息数据处理模块主要是应用对应的元件完成信息的集中管理。

③传感器匹配模块可适配不同厂家的振动、温度、压力等传感器,从而减少投资,保障系统的兼容性。

④专家库和故障识别模块要结合状态识别和专家系统建立故障问题的集中分析,并且有效维持工业物联网技术应用的规范性,打造更加完整的信息管控平台。与此同时,配合机械设备自回归模型实现实时监督。

⑤网络传输主要是建立工业通讯单元、网络安全监管单元以及网络发布管理单元。

⑥云服务模块使用云存储技术实现大数据的预测维护分析以及设备的健康管理。

(3)"软件+机器"工业模式。

在工业物联网技术体系中,能真正意义上实现柔性制造线的管理,借助对应的关键系统就能替代超过 60% 的人力作业,配合加工中心、自动化物流技术以及信息控制软件技术等维持综合管理的效果。

与此同时,实现"机器人+视觉"处理系统,也能为工业物联网技术方案中建立物流自动化产品管理机制提供保障。

(4)数据可视化模式。

对于工业物联网技术发展工作而言,建立完整的数据分析和信息交互平台,能为工业企业领导层做出更加合理高效地决策提供保障,打造精准管理模式,配合实时性 OEE 以及 MES 等单元,打造完整的可视化控制平台,优化技术应用效果。

第一,生产管理。主要是对设备在线进度以及对应的派工、排程等环节予以分析,建构完整的资源管理机制,维持综合管控效果。并且能建立上下线回报单元和过程数量汇总单元,及时管理进度。

第二,系统资源管理。要匹配资源应用率的分析和管控工序,及时进行设备预测维护和系统资源实时性监督等。

第三,建构生产数据云端整合分析模式,确保智慧预测的规范性。例如,厂务能源管理、设备自动化、设备监视诊断和效益优化、MES 整合和预防保养等,共同实现生产应用管理结构。

第四,建立智慧工厂模式。(1)实现端对端集成处理,配合产品全生命周期,维持独立产业链,一般呈现出网状结构,应用和实现存在一定的难度;(2)实现横向集成处理,从企业所在的产业链入手,确保能更好地维系企业—供应商—经销商—客户的产业链条,维持数字化产业链应用效果;(3)实现纵向集成,从企业边界入手,打造更加合理的智能化处理模式,维持数字化企业和智能化工业发展的平衡。

2. 工业物联网技术发展目标

伴随着物联网技术的不断发展和进步,工业物联网应用模式也将实现多元发展目标,建构更加合理且高效地应用体系,从而提升经济效益。

(1)生产过程工艺优化。

将物联网技术全面应用在工业体系中,不仅能对常规化运营予以管理,还能将其应用在生产过程中,匹配数据监测模块、数据采集和生产过程监测模块,维持更加合理的资源应用结构。提升人力资源利用率的同时,还能减少生产过程中资源的浪费,为成本优化提供保障。生产过程中,借助物联网技术进行全方位监督管理,可保证生产过程更加优化。

(2)制造业供应链智能化管理。

在工业物联网技术中融合大数据挖掘技术,能更好地掌握相关产品的基础信息,配合物联网信息管理模式,有效制订预测分析方案,预测商品价格的市场走向以及市场供应要求,保证客户满意度得以提升。工业物联网技术的推广,能为制造业供应链体系的全面发展提供支持。

(3)环保监测。

工业发展和环保管理工作一直受到广泛关注,借助物联网技术能建构完整的产业链管理结构,将物联网技术和环保设备予以实时互联,就能对企业生产过程中产生的有害物质以及排放量等予以实时性监测分析,减少环境污染问题造成的负面影响。

5.2.7　工业物联网技术创新发展策略

工业物联网技术的全面推广和应用具有非常重要的时代意义和价值,要着重发挥各个模块的应用优势,共同引领工业生产向智能化、现代化、数字化发展,在科研技术和管理水平全面进步的同时,实现经济效益、环保效益、社会效益的共赢。

1. 在人工智能技术的广泛使用

人工智能的飞速发展,更赋予工业物联网全新的发展方向,明确分野自动化及智动化的差异,包括机器视觉、深度学习等利用算法分析为主的人工智能技术,已成为工业物联网未来发展的全新趋势,不仅让自动化与机器人的技术更为精准、制造业也开始进入如无人工厂等全新的科技领域。

2. 在工业大数据平台的广泛使用

工业大数据分析平台是利用大数据技术开发搭建的信息一体化平台,从而为企业提供完善的服务。将产品数据作为核心内容进行分析,使数据在传统的工业范围中得到极大的拓展和充分的利用。以产品创新为例,通过对数据的深入分析和挖掘,能够帮助企业精准把握客户的需求,为产品创新做出贡献。总的来说,工业大数据分析平台的应用价值主要可以提高行业、企业生产效率,提升产品质量;降低生产成本,实现节能降耗;加快工业企业产品创新速度,有助于实现大规模定制生产;加快实现工厂的智能化管理、生产。

3. 全面推动新型工业模式的发展

物联网不仅能够实现设备的互联,还能够通过优化产品类型、维护客户关系为企业服务,推动新的工业模式的产生和发展。消费者可通过在智能终端输入需求数据,制定自己需要的专属商品,从而实现商品的社会化大规模定制。同时,消费者还可通过工业智联网技术对商品的原材料、零件生产、拼装运输等流程进行回溯,保证生产过程的透明化,使商品的质量和可信度得到了有效的保证。相对于设备和资产信息而言,当前工业企业在生产过程中掌握的客户和产品的数据相对匮乏,所以企业在未来生产中想要开发更具吸引力的产品或提升现有客户关系,还需要收集更多关于客户和产品的数据和信息,以业务发展和效率的提升为企业的发展诉求,工业企业物联网未来需要更加的关注客户和产品。

随着科技的发展,工业物联网技术将会融合大数据、互联网、传感器以及人工技能等多项技术,使工厂发展逐步迈向智能化和数字化,从而降低企业的生产能耗、提高效能利用率。大规模地开发工业物联网是社会发展的必然趋势,随着智能制造、人机交互与协同、智能工厂、工业大数据等技术的发展,工业物联网技术将在智能制造领域发挥更重要的作用,我国的制造业也会在世界制造业版图中占据有利位置。

4. 未来工业物联网发展对策

(1)技术层面。近年来,国内在网络架构、传感器、M2M 等方面取得了一定的技术突破。但仍需要进一步强化工业物联网基础通用标准的建设,注重国家标准与国际标准的衔接,加强行业间的交流与合作。推进窄带物联网的技术研究,加大高端传感器、新兴短距离技术芯片的研发投入,以及建立信任的物联网体系架构,规范隐私管控。

(2)市场层面。中国移动互联网发展迅速,已成为全球移动互联网最大的市场。通过开放接口的方式连接工业物联网设备,使工业物联网依托移动互联网应用的入口优势,建设中国特色工业物联网。同时,鼓励行业龙头企业加大技术研发力度,推动商业模式和服务模式等方面的创新。

(3)应用层面。在工业制造领域,工业物联网在生产过程的工程优化、产品设备监控管理和工业安全生产管理等环节得到广泛应用。以培育多形式的工业物联网资源共享平台为切入点,加大产业研发和测试,促进资源流动与整合配置。

(4)政策层面。建设科学的产业发展整体规划并调整企业的财税支持方式,发挥财政税收政策调节作用,引导工业物联网产业健康持续发展。同时,改善物联网企业的融资环境,鼓励工业物联网企业、银行和保险公司三方合作,降低物联网企业的融资风险。鼓励设立物联网发展创投基金,由物联网龙头企业和投资公司提供资金,委托专业机构运营管理,为有潜力的物联网企业提供及时的资金支持等。

5.3　本项目小结

【项目评价】

项目学习完成后,进行项目检查与评价,检查评价单如表 5-4 所示。

表 5-4　检查评价单

评价内容与评价标准				
序号	评价内容	评价标准	分值	得分
1	知识运用 (20%)	掌握相关理论知识,理解本次任务要求,制订了详细计划,且计划条理清晰、逻辑正确(20 分)	20 分	

续表 5-4

评价内容与评价标准

序号	评价内容	评价标准	分值	得分
1	知识运用（20%）	理解相关理论知识,能根据本次任务要求制订合理计划(15分)	20分	
		了解相关理论知识,制订了计划(10分)		
		没有制订计划(0分)		
2	专业技能（40%）	能够了解到什么是工业物联网及其关键技术(40分)	40分	
		能够系统学习工业物联网技术(40分)		
		没有完成任务(0分)		
		具有良好的自主学习能力、分析并解决问题的能力,整个任务过程中有指导他人(20分)		
3	核心素养（20%）	设备无损坏、设备摆放整齐、工位保持整洁、没有干扰课堂秩序(20分)	20分	
		具有较好的学习能力、分析并解决问题的能力,整个任务过程中没有指导他人(15分)		
		能够主动学习并收集信息,具有请教他人以解决问题的能力(10分)		
		不主动学习(0分)		
4	课堂纪律（20%）	设备无损坏、没有干扰课堂秩序(15分)	20分	
		没有干扰课堂秩序(10分)		
		干扰课堂秩序(0分)		

【项目小结】

通过本项目的学习,可以了解到什么是工业物联网及其关键技术,进一步系统学习到工业物联网技术,具体包括工业无线网络的精确时间同步方法,基于时隙通信自适应跳信道方法,工业无线网络冗余路径建立方法、基于轻量级加密算法的安全通信方法等等内容。

【能力提高】

一、填空题

1. 工业物联网使传统企业信息化系统延伸到互联网,能够实现基于_____的广域自动化,如远程监控、远程维护、工厂管理等。

2. 工业物联网作为物联网的一个特殊领域,具有以仪器、仪表和_____为基础构件向不同的方向不断延伸的内部架构,其自身技术因此也带有不同于一般物联网技术的特点。

3. 工业自动化是_____生产中的先进制造技术的一种,是提高生产效率、降低人力消耗、科学规划生产和管理的一种手段和途径。

　　4.为了扩大网络覆盖面积,在工业无线网络的网络结构中引入_____,骨干网是一个高速的网络,可以减小数据时延。

　　5.工业无线网络应用层包括用户应用进程和_____两部分。

二、选择题

　　1.工业自动化是工业生产中的先进制造技术的一种,是提高生产效率、降低什么和科学规划生产管理的一种手段和途径　　　　　　　　　　　　　　　（　　）

　　A.人力消耗　　　　　　B.物力消耗　　　　　　C.财力消耗　　　　　　D.环境消耗

　　2.$T_n = \alpha T_m + \beta$ 为一次函数的时钟同步模型,其中 T_m 为　　　　　　（　　）

　　A.接收时间　　　　　　B.发送时间　　　　　　C.原始时间　　　　　　D.周期时间

　　3.对于大规模千点级的工业无线网络,时间同步的精度要求至关重要。为了使精度达到毫秒级甚至几十微秒,对时间同步算法进行优化,并对其精度进行详细测试,测试结果表明同步精度能够达到多少微秒左右　　　　　　　　　　　　（　　）

　　A.20 μs　　　　　　B.30 μs　　　　　　C.40 μs　　　　　　D.50 μs

　　4.2.4 GHz 频段上划分了多少个信道,采用 IEEE 802.15.4 物理层和 MAC 层规范中规定的直接序列扩频,设备可工作于某个选定的信道(11~26)　　　　　（　　）

　　A.12　　　　　　B.14　　　　　　C.16　　　　　　D.18

三、思考题

　　1.请简要概括一下工业物联网的技术逻辑结构。

　　2.结合文中理论探讨一下工业物联网与工业自动化的区别。

　　3.试概括工业物联网关键技术有哪些?

　　4.如何建立工业无线网络的冗余路径?

　　5.工业物联网技术创新应用有哪些?试举例说明。

　　6.工业物联网技术的发展策略有哪些?请结合国家政策进行分析。

项目6 物联网技术在智慧医院的应用

【情景导入】

随着社会的发展和人们对健康的重视,医疗的需求也逐渐增加。如今,智慧医疗已成为人们生活中的热门话题,医疗行业更是受到了前所未有的重视。而物联网技术的运用为智慧医院的发展提供了巨大的帮助。智慧医院是一种利用现代信息技术手段,将传统医院与新技术有机融合,从而实现全面、高效、智能化管理的现代化医疗服务模式。而物联网技术在这一领域的应用更是推动了智慧医院的快速崛起。

【知识目标】

(1)掌握智慧医疗的工程架构方法。

(2)了解物联网在智慧医院中的应用方向。

【能力目标】

(1)掌握医疗物联网的架构。

(2)掌握物联网在智慧医用中的应用。

【素质目标】

(1)培养学生的安全意识,引导他们关注安全并培养爱护他人的习惯。

(2)培养学生拒绝违法行为,建立良好的道德伦理观念。

【学习路径】

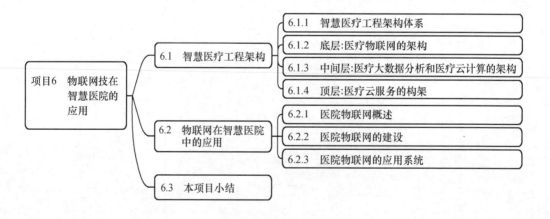

6.1 智慧医疗工程架构

6.1.1 智慧医疗工程架构体系

首先,要注意区分医院和医疗的关系。医院是指单科或全科看病、治病的单位,而医疗则泛指所有的各种医养机构的综合,包括社区卫生院、养老院、养生房、健身房、医治机构等。因此可以将医疗信息、医疗器械、药品及病人和医护等领域综合在一起,利用云计算、云服务、大数据、物联网等最新技术进行管控,就可以理解为智慧医疗。智慧医疗工程定义为,充分借助医疗物联网、大数据分析、医疗云计算及云服务等最新技术重构,以数据采集为基础、以医学知识发现为核心、以社会化的医疗服务为重点的智慧医疗工程架构系统,如图6-1所示。这是智慧医疗工程的理论体系,其定义引导了智慧医疗工程的整个架构体系,也是本书的扛鼎体系。

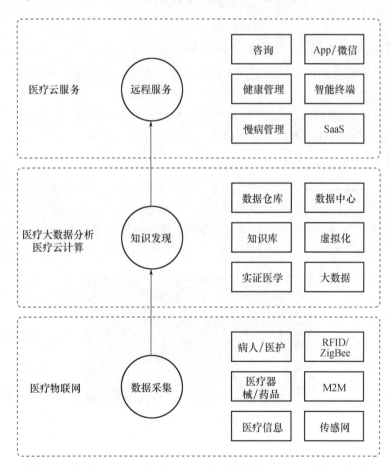

图6-1 智慧医疗工程架构体系

1. 底层:医疗物联网

医疗物联网是指专用于医疗领域的物联网,支撑智慧医疗工程的基础和关键就是底层医疗物联网。底层医疗物联网应用于数据采集层,其中又分为技术内容和应用内容两部分。技术内容包括传感网、M2M、RFID 和 ZigBee。而应用内容又分为医疗信息、医疗器械、药品及病人、医护人员信息(图6-2)。

图6-2　医疗物联网

2. 中间层:医疗大数据分析和医疗云计算

大数据分析是指对规模巨大的数据进行分析。医疗大数据分析是专指用于医疗领域的大数据分析。

医疗云计算(cloud computing)是基于互联网的相关服务的增加、使用和交付模式,通常涉及通过互联网来提供动态易扩展且经常是虚拟化的资源。

3. 顶层:医疗云服务

"医疗云"是医院信息化服务的新模式,能够将医院业务系统快速部署和统一运维,医院可以通过购买更少的硬件设备和软件许可,来降低一次性的采购成本,通过更自动化的管理降低人力资源成本。此外通过部署"医疗云",医院可以方便、快速地建立移动医生/护士工作站(图6-3)。

图6-3　医疗云服务

6.1.2　底层:医疗物联网的架构

从物联网层角度看,未来的医疗服务平台是一个集成了各种健康传感器和智能移动终端应用的健康物联网。医院以病人为中心,通过云平台联合第三方健康管理和保健服务机构,利用远程医疗监控设备和医疗健康服务终端应用锁定并使患者和家庭亲友参与,基于符合规范的健康激励机制,将服务重点从治疗转移到预防保健,旨在改进个人的健康行为,将医院、诊所、社区护理和家庭保健整合成综合的医疗保健系统,从而提高整个社区的健康水平。

医疗物联网分为三个方面,"物""联""网",重点在于"物"和"网"。"物"是指医疗对象,就是医生、护士、病人、器械设备等;"网"是指医疗流程,这个"网"必须是基于标准的流程;"联"就是信息交互,定义对象是可感知的、可互动的、可控制的。在区域医疗卫生信息化的时代,不仅是应用软件之间的连接,更是病人、医护人员、移动设备、医疗设备、保健设备以及各种各样的传感器之间的连接。如 IBM 在"智慧的医疗"中所说,我们需要"更透彻的感知、更全面的互联互通、更深入的智能化"。

医疗物联网能够帮助医院实现对人的智能化医疗和对物的智能化管理,支持医院内部医疗信息、设备信息、药品信息、人员信息、管理信息的数字化采集、处理、存储、传输、共享等,实现物资管理可视化、医疗信息数字化、医疗流程科学化、服务沟通人性化,满足医疗健康信息、医疗设备与用品、公共卫生安全的智能化管理与监控等方面的需求,从而解决医疗平台支撑薄弱、医疗服务水平整体较低、医疗安全生产隐患等问题。医疗物联网包括以下三方面的应用。

1. 医疗信息

(1)血液信息管理。

RFID 技术能够为每袋血液提供唯一的身份,并存储相应信息。这些信息与后台数据库互联,使血液无论是在采血点、调动点血库,还是在使用点医院,都能接受到 RFID 系统的全程监控和跟踪。

(2)病人身份确认。

医务人员在医疗活动中对病人的身份进行查对、核实,以确保正确的治疗用于正确的病人的过程。病人身份的准确辨认是保证医疗护理安全的前提,正确的病人身份识别是医疗安全的保障。采用 RFID 应用系统,快速对病人进行身份确认,完成入院登记,能够加快急诊抢救病人的处理速度。RFID 医疗卡包括姓名、年龄、血型、亲属姓名、紧急联系电话、家族病史、既往病史、各种检查、治疗记录、药物过敏等病人的详细资料,可以快速完成病人的入院登记和病历获取,为急救病人节省了时间。

(3)信息共享互联。

通过医疗信息和记录的共享互联,整合成一个发达的综合医疗网络。一方面,经过授权的医生可以翻查病人的病历、病史、治疗措施和保险明细,患者也可以自主选择或更换医生、医院;另一方面,支持乡镇、社区医院在信息上与中心医院实现无缝对接,实时地获取专家建议、安排转诊和接受培训等。

2. 医疗器械、药品管理

(1)医疗器械管理。

医疗器械管理可分为手术器械管理、医疗设备管理、消毒包管理及医疗垃圾信息管理四种类型。

①手术器械管理。手术器械的管理是保证手术顺利进行的重要环节,手术器械管理的好坏直接影响手术质量和效果。基于 RFID 技术,器械包管理及追溯系统最大限度地控制和消除了器械包的安全隐患,也明确了各个环节工作人员的职责并对相关信息进行记录,便于在有相关感染事故出现后进行追溯。能扫描标签并选择相应的病人,显示哪位医务人员拿走了哪些物品,以及哪些病人用到这些物品,从而减少物品的丢失或浪费。

②医疗设备管理。在医院设备上粘贴 RFID 标签,用来做盘点或追踪记录,当发生异常时,RFID 感应追踪及时发出警示,可以提高效率,避免疏漏,为医疗事故界定提供依据。对医疗重要器械设备,RFID 技术结合 GPS、GPRS、视频监控等技术,实现可视化医疗物资管理和实时跟踪定位其位置所在,为医疗物资的管理提供安全保障,避免因遗失造成财产损失,特别是对高价、放射性、锐利器械的追溯尤为重要。

③消毒包管理。采用先进的条码和 RFID 技术,为每个手术包佩戴一个条码或 RFID 标签,负责采集和存储手术包流程的属性信息,内容包括手术器械种类和编号、数量、包装人员编号、包装日期、消毒日期、手术包类型等。系统通过这些信息对器械包的回收、清洗、分类包装、消毒、发放等环节进行记录,并对器械包的存放、使用实行监控,最大限度控制和消除了器械包的安全隐患,也明确了各个环节工作人员的责任并对相关信息进行记录,便于对相关感染事故出现后进行追溯。

④医疗垃圾信息管理。通过实现不同医院、运输公司的合作,借助 RFID 技术建立一个可追踪的医疗垃圾追踪系统,实现对医疗垃圾运送到处理厂的全程跟踪,避免医疗垃圾的违规处理。

(2)药品管理。

药品管理可分为药品供应链管理、药品防伪、监控服药及生物制剂管理。

①药品供应链管理。通过物联网技术,可以将药品名称、品种、产地、批次及生产、加工、运输、存储、销售等环节的信息,都存入 RFID 标签中,当出现问题时,可以追溯全过程,实现全程实时监控。

②药品防伪。把药品信息传送到公共数据库中,患者或医院可以将标签的内容和数据库中的记录进行对比,从而有效识别假冒药品。在用药过程中加入防误机制,包括处方开立、调剂、护理给药、病人用药、药效追踪、药品库存管理等(图6-4)。

③监控服药。用 RFID 无线射频技术研发了一种"智慧型药柜",使用者从医院拿回来的药先配上专属的 RFID 标签,智慧型药柜会记录各种药品的用法与用量,还有必须服用的时间。当要吃药时,药柜就会发出语音通知,同时,药柜上的屏幕也会播出要服用的药品照片及名称。

④生物制剂管理。生物制剂中蛋白质的不稳定性使得其易受环境的温度变化影响,导致制剂变质。通过先进的 RFID 技术,在需要恰当的温度管理来保证质量的特殊生物制剂的物流管理和生产流程管理中,将温度变化记录在带有温度传感器的 RFID 标签中,对制剂品质进行细致的、实时的管理,可以简单轻松地解决生物制剂管理中的变质问题。

图 6-4　药品防伪

3. 病人、医护管理

移动智能终端在患者服务中将发挥越来越重要的作用,智能手机将成为患者就诊的门户。除了诊疗的核心环节如医生诊疗、必要检查、手术和治疗外,其他服务基本上都可以由智能手机提供,如"好大夫网"目前已收入了几千家医院的 30 余万名医生,其提供的移动智能手机 App 应用,可以提供包括找医生、预约门诊、咨询专家、疾病管理、药物管理等在内的服务。美国 Mobile PRM 企业由前 CRM 领域的专家组成,对医患关系管理有着深刻的认识,通过医患关系管理(PRM)平台和移动应用提供各类面向患者的服务,其核心理念主要围绕着贴心服务、教育、反馈、社区、积分奖励、健康记录等几个方面的内容(图 6-5)。

图 6-5　"好大夫网"

(1)病人管理。

病人管理可分为贴心服务、记录与反馈、社交化网络、会员积分奖励及健康记录五类。

①贴心服务。包括通过邮件、文本或手机推送的服药提醒,随时的健康检查(血压、血糖、其他)和预约提醒,处方预约提醒和健康常识教育;此外,还提供备份的打印报表、

详尽的个人健康记录、月度报告及信息共享账户等。

②记录与反馈。提供包括如下信息的医患间的双向沟通、记录与反馈：各项身体指标跟踪，图表化的形式工具和功能，为治疗效果而设置的可定制报告，服药情况监测，以手机形式进行的个性化的患者月度报告，以天为单位发送的患者调查，如"疼痛度调查"，以电子邮件形式进行的患者调查，等等。

③社交化网络。通过社交化网络，提供更灵活的成员联络。

④会员积分奖励。面向会员推出各类奖励计划，计划由各类可衡量的患者指标组成，如良好的服药习惯、降低体重、日常健康检查、锻炼目标、健康管理项目等级和社交共享等。患者可自由选择参加各类奖励活动，赚取积分并换购产品。

⑤健康记录。一方面，为专业医疗人员提供深度行业报告和医疗动态信息；另一方面，通过各种提示信息，如每周业内专业信息推送和月度个人健康报告与普通个人用户进行沟通。

（2）医护管理。

医护管理是包含临床论著、护理研究、专科护理、整体护理、个案护理、健康教育、经验交谈、医卫管理、社区医学、继续教育、工作研究等，是一个医学和护理相互联系和影响的综合管理系统。

6.1.3　中间层：医疗大数据分析和医疗云计算的架构

智慧医疗工程架构的中间层是医疗大数据分析和医疗云计算。中间层的作用是知识发现，其医疗大数据内容有大数据技术、虚拟化技术及数据中心；医疗云计算内容有实证医学、知识库及数据仓库。

1. 医疗大数据分析

（1）大数据技术。

所谓大数据（big data/mega data），或称巨量资料，指的是需要新处理模式才能具有更强的决策力、洞察力和流程优化能力的海量、高增长率和多样化的信息资产。

医疗大数据的来源主要包括四类：一是制药企业和生命科学；二是临床决策支持和其他临床应用，包括诊断相关的影像信息等；三是费用报销、利用率和欺诈监督；四是患者行为、社交网络。随着信息技术的发展，医疗卫生信息数据量正在急剧增长，医疗行业正迈入"大数据"时代（图6-6）。

（2）虚拟化技术。

①虚拟化定义

虚拟化，是指通过虚拟化技术将一台计算机虚拟为多台逻辑计算机。在一台计算机上同时运行多个逻辑计算机，每个逻辑计算机可运行不同的操作系统，并且应用程序都可以在相互独立的空间内运行而互不影响，从而显著提高计算机的工作效率。

虚拟化使用软件的方法重新定义划分 IT 资源，可以实现 IT 资源的动态分配、灵活调度、跨域共享，提高 IT 资源利用率，使 IT 资源能够真正成为社会基础设施，服务于各行各业中灵活多变的应用需求。这种把有限的固定的资源根据不同需求进行重新规划

图6-6　医疗大数据分析

以达到最大利用率的思路,在IT领域就叫作虚拟化技术。

②虚拟化技术功能

虚拟化的主要目的是对IT基础设施进行简化。它可以简化对资源以及对资源管理的访问。

消费者可以是一名最终用户、应用程序、访问资源或与资源进行交互的服务。资源是一个提供一定功能的实现,它可以基于标准的接口接受输入和提供输出。资源可以是硬件,例如服务器、磁盘、网络、仪器,也可以是软件,例如Web服务。

消费者通过虚拟资源支持的标准接口对资源进行访问。使用标准接口,可以在IT基础设施发生变化时将对消费者的破坏降到最低。例如,最终用户可以重用这些技巧,因为他们与虚拟资源进行交互的方式并没有发生变化,即使底层物理资源或实现已经发生了变化,他们也不会受到影响。另外,应用程序也不需要进行升级或应用补丁,因为标准接口并没有发生变化。

IT基础设施的总体管理也可以得到简化,因为虚拟化降低了消费者与资源之间的耦合程度。因此,消费者并不依赖于资源的特定实现。利用这种松耦合关系,管理员可以在保证管理工作对消费者产生最少影响的基础上实现对IT基础设施的管理。管理操作可以手工完成,也可以半自动地完成,或者通过服务级协定(SLA)驱动来自动完成。

在这个基础上,网格计算可以广泛地利用虚拟化技术。网格计算可以对IT基础设施进行虚拟化。它处理IT基础设施的共享和管理,动态提供符合用户和应用程序需求的资源,同时还将提供对基础设施的简化访问。

③虚拟化技术主要模式。

虚拟化可以通过很多方法来证实。它不是一个单独的实体,而是一组模式和技术的集合,这些技术提供了支持资源的逻辑表示所需的功能,以及通过标准接口将其呈现给这些资源的消费者所需的功能。这些模式本身都是前面介绍过的各种不同虚拟形式的重复出现。

下面是在实现虚拟化时常常使用的一些模式：

一是单一资源的多个逻辑表示。这种模式是虚拟化使用最广泛的模式之一。它只包含一个物理资源，但是它向消费者呈现的逻辑表示却仿佛包含多个资源一样。消费者与这个虚拟资源进行交互时就仿佛自己是唯一的消费者，而不会考虑他正在与其他消费者一起共享资源。

二是多个资源的单一逻辑表示。这种模式包含了多个组合资源，以便将这些资源表示为提供单一接口的单个逻辑表示形式。在利用多个功能不太强大的资源来创建功能强大且丰富的虚拟资源时，这是一种非常有用的模式。存储虚拟化就是这种模式的一个例子。在服务器方面，集群技术可以提供这样的幻想：消费者只与一个系统（头节点）进行交互，而集群事实上可以包含很多的处理器或节点。实际上，这就是从 IT 技术设施的角度看到的网格可以实现的功能。

三是在多个资源之间提供单一逻辑表示。这种模式包括一个以多个可用资源之一的形式表示的虚拟资源。虚拟资源会根据指定的条件来选择一个物理资源实现，例如，资源的利用、响应时间或临近程度。尽管这种模式与上一种模式非常类似，但是它们之间有一些细微的差别。首先，每个物理资源都是一个完整的副本，它们不会在逻辑表示层上聚集在一起。其次，每个物理资源都可以提供逻辑表示所需要的所有功能，而不是像前一种模式那样只能提供部分功能。这种模式的一个常见例子是使用应用程序容器来均衡任务负载。在将请求或事务提交给应用程序或服务时，消费者并不关心到底是几个容器中执行的哪一个应用程序的副本为请求或事务提供服务。消费者只是希望请求或事务得到处理。

四是单个资源的单一逻辑表示。这是用来表示单个资源的一种简单模式，就仿佛它是别的什么资源一样。启用 Web 的企业后台应用程序就是一个常见的例子。在这种情况下，我们不是修改后台的应用程序，而是创建一个前端来表示 Web 界面，它会映射到应用程序接口中。这种模式允许通过对后台应用程序进行最少的修改（或根本不加任何修改）来重用一些基本的功能。也可以根据无法修改的组件，使用相同的模式构建服务。

五是复合或分层虚拟化。这种模式是刚才介绍的一种或多种模式的组合，它使用物理资源来提供丰富的功能集。信息虚拟化是这种模式一个很好的例子。它提供了底层所需要的功能，这些功能用于管理对资源、包含有关如何处理和使用信息的元数据以及对信息进行处理的操作的全局命名和引用。例如，开放网络服务体系机构（open grid services architecture，OGSA）或者网络计算组件（grid computing components，GCC）实际上都是虚拟化的组合或虚拟化的不同层次。

（3）数据中心技术。

数据中心技术是全球协作的特定设备网络，用来在因特网网络基础设施上传递、加速、展示、计算、存储数据信息。

①数据中心定义。

维基百科给出的定义是"数据中心是一整套复杂的设施。它不仅仅包括计算机系统和其他与之配套的设备（例如，通信和存储系统），还包含冗余的数据通信连接、环境控制设备、监控设备以及各种安全装置"。谷歌在其发布的 *The Datacenter as a Computer* 一书中,将数据中心解释为多功能的建筑物,能容纳多个服务器以及通信设备。这些设备被放置在一起是因为它们具有相同的对环境的要求以及物理安全上的需求,并且这样放置便于维护,而并不仅仅是一些服务器的集合。

采用因特网接入时,只需要一台能上网的 PC 加数据中心软件即可。不需要 ISP 开通服务。但应根据获取的外网 IP 地址及方式选择采用合适的动态域名软件。

采用运营商提供的专线接入时,一般到用户端已是 RJ25 接口,数据中心不需要任何硬件,有 PC 机即可,也不需要开通任何服务。但一般使用专线接入时,都会采用 APN 或 VPDN 方式组网内部私网,从而能分配固定 IP 地址,方便管理。

②数据中心关键要素。

云计算和虚拟化等新技术的出现,使得数据中心演变成一个迥然不同的环境。然而,任何数据中心都需要某些关键要素来保证运作顺利。

一是环境控制。一个标准化的、可预测的环境是任何高质量数据中心的基础。这不仅仅是冷却和保持适当的湿度(维基百科推荐的温度范围是 $61 \sim 75$ ℉ $/16 \sim 24$ ℃,湿度为 $40\% \sim 55\%$),还必须考虑到消防、气流和功率分布等因素。

二是安全。无须多言,物理安全是一个可靠数据中心的基础。妥善保管你的系统,只允许授权人员进入,并手持准许证通过网络对服务器、应用程序和数据进行必要的访问。可以肯定地说,任何公司的最有价值的资产(当然除了人)都存在于数据中心。

三是问责制。应该说,大多数 IT 人员都是专业的和值得信赖的。然而,这并不能否定数据中心需要问责制来追踪人机的互动。数据中心应该记录证件准入的细节(并且这些记录应该由 IT 以外的部门保管,如安全部门,或者副本同时保存在 IT 主管和副院长的手中)。访客应该在进入和离开时登记,并一直被监视着。应该开启网络/应用程序/文件资源的审计工作。最后同样重要的是,每个系统都应该有一个确定的人掌管,无论它是一个服务器、路由器、数据中心冷却装置还是警报系统。

四是策略。数据中心中的每一个过程背后都应该有一个策略方针来帮助维护和管理环境。你需要系统访问和使用策略(例如,只有数据库管理员能完全控制数据库),就应该有数据保留策略,例如,备份应该被存储多长时间? 要将它们保存在院区外吗? 同样的理念也适用于新系统的安装、检查过时的设备/服务以及删除旧设备,例如,清除服务器硬盘、捐赠或回收硬件。

五是冗余。对于企业赖以生存的信息一切都至少需要两份,无论是对邮件服务器、ISP、数据光纤链接,还是 VOIP 语音电话系统都适用。三个或三个以上的备份在很多情况下都不会有坏处。除了冗余组件,测试及确保系统正常工作的过程也同样重要,比如定期的故障转移训练和新方法的研究。

六是可扩展性。必须确保数据中心具有足够的扩展性来增加电力、网络、物理空间和存储。对可扩展性的规划不是静止的,而是一个持续的过程,需对其积极地跟踪和报告。这些报告能指出可扩展性需要满足的下一个地方,比如物理存储空间匮乏。

七是变更管理。变更管理属于"策略方针"部分。恰当的变更管理指导方针能确保数据中心不出现计划外的事件。无论是上线新系统还是撤销旧系统,数据中心中所有元素的生命周期都必须与变更管理的规划一致。

八是有条不紊。每一个 IT 专业人士都感觉时间紧迫。由于怕错过最后期限，可能导致一些"抄近路"行为，一旦如此，往往难以保证环境良好整洁。一个成功系统的实现并不仅仅意味着装上它，然后打开，还包括以标准化和可技术支持的方法对数据中心进行设备整合。例如，服务器机架应该是干净而符合逻辑的——生产系统在一个架子上，测试系统在另一个架子上。电缆应该长度适中，根据电缆运行指南运作，而不是随意地折叠。

九是文档。最后一点是需要有合适的、有用的和及时的记录，如果你不遵循严格的程序，在实施中很容易产生问题。把交换机布局和服务器插头的位置匆匆拼凑成图表是不够的，你的变更管理指导方针应该包括保存相关的文档，并且随着细节的补充可用于所有的相关人员。

2. 医疗云计算

（1）实证医学。

实证医学也称作证据医学，就如同人们常讲的"有凭有据"，说话要有凭有据，医疗措施也得有凭有据。对于治疗无效或者治疗带来的副作用大于治疗利益的医疗应该予以纠正，这就是实证医学。

现代医学存在着许多不恰当的医疗方式，例如，很多症状（如临时的肩背痛、普通感冒、老年人血压轻度偏高等）在家休养的效果要比去医院打针吃药来得好，而且没有副作用（有时治疗带来的副作用相当可怕）。另外现代医学存在大量的效果不确定的药物和手术，例如，阿司匹林是曾被滥用的药物，而它的副作用一直到问世近 10 年后才被逐一发现，至今人们仍无法完全了解它的机理以及阿司匹林有哪些作用和副作用，可怕的是像阿司匹林这样的药物比比皆是。而很多手术及放化疗的效果更是无法确定，至今没有任何证据表明肿瘤在进行切除后或进行放、化疗后患者的生存时间得到延长，更多时候我们看到的是患者花费大量的时间和金钱得到的只是身体和精神上更大的痛苦。

实证医学的意义就是通过长时间的大量的跟踪调查记录，为医患选择是否需要进行治疗，用哪种方法治疗提供可靠的依据。

（2）知识库。

知识库是知识工程中结构化、易操作、易利用、全面有组织的知识集群，是针对某一或某些领域问题求解的需要，采用某种或若干知识表示方式在计算机存储器中存储、组织、管理和使用的互相联系的知识片集合。这些知识片包括与领域相关的理论知识、事实数据，由专家经验得到的启发式知识，如某领域内有关的定义、定理和运算法则以及常识性知识等。

知识库的概念来自两个不同的领域，一个是人工智能及其分支——知识工程领域，另一个是传统的数据库领域。由人工智能（AI）和数据库（DB）两项计算机技术的有机结合，促成了知识库系统的产生和发展。

知识库是基于知识的系统或专家系统，具有智能性。但并不是所有具有智能的程序都拥有知识库，只有基于知识的系统才拥有知识库。许多应用程序都利用知识，其中有的还达到了很高的水平，但是，这些应用程序可能并不是基于知识的系统，它们也不拥有知识库。一般的应用程序与基于知识的系统之间的区别在于,一般的应用程序是把问题求解的知识隐含地编码在程序中,而基于知识的系统则将应用领域的问题求解知识显式地表达,并单独地组成一个相对独立的程序实体。

知识库特点如下:

①知识库中的知识根据它们的应用领域特征、背景特征(获取时的背景信息)、使用特征、属性特征等而被构成便于利用的、有结构的组织形式。知识库一般是模块化的。

②知识库的知识是有层次的。最低层是"事实知识";中间层是用来控制"事实"的知识(通常用规则、过程等表示);最高层次是"策略",它以中间层知识为控制对象。策略也常常被认为是规则的规则。因此知识库的基本结构是层次结构,是由其知识本身的特性所确定的。在知识库中,知识片间通常都存在相互依赖关系。规则是最典型、最常用的一种知识片。

③知识库中可有一种不只属于某一层次(或者说在任一层次都存在)的特殊形式的知识——可信度(或称信任度、置信测度等)。对某一问题,有关事实、规则和策略都可标以可信度。这样,就形成了增广知识库。在数据库中不存在不确定性度量。因为在数据库的处理中一切都属于"确定型"的。

④知识库中还可存在一个通常被称作典型方法库的特殊部分。如果对于某些问题的解决途径是肯定和必然的,就可以把其作为一部分相当肯定的问题解决途径直接存储在典型方法库中。这种宏观的存储将构成知识库的另一部分。在使用这部分时,机器推理将只限于选用典型方法库中的某一层次。

(3)数据仓库。

数据仓库是决策支持系统(DSS)和联机分析应用数据源的结构化数据环境。数据仓库研究和解决从数据库中获取信息的问题。数据仓库的特征在于面向主题、集成性、稳定性和时变性。

数据仓库主要功能仍是将组织透过信息系统之联机交易处理(OLTP)经年累月所累积的大量资料,通过数据仓库理论所特有的资料储存架构,进行系统的分析整理,以利于各种分析方法如线上分析处理(OLAP)、数据挖掘(data mining)的进行,并进而支持如决策支持系统(DSS)、主管信息系统(EIS)的创建,帮助决策者快速有效地从大量资料中,分析出有价值的信息,以利于决策拟定及快速回应外在环境变动,帮助建构商业智能(BI)。

数据仓库之父比尔·恩门(Bill Inmon)在 20 世纪 90 年代出版的 *Building the Data Warehouse* 一书中所提出的定义被广泛接受——数据仓库(data warehouse)是一个面向主题的(subject oriented)、集成的(integrated)、相对稳定的(non-volatile)、反映历史变化(time variant)的数据集合,用于支持管理决策(decision making support)。

数据仓库具有下述技术特点:

①面向主题。操作型数据库的数据组织面向事务处理任务,而数据仓库中的数据是按照一定的主题域进行组织。主题是指用户使用数据仓库进行决策时所关心的重点方面,一个主题通常与多个操作型信息系统相关。

②集成。数据仓库的数据有来自分散的操作型数据,将所需数据从原来的数据中

抽取出来,进行加工与集成,统一与综合之后才能进入数据仓库。

③不可更新。数据仓库主要是为决策分析提供数据,所涉及的操作主要是数据的查询。

④随时间而变化。传统的关系数据库系统比较适合处理格式化的数据,能够较好地满足商业商务处理的需求。稳定的数据以只读格式保存,且不随时间改变。

⑤汇总。操作性数据映射成决策可用的格式。

⑥大容量。时间序列数据集合通常都非常大。

⑦非规范化。DW 数据可以是而且经常是冗余的。

⑧元数据。将描述数据的数据保存起来。

⑨数据源。数据来自内部的和外部的非集成操作系统。

6.1.4　顶层:医疗云服务的构架

云服务可以应用于各行各业,本书着重介绍医疗云服务。按智慧医疗工程架构,顶层为医疗云服务,主要用于远程医疗服务。

顶层医疗云服务组织结构也分为顶层技术措施和应用内容两部分。

顶层技术措施可以分为 SaaS、智能终端以及 App、微信三类。而顶层应用内容可分为慢病管理、健康管理以及咨询三类。

1. 医疗云服务技术

(1)SaaS。

SaaS 是一种通过因特网提供软件的模式,用户无须购买软件,而是向提供商租用基于 Web 的软件来管理企业经营活动。例如,阳光云服务器等(图 6-7)。

图 6-7　SaaS

(2)智能终端。

智能终端即移动智能终端的简称。

智能终端设备是指那些具有多媒体功能的智能设备,这些设备支持音频、视频、数据等方面的功能,如:可视电话、会议终端、内置多媒体功能的 PC、PDA 等。

智能终端利用移动和联通遍布全国的 GSM 网络,通过短信方式进行数据传输。利用短信息实现远程报警、遥控、遥测三大功能,尤其是 GSM 短信息,灵活方便,可以跨市、跨省甚至跨国传送,而且每发送一条短信息只要 0.1 元钱,可靠而又廉价,多用于状态监测、火灾、防盗等报警,设备故障上报等。

移动智能终端拥有接入互联网的能力,通常搭载各种操作系统,可根据用户需求定制化各种功能。生活中常见的智能终端包括移动智能终端、车载智能终端、智能电视、可穿戴设备等。

智能终端机可以分为家居智能终端、数字会议桌面智能终端、金融智能终端、车载智能终端以及可穿戴设备几大类型。

①家居智能终端。家庭智能化就是将家居生活中所涉及的信息传输、信息处理和设备控制集成起来,形成一个自动的或半自动的现代家居环境空间。人在生活和工作中需要大量的信息交流,而信息技术的突破是以 19 世纪 90 年代中期马可尼(Marconi)成功实现 5 km 电报传输为标志,它的现实意义在于突破有限空间进行信息交流。此后出现的电话、计算机也是突破空间的信息交流方式,使得人们的工作和生活发生了巨大的变化,而将计算机网络/互联网技术应用到家居智能化领域,又使我们看到了一片新天地。近来市场上出现的基于 TCP/IP 的家居智能终端,完全实现了原来多个独立系统完成功能的集成,并在此基础上增加了一些新的功能。

②数字会议桌面智能终端。随着当今科技的飞速发展,老式的会议形式已无法适应现代化会议的要求。现代化的会议系统要求"网络化、数字化、智能化、集成化"。数字会议桌面智能终端系统就是在以"四化"为核心的基础上不断创新会议,集成了 IT 技术、数字化技术、网络化技术、微电子技术、计算机的交互性、通信的分布性、通信技术等多项技术,实现了人与人、人与机、机与机之间相互联络,营造交互式的会议环境。

③金融智能终端。金融智能终端覆盖金融服务网点网络,覆盖社区(以超市、便利店居多),用户在家门口即可完成还款、付款、缴费、充值、转账等日常金融业务,从而缓解了银行柜面压力,解决了用户在银行营业厅的排队难问题。知名智能终端商家有拉卡拉、支付宝、翼支付、易付通、腾付通、卡友等,各商家不同分红比例也是争取市场,赢得商户的法宝。

④车载智能终端。车载智能终端具备 GPS 定位、车辆导航、采集和诊断故障信息等功能,在新一代汽车行业中得到了大量应用,能对车辆进行现代化管理。车载智能终端将在智能交通中发挥更大的作用。

⑤可穿戴设备。越来越多的科技公司开始大力开发智能眼镜、智能手表、智能手环、智能戒指等可穿戴设备产品。智能终端开始与时尚挂钩,人们的需求不再局限于可携带,更追求可穿戴,你的手表、戒指、眼镜都可以成为智能终端。

(3)App。

App 是英文 Application 的简称,由于智能手机的流行,现在的 App 多指智能手机的第三方应用程序。目前主流的 App 版本有四种:安卓系统版本 Android;苹果系统版本 iOS;塞班系统版本 Symbian;微软 Windows Phone。

App 通常分为个人用户 App 与企业级 App。个人用户 App 是面向个人消费者的,而企业级 App 则是面向企业用户开发的。当互联网进入移动互联网时代,众多企业与个人开发者希望从中掘金,但多数人的目光聚焦在了面向个人用户的应用上而忽略了企业级移动应用。如今个人市场的竞争已进入白热化阶段,发展速度已趋于缓慢。相比之下,此时的企业级市场才刚刚起步。在此市场环境下,需要第三方服务来解决企业及开发者双方的问题,起到双向需求汇聚、营销分发、效率提升、成本降低的效用,并能针对双方提供相应的服务。应用工厂即充当了这样一个角色,聚合上下游资源而成为国内首个企业级移动应用一站式服务平台。

随着移动互联网的兴起,越来越多的互联网企业、电商平台将 App 作为销售的主战场之一。数据表明,目前移动 App 给电商带来的流量远远超过了传统互联网(PC 端)的流量,通过 App 盈利也是各大电商平台的发展方向。事实表明,各大电商平台向移动 App 的倾斜也是十分明显的,原因不仅仅是每天增加的流量,更重要的是由于手机移动终端的便捷,为企业积累了更多的用户,更有一些用户体验不错的 App 使得用户的忠诚度、活跃度发生了很大程度的提升。

App 模式的意义在于为第三方软件的提供者提供了方便而又高效的一个软件销售平台,使得第三方软件的提供者参与其中的积极性空前高涨,适应了手机用户们对个性化软件的需求,从而使得手机软件业开始进入一个高速、良性发展的轨道。

(4)微信。

微信作为时下特别热门的社交信息平台,也是移动端的一大入口,正在演变成为一大商业交易平台,其对营销行业带来的颠覆性变化开始显现,微信商城的开发也随之兴起。微信商城是基于微信而研发的一款社会化电子商务系统,消费者只要通过微信平台,就可以实现商品查询、选购、体验、互动、订购与支付的线上线下一体化服务。

微信具有以下基本功能:

①聊天:支持发送语音短信、视频、图片(包括表情)和文字,是一种聊天软件,支持多人群聊(现今的上限是 500 人)。

②添加好友:微信支持查找微信号、查看 QQ 好友、查看手机通讯录、分享微信号、摇一摇、二维码查找添加好友等方式。

③实时对讲机功能:用户可以通过语音聊天室和一群人语音对讲,但与在群里发语音不同的是,这个聊天室的消息几乎是实时的,并且不会留下任何记录,在手机屏幕关闭的情况下也仍可进行实时聊天。

④微信支付:微信支付是集成在微信客户端的支付功能,用户可以通过手机完成快速的支付流程。微信支付向用户提供安全、快捷、高效的支付服务,以绑定银行卡的快捷支付为基础。

支持支付场景:微信公众平台支付、App(第三方应用商城)支付、二维码扫描支付、刷卡支付,以及用户展示条码,商户扫描后完成支付。

用户只需在微信中关联一张银行卡,并完成身份认证,即可将装有微信 App 的智能手机变成一个全能钱包,之后即可购买合作商户的商品及服务,用户在支付时只需在自己的智能手机上输入密码,无须任何刷卡步骤即可完成支付,整个过程简便流畅。

2. 医疗云服务应用内容

（1）慢病管理。

预防和控制慢性疾病，如糖尿病、三高（血压高、血糖高、血脂高）、心理疾病等。

（2）健康管理。

健康管理（managed care）是以预防和控制疾病发生与发展，降低医疗费用，提高生命质量为目的，针对个体及群体进行健康教育，提高自我管理意识和水平，并对其生活方式相关的健康危险因素，通过健康信息采集、健康检测、健康评估、个性化监看管理方案、健康干预等手段持续加以改善的过程和方法（图6-8）。

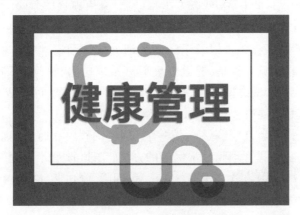

图 6-8 健康管理

健康管理是对个人或人群的健康危险因素进行全面管理的过程。其宗旨是调动个人、集体和社会的积极性，有效地利用有限的资源来达到特别大的健康效果。健康风险评估是健康管理过程中关键的专业技术部分，并且只有通过健康管理才能实现，是慢性病预防的第一步，也称为危险预测模型。它是通过所收集的大量的个人健康信息，分析建立生活方式、环境、遗传等危险因素与健康状态之间的量化关系，预测个人在一定时间内发生某种特定疾病或因为某种特定疾病导致死亡的可能性，并据此按人群的需求提供有针对性的控制与干预，以帮助政府、企业、保险公司和个人，用特别少的成本达到特别大的健康效果。

健康管理是20世纪50年代末最先在美国提出的概念，其核心内容是医疗保险机构通过对其医疗保险客户（包括疾病患者或高危人群）开展系统的健康管理，达到有效控制疾病的发生或发展，显著降低出险概率和实际医疗支出，从而减少医疗保险赔付损失的目的。美国最初的健康管理概念还包括医疗保险机构和医疗机构之间签订特别经济适用处方协议，以保证医疗保险客户可以享受到较低的医疗费用，从而减轻医疗保险公司的赔付负担。

随着实际业务内容的不断充实和发展，健康管理逐步发展成为一套专门的系统方案和营运业务，并开始出现区别于医院等传统医疗机构的专业健康管理公司，作为第三方服务机构与医疗保险机构一起或直接面向个体需求，提供系统专业的健康管理服务。

相对狭义的健康管理（health management），是指基于健康体检结果，建立专属健康档案,给出健康状况评估,并有针对性地提出个性化健康管理方案(处方),据此,由专业人士提供一对一咨询指导和跟踪辅导服务,使客户从社会、心理、环境、营养、运动等多个角度得到全面的健康维护和保障服务。

健康管理在我国还是一个新概念,健康管理的服务对象较狭窄,主要集中在经济收入较高的人群,公众的认知度还不高,健康管理的一些理念尚未被公众所接受。

①健康管理科学基础。

疾病特别是慢性非传染性疾病的发生、发展过程及其危险因素具有可干预性,是健康管理的科学基础。每个人都会经历从健康到疾病的发展过程。一般来说,是从健康到低危险状态,再到高危险状态,然后发生早期病变,出现临床症状,最后形成疾病。这个过程可以很长,往往需要几年到十几年,甚至几十年的时间,而且和人们的遗传因素、社会和自然环境因素、医疗条件以及个人的生活方式等因素都有高度的相关性。其间变化的过程多也不易察觉。但是,健康管理通过系统检测和评估可能发生疾病的危险因素,帮助人们在疾病形成之前进行有针对性的预防性干预,可以成功地阻断、延缓甚至逆转疾病的发生和发展进程,实现维护健康的目的。

健康管理不仅是一套方法,更是一套完善、周密的程序。通过健康管理能达到以下目的:一学,学会一套自我管理和日常保健的方法;二改,改变不合理的饮食习惯和不良的生活方式;三减,减少用药量、住院费、医疗费;四降,降血脂、降血糖、降血压、降体重,即降低慢性病风险因素。

具体而言,健康管理可以了解你的身体年龄,判断患病倾向,由医生提供健康生活处方及行动计划。长期(终生)跟踪你的健康,特别大限度减少重大疾病的发生。同时,及时指导就医,降低个人医疗花费,提高保健效率,最终达到提高个人生命质量的目的。

②健康管理特点。

健康管理是指一种对个人或人群的健康危险因素(health risk factors)进行检测、分析、评估和干预的全面管理的过程。主要有以下三个特点:

一是健康管理是以控制健康危险因素为核心,包括可变危险因素和不可变危险因素。前者为通过自我行为改变的可控因素,如不合理饮食、缺乏运动、吸烟酗酒等不良生活方式,高血压、高血糖、高血脂等异常指标因素。后者为不受个人控制因素,如年龄、性别、家族史等因素。

二是健康管理体现一、二、三级预防并举。一级预防,即无病预防,又称病因预防,是在疾病(或伤害)尚未发生时针对病因或危险因素采取措施,降低有害暴露的水平,增强个体对抗有害暴露的能力,预防疾病(或伤害)的发生或至少推迟疾病的发生。二级预防,即疾病早发现早治疗,又称为临床前期预防(或症候前期),即在疾病的临床前期做好早期发现、早期诊断、早期治疗的"三早"预防措施。这一级的预防是通过早期发现、早期诊断而进行适当的治疗,来防止疾病临床前期或临床初期的变化,能使疾病在早期就被发现和治疗,避免或减少并发症、后遗症和残疾的发生,或缩短致残的时间。三级预防,即治病防残,又称临床预防。三级预防可以防止伤残和促进功能恢复,提高生存质量,延长寿命,降低病死率。

三是健康管理的服务过程为环形运转循环。健康管理的实施环节为健康监测(收集服务对象个人健康信息,是持续实施健康管理的前提和基础)、健康评估(预测各种疾病发生的危险性,是实施健康管理的根本保证)、健康干预(帮助服务对象采取行动控制危险因素,是实施健康管理的最终目标)。整个服务过程,通过这三个环节不断循环运行,以减少或降低危险因素的个数和级别,保持低风险水平。

③健康管理实施意义。

生活方式包括饮食结构、工作、睡眠、运动、文化娱乐、社会交往等诸多方面。过重的压力造成精神紧张,不良的生活习惯,如过多的应酬、吸烟、过量饮酒、缺乏运动、过度劳累等,都是危害人体健康的不良因素。

例如,对于长期从事办公室工作的人来说,久坐、运动不足、长期使用计算机等,可以导致颈、腰肌劳损,颈椎病,腰椎间盘突出,便秘,痔疮,皮肤损害等,饮过量咖啡、浓茶、酒,吸烟,工作紧张、压力大,睡眠不足、睡眠质量差等,也都会不同程度地导致健康受损。长此以往,可能出现各种各样的病症。

现代医学研究也表明,不少疾病主要不是生物因素引起的,而是由不良的生活方式、心理因素、环境因素等引起的,这种新的医学观念被称为"生物、心理、社会医学模式"。

健康管理就是运用信息和医疗技术,在健康保健、医疗的科学基础上,建立一套完善、周密和个性化的服务程序,其目的在于通过维护健康、促进健康等方式帮助健康人群及亚健康人群建立有序健康的生活方式,降低风险状态,远离疾病;而一旦出现临床症状,则通过就医服务的安排,尽快地恢复健康。

健康管理不仅是一个概念,也是一种方法,更是一套完善、周密的服务程序,其目的在于使病人以及健康人群更好地恢复健康、维护健康、促进健康,并节约经费开支,有效降低医疗支出。

国内外大量预防医学研究表明,在预防上花1元钱,就可以节省8.59元的药费,还能相应节省约100元的抢救费、误工损失、陪护费等。

健康管理就是一种追本溯源的预防医学。它针对个体及群体进行健康教育,提高自我管理健康的意识和水平,对其生活方式相关的健康危险因素进行评估监测,并提供个性化干预,大大降低疾病风险,降低医疗费用,从而提高个体生活质量。

④健康管理的未来发展。

已有权威预言"21世纪是健康管理的世纪",美国的一些研究给出了如下理由:

第一,降低医疗费用的开支。健康管理参与者与未参与者平均每年人均少支出200美元,这表明健康管理参与者总共每年节约了440万美元的医疗费用。

第二,减少了住院的时间。在住院病人中,健康管理参与者住院时间比未参与者平均减少了两天,参与者的平均住院医疗费用比未参与者平均少了509美元。在4年的研究期内,健康管理的病人节约了146万美元的住院费用。

第三,健康管理是一个慢性过程,但回报很快。健康管理参与者在两年或者少于两年的时间内的投资回报为,参与者总的医疗费用净支出平均每年减少75美元。

第四,减少了被管理者的健康危险因素。有2个或者更少健康危险因素的参与者数量从24%增加到了34%(随着年龄的增长,人的健康危险因素必然会增长);有3个到

5 个健康危险因素的参与者数量从 56% 减少到了 52%；有 6 个或者更多健康危险因素的参与者的数量从 21% 减少到了 14%。

⑤个人健康管理。

个人健康管理是根据个人生活习惯、个人病史、个人健康体检等方面的数据分析提供健康教育、健康评估、健康促进、健康追踪、健康督导和导医陪诊等专业化健康管理服务。哪些人士需要得到专业的健康管理服务？归纳如下：

一是健康人群。热爱健康的群体已认识到健康的重要性，但由于健康知识不足，希望得到科学的、专业的、系统的、个性化的健康教育与指导，并拟通过定期健康评估，保持健康危险处于低风险水平，尽享健康人生。

二是亚健康人群，具有长期四肢无力、心力交瘁、睡眠不好等症状的人群。由于从事的行业带来激烈的社会竞争以及家庭负担的压力，明白自身处于亚健康状态但不知道如何改善，强烈要求采取措施提高工作效率和整体健康水平。

三是疾病人群，在治疗的同时希望积极参与自身健康改善的群体。需要在临床治疗过程中配以生活环境和行为方面全面的改善，从而监控危险因素，降低风险水平，延缓疾病的进程，提高生命质量。

（3）咨询。

咨询（consultation）是通过某些人头脑中所储备的知识经验和通过对各种信息资料的综合加工而进行的综合性研究开发。咨询产生智力劳动的综合效益，起着为决策者充当顾问、参谋和外脑的作用。咨询一词拉丁语为 Consultatio，意为商讨、协商。在中国古代"咨"和"询"原是两个词，咨是商量，询是询问，后来逐渐形成一个复合词，具有询问、谋划、商量、磋商等意思。作为一项具有参谋、服务性的社会活动，在军事、政治、经济领域中发展起来，已成为社会、经济、政治活动中辅助决策的重要手段，并逐渐形成一门应用性软科学。

咨询可分为以下几类：

①传统分类。

传统的企业咨询划分为两个类别：第一类是企业管理咨询，第二类是人力资源咨询。

②纵向分类。

咨询产业在纵向可以划分为三个层次，即信息咨询业、管理咨询业和战略咨询业。

③横向分类。

A.战略咨询。

战略是企业的根本。在今天的商业社会中，企业为了适应外部环境的变化，必须及时准确地掌握市场动态，迅速采取与之相适应的有效措施。企业做出这种选择就是战略决策。现代企业管理的重心已转向经营，经营的重心则转向战略决策。西方企业家称当今时代为"战略制胜"的时代。因此，企业战略咨询在现代管理咨询中具有头等重要的地位。企业战略所需要回答的问题往往是，我们将如何进行市场竞争，保持优势？我们将如何找出新的利润增长点？我们将如何不断地为客户增加价值？

战略咨询是一项政策性很强的服务活动。而且，它预测着企业环境的未来变化，指明了企业经营活动的方向。因此,战略咨询项目是探索性的,提出的方案是有风险的。

经营战略不是一味地模仿别人,要成功必须有独创性。咨询顾问提出的方案,必须剖析影响企业发展的关键问题,分析其实质,真正提出既有远见,又有实际意义的新理念。

只是写在纸上的战略是没有什么用的。制定战略时要充分考虑客户的战略实施能力,使得战略能够付诸实施,这是很必要的。没有一个战略是永久有效的,市场环境急速变化的步调意味着战略的形成和检验必须是不断前进的过程。因此,咨询师不仅要保证咨询方案在一定程度上的顺利实施,还要帮助培养客户对新机会和压力的战略适应能力。

B. 财务咨询。

财务咨询,是指相关财务管理专家,深入企业现场进行调查研究,从综合反映公司财务管理的经济指标分析着手,寻找薄弱环节,深入分析影响这些指标的财务因素和管理因素,并找出关键的影响因素。然后,根据公司战略对财务管理的要求和公司的实际情况,提出具体改进措施并指导其实施的一系列活动。

财务咨询注重收集资料,通过财务咨询可以对企业的生产经营成果和财务状况进行客观正确的评价,以了解本企业在同行业市场竞争中的地位。财务咨询的结果将为企业经营管理其他方面的咨询提供正确的方向和目标。不可忽视的是,通过财务咨询,可以为企业从不同角度引进财务管理的新观点和技术方法,从而不断提高企业的理财能力和财务管理的水平。

C. 市场营销咨询。

市场营销咨询是咨询顾问运用市场营销的理论与方法,深入调查和分析企业的市场营销环境与市场营销活动的现状,从而发现企业面临的风险、威胁、衰退危机和企业发展的市场机会,帮助企业解决现存问题,改善和创新企业的市场营销活动,使企业能够更好地规避风险,迎接挑战,战胜衰退危机,抓住并创造市场机会,促进企业获得快速、持续繁荣发展而进行的一系列活动。

不同行业的产品价值、用途、使用方法以及各种产品生命周期及其所处阶段各有不同,消费者购买不同产品的动机和习惯也有所不同,因此不同行业里,企业的市场营销会有较大差异。企业要生存,要在市场上有一席之地,就离不开与竞争对手的较量。因此市场营销咨询应该在为企业制定能够战胜现实竞争对手及潜在竞争对手,立于不败之地的竞争战略及策略上下功夫。

D. 人力资源咨询。

在市场经济条件下,人力资源是特别宝贵的战略资源,是企业在竞争中生存与发展的特别重要的物质基础,它既是制定企业战略的重要依据,又是实施企业战略的支撑点。

人力资源咨询是运用人力资源开发与管理的理论和方法,对企业人力资源开发与管理进行分析,找出薄弱环节,并加以改善,以促进企业正确、有效地开发人力资源和合理、科学地管理人力资源,为企业创造永续的竞争力。

咨询内容包括:人力资源管理培训、人力资源管理咨询、人力资源职能外包、劳务派遣、人力信息化解决方案、猎头等各种为企业人力资源管理咨询部门提供的智力咨询服务。

E. 企业文化咨询。

企业文化咨询就是清晰组织的关键成功要素(KSF),清晰行业价值驱动要素,在组织内部形成共同的信仰,并指导统一的行动,清晰、明确组织的核心价值体系即企业文化体系。基于统一的核心价值体系,塑造组织的品牌信仰,整合企业无形资产;基于统一的核心价值体系,完善组织的基本政策与制度,有效提升组织运营协同效率,实现组织的可持续发展。

F. 管理咨询。

指由独立的合格的个人或数人深入企业现场,运用现代化的手段和科学方法,通过对企业的诊断、培训、方案规划、系统设计与辅导,从集团企业的管理到局部系统的建立,从战略层面的确立到行为方案的设计,对企业生产经营全过程实施动态分析,协助其建立现代管理系统,提出行动建议,并协助执行这些建议,以达到提高企业经济效益的一种业务活动。主要包括综合管理咨询,战略管理咨询,生产、人力资源、财务、物流、市场营销、信息系统管理咨询。

G. 管理信息化咨询。

管理信息化咨询是对企业管理进行一次全方位的系统改造,主要涉及企业管理模式设计、业务流程重组、管理信息化解决方案设计与管理软件系统的实施应用,最后还要帮助企业利用电子信息建立绩效分析与监控体系。

6.2 物联网在智慧医院中的应用

6.2.1 医院物联网概述

1. 医院物联网定义与功能

医院物联网定义为物联网在医院中应用的总称。

根据发展创新型国家的要求,利用物联网技术来实现传统的医疗模式的创新,实现传统的医疗信息化的创新,不是现有的分散的孤立的应用,要以现有的工作基础高度整合和优化医疗信息化的现状和快速提升创新的技术,从而适应卫生改革的需要,适应患者所需要的医疗卫生服务的需求,最终实现实时的智能化的互联互通的动态服务。

现在医疗环境越来越好,虽然是看病难、看病贵,但是从医疗的手段来说还是越来越先进。通过利用物联网技术能够构建电子医疗体系,从而给医疗服务领域带来更多的便利。

医疗物联网的技术特点是物联网对每一件物品均可寻址、均可通信和均可控制。这一特性大大提高医疗质量和推进医疗卫生改革步伐,使医疗服务向个性化、区域化和智能化方向发展。近几年来,我国医疗卫生行业 IT 投资大幅提升,医疗卫生领域的管理水平取得了长足的进步,基础医疗信息化系统正在不断完善。国内已能提供结合精确地理位置的各类管理数据展现和异常数据的报警,为医院管理提供快捷可视的数据汇总和数据处理的决策依据。

2. 医院物联网总体建设目标

医院物联网是基于医院现有的数字化、信息化和智能化建设基础上的应用延伸和扩展;是基于无线网络、物联网、互联网+、多网融合、系统集成、云计算等技术的综合应用创新。

医院物联网建设总体目标是建设覆盖医疗及医院管理的多网合一、一网多用的医院物联网应用的管理平台及多技术、多应用标准的传感器及 RFID 标签使用场景,以实现全院管理的集约化、绿色化、人文化及掌上化,形成一个覆盖医疗和非医疗管理的医院精细化管理体系,成为一个可开放和可包容的发展体系。

6.2.2　医院物联网的建设

1. 物理平台规范建设

(1)搭建医院物联网 M2M 平台。

医院物联网服务平台的功能分两个层次:一是数据接入层,它接收数据接入网关传送过来的物联网终端设备采集的各种数据,并把这些数据格式化后转换为应用层需要的标准化数据;二是系统应用层,收到标准化的数据后,系统应用层进行相应的处理或者把数据传送到医院业务系统中,支持医院业务平台的应用,减少人工操作的工作量,提高医疗服务的及时性和安全性。

(2)网络层建设。

以医院内网为核心,辅助建设医院的无线网络,包括 Wi-Fi、ZigBee、3G 等无线网络,视情形采用不同的无线网络,把物联网终端设备采集的数据通过网络传输到医院物联网服务平台。

(3)物联网终端建设。

①人和物识别设备的配备,包括病人、医生、护士、医技、管理人员等 RFID 射频卡、腕带、条码和二维码等身份识别的基础设施,以及各种物品物联网标签的配备。

②读卡设备的配置,包括射频卡读卡设备、移动读卡设备、条码扫描设备的配置。

③感知设备的配置,包括各种实时监测病人体征情况的数字化医疗设备的配置。

物联网终端通过各种传感设备采集数据,并通过无线网络把数据上报到物联网接入网关,再由物联网接入网关把数据送入医院物联网服务平台。在医院物联网服务平台收到数据后,根据数据的应用状况,分别把数据送到物联网应用子系统或者其他医院业务系统。

(4)医院物联网信息安全基础设施。

医院物联网安全的研究应该结合当前信息安全技术的发展水平,突出医院物联网的特点(包括医院物联网存在多种形态的网络异构和融合、医院物联网配套设备资源受限、设备规模大、访问距离远、设备的移动性和可定位追踪等),从医院物联网的特点中发现新问题,并根据有特色的共性网络技术制定与医院物联网应用相适应的安全需求。

从医院物联网的安全架构出发,一个合格的医院物联网系统总体目标是,结合信息安全需求,设计科学、合理的安全保障体系,具有隐患发现能力、应急防控能力、安全保护能力以及系统恢复能力,能够从物理、系统、网络、应用和管理等方面保证医院物联网系统安全、高效、可靠运行,保证信息的保密性、完整性、认证性、不可否认性、可用性、隐私性、可靠性等,从而避免各种潜在的威胁。具体注意事项如下:

①保护医院物联网传输过程中的保密性。

保密性主要指系统网络信息不泄露给非授权的用户,确保存储信息和被传输信息仅提供给授权的各方使用,而非授权者无法得到信息或即使得到信息也不能知晓信息内容。保密性是在可靠性和可用性基础之上保证系统网络信息安全的重要手段。

②保护医院物联网传输过程中的完整性。

完整性不同于保密性,保密性要求信息不能泄露给未授权的人,而完整性则要求信息未经授权不能进行篡改,并保证信息的一致性,包括信息的不可否认和真实性。影响系统网络信息完整性的主要因素有,设备故障、误码(生成、传输、存储和使用过程中产生的误码,定时的稳定性和准确性降低造成的误码,非授权的篡改造成的误码)、人为攻击和计算机病毒等。

③保护医院物联网传输过程中的认证性。

认证性主要指确保用户消息来源或消息本身能够被正确地识别,同时保证所识别的信息不能被伪造,认证包括实体认证和消息鉴别。实体认证能够保证已认证实体确实为所声称的实体,而第三方无法假冒被认证的实体;消息鉴别是指确保接收用户能够证实所声称的信息来源。

④保护医院物联网传输过程中的不可否认性。

不可否认性也称作不可抵赖性,在医院物联网络信息系统的信息交互过程中,确保用户的真实同一性。即保证所有用户都不可能否认或抵赖曾经对信息进行的生成、签发和接收等操作和承诺。该信息源证据用于防范发送用户否认已发送信息,同时递交接收证据以防止接收用户事后否认已经接收的信息。

⑤保护医院物联网传输过程中的可用性。

可用性主要指在规定的条件下或在规定时间内,保持授权用户可工作或可使用网络信息的能力。该指标为基于网络操作业务性能的可靠性指标,是物联网络在系统部件失效时的满足操作业务要求的能力。它又包含故障率、鲁棒性和可维护性。故障率是在系统正常运行情况下,允许系统组件发生故障的最大故障数。鲁棒性是指在系统部件失效时,能够满足系统性要求的能力。可维护性体现系统从运行影响状态恢复到正常运行状态的能力。

⑥保护医院物联网传输过程中的隐私性。

隐私性受到法律约束,在法律规定范围内,指定的实体和系统有责任确保个人能够行使他们的隐私权。在医院物联网领域中,隐私性和机密性通常紧密联系,它们可被当作具有同样含义,并且经常可以交换使用。

⑦保护医院物联网传输过程中的可靠性。

可靠性要求在规定条件下和规定的时间内网络信息系统完成规定的功能的特性。可靠性是系统安全的基本要求之一,主要表现在软件可靠性、硬件可靠性、人员可靠性和环境可靠性等方面。其中硬件可靠性最直观和常见;软件可靠性主要指系统规定时间内,软件正常运行的概率;人员可靠性主要指专业人员在系统规定时间内,能够成功地完成操作任务的概率;环境可靠性主要指在系统运行的环境内,系统网络能够成功运行的概率,这里的环境主要是指电磁环境和自然环境。

⑧防范网络资源的非法访问与非授权访问。

此安全服务提供的保护,主要用于对某些确知用户身份的限制和对某些网络资源访问的控制。可用于限制某个资源的各类访问或者某些资源的所有访问。访问控制作为一种实现授权的方法,主要针对通信和系统的安全问题,特别对通信协议有很高的要求。实现访问的控制不仅要确保授权用户使用的权限与其所拥有的权限相对应,并制止非授权用户的非法访问操作;还要防止敏感信息的交叉感染。

概括地说,医院物联网络信息安全与保密的核心是依靠计算机、网络、密码技术和安全技术,保护在医药行业中应用的物联网系统的传输、交换和存储信息的保密性、完整性、认证性、不可否认性、可用性、隐私性、可靠性及受到访问控制等。

根据医院物联网对信息安全的目标,需要建立一套内外网隔离系统,将医院的核心数据系统与物联网的外围系统进行单项隔离,建立安全分级的区域。建立密钥管理系统,结合居民健康卡的密钥管理系统,以及各省级卫生平台建立的 CA 系统,共同构成针对医院物联网的信息安全基础设施,为物联网的每个节点进行身份标识,并对关键数据进行加密保护和完整性验证。对不安全网络上的数据传输进行安全保障。

2. 应用功能规范建设

主要从以下五个方面进行建设:

(1)重构以患者为中心的医疗服务提供体系。

物联网的应用,将改变"求医问药"的传统医疗模式,确立患者在医疗服务中的核心地位。在就医前环节中,物联网将整合各部分的信息,患者可以通过任何一个网络终端进行准确的预约挂号,甚至可以在进入医院之前,实现远程诊断,进一步为就医提供便利。在就医过程中,从患者进入医院开始即拥有电子身份标识,在门诊诊疗中可以自主完成挂号、缴费、打印检查/检验单等流程;其在医院的一切行为,包括取药、所做的检查等都会记录在个人的电子病历之中,经过医疗保险机构的核实,医疗费用将通过网络直接从对应的患者账户中予以扣除。在医院中使用的药品、辅料、医疗耗材等,贴上电子标签,从生产到使用的每一个环节都可以通过网络进行跟踪。就医后,患者能够清楚地查询到在医院进行的治疗和用药情况,使得医疗行为透明化,消解了医患之间的信息不对称。患者成为医疗行为的主体,对医疗单位、药品生产企业等服务提供方形成有效监督。

(2)实现临床行为的数字化、智能化、人性化。

物联网的应用,也为医院工作人员提供了便利。由于每位患者独立的身份标识与其电子病历——对接,医护人员只需通过患者的 RFID 电子标签,就可以迅速了解病人的过敏史、既往病史等,保障患者的安全,减少重复性工作。患者住院期间,医护人员可以利用网络来收集病人的心率、血压、心电图等各种数据,对病人病情进行24小时不间断的监控及预警,随时掌握患者需求,实现现代化、人性化的服务。医院管理人员也可以利用网络技术,实现对医院员工、医院库存、患者档案、机房重地、医疗垃圾等的有效管理,提高效率,降低成本,为医院发展方案的制定提供信息支持。

(3)实现医院管理的自动化、智能化和网络化管理。

每年可移动设备通常由于误放、失窃等原因损失将近20%;资产使用率低,不能快速找到合适的设备,导致医院必须储备过多同类物资或租赁额外设备,而其中大部分不是空闲就是利用效率低下;部分设备由于缺乏管理,预防性的维护保养措施不及时,导致其处于过期使用或过度使用的风险之中。

物联网技术的应用可以把固定资产和设备进行有效管理,提高资产和设备的利用率并减少损失;利用电子标签、自助设备、手机应用把医院的后勤管理进行信息化改造,以提高管理的精细化程度;融合医疗信息平台的数据,打通医疗和非医疗管理的数据鸿沟,提高医院管理数据的统一性和高效性,建设一个为患者和家属打造的进院服务,利用最新技术提供快速就诊、导医、停车、通行、消费等一系列入院服务体系。

(4)实现医院资源智能化调度与监控。

医院是为病人提供医疗服务的公共场所,医院能耗是医院各类消耗中费用占有比例较大的部分,同时也是较难控制的因素。随着医院的发展,就医场所环境的要求也不断提高。医院普遍采用中央空调系统来替代过去的分体式空调,加之层流系统的引入,使得医院对特殊气体、蒸汽的需求也与日俱增,每日的运营成本大大增加。如何在满足临床需求的前提下,降低能耗,降低成本,提高医疗服务质量,已成为医院后勤管理人员必须面对的严峻考验。通过物联网技术实现水、电、气、环境设备的智能化调度与能耗监测,利用科学的节能技术,降低能耗,能有效提高资源的利用和工作效率。同时,利用物联网设备实现对医护人员、医疗设备的定位和监控,对医疗冷链、废弃物的监控和追溯,能有效提高工作效率和利用率。

(5)建设虚拟的无边界医院,最大限度地实现优质医疗资源的合理利用。

在实现医院内部数字化、智能化后,将医院的医疗服务能力通过远程的监测设备实现向院外的延伸,建立无边界的虚拟医院,建立新的就医模式,打造以患者为中心的医疗服务体系。这种模式尤其适用于地广人稀、交通不便的山区及边疆地区。

3. 医院物联网射频空间部署

医院的物联网射频空间部署是基于主动式RFID应用为基础的射频覆盖体系,通过射频覆盖,能够不断地实时监控医院射频覆盖区域内的资产和人员,并实现精确定位跟踪。使用者可以在网络上通过应用软件或者应用程序界面来接受各类传感器的实时信息,实现对人员设备位置、体征数据、设备状况、环境数据等信息的跟踪管理,以提高医疗安全性和优化工作流程,加强资产的能见度,实现最大化的利用率和投资回报率。

医疗环境下的RFID射频部署既要兼顾医疗应用,又要兼顾医院管理应用,要把射频部署和医院管理的一卡通电子标签管理形成无缝的数据和硬件一体化设计,降低设备的投入成本和实施成本。

设计医院射频部署要考虑射频设备对医疗设备产生的潜在危险,在加护病房及其他类似的医疗环境下,实施 RFID 技术要依据最新的国际标准进行现场的电磁干扰测试。心脏起搏器、去纤颤器、透析机、输液/注射器泵和换气扇都是容易受干扰的医疗设备。

国际上的实际应用和测试结论是 RFID 设备的输出功率越大危害事件发生的次数也就越多,RFID 设备可在 6 m 的距离内对医疗设备造成电磁干扰。

设计采用的 RFID 的读写设备必须经过电磁兼容检测,对医疗设备无害才能使用,建议采用 2.45 G 的频段作为使用频率,并通过医疗电磁兼容检测规范(ANSIC 63.18 标准)的检测。

6.2.3　医院物联网的应用系统

1. 患者就医智能化应用系统

(1)门诊就诊流程自助系统。

通过健康一卡通及自助服务设备,患者可以在自助发卡充值机实现健康一卡通自助发卡、现金充值、银行卡充值及医保费用结算,可以在自助缴费机上进行各种费用的缴纳,可以在自助打印终端上打印检查/检验结果,可以自助打印发票等。病人就诊时通过健康一卡通识别与核对病人身份,改善医疗服务流程,提高医疗流程的质量安全,形成统一化的病人电子信息档案,方便病人的信息调阅与共享。

自助综合服务系统针对大型医疗门诊量大的需求,配备自助服务设备,与医院信息管理系统(HIS)和银行卡系统对接,实现患者健康一卡通发放、充值、挂号、缴费、查询以及发票和凭条打印等需求,提高医疗质量和效率,有效避免医疗信息重复采集、病人长时间排队等候和资金安全等问题。

(2)门诊分诊排队系统。

通过患者诊疗卡,可以进行预约挂号(包括现场预约挂号、电话预约挂号、网上预约挂号),患者就诊当天持医疗卡到自助挂号机报到后,门诊分诊排队系统自动激活患者的排队信息并按规则加到诊室专家的队列中等待就诊,按挂号的顺序排列在当日出诊专家和普通科室队列中等待就诊。激活以后,智能分诊系统在适当的时候自动把就诊提醒信息推送到患者的手机上,实现智能化的门诊就诊提示。

门诊分诊排队叫号系统通过患者健康卡的身份识别,在每个诊疗等候区,包括各普通/专家科室、各检查科室、药房等服务等候区设置排队管理工作站,智能化指引患者就诊,进行等候区内的呼叫控制、语音呼叫、显示同步控制及该区域排队信息管理,优化诊疗区的就医环境。

患者自助挂号后门诊分诊排队系统自动获取患者的挂号信息(病例号、姓名、就诊号、就诊科室或专家等)。分诊台护士工作站将患者按就诊号加入队列中,患者到达指定的候诊室,留意候诊区的综合显示屏和语音提示。当医生呼叫到自己的号码和姓名时,号码和姓名将会在综合显示屏和相应的门诊显示屏上显示,语音系统同时广播以提醒病人。病人按照指引，自觉前去就诊。

（3）掌上移动就医系统。

随着我国经济发展与人民生活水平的逐年提高，公众对健康的重视程度也日益增长。以前，用户获取医院信息主要借助就诊体验、人际传播、报纸、电视等方式，用户与医院的交流主要停留在现场沟通上。随着"移动互联网"时代的到来，人们获得信息和沟通交流的方式发生了明显的变化。医院所服务的用户人群，特别是城市居民、年轻人，移动手机等时下流行的传媒通信技术和平台对于他们来说并不陌生，甚至已经成为必备的通信工具。对于他们来说，传统的联系沟通方式既无法满足节奏日益加快的城市生活的需要，也无法回应他们个性化的服务需求。而手机应用则因其操作的便捷性、人际交流的高时效性、内容推送的丰富性、消息传递的精准性等特点，更符合这部分用户群体的生活方式和交流习惯。

利用移动互联网和移动智能终端资源，为医院打造一个移动化、自助化的就诊服务体系，建设集门诊全流程服务及移动金融支付功能于一体的便捷就医手机 App 应用，变手机终端为医院的服务窗口，具有挂号、预约挂号、检验结果查询、移动缴费、医院信息发布等功能。

（4）数字化病房患者服务系统。

通过在病房部署信息交互终端，为患者提供费用查询、营养点餐、医务提示、健康宣教、娱乐点播、医院介绍、电视收看等多种服务，为患者提供医患互动的沟通平台及服务平台，减少医患矛盾。

医院可以自行控制患者的收视时间，在为病人提供服务的同时，也能够照护好病人的休息时间；可以加强在院病人的健康宣教，提高病人的康复速度。

2. 医护临床业务智能化应用系统

（1）移动医疗系统。

"移动医疗"是由计算机技术、传感器技术和无线通信技术结合而成的医疗服务，使用者可实时取得医疗相关服务与资源。通过"移动医生站"设备终端，医生可以将病人信息从医生办公室带到病人床旁，可以实时查阅病人的家族病史、既往病史、各种检查、治疗记录、药物过敏等电子健康档案，可以直接下达医嘱等。通过移动医疗系统，可以大大减轻医生查房的负担，提高查房效率；可以实时下达医嘱，为患者争取宝贵时间，有效提高患者的满意度和临床诊疗安全；可以进行用药提示和药品禁忌提示，为医生制定治疗方案提供帮助。

通过"移动护士站"终端，将现有护士工作站延伸到病人床旁，优化患者信息采集流程，在床旁完成病人各项护理信息的采集和记录；可以跟踪医嘱的全生命周期，通过扫描患者的身份标签、药品标签完成医嘱的执行确认和收费，准确记录执行人和执行时间。让病房护理真正无纸化，避免反复转抄带来的差错，推动护理管理由定性管理向定量管理转变，由目标管理向过程管理转变，提升护理工作质量和效率。

病房医护移动信息化主要为在病区的三类用户提供服务：医生、护士和患者。

在每间病房为医生设置病房医生工作站终端/移动医生工作站终端。医生可以查阅患者电子病历以及下达医嘱,护士可以查阅医生下达的医嘱、记录护理记录。

在每间病房安装病房信息服务终端。护士通过病房信息服务终端可以实现对患者的输液监控,对患者的健康教育,执行治疗/护理项目等;患者通过病房信息服务终端可以查询费用信息、营养点餐,获得医疗服务提示,如术前提醒、检查/检验提醒、健康提示。

(2)病区输液监控系统。

静脉输液是护士的日常重要工作之一。目前静脉输液的监控方式是靠病人和陪护人员目测监控,当液体不多时,通过床头呼叫系统呼叫护士来换瓶或拔针,这种传统方式给医疗安全带来了一些安全隐患。同时在输液过程中,护士需要频繁巡视输液病人,无形中也带来了护士工作量的增加。

利用红外传感、无线通信技术,实现对静脉输液滴速及输液进度的监控,以集中监控屏的方式,在护士站提供可视化的输液集中监控,遇到输液意外停止和输液完成,输液监控仪可以锁住输液滴管,同时报警并提醒护士进行处理。有效防范输液风险,提升患者安全;有效减低护士的工作量;缓解病人或陪护人员的紧张情绪,特别是在夜间输液时可以减少患者和陪护的工作量,减少陪护人员,提升护理服务质量;提升患者医疗服务满意度。

(3)无线体温侦测系统。

传统的医疗体温检测是靠医护人员定时到病床量取体温并做记录,这种方法在两次体温量取间存在管理空档,特别是重症病人和感染性疾病的患者,体温容易产生非寻常变化。如何及时提供正确的病患症状突变信息、如何确认病患的安全性、如何降低医疗错误及做好预防医疗,是目前医疗管理的重要探索点。

人体的体温是恒定的,其内在温度维持在 37℃,日夜差异不超过±0.5℃,身体温度调节的主要功能就是让体温在各种不同温度的环境中保持稳定。当身体受到病毒感染或出现病变时,体温调节亦可以帮助身体保持体内的平衡。但随着年龄的增加或疾病的发展,体温调节就会开始发生微妙的改变,产生特定的生理或病征曲线。

体温的实时变化曲线和曲线历史记录可以辅助医生监测病患生理状况现状、发展规律,是诊断病情的重要参数,并可防止患传染病病人与其他高危人群脱离监控区域,更好地保障医院医护人员安全,在传染病大规模爆发之前及时预防和隔离。

当病人有紧急事件时,也可以通过主动式双向 RFID 双温度侦测标签上的紧急求救按钮传送求救信息给相关护理人员。

(4)门诊输液监控。

门诊输液是当前医疗活动的重要组成部门,门诊输液工作量大,业务繁忙琐碎,一旦出现差错,可能危及病人的安全。门诊无线输液系统采用健康卡、条形码、移动计算和无线网络技术实现护士对病人身份和药物条形码核对的功能,杜绝了医疗差错。采用无线呼叫技术实现病人求助时,可得到护士的及时响应,同时改善输液室环境及减轻护士的工作强度和工作压力。病人身份及输液袋条码标签的生成将病人的输液信息形成附带条形码的双联输液标签,使病人身份与药物产生唯一的关联标识。

在病人接受输液及接瓶前,护士使用物联网移动终端设备对输液病人进行身份的核对及药物条码的匹配,实现快速而准确的识别。

护士对病人呼叫的实时应答:当病人结束输液或需要接瓶处理甚至发生病情变化时,通过输液座椅上的呼叫单元,护士可在输液室任何位置使用物联网终端设备的移动接收功能即时处理输液病人求助信息。

(5)药品分发管理系统。

药品的外包装贴上条形码,并在后台注册登记药品与条形码信息。护士将药品分发给病人时用手持机扫描药品的条形码后,再核对病人腕式标签信息,再确认手持机里的照片、姓名、病名等信息一致后,将药品分发给病人。同时手持机将已分发信息无线传输给后台信息管理中心备存。

(6)门诊急救管理系统。

在伤员较多、无法与家属取得联系、危重病患等特殊情况下,借助 RFID 技术的可靠、高效的信息储存和检验方法,快速实现病人身份确认,确定其姓名、年龄、血型、紧急联系电话、既往病史、家属等有关详细资料,完成入院登记手续,可为急救病患争取宝贵的治疗时间。

(7)新生儿监护系统。

医院新生儿管理面对许多问题,如何有效实现新生儿的标识,如何实现对新生儿与产妇之间的明确标识,如何避免新生儿被误抱,如何避免标识被调换或遗失等。利用物联网及 RFID 技术,可以有效解决这些问题。

①防抱错:在日常护理过程中(洗澡、喂奶、打针、早产儿特别护理等)通过护士携带的手持式 RFID 读写器,分别读取母亲与新生儿所佩戴的 RFID 母婴识别带中的信息,确认双方的身份匹配,防止新生儿被抱错。

②婴儿防盗:婴儿出院前,在监护病房的出口布置固定式 RFID 读写器,仅当母婴手环互为匹配,门禁显示绿色通行标志才予以放行,否则显示红色禁行标志,便于保安对于新生儿出院的监控。婴儿电子标签要有定位管理、体温侦测、紧急呼叫、防盗管理(母婴标签防摘除)、母婴匹配的功能。

③母婴日常护理:通过手环可记录和确认值班医生对产妇与新生儿每日所完成的例行巡检,以防止和避免漏检;规范产房的日常管理,减少手写数据和口头交接,通过RFID,不但可以大幅减少护理人员文书工作,同时可快速记录最精确的病历数据,有效提升整理医疗质量。

基于物联网 RFID 技术,在婴儿身上佩戴可以发射无线射频信号且对人体无害的智能电子标签。据此对婴儿所在位置进行实时监控和追踪,并把医护人员与婴儿、母亲与婴儿绑定,让婴儿时刻留在可靠人士的身边。当偷盗、抱错等事件发生时,绑定的医护人员和母亲可以及时得到警示。

(8)特殊人员的定位及识别管理系统。

通过对特殊病人(住院失智老人及传染病、老人、儿童、精神病患者)和特殊医院人群(保安、护理人员)佩戴电子标签,进行定位跟踪,以便在医院的任何角落快速找到目标,防止病患走失,了解员工工作状态。

使用者遇到紧急情况,携带有主动式双向 RFID 标签的人员可以按下警报按钮发送信号到监控部门寻求帮助。这可减少搜索目标人员的时间,得到更快的响应。当带有主动式双向 RFID 标签但未经授权人员进入限制区时,系统会发出信息给监控部门示警,这可有效防止不必要的意外发生,增强安全管理级别。

(9)手术标本送检系统。

医疗安全是现代医学发展的必然需求,标本管理对于医院医疗安全具有十分重要的意义。临床标本来源的真实性、准确性直接关系到患者的诊断及后续治疗,良好的医疗质量和诊断水平必须有准确的标本病理报告,然而标本的采集、转运、保管、检验等环节都将直接影响标本的真实性、准确性。因此,必须把标本管理纳入医院的质量管理体系,以保障医疗安全。

6.3 本项目小结

【项目评价】

项目学习完成后,进行项目检查与评价,检查评价单如表 6-1 所示。

表 6-1 检查评价单

序号	评价内容	评价标准	分值	得分
		评价内容与评价标准		
1	知识运用 (20%)	掌握相关理论知识,理解本次任务要求,制订了详细计划,且计划条理清晰、逻辑正确(20分)	20分	
		理解相关理论知识,能根据本次任务要求制订合理计划(15分)		
		了解相关理论知识,制订了计划(10分)		
		没有制订计划(0分)		
2	专业技能 (40%)	能够了解物流网技术在智慧医院中的具体应用(40分)	40分	
		能够完成物联网在智慧医院的应用的体系架构的自学(40分)		
		没有完成任务(0分)		
		具有良好的自主学习能力、分析并解决问题的能力,整个任务过程中有指导他人(20分)		
3	核心素养 (20%)	设备无损坏、设备摆放整齐、工位保持整洁、没有干扰课堂秩序(20分)	20分	
		具有较好的学习能力、分析并解决问题的能力,整个任务过程中没有指导他人(15分)		
		能够主动学习并收集信息,具有请教他人以解决问题的能力(10分)		
		不主动学习(0分)		

续表 6-1

评价内容与评价标准

序号	评价内容	评价标准	分值	得分
4	课堂纪律（20%）	设备无损坏、没有干扰课堂秩序（15分）	20分	
		没有干扰课堂秩序（10分）		
		干扰课堂秩序（0分）		

【项目小结】

通过学习本项目，学生可以了解物流网技术在智慧医院中的具体应用，以及智慧医疗工程架构、医院物联网如何建设和应用功能的规范建设、医护临床业务智能化应用系统的管理。

【能力提高】

一、填空题

1. 医疗器械管理可分为手术器械管理、_____、消毒包管理及医疗垃圾信息管理四种类型。

2. _____是指专用于医疗领域的物联网，支撑智慧医疗工程的基础和关键就是底层医疗物联网。

3. 从物联网层角度看，未来的医疗服务平台是一个集成了各种健康传感器和_____终端应用的健康物联网。

4. _____技术是全球协作的特定设备网络，用来在因特网网络基础设施上传递、加速、展示、计算、存储数据信息。

5. 实证医学也称作_____，就如人常讲的"有凭有据"，说话要有凭有据，医疗措施也得有凭有据。

二、选择题

1. 咨询产业在纵向可以划分为 （　　）

A. 2 个层次　　　　B. 3 个层次　　　　C. 4 个层次　　　　D. 5 个层次

2. 国际上的实际应用和测试结论是 RFID 设备的输出功率越大危害事件发生的次数也就越多，RFID 设备可在多少米的距离内对医疗设备造成电磁干扰 （　　）

A. 3 m　　　　B. 4 m　　　　C. 5 m　　　　D. 6 m

3. 人体的体温是恒定的，其内在温度维持在 37 ℃左右，日夜差异不超过多少摄氏度 （　　）

A. 0.2 ℃　　　　B. 0.3 ℃　　　　C. 0.4 ℃　　　　D. 0.5 ℃

4. 患者住院期间，医护人员可以利用网络来收集病人的心率、血压、心电图等各种数据，对病人病情进行多少小时不间断的监控及预警 （　　）

A. 12 h　　　　B. 18 h　　　　C. 20 h　　　　D. 24 h

5. 健康管理是 20 世纪哪个年代末最先在美国提出的概念，其核心内容是医疗保险

机构通过对其医疗保险客户,包括疾病患者或高危人群开展系统的健康管理　（　　）

A. 50 　　　　　　　B. 60 　　　　　　　C. 70 　　　　　　　D. 80

三、思考题

1. 请简要概括智慧医疗工程架构体系的构成内容。

2. 尝试探讨物理平台如何规范建设。

3. 请结合自身生活经历探讨一下医院物联网系统的实用性。

4. 试选取一家医院,分析其智能应用系统并提出改进意见。

项目7 物联网技术在智能交通中的应用

【情景导入】

智能交通是一个基于现代电子信息技术面向交通运输的服务系统。它的突出特点是以信息的收集、处理、发布、交换、分析、利用为主线,为交通参与者提供多样性的服务。简单地说就是利用高科技使传统的交通模式变得更加智能化,更加安全、节能、高效率。21世纪将是公路交通智能化的世纪,人们将要采用的智能交通系统,是一种先进的一体化交通综合管理系统。在该系统中,车辆靠自己的智能系统在道路上自由行驶,公路靠自身的智能系统将交通流量调整至最佳状态。借助于这个系统,管理人员对道路、车辆的行踪将掌握得一清二楚。

【知识目标】

(1)了解智能停车场管理系统的构成。

(2)掌握智能ETC系统的工作流程。

【能力目标】

(1)掌握智能交通灯系统的开发理论。

(2)掌握智能停车场三大功能。

【素质目标】

(1)培养学生的安全意识,引导他们关注安全并培养爱护他人的习惯。

(2)培养学生拒绝违法行为,建立良好的道德伦理观念。

【学习路径】

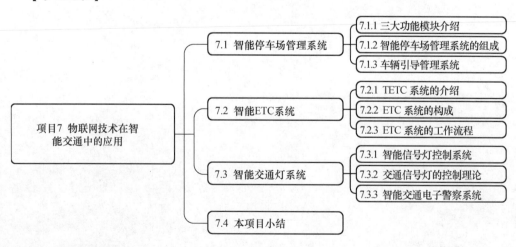

7.1 智能停车场管理系统

智能停车场管理系统是现代化停车场车辆收费及设备自动化管理的统称,是将停车场完全置于计算机统一管理下的高科技机电一体化产品。它以感应卡(IC 卡或 ID 卡)为载体,通过智能设备使感应卡记录车辆及持卡人进出的相关信息,同时对其信息加以运算、传送并通过字符显示、语音播报等人机界面转化成人工能够辨别和判断的信号,从而实现计时收费、车辆管理等目的。

停车场管理系统配置包括停车场控制器、远距离 IC 卡读卡器、感应卡(有源卡和无源卡)、自动智能道闸、车辆感应器、地感线圈、通信适配器、摄像机、视频数字录像机、传输设备、停车场系统管理软件、语音提示等。这种系统有助于公司企业、政府机关等对于内部车辆和外来车辆的进出进行现代化的管理,对加强企业的管理力度和提高公司的形象有较大的帮助。

智能停车场管理系统由入场、出场和停车管理三大功能模块组成。这三大功能模块包含信息的采集与传输、信息的处理与人机界面、信息的存储与查询(图 7-1)。

图 7-1 智能停车场

7.1.1 三大功能模块介绍

1. 入场功能模块

停车场入场方式可以分为 3 种模式:车牌自动识别、车辆感应 IC 卡、手动获取临时卡。

车牌自动识别是对进入停车场的车辆进行摄像头拍照,当识别车牌之后,根据后台数据库记录信息来判定该车为临时车辆还是内部车辆。如果是临时车辆,记录入场时间及入场时的照片;如果是内部车辆,计算机会自动从数据库中提取驾驶人姓名和进出入的相关信息,车闸自动开启,数字录像机开始录像,拍下该车进入时的过程。

车辆感应 IC 卡用于存储持卡人及车辆的各种信息,一般安装在每辆车的驾驶室的前风窗玻璃里面,当车辆驶过读卡感应器的感应区(离卡应器 2 m 左右)时,感应 IC 卡通过读卡感应器发过来的激发信号产生回应信号发回给读卡感应器。读卡感应器再将这个读取信号传递给停车场控制器,停车场控制器收到信息后,经自动核对为有效卡后,车闸自动开启,数字录像机开始录像,拍下该车进入时的照片,计算机记录车子牌号及驾驶人姓名和进出入的信息。

手动获取临时卡是当车辆进入停车场时,地感线圈自动检测到车辆的到来,自动出票机的中文电子显示屏上显示"欢迎光临,请取卡"。根据出票机上的提示,驾驶人按"入口自动出票机"上的出票按钮,自动出票机将吐出一张感应 IC 卡,并且读卡器已自动读完临时卡。道闸开启,数字录像机启动拍照功能,控制器记录下该车的进入时间。

2. 出场功能模块

临时停车收费功能是停车场管理出场功能模块的主要功能,主要针对非内部车辆。由于入场功能模块通过摄像头拍照或者感应 IC 卡或者是临时车进场时从出票机中领取临时卡,已经记录了车辆入场时的时间。计算机根据入场时间和出场时间计算在出场时缴纳规定的费用,经确认后方能离开。出场过程如下:

当临时车辆驶出停车场时,如果摄像头具有车牌识别功能或者读卡感应器读取了车辆感应 IC 卡的内容,识别出车辆信息,经过计算,在显示屏上会出现停车时间及缴费金额,驾驶人交完费用后,在收费计算机上确认,道闸开启,数字录像机启动拍照功能,照片存入计算机硬盘内,控制器记录下该出场时间。

如果使用的是临时卡,驾驶人将临时卡在出口票箱处的感应区感应一下,停车场控制器自动检测出是临时卡,道闸将不会自动开启。出口票箱的中文电子显示屏上显示"请交费用××元",驾驶人将卡还给管理员,缴完费后,经管理员在收费计算机上确认,道闸开启,数字录像机启动拍照功能,照片存入计算机硬盘,控制器记录下该出场时间。临时车将实行按次和时间停车缴费,缴费条件由计算机的管理软件设置。

3. 停车场管理功能

停车场管理功能是对停车场信息集中汇总、综合处理、智能反应的核心功能,管理者通过停车场管理功能全面掌控停车场各项信息指标,包括车位引导、反向寻车、特殊车辆管理、图像对比、自动备份、报警提示等功能。目的是实现智能化、综合化的统一调度和管理。

(1)车位引导。

通过短信查询、网上查询、终端显示等多种方式向驾驶人提供停车场的车位占用状况、内部行驶路线等信息,以优化、便捷的方式引导驾驶人找到停车位。

该功能能够减少为寻找车位而耗费的时间,平衡停车在时间与空间上的竞争,改善由寻找停车位造成的车流拥堵。同时,对提高停车设施使用率、优化停车场经营管理以及促进商业区域的经济活力等方面有着极其重要的作用。

（2）反向寻车。

在商场、购物中心等大型停车场内，车主在返回停车场时往往由于停车场空间大、环境及标志物类似、方向不易辨别等原因，容易在停车场内迷失方向，找不到自己的车辆。反向寻车功能，通过智能终端或手机短信查询车辆所停的位置及引导路线，方便用户尽快找到车辆停放的区域。

（3）特殊车辆管理。

特殊车辆管理是智能停车场的一项重要升级功能，利用车位感知、视频识别、智能读卡等技术手段，为特殊车辆提供专属权限，停车场入口能够主动识别特殊车辆身份，自动引导进入专属车位。当特殊车辆的车位被非法占用时，系统自动予以报警。

（4）图像对比。

对车辆和持卡人在停车场内流动时进行图像存储、文字信息的采集，并定期保存以备物管处、交管部门查询。车辆进出停车场时，数字录像机自动启动摄像功能，并将照片文件存储在计算机里。出场时，计算机自动将新照片和该车最后入场的照片进行对比，监控人员能实时监视车辆的安全情况。

7.1.2　智能停车场管理系统的组成

停车场管理系统本质上是一个分布式的集散控制系统，由停车场入口、出口管理和停车场内部管理两部分组成。

1. 智能停车场入口和出口主要硬件设备

停车场入口和出口外围基本硬件设备由自动道闸、控制机、聚光灯和摄像头组成。此外，地面上还应该配有地感线圈（图 7-2）。

图 7-2　智能停车场入口和出口效果图

（1）道闸。

道闸主要由主机、闸杆、夹头、叉杆等组成，而主机则由机箱、机箱盖、电动机、减速器、带轮、齿轮、连杆、摇杆、主轴、平衡弹簧、光电开关、控制盒以及压力电波装置（配置选择)等组成。

道闸的控制方式有两种:手动和自动。手动闸是栏杆的上升和下降由手控按钮或遥控器来操作;自动闸是栏杆的上升由手控/遥控/控制机控制,下降由感应器检测后自动落杆。道闸可分为直杆型、折叠杆型、栅栏型。

(2)地感(车辆检测器)。

当有车压在地感线圈上时,车身的铁物质使地感线圈磁场发生变化,地感模块就会输出一个 TTL 信号。一般来讲,进出口各装两个地感模块,第一个地感作用为车辆到来检测,第二个地感则具有防砸车功能,确保车辆在完全离开自动门闸前门闸不会关闭。

①当车辆在地感线圈上时,所有关信号无效即栏杆机不会落杆。

②当车辆通过地感线圈后,将发出一个关信号,栏杆机自动落杆。

③栏杆在下落过程中,当有车辆压到线圈栏杆将马上反向运转升杆,并和手动、遥控或计算机配合可完成车队通过功能。

(3)入口和出口控制机。

停车场控制机用于停车场出入口的控制,实现对进出车辆的自动吞吐卡、感应读卡、信息显示、语音操作提示等基本功能,是整个停车场硬件设备的核心部分,也是系统承上启下的桥梁,上对收费控制计算机,下对各功能模块及设备。

①入口控制机组成部分。

入口控制机内一般有控制主板(单片机)、感应器、出卡机构、IC(ID)卡读卡器、LED显示器、出卡按钮、通话按钮、喇叭等部件,此外还有专用电源为上述部件提供其所需的5 V、12 V 及 24 V 工作电压。

驾驶人按操作提示按"取卡"键后,单片机接受取卡信号并发出控制指令给出卡机构,同时对读卡系统发出控制信号。出卡机构接到出卡信号,驱动电动机转动,出一张卡后便自动停止。读卡系统接到单片机的控制信号开始寻卡,检测到卡便读出卡内信息同时将信息传给单片机,单片机自动判断卡的有效性,并将卡的信息上传给计算机。单片机在收到计算机的开闸信号后便给道闸发出开闸信号。

②出口控制机组成部分。

出口控制机内一般有控制主板(单片机)、感应器、收卡机构、IC(ID)卡读卡器、LED显示器、通话按钮、喇叭等部件,此外还有专用电源为上述部件提供其所需的 5 V、12 V及 24 V 工作电压。

当车辆驶入感应线圈时,单片机检测到感应信号,驱动语音芯片发出操作提示语音,同时给 LED 发出信号,显示文字提示信息。驾驶人持月卡在读卡区域刷卡,单片机自动判断该卡的有效性并将信息传给计算机,等待计算机的开闸命令。单片机在收到计算机的开闸信号后便给道闸发出开闸信号。如果驾驶人持的是临时卡,将卡插入收卡口,收卡机将卡吃进收卡机构,并向计算机传送卡号,等待计算机发出开闸信号,开闸后收卡。其工作原理同入口控制机。

(4)车辆图像对比系统。

图像抓拍设备包括抓拍摄像机、图像捕捉卡及软件。摄像机将入口及出口的影像视频实时传送到管理计算机,入口车辆取票、读卡的瞬间或出口车辆读票、读卡的瞬间,或系统检测到有非正常的车辆出入时,软件系统抓拍图像,并与相应的进出场数据打包,供系统调用。出口车辆读票、读卡的瞬间,软件系统不仅抓拍图像,而且会自动寻找并调出对应的入场图像,自动并排显示出来。抓拍到的图像可以长期保存在管理计算机的数据库内,方便将来查证。图像对比组件的主要作用如下:

①防止换车:图像对比画面可以帮助值班人员及时判断进出车辆是否一致。

②解决丢票争议:当车主遗失停车凭证时,可以通过进场图像解决争端。

③验证免费车辆:作为免费车辆处理的出场记录,事后可以通过查询对应的图像来验证免费车辆的真实性。

(5)车牌自动识别系统。

车牌自动识别系统建立在图像对比组件的基础上,利用图像对比组件抓拍到的车辆高清晰图像,自动提取图像中的车牌号码信息,自动进行车牌号码比较,并以文本的格式与进出场数据打包保存。车牌自动识别组件的主要作用如下:

①更有效地防止换车:车辆出场时,车牌识别组件自动比较该车的进出场车牌号码是否一致,若不一致,出口道闸不动作,并发出报警提示,以提醒值班人员注意。

②更有效地解决丢票争议:当车主遗失停车凭证时,输入车牌号码后立即可以找到已丢失票的票号及进出场时间。

③实现真正的"一卡一车":发行月卡时若与车牌号码绑定,只有该车牌号码的车才可以使用该月卡,其他车辆无法使用。

目前,随着车牌识别技术的发展,很多停车场已经不再使用 IC 卡入场,而是直接根据车牌识别判断是内部车辆还是外部车辆,并记录入场时间、出场时间进行计费。

(6)远距离读卡系统。

远距离读卡器应用微波传输和红外定位技术,其主要功能是实现车辆和路边设备的数据传输和交换,以适应不停车识别的各种应用需要,被广泛用于停车场管理系统、ETC 电子不停车收费系统、车辆查验系统、电子称重系统、运输车考勤管理系统。

读写系统是基于蓝牙短程通信协议,采用红外与射频相结合的原理,同时具有红外通信和微波通信两种方式的优点,又克服了二者的缺点。利用红外线的直线传播和方向性强的特点实现了精确的读写角度定位,解决了纯无线电远距离读卡器的无方向性或方向性不强从而导致了在实际应用当中的相互干扰(远距离读卡器在停车场上当进出口车道相邻时,由于两车道距离太近,使用纯无线电远距离就会互相干扰)问题。

卡与读卡器之间通信采用无线射频技术,与微波传输速率相同,同时又不像微波通信稳定性和抗干扰能力差。由于采用红外线定位和射频远距离扫描技术,无须考虑多个远距离卡之间互相干扰的问题,射频功率 3~5 mW 就可以实现稳定可靠的通信,如此小的射频功率完全在无线电管制容许范围内,无须获得无线电频率许可,无须大功率射频发射机,系统成本低廉。

停车场系统采用远距离读卡器,在国内停车场系统中越来越普及,主要针对月卡车辆,无须停车取卡/刷卡,不用摇窗,不用伸出手即可自动感应读卡开闸。其主要特征如下:

①方向性。读卡器采用红外定位的方式工作,具有严格的方向性,读卡区以外决不

读卡。

②稳定性。读卡器应用多种环境传感技术,使其可根据环境的需要自动调节信号参数。

③适应性。读卡器具有多种工作模式,可根据应用环境的不同选择相应的工作模式,如室外工作模式(适用于露天停车场)、室内工作模式(适用于地下停车场)等。

2. 智能停车场管理系统软件设计

车辆驶入和驶出智能停车场系统的主要过程如下:

①车辆驶入入口时,可以看到停车场指示信息标号、标志显示的入口方向和停车场内空余车位的显示情况。根据识别的车牌号码以及停车场内的空余车位,系统会提示驾驶人是否可以进入该停车场。车辆进入停车场时,如果有验读机,驾驶人必须购买停车场票卡或者专用停车卡,通过验读机认可,入口电动栏才升起放行。

②车辆驶过栏杆后,栏杆自动放下来,阻挡后面的车辆进入。进入车辆的资料将被拍摄并送至车牌图像识别器形成当时驶入车辆的车牌数据。车牌数据与停车凭证数据一起存入计算机内的管理系统。

③进场的车辆在停车引导灯或者停车场内管理员的指引下,停在指定的位置。此时管理系统中的屏幕上面显示该车位已被占用的信息。

④车辆离场时,车辆驶到出口电动栏杆处,出示停车凭证并通过验读器识别出车辆的停车编号和出场时间,出口的车辆摄像识别器与验读器读出的数据一起送到管理系统,进行核对并计费。若当场收费,则由出口收费器收取。手续完毕后,出口电动栏杆升起放行。放行后电动栏杆落下。停车场车辆数目减一,后台数据库内的空余停车位和入口指示信息标志中的停车状态刷新一次。

通常,有人值守操作的停车场出口称为半自动停车场管理系统。若无人值守,则称为自动停车场管理系统。

(1)进出场流程。

固定车辆有车内感应卡,可以远距离读卡以便判断卡是否有效。如果是通过识别车牌进行系统查询,判断是否为内部固定车辆,则不需要人工发卡或者自动发卡环节,可以根据车牌判定。如果是内部固定车辆车牌,则判断其有效,否则就转临时车辆进行计费处理。

固定车辆有车内感应卡,可以远距离读卡以便判断卡是否有效。如果是通过识别车牌,进行系统查询,判断是否为内部固定车辆,则不需要值班人员收卡、收费环节,可以根据车牌判定。如果是内部固定车辆车牌,则直接出场,否则就转临时车辆进行计费处理。

如果系统要实现全自动管理,需要去除人工发卡方式以及人工收费方式。目前大多数停车场都采用了通过车牌识别功能,去掉人工发卡或自动发卡环节,根据车牌判定其有效性,极大加速了车辆通行效率。

人工缴费方式会造成停车场内排队缴费拥堵现象,如果通过车牌进行自动扣费功能,则可以在出场流程中除去人工收费环节。目前大部分停车场已经实现了车主通过支付宝或者微信支付停车费功能,免除了人工收费环节。但车主必须找寻付款码,主动扫码付款,且必须在规定时间内离开,否则需要再次扫码缴费。如果能采用 ETC 方式根据车牌自动扣款,则会大大加速车辆通行效率。

(2)停车场管理模式。

目前停车场的管理模式有如下几种:一进一出管理模式、多进多出管理模式、大套小管理模式、中央收费管理模式。

中央收费与出口收费的进场流程相同,出场流程不同:

出口收费是将收费计算机和出口设备一起安装在出口通道上,临时车出场时开车直接到岗亭窗口,将卡交给值班员缴费出场。

中央收费是将收费计算机设置在停车场的临时车主到车场的必经之路上或停车场内中心地带,临时车主出场时首先携卡到收费处交给值班员读卡缴费,交完费后值班员将卡还给车主,车主拿卡后开车在规定的时间内系统自动读卡收卡出场,若超过车场规定的免费取车时间,在出口控制机上读卡出场时,提示其需返回到收费中心缴费后再出场。

(3)停车场后台管理软件。

停车场后台管理软件包括远程控制系统、远距离读卡系统、视频数据处理系统、计费系统以及数据库系统等。这些软件完成了停车场所需要的所有事务处理功能。

7.1.3　车辆引导管理系统

1. 车位引导系统

为了提高停车场的信息化、智能化管理水平,给车主提供一种更加安全、舒适、方便、快捷和开放的环境,实现停车场运行的高效化、节能化、环保化,车位引导系统可以自动引导车辆快速进入空车位,降低管理人员成本,消除寻找车位的烦恼,节省时间,使停车场形象更加完美。

通过安装在每个车位上方或下方的车位探测器,实时采集停车场的各个车位的车辆信息。连接探测器的节点控制器会按照轮询的方式,对所连接的各个探测器信息进行收集,并按照一定规则将数据压缩编码后反馈给中央控制器,由中央控制器完成数据处理,并将处理后的车位数据发送到停车场各个 LED 指示屏进行空车位信息的显示,从而实现引导车辆进入空余车位的功能。系统同时将数据传送给计算机,由计算机将数据存放到数据库服务器,用户可通过计算机终端查询停车场的实时车位信息及车场的年、月、日统计数据。

2. 区域引导系统

区域引导系统是通过地磁控制器采集安装在停车场内各个停车区域出入口的地磁探测器状态,来判断该区域车辆的进出数据,该数据会通过串口通信传送到区域中央。区域中央则负责通过串口通信收集各个地磁控制器的信息,并对车辆进出数据进行信息处理,从而得到各停车区域的空车位数信息,并且将该信息通过设置在停车场总入口及各个停车区域入口处的 LED 引导屏显示,来引导车主快速停车。

3. 智能寻车系统

（1）智能寻车的应用。

在泊车者返回停车场时，由于停车场楼层多、空间大、方向不易辨别，场景和标志物类似，车主容易找不到车。智能寻车系统可以帮助车主尽快找到车辆停放的区域，提高效率，加快停车场的车辆周转，提高停车场的使用率和营业收入。

（2）智能寻车系统常用的两种查询模式

①车牌识别模式。

查询结果范围比较广。车牌识别模式是基于计算机视觉技术，部署在停车场道口及通道上的摄像机实时拍摄车辆运动视频，利用前端摄像机实时回传视频图像（当车辆经过交叉路口的时候，位于本路段的摄像机会进行图像抓拍。实时记录车辆所经过的区域），后端服务器从视频中识别车牌号。获得车辆的车牌号码信息，并不断更新数据库系统。车辆在哪个分区里最后出现过，则该车辆就在对应分区里，即车牌最后一次出现位置作为车辆停放位置。车主取车时，在电梯出口等显著位置部署一定数量的取车查询终端；在取车查询终端机上输入车牌号码、终端机以电子地图方式指示车辆的停车位置。

②刷卡定位模式。

查询结果更加精确，但车主必须停入系统分配的车位。在停车场内部署一定数量的停车刷卡点并且在电梯出口等显著位置部署一定数量的取车查询终端；车主泊车结束后，在就近位置的停车刷卡点刷卡，停车刷卡点自动向卡内写入位置信息；车主取车时，在取车查询终端刷卡，刷卡定位模式根据系统存储的信息，查询终端及时调用数据，终端机以电子地图方式指示车辆的停车位置，快速找出停车位置且车位灯会不断闪烁，方便车主找到自己的车辆。

当车位检测器检测到车辆驶出时，系统更新车位占用状态，并立即同步电子地图或更新大型 LED 停车场模拟显示屏；出口处车主将付费后的停车卡投入票箱，票箱自动识别确认后开启道闸放行，并在音箱中播出"欢迎再次光顾！祝您一路顺风！"车主顺利出场。

4. 停车引导系统功能与特点

停车引导系统的功能与特点如下：

（1）可独立于停车场出入口收费系统单独运行，与出入口收费系统不存在集成界面。

（2）电子地图实时显示车位占用状态、每个区域的余位信息。

（3）每个场内引导单元可管理不同的车位数量，车位性质可以设定，可设定某些车位作为预留车位，在没有车辆停泊的情况下不作为空位发布。

（4）场内引导单元红绿双色显示，无空位或区域管制时，可显示红色。

（5）场内引导单元采用串口总线与车位检测器连接，车位检测器检测基准距离可通过拨码调节，方便对不同层高或不同车型的准确检测。

5. 智能停车场的自助收费与开放式停车

一般停车场通常只在出口处设置收费岗亭，当遇到高峰时间出场时，车辆大量集中出场，出口人工收费缓慢，车辆需长时间排队缴费，造成通道的严重拥堵，通道通行效率低下，浪费车主的宝贵时间。

自助收费终端位于停车内部的多个位置，车主准备离场时，在自助收费终端刷卡/条码，缴纳停车费后，在出口处只需将卡片塞回出口机内或扫描条码，系统核实后道闸自动开启，通行效率高，提升车场吞吐量和车位利用率，车主省去排队缴费的时间，方便快捷。

开放式停车应用于非封闭性停车场所。

车辆驶入车位后，车位锁会自动升起，锁闭车位。车主在自助缴费机上输入车位号，完成缴费后，车位锁降下，车辆驶离车位。实现完全无人值守，既保障了对每个车位的实时监管，防止逃费，又杜绝了人工收费的私账、假账、人情账的发生。

7.2　智能 ETC 系统

7.2.1　ETC 系统的介绍

ETC（electronic toll collection，电子不停车收费系统）是指车辆在通过收费站时，通过车载设备实现车辆识别、信息写入（入口）并自动从预先绑定的 IC 卡或银行账户上扣除相应资金（出口），是国际上正在努力开发并推广普及的一种用于道路、大桥、隧道和车场管理的电子收费系统。

ETC 系统是利用微波技术、电子技术、计算机技术、通信和网络技术、信息技术、传感技术等高新技术的设备和软件（包括管理）所组成的先进系统，以实现车辆无须停车就可以自动收取道路通行费用。

与传统的人工收费系统不同，ETC 技术是以 IC 卡作为数据载体，通过无线数据交换方式实现收费计算机与 IC 卡的远程数据存取功能。计算机可以读取 IC 卡中存放的有关车辆的固有信息（如车辆类别、车主、车牌号等）、道路运行信息、征费状态信息。按照既定的收费标准，通过计算，从 IC 卡中扣除本次道路使用通行费。当然，ETC 也需要对车辆进行自动检测和自动车辆分类。

7.2.2　ETC 系统的构成

ETC 系统由工业控制计算机（工控机）、车道控制器、电子标签读写天线、车辆检测器(抓拍线圈及落杆线圈)、抓拍摄像机、费额显示器、通行信号灯/声光报警器、自动栏杆、后台数据库系统、RSU、OBU 等组成。ETC 车道与传统的 MTC 车道建设相似,主要由 ETC 天线、车道控制器、费额显示器、自动栏杆机、车辆检测器等组成。

ETC 不停车电子收费系统所依赖的关键技术有自动车辆识别(automatic vehicle idenification,AVI)技术、自动车型分类(automatic vehicle classification,AVC)技术、短程通信(dedicated short range communication,DSRC)技术、逃费抓拍系统(video enforcement system,VES)技术以及红外技术。

其主要原理是当车辆通过 ETC 车道时,路边车道设备控制系统的信号发射与接收装置(称为路边读写设备,简称 RSU),识别车辆上设备(称为车载器,简称 OBU)内的特有编码,判别车型,计算通行费用,并自动从车辆用户的专用账户中扣除通行费。

7.2.3 ETC 系统的工作流程

下面举例说明 ETC 的工作流程。假定 A 车完全符合 ETC 车道的条件,车道收费系统启动。

(1)入口:A 车进入 ETC 车道,车辆压到触发线圈或者抓拍线圈时,就会触发打开微波天线,天线唤醒 A 车内休眠的 OBU 并与其通信。车道收费系统通过天线和 OBU 把入口信息写入相应的 IC 卡内。写入成功,自动抬杆。A 车前行驶离落杆线圈后闸杆自动关闭。

(2)出口:A 车进入 ETC 车道,车辆压到触发线圈或者抓拍线圈时,就会触发打开微波天线,天线唤醒 A 车内休眠的 OBU 并与其通信。车道收费系统通过天线和 OBU 读取相关卡内的入口信息,车道系统软件计算通行费,扣除本次通行费用。成功后自动抬杆。A 车前行驶离落杆线圈后闸杆自动关闭。

ETC 入口流程和出口流程如图 7-3 和图 7-4 所示。

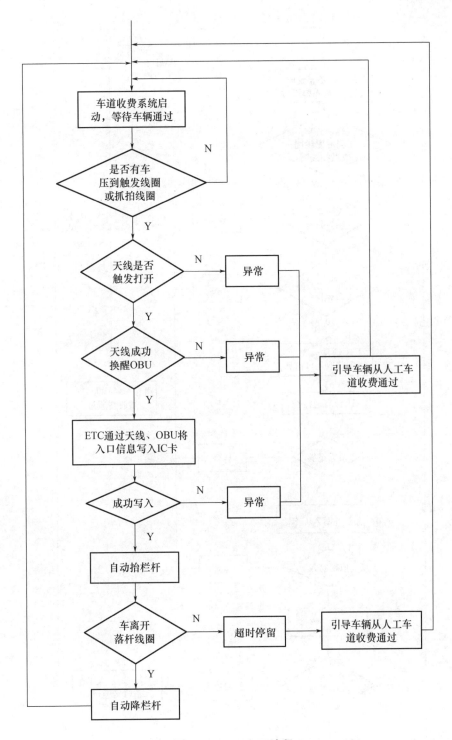

图 7-3 ETC 入口流程

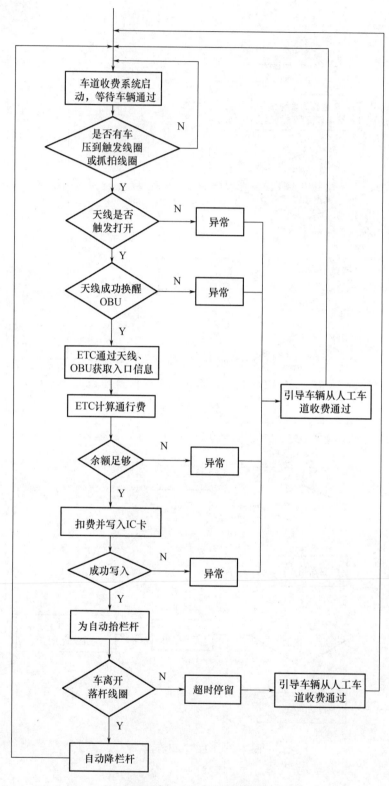

图 7-4　ETC 出口流程

7.3　智能交通灯系统

7.3.1　智能信号灯控制系统

城市交通信号控制系统由现场设备、数据传输终端和交通管理中心组成,现场设备包括车辆检测器、电子警察、信号控制机等。车辆检测通常采用的检测技术有环形线圈、微波、视频和超声波等。其中,微波检测就是利用雷达技术,对路面发射微波,通过对回波信号进行高速实时的数字化处理分析,检测车流量、速度、车道占有率和车型等交通流基本信息。

电子警察系统是由前端数码摄像机、车辆检测器、数据传输和数据处理部分组成,采用了先进的车辆检测、模式识别、图像处理、通信传输等技术,具有自动拍摄违章车、图像远程传输、车牌识别、统计、分析和违章处罚等一系列功能,是违章抓拍系统的电子眼。

信号控制机可以进行交通信息传输。而交通信息传输的主要方式包括因特网、数据通信网、GPS、专用短程通信系统、无线移动通信、广播接收机等。

在相关路段的适当位置设置各种车辆检测器,获得该监测断面的交通参数,这些参数被送到交通信号控制系统,经计算机分析处理后,自动选择合适的交通信号控制方案或者调整相关控制方案的信号控制参数,使交通流实现最小延误,提高路口的通行能力。

智能交通灯控制系统通常采用地磁感应车辆检测器完成对道路横截面车流量、道路交叉路口的车辆通过情况进行检测。以自组网的方式建立智能控制网络,通过系统平台数据与信号机自适应数据协同融合处理的方式,制定符合试点路网车辆通行最优化的信号机配时方案。通过布设在道路上的车辆检测器,实时采集道路车流量信息、道路拥堵信息、车队长度、车道占有率信息、单车道平均车速信息等,并将数据发送至系统中心平台,作为路网内交通信号控制系统配时方案参考依据。以“智能分布式”控制交通流网络平衡技术,对路口、区域交通流、道路交通流饱和度、总延误、车辆排队长度、通行速度,进行交通流的绿波控制和区域控制。也就是说,通过埋设在道路交叉口的车辆检测器,判断车道使用状况,根据中心平台对于相应车道车流量的统计数据进行融合处理,自适应变更交叉口信号灯配时方案,实行绿波控制,最大限度地保证道路交叉口的通行顺畅。

7.3.2　交通信号灯的控制理论

1. 交通信号灯的设置依据

(1)各式信号灯的次序安排。

①竖式。

国际规定,自上而下为红灯、黄灯、绿灯。

带有箭头灯时,安排次序如下:

单排式:自上而下,一般为红、黄、绿、直行箭头、左转箭头、右转箭头灯,中间可省掉不必要的箭头灯。当同时装有直、左、右三个箭头灯时,可省掉普通绿灯。

双排式:一般在普通信号灯的里侧加装左转箭头灯,或左转和右转箭头灯,或左、直、右3个箭头灯。

②横式。

国际规定,自外向里为红灯、黄灯、绿灯。

带有箭头灯时,安排次序如下:

单排式:自外向里,一般为红、黄、左箭头、直箭头、右箭头灯,或红、黄、左箭头、绿灯,或红、黄、绿、右箭头灯。

双排式:自外向里,为左箭头灯、直箭头灯和右箭头灯,中间可省掉不必要的箭头灯。横排时,左、右箭头灯所处位置,原则上同左、右车道的位置一致。

(2)信号控制设置的利弊分析。

信号控制设计合理的交叉口,其通行能力比无信号控制的交叉口大。当无信号控制的交叉口的交通量接近其通行能力时,车流的延误和停车会大大增加,尤其是次要道路上车辆的停车、延误更加严重。此时把这类交叉口改为信号控制的交叉口可以明显改善次要道路的通行能力,减少其停车与延误。

但如果交通量没有达到设置信号灯的程度,不合理地设置信号控制,其结果可能会适得其反。信号灯设置合理、正确就能发挥明显的效益;如果设置不当,不仅浪费了设备及安装费用,还会造成不良的后果。因此,研究制定合理设置交通信号灯的依据是十分重要的。在技术上,使设置信号灯有据可依,避免乱设信号灯现象;在经济上,可避免无谓的投资浪费;在交通上,可避免不必要的损失和交通事故。

(3)信号控制设置的基本理论。

停车标志交叉口改为信号交叉口时主要应考虑两个因素:无信号交叉口的通行能力和延误。

①停车标志交叉口的通行能力。

停车标志交叉口的通行能力为主路通行能力与次路通行能力之和,主路通行能力可认为和路段通行能力一样,次路通行能力可通过计算主路车流中可供次路车辆穿越的空挡数来求出次路可以通行的最大交通量。根据以上分析,次路可通过的最大交通量的公式为

$$Q'_{max} = \frac{Qe^{-q\tau}}{1 - e^{-qh}} \qquad\qquad (7-1)$$

式中:Q'_{max} ——次要道路可通过的最大交通量(辆/h)。

Q ——主要道路交通量(辆/h)。

q —— $Q/3\ 600$(辆/s)。

τ ——次要道路穿过主路车流的临界空挡时距(s)。

h ——次要道路车辆连续通行时的车头时距(s)。

一般,当交通量发展到接近停车或让路标志交叉口所能处理的能力时,才加设交通

信号控制。主要考虑两个因素,停车标志交叉口的通行能力和延误。

各国根据各自的交通实际情况制定出各自的依据。

前期必须做的调查工作:

第一,车辆与行人的交通流量。

第二,进口道上的车辆行驶速度。

第三,交叉口的平面布置图。

第四,交通事故及冲突记录图。

第五,可穿越临界空档。

②延误。

美国设置方法:8 h 流量、4 h 流量、高峰小时、学童过街、联动信号、事故记录、道路网络。

我国设置方法:高峰小时流量和 12 h 流量、道路宽度大于 15 m 应设非机动车信号灯、行人高峰小时流量大于 500 人次应设行人过街信号,实行分道控制的交叉口应设车道信号灯、交叉口间距大于 500 m、高峰小时流量超过 750 辆及 12 h 流量超过 8 000 辆的路段,当通过人行横道的行人高峰小时流量超过 500 人次时,可设置人行横道信号灯及相应的机动车信号灯。

2. 信号灯控制类别

(1)按控制范围分类。

①单个交叉口的交通控制。

每个交叉口的交通控制信号只按照该交叉口的交通情况独立运行,不与其邻近交叉口的控制信号有任何联系的,称为单个交叉口交通控制,俗称"点控制"。

②干道交叉口信号协调控制。

把干道上若干连续交叉口的交通信号通过一定的方式连接起来,同时对各交叉口设计一种相互协调的配时方案,各交叉口的信号灯按此协调方案联合运行,使车辆通过这些交叉口时,不致经常遇上红灯,称为干道信号协调控制,也称"绿波"信号控制,俗称"线控制"。

根据相邻交叉口间信号灯连接方法的不同,线控制可分为,一是有电缆线控,由主控制机或计算机通过传输线路操纵各信号灯间的协调运行。二是无电缆线控,通过电源频率及控制机内的计时装置来操纵各信号灯按时协调运行。

③区域交通信号控制。

系统中所有信号控制交叉口作为区域交通信号控制系统,俗称"面控制"。控制区内各受控交通信号都受中心控制室集中控制。

(2)按控制方法分类。

①信号灯定时控制。

交叉口信号控制机均按事先设定的配时方案运行,称为定周期控制。一天只用一个配时方案的称为单段式定时控制;一天按不同时段的交通量采用几个配时方案的称为多段式定时控制。最基本的控制方式是单个交叉口的定时控制。线控制、面控制也都可用定时控制的方式,也称静态线控系统、静态面控系统。

②信号灯感应控制。

感应控制是在交叉口进口道上设置车辆检测器,信号灯配时方案可随检测器检测到的车流信息而随时改变的一种控制方式。感应控制的基本方式是单个交叉口的感应控制,简称单点感应控制。可分为,一是半感应控制,只在交叉口部分进口道上设置检测器的感应控制。二是全感应控制,在交叉口全部进口道上都设置检测器的感应控制。

两种分类方法的关系如图 7-5 所示。

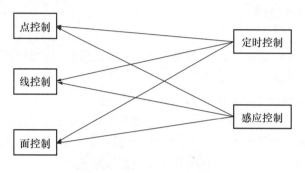

图 7-5 交通灯两类控制方式

7.3.3 智能交通电子警察系统

电子警察,又称闯红灯自动记录系统,安装在信号控制的交叉路口和路段上,并对指定车道内机动车闯红灯等行为进行不间断自动监测和记录。

智能交通电警系统功能和作用如下:

(1)功能。电子警察系统功能体现在系统前端功能和系统后台应用两方面,前者要求电子警察系统除了实现单一的闯红灯抓拍功能以外,还要能实现卡口、禁左、禁右、压线、变道、逆行等行为的全面记录,同时具备车牌识别、车身颜色识别、视频分析等综合智能化功能;后者要求电子警察系统不仅仅是一个违章处罚系统,更要逐步向交通诱导管理的方向演进,以智能化的应用切实提升道路交通管理水平,为方便公众出行服务。

(2)作用。通过采集、处理、显示及发布交通流参数、事件等动态交通流信息,为城市道路现代化监控系统的建立提供一流的交通信息支持与技术服务。利用科技手段实现对道路交通进行有力的治理,既能有效地防止此类交通违章行为,减少由此引起的事故,又能对违章的驾驶人起到威慑作用,促进交通秩序良性循环,同时能将部分交警解放出来,在一定程度上缓解警力不足的现象。

如表 7-1 所示,从视频检测和线圈检测的功能对比可以看出,地感线圈用于触发照相机对行驶车辆进行拍照,而视频检测则用于主动抓拍,并对抓拍数据进行处理后根据实际情况进行车辆违法判断、报警和调整信号灯状态。

表 7-1 视频检测和线圈检测的功能对比

功能名称	功能概述	线圈检测模式	视频检测模式
视频检测功能	采用视频检测技术,自动检测抓拍到机动车违反交通安全法行为的连续照片,同时具有卡口功能对所有过往车辆进行图像记录		√
线圈检测功能	采用地感线圈方式检测车辆通行,触发照相机对通过车辆进行抓拍	√	
闯禁令、违反禁止标线记录功能	系统可以通过对视频的智能分析判断车辆右/左转、压线、跨线、违反禁止线等违法行为		√
违章停车、道路堵塞报警功能	系统通过对视频的智能分析、判断是否存在违章停车及道路是否存在堵塞,对存在情况产生图片报警信息		√
信号灯状态视频检测功能	通过视频检测、分析的方式判定红绿信号灯状态		√

7.4 本项目小结

【项目评价】

项目学习完成后,进行项目检查与评价,检查评价单如表 7-2 所示。

表 7-2 检查评价单

评价内容与评价标准				
序号	评价内容	评价标准	分值	得分
1	知识运用（20%）	掌握相关理论知识,理解本次任务要求,制订了详细计划,且计划条理清晰、逻辑正确(20分)	20分	
		理解相关理论知识,能根据本次任务要求制订合理计划(15分)		
		了解相关理论知识,制订了计划(10分)		
		没有制订计划(0分)		

续表 7-2

评价内容与评价标准

序号	评价内容	评价标准	分值	得分
2	专业技能 (40%)	能够学习到物联网技术在智能交通中的具体应用(40分)	40分	
		能够完成物联网技术在智能交通的体系架构的自学(40分)		
		没有完成任务(0分)		
		具有良好的自主学习能力、分析并解决问题的能力,整个任务过程中有指导他人(20分)		
3	核心素养 (20%)	具有较好的学习能力、分析并解决问题的能力,整个任务过程中没有指导他人(15分)	20分	
		能够主动学习并收集信息,具有请教他人以解决问题的能力(10分)		
		不主动学习(0分)		
		设备无损坏、设备摆放整齐、工位保持整洁、没有干扰课堂秩序(20分)		
4	课堂纪律 (20%)	设备无损坏、没有干扰课堂秩序(15分)	20分	
		没有干扰课堂秩序(10分)		
		干扰课堂秩序(0分)		

【项目小结】

通过学习本项目,学生可以学习到物联网技术在智能交通中的具体应用,具体包括智能停车场的管理系统的应用、智能 ETC 的应用、智能交通等系统的应用。

【能力提高】

一、填空题

1. 停车场管理系统配置包括_____、远距离 IC 卡读卡器、感应卡(有源卡和无源卡)、自动智能道闸、_____、地感线圈、通信适配器、摄像机、视频数字录像机、传输设备、停车场系统管理软件、语音提示等。

2. 停车场入场方式可以分为 3 种模式:车牌自动识别、_____、手动获取临时卡。

3. 停车场管理系统本质上是一个分布式的集散控制系统,由停车场入口、_____和停车场内部管理两部分组成。

4. 当有车压在地感线圈上时,车身的铁物质使地感线圈磁场发生变化,地感模块就会输出一个_____信号。

5. 当车辆驶入感应线圈时,单片机检测到感应信号,驱动语音芯片发出操作提示语音,同时给_____发出信号,显示文字提示信息。

二、选择题

1.入口控制机内一般有控制主板(单片机)、感应器、出卡机构、IC(ID)卡读卡器、LED显示器、出卡按钮、通话按钮、喇叭等部件,此外还有专用电源为上述部件提供其所需的5 V、12 V及多少伏工作电压 （　　）

A.16 V B.18 V C.20 V D.24 V

2.由于采用红外线定位和射频远距离扫描技术,无须考虑多个远距离卡之间互相干扰的问题,射频功率3至多少毫瓦就可以实现稳定可靠的通信,如此小的射频功率完全在无线电管制容许范围内,无须获得无线电频率许可,无须大功率射频发射机,系统成本低廉 （　　）

A.4 mW B.5 mW C.6 mW D.7 mW

3.我国信号灯控制系统设置方法:高峰小时流量和12 h流量、道路宽度大于多少米应设非机动车信号灯 （　　）

A.10 m B.15 m C.20 m D.25 m

4.美国设置交通信号方法:包括多少小时流量、高峰小时、学童过街、联动信号、事故记录、道路网络 （　　）

A.12 h,10 h B.18 h,6 h C.24 h,12 h D.8 h,4 h

5.停车场入场方式可以分为哪几种模式 （　　）

A.3种 B.4种 C.5种 D.6种

三、思考题

1.请概括物联网技术如何在智能交通中应用。

2.试选取一个商场的智能停车场管理系统进行调查分析,并提出改进意见。

3.请简要介绍智能信号灯的控制系统。

4.请简要概括信号灯的控制类别。

5.请结合自身经历,谈谈生活中的智能交通电子警察系统。

项目8 物联网技术在智能家居领域的应用

【情景导入】

物联网技术是智能家居的核心技术支撑,智能家居是物联网技术在智能家庭中的应用体现。当前网络和智能技术高速发展融合的背景下,智能家居作为具有巨大市场潜力的新兴产业,无论是IT终端制造厂商、互联网运营商、服务商和传统家电制造商均把它视为新的增长爆发点。本文通过对物联网技术在智能家居领域的应用来说明物联网的运用对智能家居系统技术进步、功能扩展、服务、达到满足人们对安全、舒适、方便和绿色环保的需求的作用。

【知识目标】

(1)熟悉智能家居的特征与相关技术。

(2)了解照明智能控制系统的组成。

(3)熟悉家庭照明系统设计。

【能力目标】

(1)了解家用电器智能控制系统和能源管控系统的组成。

(2)掌握家用电器智能节能控制系统的设置。

【素质目标】

(1)培养学生的创新能力,鼓励他们勇于探索,敢于创新。

(2)培养学生将个人创新理念融入课程学习中。

【学习路径】

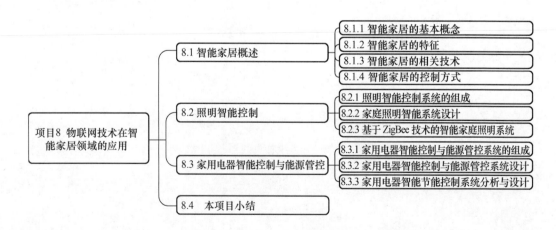

8.1 智能家居概述

8.1.1 智能家居的基本概念

1. 智能家居

智能家居是一个以家庭住宅为平台,兼备建筑、网络通信、信息家用电器和设备自动化,集系统、结构、服务和管理为一体的高效、舒适、安全、便利及环保的居住环境。智能家居通过物联网技术将家中的各种设备(如窗帘、空调、网络家用电器、音视频设备、照明系统、安防系统、数字影院系统以及三表抄送等)连接到一起,提供家用电器控制、照明控制、窗帘控制、安防监控、情景模式、远程控制、遥控控制以及可编程定时控制等多种功能和手段。

智能家居是一个集成性的系统体系环境,而不是单单一个或一类智能设备的简单组合,传统的智能家居通过利用先进的计算机技术、网络通信技术和综合布线技术,将与家居生活有关的各种子系统,有机地结合在一起,通过统筹管理,让家居生活更加舒适、安全和有效。与普通家居相比,智能家居不仅具有传统的居住功能,提供舒适安全、高品位且宜人的家庭生活空间;还由原来的被动静止结构转变为具有能动智慧的工具,提供全方位的信息交换功能,实现了人们与"家居对话"的愿望,帮助家庭与外部保持信息交流畅通,优化人们的生活方式,帮助人们有效安排时间,增强家居生活的安全性,甚至为各种能源费用节约资金。

简单地说智能家居就是通过智能主机将家里的灯光、音响、电视机、空调、电风扇、电水壶、电动门窗及安防监控设备甚至燃气管道等所有声、光、电设备连在一起,并根据用户的生活习惯和实际需求设置成相应的情景模式,无论任何时间、任何地点,都可以通过电话、手机、平板计算机或者个人计算机来操控或者了解家里的一切。如有坏人进入家中,远在千里之外的手机也会收到家里发出的报警信息。

智能家居控制主机可以通过许多界面来控制家中的电器产品,这些界面可以是键盘,也可以是触摸式屏幕、按钮、计算机、电话、手机及遥控器等;用户可发送信号至控制主机,或接收来自控制主机的信号(图8-1)。

2. 数字家庭

数字家庭也称为智慧家庭,它是指以家庭为中心,连接家庭内的各种数字设备,来整合提供和满足家庭成员对家庭生活的多种需求。不同的家庭人员构成对数字家庭有不同的理解和需求。如,以娱乐为主要需求的家庭则对其客厅的数字化情有独钟;以满足老年生活为主的家庭,则对根据体征信息能否及时给出生活建议和及时提供起居生活便利颇感兴趣;而全职工作者为主的家庭则可能更青睐于数字家庭的防盗设施和快捷的多功能数字生活电器应用等。数字家庭的范畴不仅限于家庭娱乐和家居控制例如,开关、灯光、温湿度控制等,还应该包括能源、医疗、安防和教育等,各种家庭机能几

图 8-1　智能家居

乎无所不包。

　　有专家指出,"智能家居"和"智慧家庭"这两者之间的概念区别是"智能是手段,家居是设备;智慧是思想,家庭是亲情"。智能家居是用智能化的手段控制家居设备;智慧家庭则是生活方式,以家庭为平台、以亲情为纽带,是让家中设备感知人的需求,更好地为人服务。智慧家庭必须要看两个关键点:一是建立可兼容互通的软件应用平台系统,高度开放的一体化家庭互联网理念;二是必须专注消费者需求。

　　家联国际提出了智慧家庭的四大要素:

　　(1)互联。做到"家用电器互联、人家互联、家家互联"。

　　(2)智能。做到"远程控制、智能分析,低碳节能"。

　　(3)感知。做到"家庭环境、家人健康、家居安全"。

　　(4)分享。做到"家人分享、朋友分享、网友分享"。

　　构成数字家庭的基本元素可分为 3 类:数字家庭管理控制平台、数字信号传输网络以及各种信号采集、控制和输出终端。数字家庭管理控制平台是数字家庭的管理中心,有时也称为家庭控制主机,它可对数字家庭各子系统进行统一管理、协调和控制,使各系统间实现资源共享、协同工作,并可实现与互联网的通信。

　　数字家庭信息传输网络由家庭计算机局域网、专门用于传输信息或家用电器控制信号的控制网,或专网的数字家庭综合布线以及数字家庭设备控制柜、家居综合信息配线箱所组成。

3. 家庭自动化

　　家庭自动化是指通过自动控制技术、计算机技术和通信技术等手段,有助于实现人们家务劳动和家务管理的自动化,大大减轻人们在家庭生活中的劳动强度,节省时间,提高物质、文化生活水平。家庭自动化已是人类社会进步的重要标志之一。随着现代科学技术的发展和人们对生活要求的提高,家庭自动化的范围也在日益扩大,如家庭安全系统、家庭自动控制系统、家庭信息系统和家用机器人等(图 8-2)。

图 8-2　家庭自动化

　　家庭自动化是智能家居的一个重要系统,在智能家居刚出现时,家庭自动化甚至就等同于智能家居。但智能家居和家庭自动化并不能等同,两者之间存在一定的区别。家庭自动化更倾向于操作方式的简易化,主要是利用微处理电子技术,通过一个中央微处理机接收来自相关电子电器产品的信息后,再以既定的程序发送适当的信息给其他电子电器产品,从而实现对家用电器、安防设备等进行统一控制。而智能家居在除了具备自动化功能外,更加强调智能化,注重感知、探测和反馈能力,能根据用户的年龄阶层、兴趣爱好、生活习惯以及住宅环境等基本信息,精准呈现有针对性的内容,还能通过简单方便的交互方式,迅速提供人性化服务。例如,不需要动手,智能家居和家庭自动化都能够打来门、窗、灯、家用电器等家居设备,但智能家居不仅具备自动打开这些家居设备的能力,还具有对周围温湿度、明暗度等环境信息进行判断的能力,然而能根据所判断的结果有选择性地打开或关闭相关设备。

4. 信息家用电器

　　一方面,信息家用电器是一种利用计算机技术、电信技术和电子技术与传统家用电器相结合的新型家用电器。它包括个人计算机、数字电视机顶盒、手持计算机(HPC)、DVD、超级 VCD、无线数据通信设备、视频游戏设备和 IP 电话等,所有能够通过网络系统交互信息的家用电器产品,都可以称之为信息家用电器。目前,音频、视频和通信设备是信息家用电器的主要组成部分。另一方面,在目前的传统家用电器的基础上,将信息技术融入传统的家用电器当中,使其功能更加强大,使用更加简单、方便和实用,为家庭生活创造更高品质的生活环境,例如,模拟电视发展成数字电视,VCD 变成 DVD,电冰箱、洗衣机和微波炉等也将会变成数字化、网络化和智能化的信息家用电器。

从广义的分类来看,信息家用电器产品实际上包含了网络家用电器产品,但如果从狭义的定义来界定,可以这样做一简单分类:信息家用电器更多的指带有嵌入式处理器的小型家用(个人用)信息设备,它的基本特征是与网络(主要指互联网)相连而有一些具体功能,可以是成套产品,也可以是一个辅助配件。而网络家用电器则指一个具有网络操作功能的家用电器类产品,这种家用电器可以理解为原来普通家用电器产品的升级。

5. 网络家用电器

网络家用电器是将普通家用电器利用数字技术、网络技术及智能控制技术设计改进的新型家用电器产品。网络家用电器可以实现互联组成一个家庭内部网络,同时这个家庭网络又可以与外部互联网相连接。可见,网络家用电器技术包括两个层面:第一个层面就是家用电器之间的互联问题,也就是使不同家用电器之间能够互相识别,协同工作。第二个层面是解决家用电器网络与外部网络的通信,使家庭中的家用电器网络真正成为外部网络的延伸。

目前,认为比较可行的网络家用电器包括网络电冰箱、网络空调、网络洗衣机、网络热水器、网络微波炉和网络炊具等。网络家用电器未来的方向也是充分融合到家庭网络中去。

6. 智能家用电器

智能家用电器也是一种新型的家用电器,它将微处理器和计算机技术引入家用电器设备中,具有自动监测自身故障、自动测量、自动控制、自动调节与远方控制中心通信功能。

智能家用电器大致分为两类:一是采用电子、机械等方面的先进技术和设备;二是模拟家庭中熟练操作者的经验进行模糊推理和模糊控制。随着智能控制技术的发展,各种智能家用电器产品不断出现,例如,把计算机和数控技术相结合开发出的数控电冰箱、具有模糊逻辑思维功能的电饭煲、变频式空调和全自动洗衣机等。

同一类智能家用电器产品的智能化程度有很大差别,一般可分成单项智能和多项智能。单项智能家用电器只有一种模拟人类智能的功能。例如,在智能电饭煲中,检测饭量并进行对应控制是一种模拟人的智能的过程。在电饭煲中,检测饭量不可能用重量传感器,这是环境过热所不允许的。采用饭量多则吸热时间长这种人的思维过程就可以实现饭量的检测,并且根据饭量的不同采取不同的控制过程。这种电饭煲是一种具有单项智能的电饭煲,它采用模糊推理进行饭量的检测,同时用模糊控制推理进行整个过程的控制。多项智能家用电器在多项智能的家用电器中,有多种模拟人类智能的功能。例如,多功能智能电饭煲就有多种模拟人类智能的功能。

智能家居与智能电器不同,智能家居就是用智能产品控制智能电器或者非智能电器,智能电器就是本身带智能调控功能。智能家居是远程或现场控制,智能电器只是本身按钮来控制。

7. 智能家庭网络

智能家庭网络一般包含两层意义。一是指在家庭内部各种信息终端及各种家用电器能通过智能家庭网络自动发现、智能共享及协同服务。例如,使用一部智能手机就能遥控所有的家用电器设备,不用一遍遍地寻找电视机、机顶盒和空调的遥控器,甚至未来的智能厨房里灶具、电冰箱、抽油烟机和电烤箱等设备之间能相互控制。二是指通过家庭网关将公共网络功能和应用延伸到家庭,通过网络连接各种信息终端,提供集成的语音、数据、多媒体、控制和管理等功能,实现信息在家庭内部终端与外部公网的充分流通和共享。换句话说,就是让家用电器设备通过网关统统连接到互联网或物联网上,从而可以用平板计算机或智能手机利用远程网络对各种家用电器进行控制、调节和监测,如对微波炉、洗衣机、空调、灯光、电动窗帘、温度和湿度控制器、风量调节器等的控制。

8.1.2　智能家居的特征

智能家居是人们的一种居住环境,让家庭生活更加安全、节能、智能、便利和舒适。智能家居的特征可归纳为操作随意性、网络多样性、设备互联性、功能扩展性与系统可靠性。

1. 操作随意性

智能家居的操作随意性主要表现在操作方式多样化,可以用智能触摸屏,也可以用情景遥控器,还可以用手机或平板计算机;时间地点任意化,智能家居可在任何时间、任何地点和任何情况下对室内外任何设备均可实现及时、全面的了解和控制;灯光效果个性化,室内的灯光可根据个人需求,设置不同的情景。例如,设定一个"灯光起夜"情景,在这个情景中,可以设定卧室壁灯、客厅地灯及卫生间小灯为"开"的状态。情景设好后,在半夜起床时只需按下一个"灯光起夜"情景键,设定的灯会同时打开。

2. 网络多样性

随着网络化、智能化时代的不断推进,智能家居中的家庭网络也呈多样化。家庭网络主要分无线网络与有线网络两种。其中无线网络因采用的技术不同,又分为射频技术、ZigBee 技术与 Z-wave 技术等,有线网络也分总线技术与电力线载波技术,总线技术又有 KNX 总线、LonWorks 总线、RS-485 总线和 CAN 总线等。

另外家庭网络始终保持与互联网、物联网和无线宽带网的随时相连,为智能家居控制提供了网络基础。

3. 设备互联性

智能家居中的各种家用电器可通过家庭网络实现互联,并可顺延电器的运行时段,避开能源成本高峰期,为用户节省电费。此外,智能家居系统的可监控能耗模式是借助无线通信、计量和控制技术实现的。可以采用的无线通信方式包括 Wi-Fi 或 ZigBee 等。借助 ZigBee 通信,家用电器可通过电表或家庭能源管理系统获取能源价格信号,并发回由控制主机计量电路测得的能源使用情况。

4. 功能扩展性

智能家居目前还处在发展初期。随着电信网、计算机网和有线电视网三网融合的快速发展,物联网的普及应用,智能家居也在加快脚步发展。智能家居的功能扩展性表现在为满足不同类型、不同档次、不同风格的住宅用户的需求,智能家居的控制主机的软件系统可在线升级,控制功能也可不断完善。除能实现智能灯光控制、电器控制、安防报警、背景音乐、视频共享、门窗控制和远程监控外,还可实现自动浇花扫地、老人小孩防护、宠物喂食和紧急电话求助等。

5. 系统可靠性

智能家居的系统可靠性主要表现在智能中心控制主机是基于互联网+GSM 移动网双网平台设计,双网设计大大提高了系统的可靠性,即使在某些互联网网速低或不稳定的地方使用也不会影响系统的主要功能。智能家居系统采用射频(RF)、ZigBee 技术、Wi-Fi、传输控制协议/互联网协议(TCP/IP)等协议进行数据传输,通过无线方式来发送指令灯光、窗帘以及电器控制采用 RF 传输命令,进行集中监视和控制。

8.1.3　智能家居的相关技术

智能家居是一个完整的智能化、自动化和网络化的现代家庭,其主要技术包括综合布线技术、网络通信技术、安全防范技术、自动控制技术和音视频技术。

1. 综合布线技术

综合布线技术是一种信息传输技术,它将所有电话、数据、图文、图像及多媒体设备的布线综合(或组合)在一套标准的布线系统上,实现了多种信息系统的兼容、共用和互换互调性能。综合布线技术是信息传输技术的一种特殊传输技术,即在建筑和建筑群环境下的一种信息有线传输技术;它在建筑物内或建筑群间传输语音、数据和图像等信息满足人们在建筑物内的各种信息要求。因此,它能满足所支持的语音、数据和多媒体等系统的传输速率和传输标准的要求,也是智能建筑弱电技术主要技术之一。

2. 网络通信技术

网络通信技术是指通过计算机、通信网和网络设备对语音、数据、图像等信息进行采集、存储、处理和传输等,使信息资源达到充分共享的技术。

其中通信网按功能与用途不同,一般可分为物理网、业务网和支撑管理网 3 种。物理网是由用户终端、交换系统和传输系统等通信设备所组成的实体结构,是通信网的物质基础,也称装备网;业务网是疏通电话、电报、传真、数据和图像等各类通信业务的网路,是指通信网的服务功能。按其业务种类,可分为电话网、电报网和数据网等;支撑管理网是为保证业务网正常运行,增强网路功能,提高全网服务质量而形成的网络。在支撑管理网中传递的是相应的控制、监测及信令等信号。按其功能不同,可分为信令网、同步网和管理网。

在异地利用手机对家里的设备进行控制就是网络通信技术在智能家居中的应用。

3. 安全防范技术

安全防范技术是社会公共安全科学技术的一个分支,具有其相对独立的技术内容和专业体系。根据我国安全防范行业的技术现状和未来发展,可以将安全防范技术按照学科专业、产品属性和应用领域的不同分为如下几种:

（1）入侵探测与防盗报警技术。

（2）视频监控技术。

（3）出入口目标识别与控制技术。

（4）报警信息传输技术。

（5）移动目标反劫、防盗报警技术。

（6）社区安防与社会救助应急报警技术。

（7）实体防护技术。

（8）防爆安检技术。

（9）安全防范网络与系统集成技术。

（10）安全防范工程设计与施工技术。

由于安全防范技术是正在发展中的新兴技术领域，因此上述应用领域的划分只具有相对意义。

安全防范技术通常分为三类。

一是物理技术防范。主要指实体防范技术，如建筑物和实体屏障以及与其匹配的各种实物设施、设备和产品（如门、窗、柜、锁等）。

二是电子防范技术。主要是指应用于安全防范的电子、通信、计算机与信息处理及其相关技术，如电子报警技术、视频监控技术、出入口目标识别与控制技术、计算机网络技术以及相关的各种软件、系统工程等。

三是生物统计学防范技术。主要是法庭科学的物证鉴定技术和安全防范技术中的模式识别相结合的产物，它主要是指利用人体的生物学特征进行安全技术防范的一种特殊技术门类，应用较广的有指纹、掌纹、眼纹和声纹等识别控制技术。

4. 自动控制技术

自动控制技术是 20 世纪发展最快、影响最大的技术之一，也是 21 世纪最重要的高新技术之一。当前各项新技术、工农业生产、军事和日常生活等各个领域，都离不开自动控制技术。就定义而言，自动控制技术是控制论的技术实现应用，是通过具有一定控制功能的自动控制系统，来完成某种控制任务，保证某个过程按照预想进行，或者实现某个预设的目标。

从控制的方式看，自动控制系统有闭环和开环两种。

闭环控制。闭环控制也就是反馈控制，系统组成包括传感器、控制装置和执行机构。如智能家居中的门窗控制、安防报警等。

开环控制。开环控制也称为程序控制，这是按照事先确定好的程序，依次发出信号去控制对象。如智能家居中的灯光控制、电器控制和情景控制等。

5. 音、视频技术

音、视频技术是研究音频信号和视频信号的产生、收集、处理、传输和存储的技术，是传统音响技术与现代数字声像技术相结合的一门实用技术。智能家居中的背景音乐、家庭影院就是音、视频技术的具体应用。

智能家居技术涉及面较广，其目的是通过应用这些技术，真正让人享受轻松、自由和安全的智能生活。今后可靠的无线控制技术将会成为未来智能家居技术的主流,而触摸式、声控式和感应式等更多人性化的控制技术也会得到发展,无疑是最佳选择。

8.1.4 智能家居的控制方式

智能家居在控制方式上有本地控制、远程网络控制、定时控制和一键情景控制 4 种方式(图 8-3)。

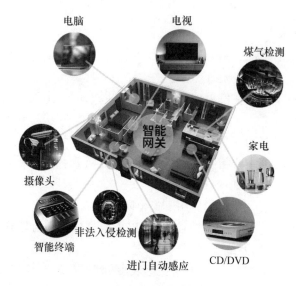

电脑　电视　煤气检测

智能网关

家电

摄像头

智能终端　非法入侵检测　进门自动感应　CD/DVD

图 8-3　智能家居的控制方式

1. 本地控制

本地控制是指在家里通过智能开关、无线遥控器、控制屏、平板计算机及家用电器本身的操作按钮等,对家用电器及灯具进行的各种操作。

(1)智能开关控制。智能开关控制是指利用前面介绍的智能面板、智能插座对家庭照明的灯具或家用电器进行控制,与传统方式不同的是,智能开关控制可以在家中的多个地点,用多种手段对家用电器进行控制,包括用一个按键或一个动作同时对多个家用电器进行控制,即场景控制。

(2)无线电遥控器控制。无线电遥控器控制是指利用前面介绍的无线电遥控器对家庭照明的灯具或家用电器进行简单情景模式控制或对家用电器与灯光进行组合关控制。无线电遥控器控制还可与红外转发器及控制主机配合,将家中原有的各种红外遥控器的功能转到红外转发器中,并存储在转发器内,这样,才能将控制主机发出的无线电信号转换为红外线遥控信号,用一只无线电遥控器去控制室内所有的空调、电视机、DVD 影碟机、功率放大器、音响和有线数字电视机顶盒等红外线遥控产品。

(3)主机控制。主机控制是指智能家居系统的各种控制均由控制主机完成。控制主机是本地控制与远程网络控制的关键设备,它通过室外的互联网、GSM 网和室内无线网,对输入的信号进行分析处理后,形成新的输出信号(各种操作指令),再通过室内无线网发出,完成灯光控制、电器控制、场景设置、安防监控和物业管理等操作,在紧急情况下可通过室外互联网、GSM 网向远端用户手机或计算机发出家里的安防信息。控制主机相当于智能家居的"指挥部",所有的控制操作都由它指挥,这种控制方式被称为主机控制。

(4)计算机或平板计算机控制。计算机或平板计算机控制是指利用计算机或平板式计算机下载安装控制主机生产厂家提供的专用软件后,再用计算机或平板式计算机和控制主机配合,完成所有操作功能。这种控制方式需要通过登录智能控制主机软件才能实现,不同厂家生产的控制主机,其控制软件均不相同。

2. 远程网络控制

远程网络控制一般是指在远离住宅的地方,通过电话机、智能手机及外部网络对家用电器、灯具与门窗等进行的控制操作。

用智能手机与平板计算机控制智能家居的方式类似,也是先要下载安装控制主机生产厂家提供的专用软件。如 KC868 型控制主机与它配套的手机应用软件,可到厂家网站下载。

3. 家居定时控制

定时控制是指在控制主机内事先对家中的固定事件进行编程固化,例如,定时开关窗帘,定时开关电热水器等,电视、音响、照明和喂宠物等均可设定时控制。如早晨,当用户还在熟睡时,卧室内的窗帘会准时自动拉开,温暖的阳光轻洒入室,轻柔的背景音乐慢慢响起,呼唤全新生活的开始;当用户起床洗漱时,微波炉(电饭煲)已开始烹饪早餐,洗漱后就可享受营养早餐;早餐完毕不久,背景音乐自动关机,提醒用户赶快上班,随后将室内所有的灯和主要电器全部断电,安防系统自动布防,这样就可以安心上班去啦。当用户和家人外出旅游时,可设置主人在家的虚拟场景,定时开关灯和一些电器,给不法分子造成家中有人的假象,以确保家中安全。

4. 一键情景控制

一键情景控制是指将家中灯光、窗帘、空调和其他家用电器的若干个设备任意组合,形成一个自定义的情景模式,然后按下任一情景模式键,便可按预先设定的情景模式开启灯光、窗帘、空调或其他家用电器。

如按下"晚安情景",楼上、楼下的灯光、窗帘全部关闭,电器设备的电源自动切断,这时就可以安心入睡了。深夜,老人起夜,按下"起夜情景"键,卧室的灯光开启,通往卫生间的地灯也随之点亮,回来时灯光随脚步关闭,老人也可以安心入睡了。

8.2 照明智能控制

8.2.1 照明智能控制系统的组成

照明智能控制系统主要应用在酒店、体育馆、医院和路灯照明等部门,也是智能家居的重要组成部分。照明智能控制是指用智能开关面板直接替换传统的电源开关,用遥控等多种智能控制方式实现对住宅内所有灯具的开启或关闭、亮度调光、全开、全关以及组合控制的形式,实现"会客、影院"等多种灯光情景效果,从而达到照明智能的节能、环保、舒适和方便的功能。其中控制方式包括触摸面板、遥控器控制、智能手机控制、电话远程控制、定时控制和平板计算机网络控制等。

　　智能照明控制系统主要由智能移动终端(智能手机或平板计算机等)、控制模块、环境光传感器与智能开关等组成。其中,控制模块是一款功能精简的智能家居控制主机,它安装好相关软件后,可轻松控制灯光、窗帘和电器等设备;环境光传感器可以感知室内光线情况,并告知控制模块自动调节室内亮度,降低照明电能消耗;智能开关包括调光面板、情景控制面板与随意贴面板,它们可手动或受控制模块控制室内的灯光或不同灯具的组合(图8-4)。

图8-4　智能照明系统

8.2.2　家庭照明智能系统设计

1. 家庭照明设计的基本要求

　　智能家庭照明设计的基本要求是实现智能化管理与控制,另外则是节能与环保。其中智能化操作系统的照明必须满足:一是可以实现人性化、智能化一键操作,集成可视管理,可控管理,节省人力劳动;二是必须实现能源的节能与环保。

　　家庭照明智能应具有以下功能:

　　(1)集中控制和多点操作。

　　在任何一个地方的终端均可控制不同地方的灯,或者是在不同地方的终端可以控制同一盏灯。

（2）软启起。

开灯时,灯光由暗渐渐变亮。关灯时,灯光由亮渐渐变暗,避免亮度的突然变化刺激人眼,给人眼一个缓冲,保护眼睛。而且避免大电流和高温的突变对灯丝的冲击,保护灯泡,延长使用寿命。

（3）灯光明暗能调节。

无论是在会客、看电视、听音乐或与家人在一起或独自思考时,均能调节不同灯光的亮度,创造舒适、宁静、和谐和温馨的气氛。

（4）全开全关和记忆。

整个照明系统的灯可以实现一键全开和一键全关的功能。当入睡或者是离家之前,可以按一下全关按钮,全部的照明设备将全部关闭。并能记忆前一次开灯时所设置的亮度,下次开灯时自动恢复。

（5）情景设置。

通过软件编程,可以按一个键控制一组灯,实现多路灯光情景的设置与转换,或者实现灯光和电器的组合情景,如回家模式、离家模式、会客模式、就餐模式、影院模式、夫妻夜话和夜起模式等。

（6）遥控及远程控制。

用一个遥控器或通过手机、平板计算机便可遥控或远程控制所有的灯具、窗帘和电器。

2. 家庭照明的灯光设计

家庭照明系统一般分为客厅、卧室、餐厅、厨房、书房和卫生间等,在智能家居设计的过程中,照明智能系统根据各个房间的要求,进行灯光设计和控制,实现理想效果。

家庭照明的灯光设计主要实现对家庭内外的灯光进行各种智能控制与管理,具体地说主要实现灯光一对一开关控制、双控、多控,全部及局部区域灯光全开、全关;不同房间、生活区域的一键式情景控制功能。

（1）客厅。

客厅是全家人休闲娱乐和会客聚会的重要场所,所以客厅照明设计的主基调应当是明亮、实用和美观的,以满足各种场合的使用需求。

客厅照明在光源设计上应当有主光源和副光源。主光源一般指吊灯、吸顶灯,起到基础照明作用。在客厅安装组合吊灯,不仅外观奢华大气,而且可以调节照度,深受人们的喜爱;副光源是指壁灯、台灯和落地灯等,起辅助照明作用。随着光源艺术进入百姓之家,副光源的使用频率越来越频繁。有些壁灯起着装饰墙角、壁画的作用,使这一角落别有洞天,雅趣无穷。落地灯的灯罩是室内装饰的关键,颜色应当考究,最好与沙发等客厅主色调保持一致。设置在书桌或茶几上的台灯,对照度的要求比较高,光源位置应该高一些,扩宽光线的投洒面。而会客用的茶几台灯,照度则可以比较低,可选用桶形半透明灯罩,使光线均匀地洒向会客区,营造气氛温馨、其乐融融的会客氛围。

（2）卧室。

卧室照明既需要满足睡觉时柔和、轻松、宁静和浪漫的环境要求,又要满足装扮、着装以及睡前阅读的需求。各种卧室照明需求的微妙组合，要求精妙的卧室照明设计为其提供照明平衡。

卧室是休息睡觉的房间，要求有较好的私密性。光线应该柔和，避免眩光和杂散光，以帮助主人进入睡眠状态。卧室照明的出发点是以基础照明为主要光源，配以装饰照明和重点照明来烘托空间气氛。一般可用一盏吸顶灯作为主光源，安置在顶棚中间；设置壁灯、小型射灯、发光灯槽或者筒灯等作为装饰照明或重点照明，以降低室内光线的明暗反差。

如果有在床上看书的习惯，建议在床头安放一个可调光型的台灯，灯具内安装节能灯或冷光卤素光源，可避免阅读的视觉疲劳。床头台灯可提供集中柔和的光线，既为听音乐、养神定气营造柔和的灯光环境，又可满足休闲阅读的照明需求。阅读的间隙需要休息和放松，可通过射灯去强调一件艺术品，如根雕、玻璃樽等。

（3）餐厅。

餐厅的照明，要求色调柔和、宁静，有足够的亮度，不但使家人能够清楚地看到食物，吃饭和交谈轻松自如。而且要与餐桌、椅子和餐具的色彩相匹配，形成视觉上的美感。照明设计能够影响餐厅的整体效果，在灯具的选择上，以温馨、浪漫为基调，餐厅吊灯、壁灯应该是餐厅中的首选灯具。

由于小户型的家居环境越来越多，很多家庭没有独立的餐厅，仅仅将客厅的一部分作为就餐区。在这种情况下，将光线集中在餐桌上而不是均匀地照明整个区域，可以增加亲切感，拉近主人与客人的距离。常规方案是将单个灯具悬挂在餐桌上方。对于较大的桌子而言，应当使用两三个功率小、相互匹配的灯具，才能满足就餐环境的需要。调光器在餐厅照明中大有用武之地，它能根据餐厅的需要适时调节照度，或者在非就餐时间只照亮桌脚，也是客厅"风景"的一部分。

（4）厨房。

厨房作为工作室的一种，需要无阴影的常规照明。厨房照明既要实用又要美观、明亮和清新，以给人整洁之感。厨房灯光需要分成两个层次：一个是整个厨房的基本照明，另一个是对洗涤、备餐和操作区域的重点照明。

基本照明照亮整个区域，可采用功率在 25～40 W 之间的吸顶灯或吊灯，尤其是装一个嵌入式吸顶灯具，或防水、防尘、防油烟的吸顶灯，这样能提供高效节能的基本照明。

然后，厨房的灯具应以功能性为主，外形大方简约，且便于打扫清洁。灯具材料应选用不易氧化和不易生锈的材质，或表面有保护层的灯具为佳。西顿照明为消费者提供经济美观、装饰性强、经久耐用的厨卫灯，既创造明亮的环境，又可使食物的自然色彩得到真实再现，创造明亮舒适的厨房操作环境。

为了厨房照明更完善，方便烹饪操作，可以在厨房中安装一个由不同的灯具和光源组成的多层次的照明系统。也可以在橱柜上方安装照明装置用于间接照明，例如，小射灯，照在橱柜的上部，不仅美观大方、不刺眼，而且还方便主人取盘、放碟。

（5）书房。

顾名思义，书房是读书写字的居室，也是陶冶情操、修身养性的处所。从人的视觉功能和书房照明的要求来看,书房灯具的选择先要以保护视力为基准。除了人的生理、健康和用眼卫生等因素外,必须使灯具的主要照射面与非主要照射面的照度比为 10∶1 左右,这样才适合书房里人的视觉要求。另外,要使照度达到 150 lx 以上,才能满足书写照明的需要。

随着计算机走入千家万户,显示屏需要良好的照明环境,先要保证有足够的光线照亮键盘区,以避免屏幕上形成对比强光对眼睛造成刺激,最好打较弱的光线在屏幕上。台灯具有照度高、光源深藏、视觉舒适和移动灵活等特点,在计算机工作区域配置一盏精巧的台灯,能够取得理想的效果。

(6)卫生间。

白天,卫生间应整洁、清新和明亮,晚上,则需要轻松、娴静和亲密。由于卫生间是水与电共存的特殊场所,要求灯具需具备防水、防尘的特点。

卫生间的淋浴、坐厕等功能区域,照明应以柔和的光线为主。照度要求不高,但光线需均匀。由于此区域用水频率很高,光源本身还要有防水、散热和不易积水的结构。一般来说,在 5 m² 的空间里要用 60 W 的光源进行照明,灯具的显色指数要求不高,白炽灯、荧光灯和气体灯都可以。相对来讲,墙面光比较适合浴室空间环境,这样可以减少顶光源带来的阴影效应。

8.2.3　基于 ZigBee 技术的智能家庭照明系统

这里基于 ZigBee 技术设计了一种具有亮度可调、色温可调、情景控制等多种功能的智能家庭照明系统。

1. 家庭照明系统设计

本系统主要由受控灯节点、控制中心、遥控器、客户端组成。其中遥控器节点、受控灯节点、控制中心之间采用 ZigBee 方式通信,控制中心与客户端采用 Wi-Fi 方式通信,客户端的控制命令通过控制中心被转换为可以被受控灯响应的 ZigBee 命令,同时受控灯节点的状态信息可通过控制中心转换为客户端可以接收的 Wi-Fi 数据。遥控器与受控灯节点采用点对点式拓扑,控制中心与受控灯节点采用星型网络拓扑结构,采用模块化设计方法降低了硬件、软件设计的复杂度,使系统设计、测试和维护等工作简单化。

2. 硬件电路设计

系统硬件电路采用模块化设计原则,电路部分主要由 ZigBee 节点、遥控器、控制中心、驱动电源 4 个模块组成。

(1)ZigBee 节点硬件电路设计。

ZigBee 节点硬件电路采用 TI 公司的 CC2530 芯片实现无线通信方案,CC2530 结合了基于 4 GHz 波段具有业界优良性能的 RF 收发器和增强型 8051 内核,由于其外设丰富、体积小巧、低成本、低功耗的特点被我们选为 ZigBee 节点主控芯片。CC2530 外围电路主要有晶振电路、板载倒 F 天线及阻抗匹配电路、必要的旁路电容和滤波电容等组成,其接口电路由程序下载调试接口和仅有 7 个引脚的外部通信控制接口组成,在节点设计时尽量采用最少数量的阻容件和较小的元器件封装,在 PCB 布线时合理布局使整个节点电路集成在较小的一块 PCB 板内,保证 ZigBee 节点模块可以独立作为元器件嵌入到其他系统电路。

(2)遥控器和控制中心电路设计。

遥控器硬件电路采用 STM32F030F4 作为主控芯片,外围电路由 TPS61025 芯片升压电路、可编程只读存储器 AT24C256、ZigBee 节点模块、按键采集电路、时钟复位电路组成,其中主控芯片与 ZigBee 节点模块采用串口协议通信,主控芯片与 AT24C256 芯片使用 IIC 协议通信。

控制中心电路由 Wi-Fi 模块、ZigBee 协调器节点模块和 MCU 控制电路组成并通过串口实现通信,其中 Wi-Fi 模块选用深圳市海凌科电子有限公司的 HLK-RM04 无线模块,该模块是基于通用串行接口的符合网络标准的嵌入式模块,内置 TCP/IP 协议栈,能够实现串口、以太网、无线网 3 个接口之间的转换。Wi-Fi 模块可通过 LAN 网口登录管理网页进行相关配置,也可通过 AT 指令完成配置任务。HLK-RM04 模块可工作在 AP和 CLIENT 模式下,AP 模式时手机等终端设备可直接连接到该模块实现通信,在 CLIENT 模式下可配置为动态或静态 IP 地址,分别通过路由器和服务器实现通信和远程控制。通过控制中心可以实现 Wi-Fi 数据与 ZigBee 数据的串口透传,Wi-Fi 模块和 ZigBee 协调器节点模块完成网络通信和管理任务,MCU 控制电路部分采用 STM32F030F4作为主控芯片,实现 Wi-Fi 模块和 ZigBee 协调器节点模块自动化配置任务和照明系统的控制任务。

(3)LED 驱动电源电路设计。

LED 驱动电源电路采用 DIODES 公司的 AL1792 作为主芯片,DIODES 公司的AL179x 系列芯片可支持 1~4 个 PWM 信号或模拟信号调光通道,其内部集成欠压保护、过压保护、短路保护、断路保护、过流保护等多种保护电路。AL1792 根据 ZigBee 节点模块的 PWM 信号调节 LED 引脚的电流,同时通过 FAULTB 和 LEDPG 引脚将 AL1792 芯片的运行状况反馈到 ZigBee 节点,流经 LED 引脚的最大电流可通过电阻 REF 设置,其对应公式为

$$I_{LED1} = 2\,000 \times \frac{1.5\ V}{R_{REF}} \quad I_{LED2} = 2\,000 \times \frac{1.5\ V}{R_{REF}} \tag{8-1}$$

LED 电源主电路支持 85~265 VAC 宽电压输入,经过 AD-DC 转换和以 AL6562 为主芯片的功率因数校正(PFC)电路后输出直流 28 V 和 12 V 电压,其中 28 V 作为 LED光源的正极输入,12 V 为 AL1792 提供工作电压,并经过 AP3211 降压电路为 ZigBee 节点模块提供 3 V 工作电压。LED 光源电路由 4 路 8 个串联的暖光 LED 灯和 4 路 8 个串联的冷光 LED 灯组成,其中暖光 LED 色温为 2 700 k,冷光 LED 色温为 7 000 k,单个灯珠的额定功率均为 0.5 W。

3. 系统软件设计

(1)ZigBee 节点软件设计。

在星型拓扑结构中 ZigBee 网络设备的节点类型只有终端节点和协调器节点。协调器节点在上电初始化硬件驱动和 MAC 层后,先要扫描信道并选择信号强度最强的信道

建立一个 PAN 网络和一个 PAN ID,随后接收终端节点的入网请求,协调器在完成组网后开始数据传输并执行相应的操作;终端节点在上电初始化硬件驱动和 MAC 层后,要先选择一个 PAN 网络并发出入网请求,等到协调器响应后完成组网任务,其后接收来自协调器的状态查询和灯光控制命令并执行相应的操作。

TI 公司的 Z-Stack 协议栈采用分层的软件结构,内部集成了一个基于事件驱动机制的小型系统(OSAL),并提供了各种硬件模块驱动、应用程序接口 API 和各种服务扩展集。在节点程序设计时通过移植 Z-Stack 协议栈,只需要较少的修改或配置就可完成节点初始化和组建网络任务,基于 Z-Stack 协议栈可以使开发者把更多精力集中在应用层(APP)程序设计。在终端节点程序设计时通过启动 CC2530 的 16 位定时器 1(TIMER1),使其工作在输出比较模式时输出 2 路 PWM 信号,并按照接收到的控制命令设置 2 路 PWM 信号的占空比调节受控灯的色温和亮度;在协调器节点程序设计时通过串口接收外部控制器的命令和 Wi-Fi 模块的数据。

(2)遥控器和客户端软件设计。

在遥控器和客户端(APP)软件设计时采用状态机模型,将状态机分为开关、调光、调温等不同状态,用户每按下一个按键或进行一次操作后都会进入一个新的状态,通过判断遥控器或客户端当前的状态执行不同的状态服务程序。

(3)控制中心软件设计。

默认情况下控制中心的 Wi-Fi 模块和 ZigBee 协调器节点工作在串口透传模式,当用户使用客户端匹配或设置 Wi-Fi 模块时,MCU 模块先从 Wi-Fi 模块获得客户端的配置数据,然后结束与 ZigBee 协调器节点之间的通信并使 Wi-Fi 模块进入 AT 命令模式,待 MCU 通过 AT 指令对 Wi-Fi 模块完成配置后重新令其进入透传模式并恢复与 ZigBee 节点的通信。MCU 模块支持定时服务、情景控制等功能,MCU 模块可根据用户要求自动从 ZigBee 协调器节点发送一系列灯光控制指令实现具体功能。

4. 测试

在照明系统测试时,分别给室内客厅、餐厅、卧室等 6 个房间安装智能灯并部署控制中心,分别测试遥控器和客户端的开关、小夜灯、亮度、色温、全灯等功能。在使用遥控器调节卧室灯的色温和亮度时,卧室灯的状态会及时反映到客户端界面。对于遥控器来说智能灯的色温和亮度值各分为 10 级,每级间隔 10%,使用客户端软件可使智能灯的色温和亮度值在 1%~100% 之间调节,遥控器会自动将智能灯的状态同步到和其最接近的色温和亮度等级。

在低功耗和通信能力测试方面,ZigBee 节点和遥控器待机时最大工作电流分别为 2 μA 和 15 μA,在室外距离 50~100 m 时,各个节点仍能正常完成数据通信。

计算服务器和视频分析服务器分别与 NVR 建立通信连接,直接从 NVR 获取视频流,而不是通过主服务器转发。

为降低系统耦合,针对这些连接采取了解耦措施。通过主服务器来存储和管理这些连接的信息,并为通信连接的建立提供引导,从而消除通信双方的直接关联,降低系统耦合。当客户端想要从某个温度计算服务获取温度数据时,它必须先向主服务器请求该服务的定位信息,然后才能根据定位信息与对应的温度计算服务器建立通信连接。同样,温度计算服务器与数据库服务器建立通信连接前,也必须先向主服务器请求数据库的定位信息。客户端、温度计算服务器、视频分析服务器与NVR建立通信连接前,也必须先向主服务器请求所需的连接信息。

5. 系统可靠性设计

系统在长期运行过程中,不可避免地会出现个别设备由于软件或硬件故障而导致失效。处于系统关键节点的设备一旦失效,将会导致系统大部分功能甚至所有功能失效,因此,必须在系统的一些关键节点实现容错机制,以确保系统的可靠性。

主服务器采用定时查询的方式,对其他设备的运行状态进行监测,当检测到某些设备失效时,将通过容错机制切换到容错模式下继续运行,同时进行报警,提醒技术人员对系统进行维护。

(1)NVR容错机制。

视频采集模块产生的视频流必须通过NVR进行存储和转发后,才能进入管理模块。管理模块对摄像机和云台的控制命令也必须由NVR进行转发。NVR是视频采集模块和管理模块间的桥梁,是系统的一个关键节点。

为保证系统可靠性,需要为NVR实现容错机制。将一台NVR设置成冗余NVR,它平时处于待命状态。主服务器检测到某台NVR失效后,会立刻自动对冗余NVR进行配置,让它接管那台失效NVR的所有视频通道,继续完成视频的存储与转发。从失效NVR获取视频流的客户端或服务器,会在发现视频流中断后,向主服务器对NVR失效进行确认,并在主服务器引导下,连接到冗余NVR,重新获取视频流。

(2)系统服务器容错机制。

服务器是系统的核心,一旦宕机,将会对系统造成严重影响,因此,必须为系统服务器实现容错机制。

所有系统数据都保存在数据库中,服务程序在运行过程中,不会将任何系统数据单独保存在自身内存空间。这意味着,服务程序基于当前数据库中的信息立即重启,将能获得与重启前一样的状态。因此,对软件异常的容错可以通过看门狗程序来实现。看门狗程序定时检测服务程序的运行状态,当发现它失效时,立即对其进行重启。服务器硬件故障的容错,可以通过冗余技术来实现。

①数据库服务器容错。

基于主从热备份的数据库读写分离是一种冗余设计,在此基础上很容易实现容错机制。当主服务器检测到主数据库或从数据库失效时,只需要将读写操作都指向另一个数据库,就能保证系统继续运行。破坏读写分离,会损失一些性能,但作为临时基于红外和可见光双影像的智能监控系统的设计与实现应急方案是可行的。

②温度计算和视频分析服务器容错。

服务分离设计为容错机制的实现提供了良好的支持。温度计算服务和视频分析服务都以服务器集群的形式来提供服务。同一集群中的服务器都是对等的,提供相同的服务,不同之处只是所服务的对象不同。当主服务器检测到某台服务器出现故障时,只需将它所运行的全部任务均分给同一集群中的其他服务器执行即可。与视频分析服务相比，温度计算服务要复杂一些，它与客户端和数据库都建立了通信连接。当一个温度计算任务转移到其他温度计算服务器上运行时，它与数据库的连接会重新被建立，同时，之前与它连接的客户端会在发现温度数据流中断后，向主服务器进行失效确认，并在主服务器的引导下重新建立连接。

③主服务器容错。

主服务器的容错机制是通过为它配置一台冗余服务器来实现，并让它们共享数据库，使用同一个虚拟 IP，从而实现对外提供透明服务。冗余主服务器定时地检测主服务器的状态，当发现主服务器失效时，将立即从数据库获取数据来完成初始化，从而将主服务器的所有任务都切换到它上面执行。

基于红外和可见光双光监控，实现了一种同时具有温度监测和视频监控功能的智能监控系统，满足了电力、石油、石化等行业对温度监测和视频监控的双重需求。采用基于 IP 网络的硬件架构，使系统获得了部署灵活、便于管理和易于扩展等优点。采用服务分离、数据库读写分离的软件架构，使系统获得了良好的性能和可伸缩性。针对NVR 和系统服务器这两个关键节点，实现容错机制，使系统获得了高可靠性。

8.3　家用电器智能控制与能源管控

8.3.1　家用电器智能控制与能源管控系统的组成

1. 家用电器控制系统的组成

家用电器智能控制与智能照明控制类似，不同的是受控对象不是灯具而是家用电器，如对家里电视机、功率放大器、空调、电热水器、电饭锅、饮水机和投影机等家用电器进行智能控制，可避免饮水机在夜晚反复加热影响水质；在外出时可关闭插座电源，避免电器发热引发安全隐患以及对空调、地暖进行定时或者远程控制，让用户回家后马上享受舒适的温度和新鲜的空气。

电器智能控制一般分为两大类，一类是原来可用红外遥控器控制的家用电器，如电视机、空调等，这类家用电器是在控制主机"指挥"下，将原来红外遥控器的功能"学习"到红外线转发器，通过红外线转发器去控制家用电器；另一类是由控制主机直接用无线电信号去控制家用电器的电源插座，如热水器、电饭锅和饮水机等。

2. 能源管控系统的组成

家庭能源管控系统是智能家居不断发展的产物，也是家用电器智能控制系统的升级。社会经济的快速发展致使人们对电力的需求日益增加，如何节约用电、科学用电和管理用电，有效地控制家庭能耗是智能家居需要研究的课题。如在家庭用电上，可以监测能耗。用电高峰期时，可以有选择性地使用家用电器，优先使用功率较小的家用电器。同样，可以检测何时电费较低，这时可以集中使用家用电器，节约电费。与此同时，家里的用电情况都可以随时观测,也可以远程通过计算机、智能手机和平板计算机等进行实时监控。

家庭能源管控系统一般由智能电表、电能监控插座(或称无线智能插座)、无线路由器、智能控制主机等智能设备及室内无线网络组成。常用家庭大功率电器,如电热水器、电磁炉、电冰箱和空调等,只需将其电源线直接插在无线智能插座上,便能正常工作,并可记录下这些电器的实时能耗。无线电源插座上的数据信息可以通过无线协议IEEE802.15.4E,由无线路由器发送给控制主机。控制主机把数据信息进行协议转换成以太网数据帧格式后通过交换机把数据帧转发给室内智能电表和本地服务器。室内智能电表在接收到数据帧后,对家用电器能耗信息数据进行分析并显示在液晶屏面上。本地服务器同样通过以太网获取到家用电器能耗数据,对数据帧进行解析后存储在本地后台数据库,同时构建远程访问网页,这样远程计算机、5G 手机和平板计算机在联网的情况下,通过 TCP/IP 访问本地服务器获取能耗数据以及发送控制命令,控制命令通过本地服务器把控制命令由以太网发送给控制主机,由控制主机发送给无线路由器,再发送给无线智能插座分析控制命令并执行操作,这样就实现了 IEEE802.15.4E 网络的无线智能插座组网和远程能源监控。

8.3.2 家用电器智能控制与能源管控系统设计

1. 家用电器的控制方式

目前家用电器的控制方式主要有手动控制、机械定时控制、遥控器控制和微型计算机控制等。

(1)手动控制。

手动控制是以前大多数家用电器采用的控制方式,将家用电器插上电源后,用手按下电源开关,家用电器便可正常工作,如电热水壶、电火锅和电吹风等。

(2)机械定时控制。

机械定时控制是在家用电器内安装机械定时器,将家用电器插上电源后,用手旋转定时器,设置电器工作时间,电器在超过工作时间后,会关断电源或进入保温状态,如电饭锅、电风扇等。

(3)遥控器控制。

遥控器控制是用红外线遥控器控制家用电器的工作,如空调、电视机、影碟机和数字电视机顶盒等。

(4)微型计算机控制。

微计算机控制也称为全自动控制,它是近期生产的家用电器采用的控制方式,利用家用电器内部的单片机,事先设计好各种工作程序,将家用电器插上电源后,按下(功能)键,便可正常工作。如洗衣机、微波炉和豆浆机等。

2. 家用电器智能控制设计

家用电器智能控制设计是在不改变现有家用电器控制方式的基础上,由控制主机来统一控制室内各式各样的家用电器。

家用电器智能控制系统主要是由硬件与软件两部分组成,软件部分集成在控制主机内部,一般由生产厂家完成。硬件部分主要有控制主机、智能插座和红外线转发器等。

智能插座目前有 3 种,一种是基于射频无线控制的单向控制智能插座,即电源插座只能接收控制主机的控制信息;另一种是基于 ZigBee 无线组网的双向控制智能插座,即电源插座不仅能接收控制主机的控制信息,而且能将家用电器的开关状态、工作参数返回控制主机,控制主机收到返回信息后再进行分析与处理。如电源插座能随时将电源电压的数值传给控制主机,控制主机可在电源电压不稳时,自动断电,并给用户发出报警提示;第 3 种是 Wi-Fi 无线智能插座。

红外线转发器,是家用电器智能控制系统中不可缺少的设备,通过它可用一部智能手机或平板计算机替代原有的各式红外线遥控器,如以前用户看电视节目,需要使用电视机遥控器、数字电视机顶盒遥控器,有时还要用 DVD 遥控器等,采用家用电器智能控制系统后就省掉学习使用众多遥控器的烦恼,轻松掌控家中的各种电器。

家用电器智能控制系统不仅可方便实现一机随便遥控室内各种电器,还可以实现家用电器远程控制。即在任何时候、任何地点都可以用手机或者平板计算机,通过互联网、手机无线网络和家庭网络对家里的空调、洗衣机、电视机、微波炉和电磁炉等进行开关控制。如在回家的路上,就可以利用手机打开家里的空调或电热水器等,这样进门后就有一个舒适生活环境。

家用电器智能控制系统还有一个特点是一键多机控制或与灯光组合为情景控制,还可与控制主机配合实现家用电器远程情景控制。

家用电器智能控制设计要根据室内家用电器的分布,设计安装好智能电源插座和普通电源插座,采用红外线转发器控制的家用电器,如空调、电视机等可安装普通电源插座,但先要配合控制主机将空调、电视机原有的红外线遥控器学习到红外线转发器上,这样在手机上就会出现原有红外线遥控器上的相对应按键。

8.3.3　家用电器智能节能控制系统分析与设计

在互联网技术不断发展的环境下,家用电器方面逐渐地实现了智能化。下面提出的家用电器智能节能控制系统,建立在无线网络的基础上,控制各种家用电器,进而人性化地管理家用电器,此系统能够控制用电浪费现象,实现最优的节省电源成效。

1. 系统的整体框架

家用电器智能节能控制系统有客户端(电脑、智能手机)、无线网络、控制中心、网关、采集节点等部分。其中,客户端对于家电运行数据情况反映以后发出控制命令等,采集节点进行采集电视、空调以及照明灯等家用电器的功率、能耗、电压等数据,掌握电器运行状态。无线网络是进行建立起星型网络,对于家用电器的运行数据传输,智能家用电器的触摸屏主控器发送控制命令,涵盖了硬件平台、软件平台。网关可以传递触摸屏控制器跟无线网络间产生的信息。系统数据库采取 SQL Server2012 对家用电器运行的参数进行存储以及采集。

2. 系统硬件模块

第一,ARM 嵌入式系统中央控制芯片 S3C2440。ARM 嵌入式系统的中央控制芯片采取 S3C2440 对控制信息展开接收、发送,主频处理速度极快,其采取 ARM9 处理器,具有复位模块、Flash、SDRAM 以及供电电源等部分,还包括了 USB 接口、以太网接口以及 SD&MMC 存储卡接口等,符合家用电器智能控制系统的应用。第二,家电控制终端模块。家用电器智能节能控制终端有空调控制、灯光控制、电视控制、温湿度控制等,按实际控制要求采取针对性的传感器,例如灯光传感器、红外监测传感器和温湿度传感器等。传感器通过 ZigBee 无线网络以及 ARM 主控模块采集数据,同时展开数据连接,将家电运行的状态数据传输,并且实施警报信息的传递。光照采集应用 P9003 传感器,人体红外监测功能是实施红外传感器 RE200B。第三,无线 ZigBee 模块。其应用星型网络,涵盖了两部分,即终端节点、协调器节点,ZigBee 模块同主控制中心以及采集传感器的通信,实现的途径就是全口协议。第四,GPRS 模块。此模块应用 LT2312,经 RS232接口连接 ARM 控制模块,维护通信过程有效性。第五,网关模块。此系统具有 ZigBee网络接口、Wi-Fi 接口、以太网接口以及移动通信接口,用户经手机连接移动通信网等方式,可以访问智能家居网关。

3. 系统软件部分

首先,系统软件功能结构。系统的主程序进行家用电器的信息查询,实施用电分析以及评分评比,也展开电器监控、发挥一键节能等功能。其次,家用电器节能方案及节能算法设计。在节能方案方面,涵盖了自动控制和警告、用电评估等,可以分类家用电器,包括时段敏感型、室温敏感型以及待机敏感型等。所有系统数据于 SQL Server2012数据库存储,每月评估电器的用电状态、节能情况,发送给用户相应的结果,做出科学的节能策略。在节能算法设计方面,经 BP 神经网络算法实现,其中涵盖了输入层、隐含层、输出层,达到控制决策的目标。最后,终端数据显示页面设计。显示页面包括几个部分,即用户登录界面、能耗管理界面。终端数据显示经 Web 网页形式实现,而且能耗管理界面可以显示电器运行状态,按照电器能耗分析,做出相应的节能建议。

4. SQL Server2012 数据库设计

本系统数据库采取 SQL Server2012 数据库,存储用户的相关数据以及家用电器参数数据。核心部分就是家用电器参数数据,制定出家用电器数据表(电流、电压等),同时涉及电器类型和状态等数据表、电器状态数据表、家电属性数据表等,另外也包括系统用户数据表,其中涵盖用户个人信息、注册名称等数据。

这里设计的系统,可以智能化的控制家用电器同时落实节能管理,为了提升系统的功能,还需要不断健全完善。

8.4 本项目小结

【项目评价】

项目学习完成后,进行项目检查与评价,检查评价单如表 8-1 所示。

表 8-1　检查评价单

评价内容与评价标准

序号	评价内容	评价标准	分值	得分
1	知识运用 (20%)	掌握相关理论知识,理解本次任务要求,制订了详细计划,且计划条理清晰、逻辑正确(20分)	20分	
		理解相关理论知识,能根据本次任务要求制订合理计划(15分)		
		了解相关理论知识,制订了计划(10分)		
		没有制订计划(0分)		
2	专业技能 (40%)	能够学习到什么是智能家居以及物联网技术在智能家居领域中的具体应用(40分)	40分	
		能够完成物联网在智能家居领域的体系架构的自学(40分)		
		没有完成任务(0分)		
		具有良好的自主学习能力、分析并解决问题的能力,整个任务过程中有指导他人(20分)		
3	核心素养 (20%)	具有较好的学习能力、分析并解决问题的能力,整个任务过程中没有指导他人(15分)	20分	
		能够主动学习并收集信息,具有请教他人以解决问题的能力(10分)		
		不主动学习(0分)		
4	课堂纪律 (20%)	设备无损坏、设备摆放整齐、工位保持整洁、没有干扰课堂秩序(20分)	20分	
		设备无损坏、没有干扰课堂秩序(15分)		
		没有干扰课堂秩序(10分)		
		干扰课堂秩序(0分)		

【项目小结】

通过学习本项目,学生可以学习到什么是智能家居以及物联网技术在智能家居领域中的具体应用,具体包括智能照明控制系统、智能的家电控制与能源管控等。

【能力提高】

一、填空题

1.智能家居是一个以_____为平台,兼备建筑、网络通信、信息家用电器和设备自动化,集系统、结构、服务和管理为一体的高效、舒适、安全、便利及环保的居住环境。

2.数字家庭也称为_____,它是指以家庭为中心,连接家庭内的各种数字设备,来整合提供和满足家庭成员对家庭生活的多种需求。

3.信息家用电器是一种利用计算机技术、_____和电子技术与传统家用电器相结合的新型家用电器。

4.智能家庭网络一般包含两层意义。一是指在家庭内部各种信息终端及各种家用电器能通过智能家庭网络自动发现、_____及协同服务。

5.电子防范技术。主要是指应用于安全防范的电子、通信、计算机与_____及其相关技术。

二、选择题

1.书房灯具的选择先要以保护视力为基准。除了人的生理、健康和用眼卫生等因素外,必须使灯具的主要照射面与非主要照射面的照度比为　　　　　　　(　)

　　A.20∶1　　　　　　B.15∶1　　　　　　C.10∶1　　　　　　D.8∶1

2.LED光源电路由几路8个串联的暖光LED灯和几路8个串联的冷光LED灯组成　　　　　　　　　　　　　　　　　　　　　　　　　　　　　　(　)

　　A.4　4　　　　　　B.5　5　　　　　　C.6　6　　　　　　D.7　7

3.在低功耗和通信能力测试方面,ZigBee节点和遥控器待机时最大工作电流分别为2 μA和15 μA,在室外距离50至多少米时,各个节点仍能正常完成数据通信(　)

　　A.100 m　　　　　　B.150 m　　　　　　C.200 m　　　　　　D.250 m

4.智能插座目前有多少种　　　　　　　　　　　　　　　　　　　　(　)

　　A.2　　　　　　　　B.3　　　　　　　　C.4　　　　　　　　D.5

5.目前家用电器的控制方式主要有机械定时控制、遥控器控制、微型计算机控制和什么　　　　　　　　　　　　　　　　　　　　　　　　　　　　　　(　)

　　A.手动控制　　　　　B.电脑控制　　　　　C.5 机器控制　　　　D.想象控制

三、思考题

1.请简要介绍智能家居的特征。

2.智能家居的控制方式有哪些?

3.尝试结合生活场景设计一个简易的照明智能控制系统。

4.请简要介绍一下家用电器智能控制与能源管控系统的组成设计方法。

5.请结合自身生活经历与家用电器智能节能控制系统,探讨电器的节能发展方向。

项目 9　农业物联网系统应用

【情景导入】

我国是农业大国,传统农业在国际市场上的优势主要依赖于丰富的自然资源和低廉的劳动力成本。随着物联网等高新技术的发展,我国传统农业正在加快向现代农业转型,而智慧农业将成为现代农业未来发展的趋势。要建设智慧农业,就要依托物联网等先进的科学技术,大力推进农业科技创新,研究多功能、智能化、能推动农业生产力发展的农业科技成果,并及时地将科技成果转化为农业生产所需的技术产品,应用于农业生产的整个过程。

【知识目标】

(1)了解大田农业物联网系统的应用方向。

(2)熟悉设施农业物联网系统应用方式。

【能力目标】

(1)掌握果园农业物联网的系统应用。

(2)明确农产品加工物联网的系统应用与安全保障。

【素质目标】

(1)培养学生的自信心,鼓励他们主动遵守规章制度。

(2)引导学生展现积极的态度,推动科学技术的不断发展。

【学习路径】

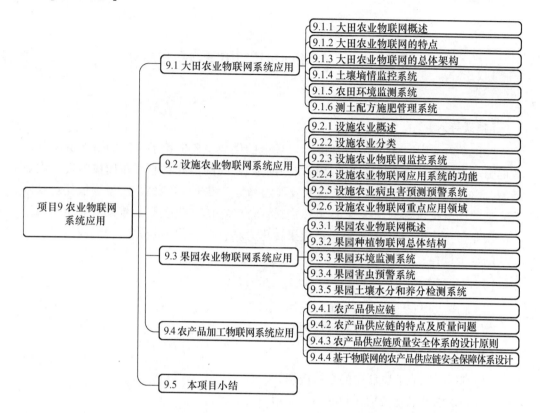

9.1 大田农业物联网系统应用

9.1.1 大田农业物联网概述

大田农业物联网是物联网技术在产前农田资源管理、产中农情监测和精细农业作业以及产后农机指挥调度等领域的具体应用。大田农业物联网通过采集实时信息，对农业生产过程进行及时的管控，建立优质、高产、高效的农业生产管理模式，从而能够保证农产品的数量和质量。大田农业是大面积种植农作物的大规模农业生产。如大豆、水稻、玉米等在我国有着大面积种植范围的，均可称为大田农作物（图9-1）。

大田农业物联网相对精细农业物联网，其系统更加先进。大田农业物联网系统可以根据不同地区的农业生产条件，如土壤类型、灌溉水源、灌溉方式以及种植作物等统筹划分各类型区，通过在各类型区域里选取能够体现本区域的地块特征的地块，建设对土壤含水量、水源信息自动采集监测点，并通过灌溉预报和信息监测时报系统，将最佳的土地灌溉信息等数据发布给农业技术人员。

图 9-1　大田农业物联网

这里将重点介绍大田农作物特点、大田农业物联网总体框架、墒情气象监控系统、农田环境监测系统、测土配方施肥管理系统、大田作物病虫害诊断与预警系统。

9.1.2　大田农业物联网的特点

大田农业物联网技术主要是现代信息技术及物联网技术在产前农田资源管理、产中农情监测和精准农业作业中应用的过程。主要包括以土地利用现状数据库为基础，应用 3S 技术快速准确掌握基本农田利用现状及变化情况的基本农田保护管理信息系统；自动检测农作物需水量，对灌溉的时间和水量进行控制，智能利用水资源的农田智能灌溉系统；实时观测土壤墒情，进行预测预警和远程控制，为大田农作物生长提供合适水环境的土壤墒情监测系统。采用测土配方技术，结合 3S 技术和专家系统技术，根据作物需肥规律、土壤供肥性能和肥料效应，测算肥料的施用数量、施肥时期和施用方法的测土配方施肥系统。采集、传输、分析和处理农田各类气象因子，远程控制和调节农田小气候的农田气象监测系统。根据农作物病虫害发生规律或观测得到的病虫害发生前兆，提前发出警示信号、制定防控措施的农作物病虫害预警系统。

大田农业有两个最大的特点：种植区域面积广且地势平坦，以东北平原大田种植为典型代表。由于种植区域面积广阔平坦，种植区域内气候多变这两大特点，对传统农业中的农业信息传输技术有很大要求，同时也需要物联网平台监控范围很大，且传输信号的稳定性也会受到野外天气的影响。可利用农业物联网监控大田农业数据采集并不需要太高的频率和连续性特点，应用远距离的低速数据的可靠性传输技术。

9.1.3　大田农业物联网的总体架构

大田农业物联网系统主要由智能感知平台、无线传输平台、运维管理平台和应用平台 4 个部分构成。这 4 个平台系统功能相互独立但通过系统网络进行相互连接，共同组成大田农业物联网系统(图9-2)。

图9-2 大田农业物联网技术

1. 智能感知平台

智能感知平台是构成整个大田农业物联网系统平台的基层平台,构成农业物联网系统平台的第一链条。它直接对农作物生长过程中需要的土壤、温度、湿度等农作物必需的外部条件进行监测服务。这个平台主要由土壤水分传感器和土壤温湿度传感器两部分组成,对农作物生长过程中土壤所需的环境条件进行监测控制;智能气象服务站,其主要功能是对农作物的外生长过程中所需要的温度、湿度、降水量、风速、风向以及辐射情况等条件进行服务,具有作用综合和服务范围广的特点。

2. 无线传输平台

无线传输平台与智能感知平台紧密联系,是整个农业物联网系统平台的第二链条。由于物联网的传输介质是不一样的,因此无线传输主要有两大类传输方式:一种是由GPRS、CDMA、无线网络组成的一类移动通信载体,其具有不需布线、可流动工作等特点,可以应用于不利于布线布网的野外大田农作物的种植场合;另一种是 WLAN 无线网络,是一种属于区域内的无线网络,不仅具有以太网、带宽的优点,同时兼具 GPRS、CD-MA、TD 等网路的部分无线功能,是大田农业物联网系统中无线传输平台的发展方向之一。

3. 运维管理平台

运维管理平台与无线传输平台紧密结合,同时也是一种智能管理信息系统,它属于整个农业物联网系统平台的第三链条。这种平台主要涵盖远程灌溉智能控制、土壤墒情预测以及农田水利设施管理等功能。通过运维管理平台对农作物及其环境信息可以开展平台管理和调度指挥等操作。例如,通过获得的旱情预报信息,在运维管理平台上实施远程灌溉,同时对灌溉时间长短、用水量大小进行过程控制。

4. 应用平台

应用平台与运维管理平台紧密结合,属于整个系统平台的第四链条,是一个终端平台。应用平台主要由两部分组成:网络技术应用平台和网络应用主体平台。前者主要包括手机短信息、WAP 平台和互联网访问等,信息接收终端可以远程实时了解和处理信息;后者主要包括政府部门,如农业、水利和气象等部门,这些部门能通过该平台对大田农业生产实施专业指导,提升农情、农业气象、农田水利等综合管理水平,从而实现农业生产的专业化、精细化、科学化。

9.1.4 土壤墒情监控系统

1. 土壤墒情监控系统的原理

主要采用 GPRS 或 GSM 传输方式,该传输方式适合于长距离的数据传输。GPRS 通信方式采集点将采集到的数据信息通过网络上传,用户可利用手机终端或者 PC 电脑进行登录查看。数据稳定可靠,其通信费用按流量计费,适用于数据量大的应用模式。

墒情监控系统建设主要含三大部分:墒情综合监测系统,建设大田墒情综合监测站,利用传感技术实时观测土壤水分、温度、地下水位、地下水质、作物长势和农田气象信息,并汇聚到信息服务中心,信息中心对各种信息进行分析处理,提供预测预警信息服务;灌溉控制系统,利用智能控制技术,结合墒情监测的信息,对灌溉机井、渠系闸门等设备进行远程控制和用水计量,提高灌溉自动化水平;大田种植墒情和用水管理信息服务系统,为大田农作物生长提供合适的水环境,在保障粮食产量的前提下节约水资源(图 9-3)。

图 9-3 土壤墒情监控系统

2. 土壤墒情检测系统的特点

网络提取:系统采集节点可通过 GPRS 通信方式将数据传输至网络中,用户可以使用联网的电脑实时获取并查看土壤墒情等数据或曲线图信息,并可下载到本地电脑。

短信或电话提取:手机可通过发挥特定读取数据的命令短信或者电话呼叫的形式给主机,手机即可收到现场实时数据信息。

9.1.5　农田环境监测系统

农田环境监测系统主要是实现土壤、微气象和水质等信息进行自动监测以及远程传输。根据农田检测参数的集中程度,可以分别建设单一功能的农田墒情监测标准站、农田小气候监测站和水文水质监测标准站,也可以建设规格更高的农田生态环境综合监测站,利用农田生态环境综合监测站可以同时采集土壤、气象和水质参数。监测站具有低功耗、一体化设计的特点,供电来源来自太阳能,是绿色产品,而且具有良好的农田环境耐受性和一定的防盗性。

在现实环境中,针对农田环境状况复杂、监测难度大等问题,设计了基于 WIAPA 标准无线传感器网络。该系统利用无线传感器节点对农田环境参数进行采集,并将获得的数据通过 WIAPA 网络发送至远程服务器。远程服务器对参数进行分析和存储,对于超出阈值的数据会及时通知管理者,管理者通过远程服务器发送控制命令到传感器节点调节相关参数,从而实现远程监测与控制。

以农田环境监测系统建设为例,阐述农田环境监测的过程和作用。一般,农田环境监测系统由 3 种系统构成:气象信息采集系统,主要用来感知各类气象变化的信息,包含空气温湿度传感器、土壤水分与温度传感器以及光照传感器等;数据传输系统,该系统的无线传输模块将收集到的数据信息通过 GPRS 网络传输到和它相连接的联网电脑上,完成远距离数据传输的过程从而实现数据传输;执行设备管理和控制系统,执行设备是指用来调节大田小气候变化的各种设施,以二氧化碳生成器、灌溉设备等为主要执行设备,控制设备是指控制数据采集设备与任务执行设备工作的一种模块,其功能是设置智能气象站系统的相关工作参数,掌控数据采集设备的运行状态;通过智能气象站系统发出的命令,随时控制执行设备的开启/关闭(图 9-4)。

图 9-4　农田环境监测系统

9.1.6　测土配方施肥管理系统

1. 测土配方施肥系统简介

测土配方施肥管理系统是根据测土配方施肥的各个关键点设置,生成合理的施肥方案,是一种具有很强服务能力的软件服务系统。该系统包括测土数据管理系统和测土数据应用系统两大主要部分。测土数据管理系统完成对测土数据的存储、施肥配方的管理和施肥配方的评价三方面的工作,其作用是完成对测土数据的查询、施肥配方的生成和测土配方施肥的指导。系统面向的主要应用者是普通农民,而系统的维护和数据管理人员是农业技术专家。

2. 测土配方施肥的原理

测土配方施肥是通过土壤测试和肥料田间试验为相关试验基础,依据作物的需肥规律、土壤供肥性能和肥料效应,提出氮、磷、钾及中、微量元素等肥料的施用数量、施肥时期和施用方法。通俗地讲,就是在农业科技人员指导下科学施用配方肥。通过调节与解决农作物和土壤之间的肥料供给关系,并有针对地分配农作物生长过程中所需的元素,完成各种养分之间的平衡供给,满足农作物的需要,提高肥料的利用率,同时减少肥料使用量,进一步提高农作物产量,以达到增加收入的目的。测土配方施肥分为“测土、配方、配肥、供应、施肥指导”5 个关键环节,紧密围绕这 5 个关键环节实现测土配方施肥在农业中的应用。

3. 系统功能和特点

测土配方施肥系统完整地实现了对测土工作流程的管理和应用,分为测土数据管理系统和测土数据应用系统两大子系统。测土数据管理系统主要面向土肥站的农技推广专家,是关于测土数据和基本信息的维护管理系统。测土数据应用系统主要面向服务基层农业生产人员,是测土数据应用、施肥配方应用、对施肥配方进行评价、学习测土配方基本理论知识的平台。该系统的主要功能可分为测土数据查询、作物种植配方施肥、农资供应查询、配方施肥技术查询以及信息交互反馈等。

测土配方施肥系统具有如下特点:

(1)测土配方施肥过程管理。

(2)支持多种应用方式,最大化服务范围。

(3)多样的展现形式,易于农民接受。

(4)科学的施肥配方算法,形成科学的施肥配方。

(5)测土配方施肥宣传与培训平台。

(6)视频面对面的集成,利于专家和农民的交流。

(7)调查与反馈系统组成完整的闭环平台。

(8)可组合的模块方式,适合各种应用。

(9)支持数据采集的多种模式,简化测土信息录入。

(10)接受定制开发,满足个性化需求。

4. 大田作物病虫害诊断与预警系统

病虫害对于农作物的产量有着极大的影响,严重的病虫害会导致农作物大量减产。因此,建设大田农作物病虫害诊断与预警系统对确保农作物产量有着举足轻重的作用,而科学地监测、预测并进行事先的预防和控制,对农业增收意义重大。大田农作物病虫害诊断与预警系统的建设可以解决我国病虫害严重发生、农业生产分散、缺少相关的病虫害专家、农民素质待提升、科技服务工作和推广能力差等实际问题。养殖户可以通过Web、电话、手机等设备对农业病虫害进行诊断,同时也可以得到专家的帮助。该平台可以实现农业病虫害诊断、防治、预警等知识表示、问题求解与视频会议、呼叫中心、短消息等新技术的有效集成,实现了通过网络诊断、远程会诊、呼叫中心和移动式诊断决策多种模式的农业病虫害诊断防治体系。

9.2　设施农业物联网系统应用

随着国民生活水平的不断提高,进而对相关农产品的需求量也逐渐提升,而设施农业自然成为满足人民需求的一种有效的方式。设施农业将有效解除自然条件的制约,是高产、高效、优质和技术密集型的农业。近年来,我国以塑料大棚和日光温室为主体的设施农业迅速发展,但仍存在生产水平和效益低下、科技含量低、劳动强度大等问题,因此设施农业的技术改进迫在眉睫。由于物联网的广泛应用在各个领域当中,因此也给农业设施的发展带来了新的机遇,同时,物联网感知透明化、更全面的互联互通以及更深入的智能化,对提升物质世界的感知能力,实现智能化的决策和控制有着很大的现实作用。设施农业对土地使用效率上的功能明显,因此目前在我国获得了较快发展。本节主要介绍设施农业物联网的监控系统、功能、病虫害预测预警系统及其在重要领域的应用,以便读者对设施农业物联网有一个全面的认知。

9.2.1　设施农业概述

1. 设施农业的介绍

设施农业是借助温室及其配套装置来调节和控制作物生产环境条件的新农业生产方式,采用具有特定结构和性能的设施、工程装备技术、生物技术和管理技术,改善或创造局部环境,为种植业、养殖业及其产品的储藏保鲜等提供相对可控制的最适宜温度、湿度、光照度等环境条件,以充分利用土壤、气候和生物潜能,在一定程度上摆脱对自然环境的依赖而进行有效生产。

设施农业中采用了基于传感器和无线网络融合的新应用,通过在温室内布置光照、温度、湿度等无线传感器、摄像头和控制器,园区管理者可以随时随地通过手机或者电脑进行远程监测、远程控制浇灌和开关卷帘等设备,并可以随时获取温室内的温度、湿度等相关情况。其真正意思上实现自动化管理,极大提高了温室工作效率。设备智能控制与人工控制相比较,最强的优势就是能长时间维持室内相对稳定的环境,因此对于环境要求比较苛刻的农作物来讲,它在避免因人为因素而造成的损失方面能取得较好的效果,并且运用物联网技术能够提高作物的产量与质量。

传感器是设施农业物联网技术的基础,设施农业物联网技术中常用的传感器,有光照传感器、温湿度传感器、压敏传感器、CO_2 传感器、pH 传感器和生物生长特性传感器。用这些传感器可以对设施农业作物生长环境和农作物生长状态进行监测。

2. 设施农业物联网技术发展的背景

因能高效利用土地,设施农业在我国实际应用中得到了长足的发展。设施农业是一个相对可以调节的人工环境,可通过调控棚内环境控制作物生长,颇受农户喜爱。但农民对调节这种环境的意识不强,作业方式又很粗放,相关的推广专家不多,一旦农民在遇到技术难题的情况下,他们无法很快获取相关的技术服务指导。对于外界的气象条件发生突变,特别是在一些北方省份,一旦在夜间突发大范围降雪,极有可能对农作物造成不可估量的损失。而设施农业物联网应用系统能够将温室的具体实际环境参数通过手机无线通信上传到互联网平台,从而监测温室情况,同时能够显示发生异常的温室,并以短信的形式将异常情况发到农户的手机上,以便农户能够进一步采取措施。因此,设施农业物联网被逐步应用并推广(图9-5)。

图9-5　设施农业物联网技术

9.2.2　设施农业分类

在国际上,欧洲、日本等通常使用"设施农业(protected agriculture)"这一概念,美国则通常使用"可控环境农业(controlled environmental agriculture)"一词。我国已经成为在设施农业领域内的最大面积利用太阳能工程的国家,绝对数量优势使我国设施农业进入量变到质变的转化期,技术水平越来越接近世界先进水平。设施农业主要有设施种植,设施养殖,设施食用菌。

1. 设施种植

设施种植属于高投入高产出的密集型产业。它是通过人造设施，使传统农业摆脱自然条件约束，并使其走向现代化工厂生产、环境安全生产以及无害农业的一种必经的道路。同时也是农产品突破传统农业的季节性销售禁锢，实现蔬菜反季节上市销售，进一步满足大众的多元化和多层次消费需求的快速路径。

传统的设施种植用钢柱搭建一个简易大棚并覆膜，在大棚内铺好浇灌水管并安装上排风机。现代设施种植相对较复杂，不仅需要搭建大棚、铺设管道、安装排风机，还要在温室里面装控制柜、各种环境监测采集的传感器以及用来进行图像采集的摄像头。

控制柜用来接收传感器采集并发送过来的相关数据，通过光纤线路上传到物联网生产管控平台，同时进行数据的存储、分析比对等相关处理，通过与系统设定的数据阈值进行比较，将反馈控制命令通过光纤通信方式传输到每个温室的农业物联网温室智能控制柜，使温室内的相关设备执行相应动作，如自动控制卷帘、喷滴灌设备，使温室内的环境始终保持在一种适宜作物生长的条件。

科学、规范地种植作物使农产品的品质得到大幅提升，并大大降低了人工成本，提高了生产率，减少铺张浪费，最终达到增产、提高盈利目的。

2. 设施养殖

设施养殖又可以分为水产、畜牧养殖。例如，家禽设施养殖，通常需要一整套蛋鸡养殖设备，蛋鸡鸡笼、自动饮水设备、机械化喂食设备、机械集蛋设备、机械清粪设备等。现代与传统的设施养殖最大区别是现代养殖不仅是全自动化，还加入了智能监控信息采集数据分析等功能。例如，传统设施养殖如果鸡棚温度或者二氧化碳含量过高就要人工去通风，而现代养殖法中，一旦温度过高，报警器就会报警，并控制风扇自动打开通风，直至数据恢复到安全界内。

采用设施养殖技术，做到防患于未然，可降低养殖风险，降低疫情发生率，保护养殖户的财产安全，提高养殖效率，并减少人工支出。

3. 设施食用菌

塑料温室大棚食用菌丰产栽培技术与常规食用菌栽培技术大致相同，但大棚内的温湿度、光照以及空气等条件与常规栽培相比较，还有以下区别。

（1）加温、保温。

在冬春季时，在大棚上加盖农膜，能够对其进行加温、保温作用，而在低温冷冻时间，棚内温度能够保证不下降至 5 ℃以下，因此塑料温室大棚内的一般食用菌不会受到低温灾。

（2）保水、保肥。

相对室外种植来讲，棚内的土壤水分蒸发速度相对较慢，并且食用菌不受外界雨水影响，保肥能力强。

（3）遮阳、蔽阳。

夏秋季节，通过在大棚上增加两层遮阳网，能够起到降温遮阳的作用，使得棚内温度不高于 36 ℃，从而避免高温对食用菌的伤害导致的死亡。

(4)防雨、防风。

大棚盖农膜可以保护棚内食用菌不被雨水冲洗,同时也可防止大风灾害。

通过物联网技术,实现食用菌的栽培自动化,使食用菌生产的各个环节均实现了机械化,很大程度上节省了人力,这是常规栽培无法达到的。

9.2.3 设施农业物联网监控系统

设施农业物联网以全面感知、稳定传输和智能化处理等物联网相关技术为基础,以自动化生产、最优化控制和智能化管理为主要生产方式,是一种高产、高效、低耗、优质、生态、安全、现代化农业发展模式与形态。主要由设施农业环境信息感知、信息传输和信息处理 3 个环节构成。各个环节的功能和作用如下:

1.设施农业物联网感知层

设施农业物联网的应用通过土壤、气象和光照传感器对温室生产的温度、水、肥、电、热、气和光的 7 个指标进行监测、调控并记录,保证温室内作物的生长环境稳定(图9-6)。

图 9-6 设施农业物联网感知层

2.设施农业物联网传输层

通常情况下,通过温室内的相关数据传输终端可以完成对温室的环境参数以及作物生长情况的监控。通过手机短信以及网络传输方式,监测大田传感器网络所收集的信息,同时采用作物生长模拟技术与传感器网络技术,通过常见蔬菜生长模型和嵌入式模型的低成本智能网络终端和中继网关与远程服务器进行双向通信,而且服务器也可以对数据进行更进一步的决策分析,对温室所部署的灌溉等相关装备进行远程管理控制。

3. 设施农业物联网智能处理层

通过对采集的信息进行共享、交换、融合,从而获得最优以及多方位的精确信息,使得最终实现对设施农业的施肥、灌溉、收获等的决策管理和指导。结合具体经验,根据作物生长情况和病虫害发生等相关影像进行技术处理,实现设施农业作物的长势预测和病虫害监测与预警功能。还能够将监控获得的信息实时地传输到信息处理平台,信息处理平台对温室的环境状况予以同步实时显示,并根据系统设置的预先阈值,对温室内控制空气、温度等设备进行控制,达到温室内环境可知和可控。

9.2.4 设施农业物联网应用系统的功能

1. 便捷功能

农户可以通过自己的手机或者电脑快速地连接到系统平台,从而实时了解温室的具体参数。

2. 远程控制功能

一些较大的温室种植基地,都会有电动卷帘和排风机等设备,通过设施农业物联网系统可以对这些设备进行远程控制。例如,当室外温度低于 15 ℃时,温室设备就会自动被监测到,并控制卷帘放下,极大地方便了农户对温室进行管理。通过在温室的设备上安装摄像头,可以实时拍摄作物生长或病害状况,当发生病虫害时,农户可以将拍摄的照片发送给相关专家进行诊断。

3. 查询功能

农户可以通过查询功能随时随地使用移动设备登录查询系统,查看温室的历史温度曲线以及设备的操作过程等。还能提供增值服务功能,包括查看当地惠农政策、市场行情、供求信息、专家通道等。

9.2.5 设施农业病虫害预测预警系统

设施农业病虫害预测预警系统是对基地作物病虫害的预测数据进行实时采集,同时通过统计分析后,发布预处理结果,从而实现设施农业病虫害发生期和发生量预警分析、虫情实时监测数据空间分布展示与分析、病虫害蔓延范围时空叠加分析,大棚对周边地区病虫害疫情进行防控预案管理、捕杀方案辅助决策、防控指令与虫情信息上传下达等功能,为设施病虫害联防联控提供分析决策和指挥调度。因此系统包括 4 个部分,病虫害实时数据采集模块、病虫害预测预报监控与发布模块、各县市区重大疫情监测点数据采集与防控联动模块、病虫害联防联控指挥决策模块。

1. 病虫害实时数据采集模块

通过通信服务器将各基地的病虫害预测预报信息以及基础数据实时采集,存储在控制中心数据库中,为疫情监控提供基础数据。

2. 病虫害预测预报监控与发布模块

统计分析采集的各基地病虫害预测预警数据及基础数据,将统计分析结果实时显示在监控大屏上,专家和管理人员可通过终端浏览和查询病虫害状况信息。

3. 各县市区重大疫情监测点数据采集与防控联动模块

此模块负责实现上级控制中心与各县市区现有重大疫情监测点系统的联网,数据的实时采集、上级防控指挥命令和文件的下达、各县市区联防联控的进展交流和上级汇报。

4. 病虫害联防联控指挥决策模块

通过实时监控病虫害疫情状况及其变化,实施疫情区域和相关区域联防联控的指挥决策,包括病虫害联防联控预案制定、远程防控决策、方案制定与下发、远程防控指挥命令实时下达、疫情防控情况汇报与汇总;实现监控区域内的联防联控,以及非监控区域内的信息收集、疫情发布和联防联控指挥与决策。

9.2.6　设施农业物联网重点应用领域

1. 设施种植领域物联网应用

主要以引领设施作物向高产出、高效益、安全优质、低碳环保方向发展为宗旨,综合部署和集成应用信息采集识别技术、实时监测与数据传输技术、智能调控与分析处理技术等,实施作物生长过程的优化控制,协调温室大棚蔬菜生长自然环境与植物生理需求之间的矛盾,实现作物生产过程信息感知采集、传输汇聚和分析处理智能化、精细化和集约化,达到作物产值最大化、产品品质最优化的目标(图 9-7)。

图 9-7　设施种植领域物联网

2. 设施养殖领域物联网应用

现代畜牧业的发展特点是规模化、集约化、产业化、自动化和信息化。物联网应用为农业设施养殖业的高效、健康发展提供了前所未有的先进技术手段。通过应用研究和示范,要解决在规模精细养殖条件下,物联网应用系统架构、网络结构、生长环境感知技术、智能监控技术、溯源数据标准与管理、推广模式等,形成动物规模精细养殖物联网技术与服务体系。在农作物养殖全过程中,实现传感技术、通信技术、数据处理技术的集成化应用,实现养殖资源环境的自动远程监控;对饲喂、疫病、繁殖、粪便清理等环节自动化、智能化、精准化监控,对动物产品质量可追溯。

3.农业资源环境监测物联网应用

农业资源环境监测物联网应用包括影响动物、植物生长的各种自然环境因子,如空气、土壤、水体、气象等信息的检测、监测、跟踪、预警、预报等。通过应用传感识别、数据汇集、智能分析等关键技术,建立农产品生长环境质量监测与评价应用体系,通过无线传感网络部署和多源性数据处理,实现农产品产地关键性环境参数的智能采集、环境实时监控与跟踪。通过产地环境质量评估专家智能分析系统,对农产品生长过程、农产品加工直至消费环节提供质量溯源综合服务(图9-8)。

图9-8 农业资源环境监测物联网

4.农产品加工质量安全物联网应用

在农产品加工企业当中,通过无线传感网络与计算机网络共同构建起来的监控系统,对工程中心区域的环境以及设备的卫生健康状况进行严密的监控,建立完整、安全、可靠的农产品加工监控与报警系统。建立一整套产品的电子标签、识别读取以及检测等标准化体系,从而保证农产品从作物原产地到饭店餐桌的整个过程的安全。

5.农村信息智能化推送服务物联网应用

集成与整合农业科技资源、信息资源、智力资源,建立基于物联网、互联网的农业科技创新与信息服务平台,面向"三农",应用智能推送技术,推广应用科技成果,开展农村现代远程教育等信息咨询和知识服务。

6.开发应用综合智能管理系统

应用网络技术、数据库技术、信息分析技术等,实现农业园区行政办公、安全管控、土地管理、资源调度、档案管理、人员管理、资产管理、生活管理的信息化、智能化。通过综合应用物联网的自主组网技术、宽带传输技术、云服务技术、远程视频技术等,将示范区域内各类智能化应用子系统集成于一个综合平台,实现远程实时展示、监控与统一管理。

9.3　果园农业物联网系统应用

果园农业物联网是物联网在农业领域内的重要应用,它包括先进的传感器采集技术、无线网络数据传输技术以及果园信息数据处理技术,对果园中果树的种植环境过程中的环境参数进行采集与处理,从而实现数据的实时在线采集与监控。通过将这种现代化的种植技术应用到水果种植过程中来,其对减轻果园种植人员的工作量起到了巨大的作用,同时也提高了产值,并保证水果的质量与生态性。

9.3.1　果园农业物联网概述

我国是一个传统的农业大国,果树的种植区域分布广泛,环境因素各不相同,且存在环境的不确定性。传统的果树种植业一般是靠果农的经验来管理的,无法对果树生长过程中的各种环境信息进行精确检测,而且果树种植区域性特别强,如果不进行有效地环境因子的测量,难以对果树生长进行统一集中管理。

随着现代传感器技术、智能传输技术和计算机技术的快速发展,果园的土壤水分、温度和营养信息将会快速准确的传递给果农,同时经过计算机的处理,以指导实际管理果园的生产过程。

所以,将物联网技术引入和应用到果园信息管理中,可以提高果园的信息化、智能化程度,最终建成优质、高产、高效的果园生产管理模式。

9.3.2　果园种植物联网总体结构

果园种植物联网按照三层框架的规划,按照智能化建设的标准流程,结合"种植业标准化生产"的要求,果园物联网总体结构分为,果园物联网感知层、传输层、服务层和应用层。

感知层主要包括土壤传感器、气象传感器、果园视频监控传感器、作物生长传感器。这些设备重点实现对果园生态环境、病虫害和作物生长状态的信息进行采集。

传输层主要包括网络的传输标准、局域网络与广域网络和一些基础的通信设施,物联网络能够通过这些基础通信设备完成对果园信息的可靠和安全传输。

服务层主要有传感服务、视频服务、资源管理服务和其他服务。使用户实时获取想要的信息。

应用层包括果园作业管理系统、果树生长检测系统、病虫害检测系统和果园视频监控系统等应用系统,用户可以应用这些设备来更好地管理果园。

9.3.3　果园环境监测系统

果园环境监测系统实现果园种植环境过程中的土壤、温度、气象和水质等相关数据信息进行测量与远距离数据通信。监测站采用低功耗、一体化设计，利用太阳能供电，具有良好的果园环境适应能力。果园农业物联网中心基础平台，遵循物联网服务标准，开发专业果园生态环境监测应用软件，给果园管理人员、农机服务人员、灌溉调度人员和政府领导等不同用户，提供天气预报式的果园环境信息预报服务和环境在线监管与评价服务。

果园环境数据采集分为两部分，环境因子的数据采集和视频信息的数据采集。主要包括土壤墒情监测系统、气象信息采集系统和视频监控系统，以及数据传输系统。可以实现果园环境信息的远程监测和远距离数据传输。

土壤墒情监测系统是用来采集土壤信息的传感器系统，该系统主要包括土壤水分与温湿度传感器。

气象信息采集系统就是采集各种气象因子信息的传感器，此类传感器通常由光照传感器、风速传感器、雨量传感器和湿度传感器构成。

视频监控系统是利用摄像头或者红外传感器来监控果园的实时状况。

数据传输系统由无线传感器网络和远程数据传输两个模块组成，传感器覆盖整个果园面积，无线传感网络通过 GPRS 或者 GSM 网络将采集到的零散数据进行汇总并传输给数据库。

9.3.4　果园害虫预警系统

农业病虫害是果树减产的重要因素之一，科学地监测、预测并进行事先的预防和控制，对作物增收意义重大。

传统的果园环境信息监控一般是靠果农的经验来收集和判断，但是果农的经验并不都一样丰富，因而不是每一个果农都能准确地预测果园的环境信息，从而造成误判或者延误，使果园造成不必要的损失。

物联网果园害虫预警系统由视频采集模块、无线网络传输系统和数据管理与控制系统 3 部分组成。它可以实时对果园的环境进行监控，并对监控视频进行分析，一旦发现害虫且达到一定程度时立即触发报警系统，从而使果园管理人员及时发现害虫，并且快速给出病虫诊断信息，准确做出应对虫害的措施，避免果园遭受经济损失。

视频采集模块包括摄像探头传感器或红外摄像探头传感器、视频编码器。考虑到系统运行的环境和建成后便于管理，设计主要采用无线移动通信，远程数据传输主要由 GPRS 模块来完成。具体数据管理和控制的功能主要通过计算机来完成。

9.3.5　果园土壤水分和养分检测系统

果园土壤的水分和养分的好坏直接关系到果园生产能力的大小，因此必须要建立果园水分和养分检测系统。将物联网技术应用于果园土壤水分和养分检测，同时根据土壤条件实时做出专家决策，以指导实际果树种植生产过程。

根据物联网分层的设计思想,同样应用于果园土壤水分与养分的检测中,即包括感知层、网络传输层、信息处理与服务层和应用层。

感知层主要完成对果园土壤水分和温度、空气温湿度及土壤养分的采集。

网络传输层主要有果园现场无线传感器网络和连接互联网的数据传输设备。其中数据传输设备包括短距离无线通信部分和远距离无线通信部分。果园内的短距离数据传输技术可以用 ZigBee 无线通信技术和自组织网技术,而远距离数据传输主要采用 GPRS 技术。

信息处理与服务层包括硬件和软件两个部分。硬件部分采用计算机集群控制和局域网;软件有标准数据样本库、传感网络监测数据库、果园生产情况数据库、GIS 空间数据库和气象资料库。

应用层是基于果园物联网的一体化信息平台,运行的软件系统有传感网络系统、基于 WEB 与 GIS 监测数据查询分析系统和果园施肥施药管理系统。

9.4　农产品加工物联网系统应用

农产品是人们生活的必需品,农产品质量安全关系到千家万户。本章通过对农产品供应链进行分解,从农资供应商、农产品生产加工企业、农产品销售商和农产品物流服务商等多个角度分析农产品供应链中可能产生农产品质量问题的原因,同时,提出应用物联网技术对农产品供应链全流程进行农产品供应链质量安全设计,以实现对农产品溯源和供应链全流程的有效监控,保障农产品供应链的质量安全。

9.4.1　农产品供应链

农产品供应链是以农产品为核心的链式结构,范围包括农产品从生产到消费的全过程,围绕全流程的物流、资金流和现金流的整合,将农产品的原料供应商、生产商、销售商(批发和零售)和消费者链接成一个整体,其目的在于将供应链的整体效益最大化。

物联网是在互联网基础上的延伸和扩展的网络,通过海量的传感设备收集信息,并通过高速网络进行数据信息的传递,从而帮助管理者实现自动搜集、智能分析、有效管理。目前,物联网技术在农业领域中的应用已经相当普遍。

物联网技术包含条码、无线射频识别(RFID)、传感器、无线传输网络、大数据分析和区块链等技术。条码是由条、空及对应的字符组成的,用以表达一定信息的图形符号,使用成本低,可以用来表示商品编号、网页地址等。RFID 是利用无线射频信号进行非接触双向数据通信,由阅读器、射频芯片和控制系统组成,可用于危险环境,此外,还可将有关商品信息写入射频芯片内以供读取。区块链是一个分布式结构,具有去中心化、不可篡改、公开透明等特点,可用于长久保存数据,避免信息不对称的出现。物联网中常用的近距无线传输标准主要有 ZigBee、Wi-Fi 和蓝牙等,通信双方利用无线电波进行数据传输,传输距离比较近,通常用于小范围或封闭环境内的通信,ZigBee 的特点是距离近、功耗低,适用于现场自动化控制、信息收集与控制、智能型标签等领域,传输距离在 10~100 m 以内；蓝牙的工作范围在 10 m 以内,可实现点对点或一点对多点的数据传输,适合用于各类设备之间的相互传输;Wi-Fi 工作范围比较广,传输速度比较快,适合高速数据传输的业务,通常用于固定区域内。物联网中的远距通信技术现阶段一般采用 4 G 通信技术或 5 G 通信技术,其中 4 G 理论传输速率达到 100 Mbps,5 G 理论速率可以达到 10 Gbps,当前 5 G 普及率相对 4 G 比较低,社会整体覆盖率比 4 G 低,使用成本相比 4 G 稍高。

9.4.2　农产品供应链的特点及质量问题

农产品供应链成员包括农用物资(农资)供应商、农产品生产加工商、农产品物流服务提供商和农产品销售商等主要成员,还包括资金提供商、质量安全监督管理部门等支持性成员。农产品供应链管理过程从农资供应(种子、鱼苗、饲料、肥料等)开始,到农产品被销售给消费者使用为止,涉及生产(种植、饲养等)、加工(收割、宰杀、预处理等)、物流(运输、仓储等)、销售等环节和相关从业人员,涉及范围广。农产品供应链对时间要求较高,供应链管理难度较大,农产品供应链的质量安全管理是一项长期的工作。

1. 农产品供应链与传统工业产品供应链的区别

与传统工业产品供应链相比,农产品供应链有很明显的区别,主要有以下五点:

(1)产品的标准化程度不同。

传统工业产品在实行自动化生产控制以后,属于标准化产品,同一批次、不同批次的产品质量基本没有差别。农产品则完全不同,属于非标准化产品,同一批次中的每一颗青菜和每一头猪、牛、羊都不一样,不同批次的产量也不一样,这就决定了农产品供应链的复杂程度要远远大于传统工业产品供应链。

(2)产品的生产模式不同。

传统工业产品采用流水线生产方式,工艺流程没有本质的区别,有生产线即可生产,生产过程可以实行自动化控制,基本采用规模化生产模式。农产品生产模式相对复杂,有农庄的规模化生产模式,也有农户的零散化生产模式,生产过程中包含大量的手工操作,尤其是农户零散化生产过程中,基本为手工操作。

(3)产品的销售模式不同。

传统工业产品销售模式相对简单,产品基本通过分销模式进行销售。农产品销售则以批发市场销售和农超对接模式为主,农产品通过批发市场流通的比率超过 70%。在终端零售渠道中,农贸市场和超市是两个主要渠道,其中农贸市场基本都是以个体零售户为主。

(4)产品的定价影响因素不同。

传统工业产品的定价基本稳定,由产品的制造成本和利润组成,除非出现重大变化,产品定价基本不会发生大的变动。农产品的价格因素相对较多,气候、国家政策、农产品疾病、消费者的需求变化等都会导致农产品价格变化,从而影响未来农产品的供应量,如近两年猪肉价格的变化就很好地证明了这一点。

（5）产品的物流环境不同。

传统工业产品对物流环境（仓储、运输等）基本不会有过高的要求，产品的外包装通常为规范的矩形，对温度也没有过高要求。农产品则大多属于异形外观，很难将其包装成规范的矩形。此外，考虑到消费者对农产品生鲜的需求，在农产品的物流环境中会要求采用冷链等方式进行。

2. 农产品供应链的特点

从上述对比可以发现，农产品供应链的特点主要有以下三点：

（1）影响因素多。

农产品本身的多样性是导致供应链影响因素多的原因之一，蔬菜、稻麦、禽畜、水产等不同的生产方式、保管方式、运输方式都会对供应链产生影响。

消费者对农产品需求的变化也会对农产品供应链产生影响。随着生活水平的不断提高，消费者对农产品的需求已经不再像物资缺乏时代那样只要求"吃饱"，更多地追求"吃好"，想要尝试更多更好的农产品。

不透明的市场信息对供应链的影响十分明显。一些似是而非的说法可能导致某种农产品的供应链产生巨大变化。供应链中的某些成员的行为也会影响到供应链。如某养生节目中的"绿豆养生"直接导致绿豆的需求大幅上扬，某些批发商对某种农产品的囤积造成"蒜你狠"等现象。

某些特殊因素会对供应链形成重大影响。如某地鸡鸭中发现了禽流感，通常会引发扑杀大量鸡鸭的现象，对供应链的影响巨大。此外，极端的气候条件也会对农产品供应链产生巨大影响。

（2）时效性强。

除少数农产品外，绝大多数农产品都有十分明显的时效性。如大多数农产品都有季节性特点，尽管随着大棚蔬菜等一些种植技术的发展，季节性的特点已经没有那么明显，但从种植到产出依然有比较长的时间间距。同时，消费者对农产品的"生鲜"需求，也要求农产品供应链要快速响应。

（3）物流环境复杂。

不同农产品的产地往往不一样，农产品的流通方式也有批发型和农超对接型等不同类型。同时，农产品的生产规模通常也不一样，既有与企业经营类型的规模化生产，也有家庭作坊类型的零散生产，不同农产品的保鲜时间和保鲜要求也不一样，这就导致农产品的物流环境比较复杂。

3. 农产品供应链质量问题分析

农产品供应链质量出现问题的直接表现就是农产品质量变化。

通过对农产品供应链的分析，导致农产品变质的原因主要包括以下三点：

（1）农产品原料不合格。使用了不合格的种子、化肥、农药等最终都使农产品发生质量变化。

（2）农产品生产不合格。在农产品生产（种植、养殖等）过程中，未及时应对生产过程中出现的问题，如出现病虫害时未及时除虫、未及时调整温度和湿度等，最终都会使农产品发生质量变化。

（3）农产品流通过程引起质量变化。流通过程包括销售环节和物流环节，由于保管和运输过程中忽视了农产品本身对外界环境的要求而导致农产品发生质量变化。

此外，当农产品出现质量变化以后往往难以进行追溯，传统工业制造类产品可以通过工艺流程的倒查来进行追溯以判定问题产生的原因，但农产品的生产特点决定了产生问题的原因可能是多方面的，也无法和工业产品一样给每一个产品分配一个唯一的编码，导致问题产生环节很难被确认。

9.4.3　农产品供应链质量安全体系的设计原则

根据上述对农产品供应链质量问题的分析结果，可以进行农产品供应链质量安全体系设计。要确保农产品供应链的质量安全，必须从原料供应商（农资供应商，包括种子、种禽、鱼苗等主要物资和化肥、农药等辅助物资的供应商）、农产品生产/加工企业、农产品销售企业和农产品物流服务供应商等环节入手，不可缺少某一个环节。

农产品供应链质量安全体系设计原则包括，来源可追溯，流程可监控，操作有记录，记录不可改。

来源可追溯是指农产品供应链中的每一项物资或产品都应当是可以被追溯的，无论该物资是外购的还是自产的。从外部采购的物资应当追溯到该物资的直接供应商乃至生产该物资的生产商处；自产的物资应当追溯到提供原材料或半成品的供应商，如果该原材料或半成品是被生产出来的，则应当追溯到该原材料或半成品的生产商处。通过追溯，可以确保农产品在原材料和辅助材料上是安全可查的。

流程可监控是指农产品在生产（种植、养殖）、加工、物流、销售的全过程中都应当是可以被监控的。供应链中的每一个成员企业都应当对农产品在本企业的流程进行有效的可视化的监控，以确保在流程中不会出现影响农产品质量的行为或事件。

操作有记录是指在农产品供应链中的每一个成员企业都应当对本企业的生产、物流等操作行为进行记录，以便在出现农产品质量问题时可以进行仔细核对，找出引发问题的操作。

记录不可改是指所有的操作记录一旦形成就不可更改，以确保记录的可靠性和有效性，保证农产品供应链中的数据是准确无误的。

9.4.4　基于物联网的农产品供应链安全保障体系设计

1. 结构设计

基于物联网的农产品供应链安全系统设计结构，如图 9-9 所示。

溯源原意是指往上游寻找水流发源的地方，在生产管理中被引申为对产品的生产、仓储、分销、物流运输、市场稽查、销售终端等各个环节采集数据并追踪，以构成产品的生产、仓储、销售、流通和服务的全生命周期管理。在图 9-9 中，消费者是农产品的最终用户，是农产品质量安全的最终承受者，消费者应当有了解农产品全流程的权利。通过扫描二维码，消费者可以看到农产品从农资供应商开始一直到消费者购买该农产品为止的全部过程,包括农产品使用的基本原料、生长过程、生产加工过程、物流过程和销售保管环境。

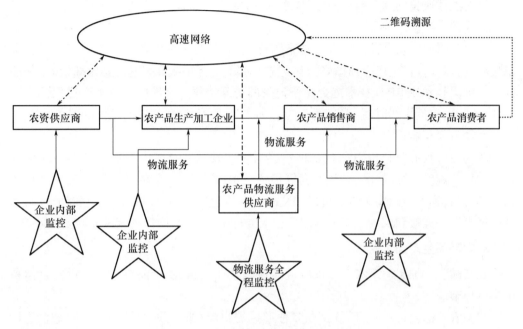

图 9-9　农产品供应链安全系统结构设计

2. 农资供应商

农资供应商是农产品供应链中的第一个环节,应当为后续供应链成员提供安全可靠的农业生产资料,如种子、肥料、农药、饲料等,以及生产这些物资的主要原材料如大豆、玉米等。

(1)农资供应商环节可能出现的质量问题。

①农资生产过程中的质量问题。

原料生产过程中可能出现的问题包括,在肥料、农药和饲料的生产过程中使用了错误的配方导致产品无法达到预期效果;在种子培育过程中出现问题导致种子在大规模播种后无法获得可靠的收益或出现不良问题。这些问题可能导致农资生产企业在向后续农产品供应链成员供应农业物资时就提供了不合格的产品,从而影响整个农产品供应链的质量安全,其中有些问题无法通过后续企业的质量检验及时发现,如种子只有在被播种以后甚至直到收获前才有可能发现问题。

②农资物流过程中的质量问题。

农业生产资料在物流过程中出现的问题主要包括以下两点:

一是仓储保管中的质量变化。农业生产通常具有一定的时间性,而农资生产企业的生产过程又具有连续性,这就可能导致农资生产企业生产的产品需要在仓储中保管一段时间以后才会被销售出去,仓储保管过程中出现质量变化的风险会增大。

二是运输过程的质量变化。有些农业生产资料在运输过程中会有温度、湿度的要求,如果在运输过程中忽视了这些要求,就有可能导致质量问题。

（2）农资供应商环节的安全设计。

针对上述质量问题,结合物联网技术,可以从两个方面进行质量安全设计。

①溯源。

农产品供应链安全体系要求产品来源可追溯,作为追溯的最终结果应该就是农资供应商,所以农资供应商必须做好操作记录,对每一个重要操作过程要详细记录,并能通过二维码技术或 RFID 技术进行操作记录的访问。每一批次的农资生产过程都应当有详细记录,包括生产时间、生产班组、生产原料来源等,这些都应当是可以被查看的。

②物流全程监控。

对物流过程的监控可以通过多种传感器来实现。在仓库中布设多种类型的传感器,如温度、湿度、通风状况、光照强度等传感设备,有虫害可能的还可以布设虫害传感器;在运输过程中对运输车辆也可以加装温湿度传感器。同时,将所有传感器通过高速通信网络统一连接到农资企业的管理平台上进行统一管理,确保物流过程的质量可控。

3. 农产品生产加工商

农产品生产加工商是农产品供应链的核心企业,也是农产品供应链质量安全体系的重点环节。

我国农产品生产/加工环节存在多种形式的生产/加工方式,第一种方式是企业形式,主体是完全的企业,即农产品的生产/加工及销售过程均在企业内部完成,生产/加工人员均为企业正式员工,生产/加工流程符合企业制定的规范流程,产品的销售行为由企业统一进行,产品量大、销售范围广;第二种方式是个体形式,主体是分散的个体农户,完全由农户个体根据自己以往的经验进行农产品生产/加工,产品的销售过程由农户运送至农贸市场进行,产品量小、销售范围小,但个体总数比较多;第三种方式是"个体+企业"形式,企业不直接参与农产品的生产/加工过程,而是在农产品生产/加工开始之前,与农户个体签订采购合同,农户根据合同进行生产/加工,生产/加工完成以后,企业上门收购后统一包装和销售,这种方式比较灵活,企业负担比较小。

三种方式中企业形式的质量控制最容易实现,个体形式的质量控制最困难,"个体+企业"形式的质量控制难度介于前两者之间。

生产/加工环节出现的主要质量问题通常是农产品质量检测不合格、腐烂变质等。

（1）问题产生的原因。

由于个体形式的生产规模和产量很小,且在消费市场也只占据非常小的比例,在此不针对此种情况进行讨论。

以企业形式的规模化生产/加工为例,生产/加工环节中容易出现农产品质量问题的原因主要有以下三点:

①农资供应商提供的原料不合格导致生产/加工后产品不合格。如果生产/加工的原料出现质量问题,那么生产/加工以后的产品出现质量问题的概率会比较高。

②生产/加工过程中工艺问题导致产品质量问题。在农作物种植过程、禽畜养殖过程以及加工过程中都会出现由于种植、养殖和加工工艺问题,影响到最终产品的质量问

题。如:过度使用农药和化肥,加工过程中对温度控制不合理导致产品变质等。

③产品物流过程中由于时间、温湿度等多种原因导致产品质量变化。在物流过程中由于保管和运输不当影响产品质量。

(2)生产加工过程的安全设计。

针对上述质量问题产生的原因,进行质量安全设计。

首先,原料供应商必须提供溯源信息。针对原料质量问题,除加强原料质量检验以外,可以通过溯源方式查看原料供应商的采购、生产、物流过程的具体操作记录,了解原料质量问题产生的原因和环节,与供应商一起采取措施解决原料质量问题。

其次,将物联网技术应用于生产加工过程的质量保障中。重点关注以下四个环节。

①在农作物种植过程中,可使用温湿度传感器对种植环境进行全面监控,温度过高、湿度过大时可减少日照时间或进行通风,以降低温度和湿度,温度过低时可延长日照时间或供暖以提高环境温度,湿度过低时可通过喷淋装置提高湿度。同时对种植土壤环境进行监控,控制土壤湿度和温度,适时进行土壤改良,以改善土壤性状,提高土壤肥力。通过虫害传感器监控农作物病虫害情况,合理使用农药,如图9-10所示。

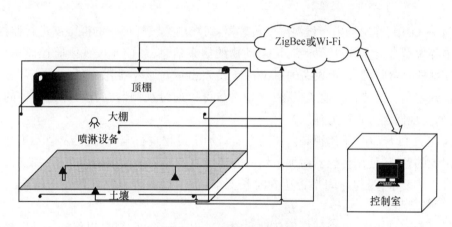

图9-10 大棚种植监控示意

注:▲虫害传感器;●温湿度传感器

图9-10中,在大棚内和土壤内分别布有温湿度传感器和虫害传感器,每一个传感器均通过Wi-Fi或ZigBee与控制室内的服务器相连接,可以随时向服务器传递大棚内空气中和土壤内的温湿度变化和虫害状况,服务器系统可以根据收到的温湿度变化状况通过Wi-Fi或ZigBee控制顶棚和通风设备的打开或关闭,从而保证大棚内的温湿度达到最佳状态。系统一旦接收到虫害传感器发出的虫害数据,则可以根据预案控制喷淋设备喷洒药剂,也可向管理人员发出警报,要求管理人员介入。

②在禽畜养殖过程中,通过传感器对禽畜养殖环境进行全方位监控,以控制养殖区域温度、湿度和环境清洁度,保持良好的通风环境。对于大型养殖动物,可以给每一只动物都安装电子标签,实时记录每一只大型畜类的健康状况,发现病情及时医治,避免出现传染性病症,如图9-11所示。

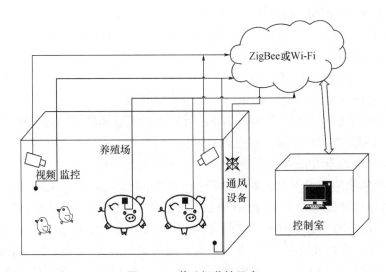

图 9-11　养殖场监控示意

注:■电子标签●温湿度传感器

图 9-11 中,养殖场内布设温湿度传感器,对场内空气环境中的温湿度进行监控,对猪牛羊等大型畜类安装电子标签,记录动物的健康信息,场内布设视频监控设备,监控养殖动物的日常状况,以上设备通过 Wi-Fi 或 ZigBee 与服务器直接连接,服务器根据预案自动判定是否需要打开通风设备,管理人员可以通过视频监控查看养殖动物的健康状况,如发现问题可直接处理。

③在加工环节中,采用视频监控的方式对加工过程进行全面监控,及时发现加工过程中出现的差错,使用传感器对加工场所的环境进行监控。监控内容包括,加工流程是否符合工艺要求;浸泡时间是否达到时长要求;加工后的废弃物处理是否符合工艺要求等。

④在物流过程中,对仓储保管环境和搬运过程进行全面监控,以保证产品质量不发生变化。

(3)"个体+企业"生产模式下的质量监控。

与标准的企业生产模式相比,在个体+企业的生产模式中农产品的质量监控会复杂一些,主要在于个体的生产过程并不完全处于企业的监管下,企业只能在农户个体交货时对农产品进行严格的质量检测,以减少质量问题发生的可能性。企业可以在前期签订种植/养殖合同时,制订严格的种植/养殖流程,要求农户个体严格按照流程进行种植/养殖。同时,制定农用资料黑名单,列出可能会影响农产品质量的肥料、饲料和农药等,要求农户避免使用这些物资,在农户交货时,根据交货检测情况将农户进行分级,交货质量好且稳定的可以进行长期合作,以确保农产品的质量安全。

4. 农产品销售商

农产品销售商是直接面向消费者的。农产品销售特点以快速流通为主,同时在销售过程中为了增加农产品销售的附加值,销售商往往还会对农产品进行简单加工,如对蔬菜的简单摘选和清洗,对部分有壳或果皮的农产品进行去壳、去皮的加工等。

销售中的质量问题一般以流通过程中的质量变化为主,通常以保管不善,如保管时间过长、保管环境未达到要求等为主要表现形式,同时在简单加工过程中也可能会出现清洗水源不干净或加工操作过程中未注意环境安全等影响农产品质量安全的因素。

因此,在销售环节的质量安全设计应围绕农产品保管来进行,具体涉及的硬件设施包括,温度湿度传感器和控制器,农产品临期或到期警示装置等。质量安全措施包括,对农产品保管环境进行有效监控,对农产品的有效期和保质期进行详细记录等。

5. 农产品物流服务供应商

农产品物流服务供应商负责向农产品供应链的物流过程提供物流服务。基于农产品本身的特性,对农产品物流服务供应商的要求比普通物流服务要多,主要包括以下两点:

(1)时间性。农产品往往带有比较明显的时间性,一是农产品的生产往往有季节性,集中产出;二是相当一部分农产品的保管期限比较短,如果不能尽快销售,就容易发生质量变化。因此,要求物流服务供应商能在短时间内完成物流服务。

(2)环境要求。农产品的保管通常对环境要求比较高,如禽畜类、活鲜类、作物类对环境的要求都不一样,要求物流服务供应商要有专用设备对不同的农产品提供差异化的物流服务。

农产品物流服务供应商需要对农产品物流服务的全过程进行可视化的监控,需要使用传感设备、网络通信设备、专业运输仓储设备等进行服务,通常涉及的设备包括各种环境传感器、视频设备、智能冷链设施、多温区冷藏车辆等。

农产品仓库中布设温湿度传感器对仓库中的湿度和温度变化进行实时采集,农产品运输包装上安装 RFID 电子标签记录农产品信息,安装视频监控设备对仓库内部情况实时获取,所有信息通过 Wi-Fi/ZigBee(仓库距离物流中心很近时)或4G/5G(仓库距离物流中心很远时)传输给物流中心的服务器,由服务器系统来判定是否需要打开调温调湿设备。在物流运输过程中,运输车厢中安装视频监控设备和温湿度传感器,实时采集的信息通过蓝牙传输至司机的车载监视器,以便于司机了解车厢内状况。同时,通过4G/5G 传输至物流中心,如出现异常情况,物流中心根据预案通知司机进行相应处理。

6. 农产品消费者信息查询

基于对自身安全的需要,消费者往往会十分关注农产品质量安全,希望获得安全的农产品。同时,随着生活水平的不断提高,农产品消费者对"绿色、营养、健康"的农产品有着极大的兴趣,类似于"土鸡蛋""有机蔬菜""无饲料喂养"等农产品的市场份额在不断提升,农产品生产(喂养、种植)企业需要用证据来证明自己的农产品是安全的,有高价值的,需要将这些证据通过一定的方式公开,以方便消费者查询和获取。同时,移动互联网的广泛应用帮助消费者拥有了简单方便的信息获取渠道。

农产品供应链企业可以建立相应的信息平台,以二维码的方式向消费者提供查询服务,消费者使用手机扫描二维码,即可查询到该农产品的基本信息,除基本的生产商、物流商、供应商以外,还可以由供应链成员提供相应的图片、视频等多媒体信息,让消费者更全面地了解农产品的全流程。

7. 操作记录的保管

操作记录是农产品质量安全体系中的重要证据。在传统农业时代中,农产品的生产加工过程主要依靠农民的个人经验,什么时候浇水、浇多少水、什么时候除虫、用什么方式除虫等都是由农民自行判断。在产业化的农业供应链中,单纯的经验判断已无法适应大规模的种植饲养模式,必须依靠规范的标准化流程才能保证生产的效率,标准化流程应当要求在生产(种植、饲养等)、销售、物流等全过程中对每一次的操作有详细的记录。

农产品供应链中的每个成员企业都应当作好操作记录,同时操作记录一旦形成就不可更改,以保证操作记录的完整性和统一性。为确保操作记录的权威性,可以应用区块链技术来保护操作记录。区块链具有不可篡改、公开透明等特点,当企业将操作过程记录下来,全供应链成员都可以关注到这一操作,且企业无法在事后对其进行篡改,未来一旦出现质量问题,即可以根据操作记录对每一步操作进行回溯,最终找出发生问题的具体操作环节。

9.5　本项目小结

【项目评价】

项目学习完成后,进行项目检查与评价,检查评价单如表9-1所示。

表9-1　检查评价单

评价内容与评价标准				
序号	评价内容	评价标准	分值	得分
1	知识运用 (20%)	掌握相关理论知识,理解本次任务要求,制订了详细计划,且计划条理清晰、逻辑正确(20分)	20分	
		理解相关理论知识,能根据本次任务要求制订合理计划(15分)		
		了解相关理论知识,制订了计划(10分)		
		没有制订计划(0分)		
2	专业技能 (40%)	能够掌握物联网系统在农业生产中的应用(40分)	40分	
		能够完成农业物联网体系架构的自学(40分)		
		没有完成任务(0分)		
		具有良好的自主学习能力、分析并解决问题的能力,整个任务过程中有指导他人(20分)		

续表 9-1

评价内容与评价标准

序号	评价内容	评价标准	分值	得分
3	核心素养（20%）	具有较好的学习能力、分析并解决问题的能力,整个任务过程中没有指导他人(15 分)	20 分	
		能够主动学习并收集信息,具有请教他人以解决问题的能力(10 分)		
		不主动学习(0 分)		
		设备无损坏、设备摆放整齐、工位保持整洁、没有干扰课堂秩序(20 分)		
4	课堂纪律（20%）	设备无损坏、没有干扰课堂秩序(15 分)	20 分	
		没有干扰课堂秩序(10 分)		
		干扰课堂秩序(0 分)		

【项目小结】

通过学习本项目,学生可以学习到物联网系统在农业生产中的应用,具体包括大田农业物联网系统的应用、设施农业物联网系统的应用、果园农业物联网系统的应用以及农产品加工物联网系统的应用。

【能力提高】

一、填空题

1.大田农业物联网技术主要是现代信息技术及_____技术在产前农田资源管理、产中农情监测和精准农业作业中应用的过程。

2.大田农业物联网系统主要由智能感知平台、无线传输平台、_____平台和应用平台 4 个部分构成。

3.智能感知平台是构成整个大田农业物联网系统平台的基层平台,构成农业物联网系统平台的_____链条。

4.农田环境监测系统主要是实现土壤、微气象和_____等信息进行自动监测以及远程传输。

5.测土配方施肥管理系统是根据_____施肥的各个关键点设置,生成合理的施肥方案,是一种具有很强服务能力的软件服务系统。

二、选择题

1.冬春季节,在大棚上加盖农膜,能够对其进行加温、保温作用,而在低温冷冻时间,棚内温度能够保证不下降至多少摄氏度以下,塑料温室大棚内的食用菌一般不会受到低温灾害　　　　　　　　　　　　　　　　　　　　　　（　　）

A. 15 ℃　　　　　　B. 10 ℃　　　　　　C. 5 ℃　　　　　　D. 0 ℃

2.夏秋季节,通过在大棚上增加两层遮阳网,能够起到降温遮阳的作用,使得棚内

温度不高于多少摄氏度,从而避免高温对食用菌的伤害导致死亡　　　　　　(　　)

A. 37 ℃ 　　　　　B. 36 ℃ 　　　　　C. 35 ℃ 　　　　　D. 34 ℃

3.信息处理与服务层包括几个部分　　　　　　　　　　　　　　　(　　)

A. 2 　　　　　　　B. 3 　　　　　　　C. 4 　　　　　　　D. 5

4.农产品供应链有多少个特点　　　　　　　　　　　　　　　　(　　)

A. 2 　　　　　　　B. 3 　　　　　　　C. 4 　　　　　　　D. 5

三、思考题

1.请简要介绍大田农业物联网系统的构成与应用分类。

2.请结合实际探讨设施农业物联网监控系统的应用。

3.假如你要建设一个果园,会从哪些方面建设你的智能果园。

4.尝试总结农产品供应链与传统工业产品供应链的不同之处。

5.物联网技术如何与农产品供应链结合应用,试举例说明。

项目 10　物联网的物流信息与物流运输管理

【情景导入】

在我们一般人的印象中,物联网运用主要集中在物流和生产领域。有观点称,物流领域是物联网相关技术最有现实意义的应用领域之一。特别是在国际贸易中,由于物流效率一直是整体国际贸易效率提升的瓶颈,是提高效率的关键因素。因此,物联网技术(特别是 RFID 技术)的应用将极大地提升国际贸易流通效率。而且可以减少人力成本、货物装卸、仓储等物流成本。RFID 软件技术和移动手持设备等硬件设备组成物联网,基于感知的货物数据便可建立全球范围内货物的状态监控系统,提供全面的跨境贸易信息,货物信息和物流信息跟踪,帮助国内制造商、进出口商、货代等贸易参与方,随时随地掌握货物及航运信息,提高国际贸易风险的控制能力。

【知识目标】

(1)了解物流信息系统与物流信息管理的内涵与特点。

(2)掌握物联网技术与物流信息化技术。

【能力目标】

(1)掌握物联网物流信息管理系统的构成与应用。

(2)熟悉物联网的物流运输管理应用。

【素质目标】

(1)培养学生在社会实践中养成平和善良的态度,以及诚信为本。

(2)培养学生具备耐心、爱心和判断力,让他们学会包容他人。

【学习路径】

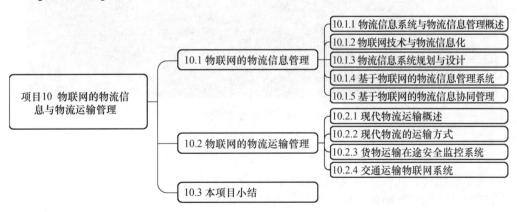

10.1 物联网的物流信息管理

物联网是一次技术革命,它揭示了计算机和通信的未来,它的发展也依赖于一些重要领域的动态技术创新。物联网借助集成化信息处理的帮助,工业产品和日常物体将会获得智能化的特征和性能。它们还能满足远程查询的电子识别需要,并能通过传感器探测周围物理状态的改变,甚至像灰尘这样的微粒都能被标记并纳入网络。这样的发展将使现今的静态物体变成未来的动态物体,在我们的环境中处处嵌入智能,刺激更多创新产品和服务的诞生。

10.1.1 物流信息系统与物流信息管理概述

物流信息系统作为企业信息系统的一个重要组成部分,其重要程度随着企业的发展体现得越来越明显。物流信息系统(logistics information system,LIS)是指由人员、设备和程序组成,为物流管理者执行计划、实施、控制等职能提供信息的交互系统。物流信息系统是物流管理软件和信息网络结合的产物,小到具体的物流管理软件,大到利用互联网将所有相关的合作伙伴、供应链成员连接在一起并提供物流信息服务的系统,都可以称为物流信息系统(图10-1)。

图10-1　物流信息系统

对一个企业来说,物流信息系统并不是独立存在的,而是企业信息系统的一部分。物流信息系统建立在物流信息的基础上,只有具备了大量的物流信息,物流信息系统才能真正发挥作用。在企业的整个生产经营活动中,物流信息系统与各种物流作业活动密切相关,具有有效协调和管理物流作业系统的职能。

1. 物流信息系统

（1）物流系统。

物流系统是由两个或两个以上的物流功能单元构成的，是以完成物流服务为目的的有机集合体。物流系统是社会经济系统的重要组成部分，由作业系统和信息系统组成。同一般系统一样，物流系统的基本模式具有输入、转换及输出三项功能，输入和输出这两项功能使系统与环境进行交换，从而使系统和环境相互依存，而转换则是这个系统独特的功能。一般来讲，物流系统的输入是指采购、运输、流通加工、装卸搬运、存储保管、包装等物流环节所需的劳务、设备、材料、资源等要素，由外部环境向系统提供的过程；而物流系统的输出则是由企业效益、竞争优势和客户服务三部分组成的。

（2）物流信息系统的功能。

物流信息系统是物流系统的神经中枢，它作为整个物流系统的指挥和控制系统，可以分为多种子系统或多项基本功能。通常可以将物流信息系统的基本功能归纳为以下几个方面：

①数据收集和输入。

物流数据的收集，首先，将物流数据通过收集子系统从系统内外部收集到预处理系统中，通过整理和分析形成系统要求的格式，然后，再通过输入子系统输入到物流信息系统中。物流数据的收集是其他功能的前提和基础，因此，必须保证这一过程的完善和准确，否则会影响物流信息系统的性能，导致严重的后果。

②信息存储。

在对物流信息进行整理和分析前后，都需要将其在系统中存储下来，从而保证已获得的物流信息不丢失、不走样、不外泄、整理得当、随时可用。对于物流信息系统的存储问题，还需要考虑其存储量、存储格式、存储时间、信息保密等问题，以便之后对信息的读取和检索。

③信息传输。

物流信息在物流信息系统中，一定要准确、及时地传输到系统各个环节，以保证实现其使用价值。同时，物流信息系统在实际运行前，必须充分考虑所要传递信息的种类、数量、频率、可靠性等相关因素。

④信息处理。

对输入的数据进行加工处理以得到物流信息系统所需要的信息，是物流信息系统最基本的目标之一。数据和信息是有所不同的，数据是得到信息的基础，但数据往往不能直接利用，需要经过加工、处理和提炼等操作才能得到有价值的信息。只有得到了具有实际使用价值的物流信息，物流信息系统的功能才会真正得到发挥。

⑤信息输出。

信息的输出是物流信息系统的最后一项功能，目的是为企业的各级人员提供物流信息。信息的输出必须采用便于人员或计算机理解的形式，在输出形式上尽量做到简单易懂、直观醒目。

2. 物流信息管理

物流信息管理就是对物流全过程的相关信息进行收集、整理、传输、存储和利用的信息活动过程,也就是物流信息从分散到集中,从无序到有序,从产生、传播到利用的过程。同时,对涉及物流信息活动的各种要素,包括人员、技术、工具等进行管理,实现资源的合理配置。

物流信息管理不仅包括采购、销售、存储、运输等物流活动的信息管理和信息传送,还包括了对物流过程中的各种决策活动,如采购计划、销售计划、供应商的选择、顾客分析等提供决策支持,并充分利用计算机的强大功能,汇总和分析物流数据,进而做出更好的进、销、存决策。物流信息管理也会充分利用企业资源,加深对企业的内部挖掘和外部利用,大大降低生产成本,提高生产效率,增强企业竞争优势(图 10-2)。

图 10-2　物流信息管理

物流信息管理是为了有效地开发和利用物流信息资源,以现代信息技术为手段,对物流信息资源进行计划、组织、领导和控制的社会活动。具体可以从以下四个方面来理解:

第一,物流信息管理的主体。物流信息管理的主体一般是与物流信息管理系统相关的管理人员,也可能是一般的物流信息操作控制人员。这些人员要从事物流业务操作、管理,承担物流信息技术应用和物流管理信息系统的开发、建设、维护、管理,以及物流信息资源开发利用等工作。与物流信息管理系统相关的管理、操作人员必须具备物流信息管理系统的操作、管理、规划和设计等能力。

第二,物流信息管理的对象。与信息管理的对象一样,物流信息管理的对象包括物流信息资源和物流信息活动。物流信息资源主要指直接产生于物流活动,如运输、保管、包装、装卸、流通、加工等的信息和与其他流通活动有关的信息,如商品交易信息、市场信息等,而物流信息活动是指物流信息管理主体进行物流信息收集、传递、储存、加工、维护和使用的过程。

第三,物流信息管理的手段。信息管理离不开现代信息技术,同时利用管理科学、运筹学、统计学、模型论和各种最优化技术来实现对信息的管理,以辅助决策。物流信息管理除具有一般信息管理的要求外,还要通过物流信息管理系统的查询、统计、数据的实时跟踪和控制,来管理、协调物流活动。利用物流信息管理系统是进行物流信息管理的主要手段。

第四,物流信息管理的目的。物流信息管理的目的是开发和利用物流信息资源,以现代信息技术为手段,对物流信息资源进行计划、组织、领导和控制,最终为物流相关管理提供计划、控制、评估等辅助决策服务。

(1)物流信息管理的特点。

物流信息管理是通过对与物流活动相关信息的收集、处理、分析来达到对物流活动的有效管理和控制的过程,并为企业提供各种物流信息分析和决策支持。物流信息管理具有以下四个特点:

①强调信息管理的系统化。

物流是一个大范围内的活动,物流信息源点多、分布广、信息量大、动态性强、信息价值衰减速度快,物流信息管理要求能够迅速进行物流信息的收集、加工、处理,因此,需要利用物流管理信息系统进行处理。物流信息管理系统可以利用计算机的强大功能汇总和分析物流数据,并对各种信息进行加工、处理,以提高物流活动的效率和质量。而网络化的物流管理信息系统可以实现企业各部门、各企业间的数据共享,从而提高物流活动的整体效率,因此,物流信息管理强调建立以数据获取、分析为中心的物流信息管理系统,从庞大的物流数据中挖掘潜在的信息价值,从而提高企业的物流运作效率。

②强调信息管理各基本环节的整合和协调。

物流信息管理的基本环节包括物流信息的获取、传输、储存、处理与分析,在管理过程中强调物流信息管理各基本环节的整合与协调。在仓储、运输、装卸、包装、物流加工、配送等物流活动中,对管理信息各基本环节的整合和协调,可以提高物流信息传递的及时性和顺畅程度,提高物流活动的效率。物流管理信息各基本环节的信息处理一旦间断,会影响物流活动的整体连贯性和高效性。

③强调信息管理过程的专业性和灵活性。

物流信息管理是专门收集、处理、储存和利用物流全过程的相关信息,为物流管理和物流业务活动提供信息服务的专业管理活动。物流信息管理过程涉及仓储、运输、配送、货代等物流环节,涉及的信息对象则包括货物信息、作业人员信息、所使用的设施设备信息、操作技术和方法信息、物流的时间和空间信息等。此外,物流管理信息的规模、内容、模式和范围等,根据物流管理的需要,可以有不同的侧重和活动内容,以提高物流信息管理的针对性和灵活性。

④强调建立有效的信息管理机制

物流信息管理强调信息的有效管理,即强调信息的准确性、有效性、及时性、集成性、共享性。在物流信息的收集和整理中,要避免信息的缺损、失真和失效,强化物流信息活动过程的组织和控制,建立有效的管理机制。同时,通过制定企业内部、企业之间的物流信息交流和共享机制来加强物流信息的传递和交流,以便提高企业自身的信息积累,并进行相应的优势转化。

(2)物流信息管理的模式。

物流信息管理根据管理体制、所采用的管理技术和方法的不同,也有不同的模式,基本可以归纳为以下四种模式:

①手工信息。

利用纸介质,通过人工记录、计算、整理等活动进行信息管理,这是早期的传统物流管理信息模式。此时,计算机技术还不太成熟,在物流领域还未得到广泛应用,各项物流活动主要依赖手工操作来完成,物流管理信息主要包括制作出入库凭证、制作财务和会计凭证、制作结算单、人事薪金计算和制单、人工制作会计账目、人工填写库存账册等。

②计算机辅助管理。

计算机辅助管理模式是指物流企业使用计算机来辅助管理企业的各项物流活动。同手工管理模式相比,在此种管理模式下,计算机参与了不少业务的处理,但计算机的应用领域还很有限。计算机辅助管理模式的特点是物流企业开始利用计算机处理部分物流业务,进行相应的物流信息管理,但基本上属于单机系统管理模式,还没有引入网络化处理技术,也没有实现集成化的信息管理。计算机系统承担的辅助管理功能包括订单信息处理、出入库处理、库存管理、采购管理、会计总账管理、人事考核和薪金管理、应收款和应付款管理、票据管理等。

③物流信息管理系统。

随着现代信息技术的发展和计算机应用的普及,许多企业开始发展自己的专用物流信息管理系统,如大中型商业企业的进销存管理信息系统、铁路运营控制和调度信息管理系统等。此时,物流信息管理系统的特点是计算机软硬件集成化,建立了数据库管理系统,可以进行统计分析以及辅助决策,基于因特网系统对外联网。这种管理模式充分利用计算机网络技术和通信技术,将多种物流信息管理子系统进行集成,达到物流信息共享,减少冗余和不一致,以提高物流信息管理的效率和效果。物流信息管理系统承担的主要功能包括网络化的订单信息处理、销售预测、物资管理、车辆调派、运输线路选择和规划、供应商管理、财务成本核算、银行转账和结算,以及客户信息系统的集成等。

④智能集成化物流信息管理系统。

智能集成化是物流信息管理系统的发展趋势,智能集成化也是未来物流信息管理系统的主要特点。智能集成化的物流信息管理系统模式将在物流信息管理系统中引入人工智能、专家系统、计算机辅助经营决策以及大量智能化、自动化、网络化的物流工具的应用,具有后勤支持、物流动态分析、安全库存自动控制、仓库规划布局、车辆运输自动调度、仓库软硬件设备控制、人力使用分析控制等功能。此外,智能集成化物流信息管理系统还集成供应商、批发商、物流配送中心、零售商及顾客等的信息,并在计算机网络中进行实时地信息传递和共享,逐步形成社会化全方位的物流信息系统管理模式。

总之,物流信息管理的任务就是要根据物流信息采集、处理、存储和流通的要求,选购和构筑由信息设备、通信网络、数据库和支持软件等组成的物流管理信息系统,充分利用物流系统内部、外部的物流数据资源,促进物流信息的数字化、网络化和市场化,提高物流管理水平,发现需求机会,做出科学决策。

10.1.2　物联网技术与物流信息化

物联网将融合各种技术和功能,实现一个完全可交互的、可反馈的网络环境的搭建。物联网技术给消费者、制造商和各类企业都带来了巨大的潜力。首先,为了连接日常用品和设备并导入大型数据库和通信网络,一套简单、易用并有效的物体识别系统是至关重要的,无线射频识别提供了这样的功能。其次,数据收集受益于探测物体物理状态改变的能力,使用传感器技术就能满足这一点。物体的嵌入式智能技术能够通过在网络边界转移信息处理能力而增强网络的威力。另外,小型化技术和纳米技术的优势意味着体积越来越小的物体能够进行交互和连接。所有这些技术融合到一起,将世界上的物体从感官上和智能上连接到一起。

1. 物联网构成技术

(1)物联网基础技术。

①射频识读器。

射频识读器是一种识别电子标签内存储的电子编码信息,并且能够进行信息传输的一种装置。射频识读器主要包括阅读器、查询器、读写器和扫描器。在通常情况下,射频识读器根据射频标签的读、写要求来设计,从而形成一个射频识读系统,射频识读器是 RFID 系统的重要组成部分。在 RFID 系统中,识读器的基本任务是激活标签,将标签中的信息读出或者将标签所需要存储的信息写入标签的装置,与标签建立通信并且在应用软件和标签之间传输数据,最终传输至 RFID 系统中进行信息的识别处理。在物联网中,EPC 系统框架与 RFID 技术的运用最为广泛,而 EPC 标签识读器与 RFID 标签识读器的本质区别在于:EPC 电子编码标签必须按照 EPC 规则编码,并遵循 EPC 标签与 EPC 读写器之间的空中接口协议,而 RFID 标签识读器则不需要。

②传感器与无线传感器网络。

在物联网的前端技术中,要获取物的实时信息,如温度、湿度、运动状态,以及其他的物理、化学变化等信息,就需要使用传感器。传感器对物体动态和静态属性进行标识,静态属性可以直接存储在标签中通过 RFID 技术进行识别,而动态属性需要传感器进行实时探测。

无线传感器网络(WSN)是一种由传感器节点构成的网络,能够实时地监测、感知和采集节点部署区内的各种信息,如光强、温度、湿度、噪声和有害气体浓度等物理现象,并对这些信息进行处理,通过无线网络最终发送给网络终端。无线传感器网络现已广泛应用于军事侦察、环境监测、医疗护理、智能家居、工业生产控制等领域。浦东国际机场和上海世博会周边范围内采用的都是无线传感器网络,通过依靠多个传感器网络的节点来实现对不同信息的采集,以便在传感器网络中,将有效的信息传递到外界,实现对周边环境的监测与控制。

③嵌入式智能技术。

嵌入式智能技术是计算机技术的一种应用,该技术主要针对具体的应用特点设计专用的嵌入式系统。嵌入式系统是以应用为中心,以计算机技术为基础,适用于对功能、可靠性、成本、体积、功耗有严格要求的专用计算机系统。嵌入式系统通常嵌入大的设备中而不被人们所察觉,如手机、空调、微波炉、冰箱中的控制部件都属于嵌入式系统。嵌入式智能技术和通用计算机技术有所不同,通用计算机多用来和人进行交互,并根据人发出的指令进行工作;而嵌入式系统在大多数情况下可以根据自己"感知"到的事件自行处理,如设计一个温湿度的嵌入式监测系统,随着温度和湿度的提高,当它们达到所处的一个临界值时,置于系统内的装置就会启动,用于控制和平衡温度,以及保证湿度不超过其临界值,从而使温度和湿度保持在稳定的水平。因此,嵌入式系统对时间性和可靠性要求更高。

在物联网中,嵌入式智能技术已经逐步为人们所熟知,嵌入式系统及其相关技术已经在生产制造、机电一体化控制、工业智能监控及智能家居等领域有所应用。物联网技术中所采用的各类高灵敏度识别、专用信号代码处理等装置的研发,将会进一步推动嵌入式智能技术在物联网中的应用。嵌入式智能技术的应用,使得原本功能单一的设备,变得更加多样化与人性化。

④纳米技术与纳米传感器。

纳米技术在物联网中的应用主要体现在 RFID 设备、感应器设备的微小化设计、加工材料和微纳米加工技术上。目前韩国与美国已经合作研究出了一种新的 RFID 标签,可以直接打印到包装上,这种标签采用的是碳纳米技术,及其所开发出的一种半导体墨水,这种半导体墨水内含的碳纳米管具备一次充、放电的能力,这样就可以把商标信息记录在标签内,从而打印到包装上。这种技术的最终目标是在更小的标签内存储更多的数据,并且降低标签的成本(图 10-3)。

图 10-3　纳米技术

纳米技术的发展,不仅为传感器提供了优良的敏感材料,如纳米粒子、纳米管、纳米线等,而且为传感器制作提供了许多新型的方法,如纳米技术中的关键技术 STM,研究对象向纳米尺度过渡的 MEMS 技术等。与传统的传感器相比,纳米传感器尺寸减小、精度提高,更重要的是利用纳米技术制作传感器,是站在原子尺度上,从而极大地丰富了传感器的理论,推动了传感器的制作水平,拓宽了传感器的应用领域。纳米传感器现已在生物、化学、机械、航空、军事等方面获得广泛的应用。

（2）物联网核心技术。

①RFID 技术。

RFID 技术是利用感应、无线电波进行非接触双向通信，达到识别及数据交换目的的自动识别系统。RFID 应用系统由 RFID 标签、RFID 读写器与 RFID 数据管理系统组成。RFID 系统的工作原理是，读写器通过天线发出射频信号，当标签进入其信号范围内就能够产生感应电流，从而获得能量，将存储的信息发送到 RFID 读写器，RFID 读写器将接收到的信息传送到 RFID 数据管理系统，再将信息传输至数据库服务中心。

RFID 几乎可以用来追踪和管理所有的物理对象，因此，越来越多的零售商和制造商都在关心和支持这项可以有效降低成本的技术的发展与应用。早期，美国麻省理工学院的 Auto-ID 中心在美国统一代码委员会（UCC）的支持下，将 RFID 技术与因特网结合，提出了产品电子代码（EPC）的概念。国际物品编码协会与美国统一代码委员会将全球统一标识编码体系植入 EPC 概念中，从而使 EPC 纳入全球统一标识系统。

RFID 技术作为物联网的核心技术，已经在不同的行业领域中得到了广泛的运用，在物流领域里可运用的过程包括物流过程中货物的追踪、信息的自动采集、仓储的管理、应用及快递等。在交通领域里的运用包括高速公路的不停车收费系统、铁路车号自动识别系统，以及在公交车枢纽管理中的运用等。在零售行业内，RFID 技术主要是用于对商品的销售数据统计、货物情况的查询及补货。除此之外，RFID 技术还运用于制造业、服装业、食品及军事等行业。

②EPC 编码技术。

EPC 编码技术是利用 EPC 编码体系对物品的编码进行信息的采集。EPC 编码采用一组编号来代表制造商及其产品，同时还用一组数字来唯一地标识单品。EPC 是唯一存储在 RFID 标签微型芯片中的信息，它使数据库中无数的动态数据能够与 EPC 标签相连接。

EPC 编码体系是与目前广泛应用的国际物品编码协会兼容的编码标准，有 EPC-64、EPC-96、EPC-256 三种标准。目前使用最多的是 EPC-64，而新一代的 EPC（RFID）标签将采用 EPC-96 的标准。EPC 标准并不会在短时间内完全取代现有的编码标准，而是将实现与其他主流编码的兼容。

③资源寻址技术。

由于物联网存在跨域通信的问题，因此物联网同样需要像互联网一样的网络资源寻址技术，以实现资源名称到相关资源地址的寻址解析。物品编码是物联网中特有的资源名称，物联网资源寻址技术的核心正是完成由物品编码到相关资源地址的寻址过程，但是由于物联网编码结构与互联网结构存在差异，物联网资源寻址技术与互联网不尽相同，因此，物联网需要一套自身的资源寻址技术来促进物联网的互联互通。

物联网资源寻址技术是实现全球物品信息定位和跨域信息交流的关键技术，它不仅需要支持物品名称到与其对应的特定信息资源地址的寻址解析，还需要支持物品名称到与其相关的诸多信息资源地址的寻址与定位，通过物联网资源寻址操作来获取完成转换所需用到的信息，而该转换信息与相应的物联网资源名称转换生成的物联网资源名称可以作为物联网资源寻址系统的输入信息，可以将经过转换信息转换生成的物联网资源名称视为一种间接资源地址,而转换信息相应地可以视为生成这种间接资源地址所需的信息。

因此,物联网资源寻址的输出信息不仅局限于地址本身,而应该扩展为生成物联网资源地址所需的信息,该信息本身就是物联网资源地址,也是将其他物联网资源名称转换为间接资源地址所需的地址生成信息。物联网中完成转换所用到的信息需要通过物联网资源寻址技术来获取。物联网资源寻址的输出信息称为物联网资源地址信息。

2. 物联网与物流信息化的联系

物流信息化强调的是在供应链管理过程中的物流信息处理能力和水平,它通过在物流各个环节应用信息技术来实现。物联网强调的是所有物品的连接,从而形成一个无处不在的网络社会,使社会生活更加智能化、便利化。物流信息化与物联网有着密切的关系,物联网的实现可以大幅提升物流信息化水平,为物流信息化提供近乎完美的物品联网环境,可以说,物联网促使物流产业的又一次变革(图 10-4)。

图 10-4　物联网与物流信息化

(1)物联网提高了物流信息的获取能力。

物联网集合了编码技术、网络技术、射频识别等技术,突破了以往获取信息模式的瓶颈,可以对单个物品信息实现自动、快速、并行、实时、非接触式处理,并通过网络实现信息共享,从而使物流公司能够准确、全面、及时地获取物流信息。

①准确获取信息的能力。

物联网中的每个物品都有唯一标志,通过这个标志可以对任何一个物品进行监控,并可以利用网络数据库技术将该物品的任何细节信息进行共享,以供供应链各个环节利用。通过物联网,物流企业可以对物品的物流信息进行准确、无误地跟踪,准确掌握物品的市场供求变化和周转流动情况。

②全面获取信息的能力。

物联网的出现使人们能够对物品流通的所有过程进行监控,并且这种监控是建立在每一个物品的基础上的,从而使全面获取物流信息成为可能。

③及时获取信息的能力。

通过物联网,物流企业可以突破传统信息传播模式的障碍,克服信息传播途中的延误,及时、迅速地将物流信息传递到网络数据库中,以供人们做决策所用。

(2)物联网拓展了物流信息增值服务。

在通过物流网获取物流信息的基础上,根据不同的信息级别,物联网可分别提供企业级、行业级和供应链级的信息增值服务。

①企业级信息增值服务。

企业级信息增值服务的焦点集中在企业产品上,通过对产品的产销规模、销售渠道、运输距离和成本等信息进行集中分析,实现对产品的销售情况、库存情况、配送情况等信息的收集,使企业可以跟踪到产品的一切市场信息,从而可以为企业的生产计划、库存计划、销售计划等过程提供决策支持。

企业级信息增值服务是基于微观层面的,主要依靠物联网能够对任何一个单个物品进行跟踪的特点,对企业产品在生命周期内的所有过程进行监控,以服务于企业的常规作业层工作。

②行业级信息增值服务。

行业级信息增值服务的焦点集中在行业市场上,在企业级信息增值服务的基础上,通过对市场需求变化、供求变化等信息进行集中,分析产品的市场结构、系列化结构、消费层次、市场进退等市场变化的情况,为企业提供详尽的行业动态信息。

行业级信息增值服务是基于中观和宏观层面的,主要依靠物联网的网络化优点来对物品流通网络进行全面跟踪,并结合企业级信息实现对产品市场的全方位控制,以服务于企业的管理和战略决策工作。

③供应链级信息增值服务。

供应链级信息增值服务是建立在企业级和行业级信息增值服务的基础上的,主要是对整个供应链中各个环节的企业进行监控,对企业的订单从处理过程到生产过程,再经配送过程、代理过程、销售商库存过程,最后到销售过程都进行信息跟踪,从而整理出对供应链管理有用的信息,并为供应链管理服务。

供应链级增值服务是基于宏观层面的,主要依靠物联网的网络特性和个性化的配套软件系统来实现对物品流通过程中各个市场要素的全方位监控,提供既满足企业需要,又满足整个供应链资源优化配置的信息服务。

10.1.3　物流信息系统规划与设计

物流信息系统规划是物流信息系统建设的第一个阶段,也是系统开发的基础准备和总体部署阶段,因此,进行系统、科学的物流信息系统规划对于企业物流信息系统的建设有着十分重要的意义。实践证明,在建设物流信息系统的过程中,预先做了物流信息系统规划的企业要远比未做规划的成功。

物流信息系统规划就是基于企业的物流战略和物流信息系统的基本目标,根据企业的物流营运模式、管理体制和拥有的物流资源,明确物流信息系统设计的目标,定义物流信息系统功能结构模块,确定系统总体框架及实施思路。物流信息系统规划的主要目标是根据组织的目标、战略,以及组织的需求、发展现状,制订出组织中业务流程改革与创新及物流信息系统建设的长期发展方案,并且决定物流信息系统在整个生命周期的发展方向、规模及进程。

1. 物流信息系统规划与设计的内容

物流信息系统规划包括的内容很广,一般既包括 3~5 年的长期计划,也包括 1~2 年的短期计划。其中,长期规划指出了总的发展方向,而短期计划则为作业和资金工作的具体责任提供依据。

物流信息系统规划的内容一般有以下几点:

(1)确定物流信息系统的总体目标、发展战略及总体结构。

物流信息系统规划应根据组织的战略目标、组织的业务流程改革与创新需求以及组织的内外约束条件,来确定物流信息系统的总体目标、发展战略,以及物流信息系统的总体结构类型及其子系统的构成。

(2)分析组织的现状。

从多个方面对组织的现状进行分析,包括目前组织业务流程与现有信息系统的功能、应用环境、应用现状、财务情况、人员状况等。

(3)分析和预测相关信息技术的发展。

信息技术包括计算机硬件、网络技术及数据处理技术等。计算机及其各项技术的发展和进步,将给物流信息系统的开发、设计和应用带来显著的影响,并决定着将来物流信息系统性能的优劣。不断学习、吸取及应用新的技术和方法,才能使开发的物流信息系统更具生命力。

(4)制订资源分配计划与实施计划。

在物流信息系统规划阶段,需要制订出详细的资源分配计划,并确定项目实施计划。这主要包括系统开发时间表、硬件设备实施计划、软件维护与转换工作时间表、人力资源的需求计划以及人员培训时间安排、资金需求等。

总之,物流信息系统规划并不是一成不变的,事实上,组织内外部环境的变化都会随时影响到整个规划的适应性。因此,物流信息系统规划需要不断修改、调整和完善,进而使系统更好地适应环境的变化。

2. 物流信息系统规划与设计的步骤

明确了物流信息系统规划的主要内容后,必须按照科学合理的步骤进行物流信息系统规划。结合物流信息系统的特点,其规划步骤如下:

第一,确定问题。确定规划的基本问题,包括确定规划的年限、拟采用的规划方法、规划的主要内容以及规划的具体要求。

第二,收集信息。收集企业内外部的各种相关信息,例如,企业的发展战略、组织结构、生产经营产品、市场定位、现有信息系统存在的问题等。

第三,现状分析评估,识别约束条件。对企业的现状进行评估,发现对系统规划具有约束的因素。

第四,设置目标。确定企业的发展战略、物流系统目标,以及物流信息系统的开发目标、服务对象、服务范围和质量等。

第五，可行性研究。在上述分析的基础上，对未来物流信息系统从经济、技术和社会因素等方面进行可行性分析研究。

第六，制订实施计划。估计项目的成本费用和人员需求情况，制订项目的实施进度计划。

第七，编制系统规划文档。

3. 物流信息系统规划与设计的方法

物流信息系统规划的方法很多，主要有关键成功因素法（critical success factors，CSF）、战略目标集转化法（strategy set transformation，SST）、企业系统规划法（business system planning，BSP）、企业信息分析与集成技术法、投资回收法、方法分析、零线预算法等。

（1）关键成功因素法。

①基本思想。

CSF 法是由哈佛大学教授威廉·泽尼（William Zani）提出的，是一种以关键因素为依据来确定系统信息需求的信息系统总体规划方法。CSF 就是对企业成功起关键作用，并且企业需要得到的决策信息、值得管理者重点关注的活动区域。关键成功因素法认为，在现行的信息系统中存在多个变量，影响信息系统目标的实现，其中总有若干个因素是关键的、主要的，即所谓的成功变量。通过对关键成功因素的识别，找出实现目标所需的关键信息集合，围绕这些因素来确定系统信息的需求，就能确定系统开发的优先次序和实现系统总体规划。

CSF 的重要性使其置于企业其他目标、策略和目的之上。关键成功因素一般有 5~9 个，如果能够掌握少数几项重要因素，就能确保企业具有一定的竞争力。因此，要实现企业的持续成长和发展，其中一个重要策略就是寻找影响企业成长的关键因素，并对其进行有效的管理和控制。

②一般步骤。

第一，对企业信息系统的战略目标和企业战略进行识别。

第二，识别影响战略目标的所有关键性成功因素。

第三，识别性能的指标和标准。

第四，识别测量性能的数据。

此外，应用关键成功因素法需要注意的是，关键成功因素解决后，又会出现新的关键成功因素，这就必须再重新开发系统。

③应用工具。

CSF 法就是识别与系统目标相关联的主要数据类及其关系，而识别关键成功因素常用的工具是树枝因果图。采用该工具可以对有影响的、较重要的因素进行分析和分类，弄清其相互间的因果关系。例如，某企业的目标是提高其产品的竞争力，那么就可以使用树枝图画出影响其目标的各种因素及子因素。

（2）战略目标集转化法。

①基本思想。

SST 法是由威廉·金（William King）提出的，他把整个战略目标看成"信息集合"，由组织的使命、目标、战略和其他战略变量。例如，组织的管理水平、环境约束等组成。物流信息系统的战略规划过程就是把组织的战略目标转变为物流信息系统战略目标的过程。

②一般步骤。

从对 SST 法原理的介绍可以看出，战略目标集转化法的步骤包括两个部分，一是识别组织战略目标，二是将组织的战略集转化为信息系统的战略。

第一步，识别组织战略目标。组织战略目标是组织发展的宏观框架，具体包括组织的使命、组织的目标、组织的战略以及其他战略变量。

第二步，将组织的战略集转化为物流信息系统战略。

A. 根据组织的目标来确定信息系统的目标。

B. 对应组织战略集的元素识别相应信息系统战略的约束。

C. 根据信息系统的目标和约束，提出信息系统的战略。

（3）企业系统规划法。

①基本思想。

BSP 法是 IBM 公司在 20 世纪 70 年代初用于企业内部系统开发的一种方法，其基本思想是先自上而下识别企业目标、识别企业过程、识别数据，然后自下而上设计系统目标，最后把企业目标转化为信息系统规划的全过程。

②一般步骤。

BSP 是企业目标转化为物流信息系统战略规划的全过程，它支持的目标是企业层次的目标。BSP 法实施的一般步骤如图 10-5 所示。

（4）业务流程重组法。

①业务流程重组。

在物流信息系统的规划过程中，会经常使用到业务流程重组、系统学和协同学等相关理论及工具，其中业务流程重组理论的运用尤为重要。

BPR 自 20 世纪 90 年代起得到迅速发展并被广泛实施。BPR 对企业的业务流程做了根本性的思考和彻底重建，其目的是在成本、质量、服务和速度等方面取得显著的改善，使得企业能够最大限度地适应以顾客、竞争、变化为特征的现代企业经营环境。可以说，BPR 的核心概念是利用现有技术，特别是信息技术，对组织的业务程序进行改造并重新设计，从而实现企业业绩的大幅提升。

成功实施 BPR 的前提是做好两方面的工作：一方面，是重新设计组织结构框架、管理体系、业务流程等硬性因素；另一方面，是转变领导行为、组织文化以及沟通方式等软性因素。

现代物流企业对业务流程进行重新整合，可以获得企业经营效益的提升，创造或加强增值性经营流程和环节，缩短其他任何使成本增加的业务流程（图 10-6）。

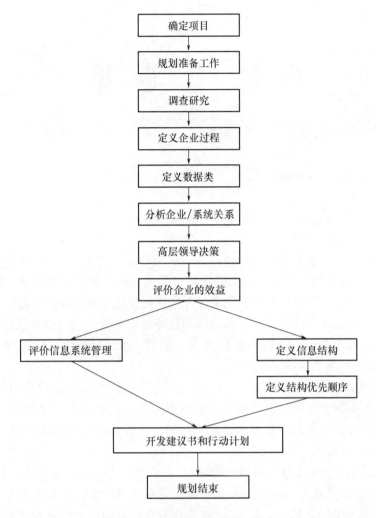

图 10-5 BSP 法实施的一般步骤

②业务流程重组的原则。

物流信息系统的创建,需要从业务流程的角度对物流企业进行优化,并通过对流程的规划和重建以及对信息技术的应用,来消除物流企业的业务瓶颈,进而加快作业进程和信息的双向流动。业务流程重组需要遵循以下几方面的原则:以客户满意度为终极目标;强调流程主线与弱化职能;以整体环境和可用资源为约束;权责明确及充分授权;合理整合资源;加强信息获取效率,避免冗余数据;兼顾效率与公平。

③基于 BPR 的物流信息系统规划方法。

基于 BPR 的物流信息系统规划方法包括四个阶段:

第一,确定物流信息系统规划方向。这一阶段的主要任务是分析企业的目标,并确定企业成功的关键因素以及企业的核心业务流程。企业目标是企业发展的方向,而物流信息系统规划是为企业的发展目标和战略服务的,只有明确了企业的发展目标,才能保证物流信息系统规划与企业目标保持战略一致性,从而推动企业的长期稳定发展。

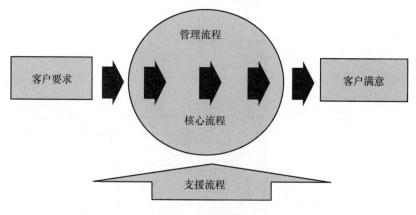

图 10-6　业务流程重组

第二,物流信息系统业务流程规划。这一阶段是信息系统规划的重要阶段,是功能规划与总体规划的基础。该阶段的主要任务包括通过建立企业流程模型,描述核心业务流程并分析业务流程现状,最后使用业务流程优化方法重新规划业务流程。

第三,物流信息系统功能规划。该阶段的任务是依据规划后的业务流程,分析业务流程的信息流,建立数据与过程的关系,并对它们的关系进行综合,识别功能模块,形成企业物流信息系统功能模块。

第四,整理信息系统规划报告。对前面三个阶段实施情况、各阶段规划的方案以及建立的模型结果进行统一管理,形成对企业信息系统规划的完整方案报告。在这一阶段,还需要企业相关人员对新规划的信息系统进行评分,衡量是否达到预期效果,并总结实践过程中的经验。

用 BPR 理论的思想指导信息系统的规划,就是要从流程而不是企业的职能部门出发来规划企业的信息系统。基于 BPR 的物流信息系统规划方法与传统物流信息系统规划方法相比,具有更加明显的优点,它能够弥补传统物流信息系统规划方法的不足,使得物流信息系统规划更加科学合理,同时也能够更好地支持企业战略的实施和企业的长期稳定发展。

10.1.4　基于物联网的物流信息管理系统

物流信息管理系统能够为物流业提供更为高效、便捷的服务。因为传统的物流运输业由于技术限制无法准确地定位顾客的具体位置,所以该行业的发展一直有所限制。而物联网的发展正好弥补了这一劣势,物联网与物流业的相互融合、相辅相成,不仅可以更加精确地定位顾客位置,而且还能够实现实时监控物流过程的每一个环节,及时掌握物品传递过程中的各种信息,在极大程度上提高了企业物流管理工作的效率,满足顾客更为多样化的需求。

1. 物联网技术下的现代物流信息管理系统概述

(1)物联网技术下物流信息管理系统的发展历程。

物联网技术在现代物流信息管理系统中的应用是物联网技术应用最普遍的应用之

一,在物联网技术刚被提出来的时候就出现了。具体应用过程可分为初始化阶段、探索应用阶段和突破性发展阶段。

①初始化阶段。

在这一阶段,出现的主要技术如 RFC 技术,主要是用于物品的自动识别,RFC 技术中电子标签将物品的所有状态都收录进去,只需要扫描标签便可知道物品的状态,达到了真正的智能管理。因此可以说 RFC 技术是物联网技术迅速发展的铺垫。另外,出现的 GPS 技术,其在物流方面的应用主要是物流可视化管理问题,利用该技术可以实现对在运输途中的物品的动态监控管理。

②探索应用阶段。

物联网技术应用与物流信息管理系统已经进入了探索应用阶段。与前面的初始化阶段相比,该阶段已经逐步探索更加完美的物联网应用技术。如通过开发新技术制造功能更加完善,成本更加低廉的 RFC 芯片等。

③突破性发展阶段。

物联网技术在物流业中的应用进入了突破性发展的阶段。物联网技术的出现被称为第三次信息技术革命的到来,该技术已经成为全社会关注的热点。

(2)物联网技术下物流信息管理系统的主要应用技术。

物联网技术是一个技术体系的总称,并不是只有单单的一项技术。在物流业中从物体的感知到信息处理再到运输等,每个环节都需要用到很多技术。但是大体上可以把物联网在物流业中的应用分为三大项技术,分别是,感知技术、网络通信技术和智能处理技术。

①物联网在物流信息管理中的感知技术。

根据目前的发展,物流业中常用的感知技术有 RFC 技术、视频识别技术、监控技术及传感技术等。而在这些技术中,RFC 技术是应用范围最广的一个,也是技术上最成熟的一项技术。RFC 技术主要用在物流中自动仓库管理系统、货物运输管理系统、运货车辆调度管理系统、自动配送管理系统、物品实时跟踪等方面。

②物联网在物流信息管理中的网络通信技术。

物联网指的是将物体也连接上网络,因此物联网技术是离不开互联网支持的。物体连接上网络之后,可以通过感知技术进行信息传递。因此,没有网络通信技术的支持,物联网技术就是纸上谈兵。在现有的物流业中常用的物联网网络通信技术主要可以分为,有线局域网技术、无线局域网技术、现场总线技术及互联网技术等。在现实应用中往往不能仅单一地使用一种网络通信技术,而是综合考虑各种网络通信技术的优缺点,结合使用。例如,在物流的运输模块,需要将互联网与局域网结合使用。又如,在信息传递上,需要将有线局域网技术和无线局域网技术相结合。

③物联网在物流信息管理中的智能管理技术。

智能化操作是现代物流信息管理的一个重要方面,也是物联网技术的核心技术。在目前的物流信息管理技术中,已经实现了部分智能化的物流作业,比如智能信息管理技术、自动车辆管理调配技术等。

这三项技术体系在物流信息管理系统中的应用并不是单一存在的,而是相互贯穿、同时进行的,并最终应用到物流信息管理系统中的,如图 10-7 所示。

图 10-7 物联网技术下的现代物流信息管理系统技术结构示意图

2. 物联网技术对现代物流信息管理系统的影响

在物流产业飞速发展的今天,传统物流业的服务水平已然不能满足人们的需求,物联网架构下的现代物流信息管理系统的出现正解决了这类问题。下面描述的正是物联网技术对现代物流信息管理的影响。

(1)实现了物品信息的动态传递。

对一个企业来说,能够实时掌握物品的动态是至关重要的。但是在物联网技术出现之前,这只是天方夜谭。而现在有了物联网技术的支持,通过物与物、物与人以及人与人之间全面互联的特性,实现了物品信息的实时动态掌握,并且在某些方面可以通过智能化手段进行紧急处理。这大大降低了由于人工处理不及时带来的损失,同时减少了劳动力资源的投入,降低了企业成本,利用新技术提升了企业的发展水平。

(2)能够准确识别物品。

物联网技术中的 RFC 技术即自动射频识别技术,它的主要构成是电子标签、阅读器和应用软件。通过这三部分之间的相互协作,达到对物品信息的自动识别,并通过网络通信技术将识别到的信息传递给信息管理中心。通过 RFC 技术进行识别,可以避免传统人为识别的误差,以及条形码识别技术的复杂操作。不仅能做到真正的识别技术,减少人为工作量,还可以保证识别信息的准确性,不会出现肉眼识别的错误。

(3)可以实现物品信息的自动采集。

市场是处于一个动态变化的状态,永远不可能静止,而要在变化无常的市场中一直处于竞争的前列,就要准确掌握产品的供求信息。而这些信息如此庞大,采用传统的人力资源去收集信息,不仅耗费的人力资源大,而且数据采集的效率低下,采集到的信息往往不具有实时性。因此,利用物联网技术自动采集物品信息已经成为物流业信息数据采集的必要手段。

总的来说,物联网技术在物流信息管理系统中的应用给物流业的发展带来了前所未有的进步。自动化技术使物流信息管理系统能够更加及时处理紧急情况,杜绝不必要的损失,减少人力资源的投入,降低企业成本,完善物流业的服务水平,给人们平常的生活带来更多便捷。

（4）全面获取物品信息功能。

由于物联网技术特有的可追踪性，使得信息管理者可以随时追踪物品的一切信息。因此，利用物联网技术贯穿在物流信息系统中的各个环节，使信息管理者在每个时间段都能全面掌握物品信息，及时根据物品状态做出相应措施，避免不必要的损失。

3. 物联网技术下物流信息管理的建议

由于物联网技术的出现仅仅不过十几年的时间，因此很多技术还不是很成熟，还有很多值得研究和提高的地方。为了更好地在物流信息管理系统中运用物联网技术，针对性地给出以下一些建议。

（1）加强物流信息系统中的网络建设。

众所周知，物联网技术的发展离不开互联网的支持。设想如果没了互联网，那么物联网技术可以说是纸上谈兵，根本派不上用场，因此加强网络建设是重中之重。尤其是对于物流企业的发展来说，如果网络条件跟不上，那么物品信息就不能及时传递到信息管理者手中，将会带来不可避免的损失。因此，在改进物联网技术下的现代物流信息管理中要加强网络建设。

（2）全面调整原有的物流信息管理系统。

传统的物流信息管理系统已经不能适应现代化市场发展的需求，因此，在改善企业物流信息管理系统的建设时，一定要全方位地进行调整，考虑将原有管理系统中的每项技术用新的物联网技术代替，建设更加完善的现代物流信息管理系统。

物联网技术在现代物流信息管理系统中的应用已是不可取代的趋势。本书在简单介绍了物联网的工作原理及在物流业中的应用层面后，对比传统物流信息管理系统得出结论，基于物联网技术的现代物流信息管理系统更加方便、智能、高效的特点，现代物流信息管理已经离不开物联网技术的支持。

10.1.5　基于物联网的物流信息协同管理

伴随物联网技术和市场一体化、经济全球化的发展，物流业面临更为激烈的市场竞争和多样化的客户需求，物联网环境下新的业务体系和业务流程的重组变革势在必行。因此需要更合理的规划，对各项资源尤其是信息资源的掌控，通过物联网把企业内、外部各相关联的子系统紧密结合起来，实现有效的信息协同，创造更加完善的物流服务链，实现价值增值，从而提升物流企业的核心竞争力。

1. 基于物联网的物流信息协同场景分析

物联网环境下的物流信息协同，即是利用物联网技术提供物流服务，并协调所有相关业务流程，共享信息资源，提高绩效，这将对物流行业整体发展产生深远影响。

（1）物流信息协同的业务环境分析。

基于物联网的信息协同技术在物流领域的应用，将使得物流行业的运营模式在很大程度上发生变化，导致物流企业内部和企业间的信息高度集成整合，并使得物流企业能够实时了解货物状态，从而进行必要的物流过程性控制，具体表现为以下方面：

①通过运输智能化改善服务水平。

基于物联网的信息协同技术能够收集、存储、集成整合物流企业的运输合同信息、货物信息、车辆在途信息、道路交通信息等，并能实现上述信息快速、准确传递，达致节点成员间的信息共享，为物流企业进行物流过程性控制提供必要的状态数据，提高物流运输的自动化和智能化，确保货物以正确的数量在正确的时间抵达正确的地点，从而改善物流服务水平。

②实现仓储自动化，降低库存成本。

基于物联网的信息协同技术能够对物流企业仓储业务中货物的品种、类别、货号、数量、等级、产地、储位地址等信息进行过滤和集成，利用云计算和数据库技术对上述信息进行快速有效地读取与分析，使物流企业能够实时掌握货物库存信息，并根据该信息对货物仓储过程进行全程监控，实现出入库操作自动化、库存实时盘点、货物自动分拣等仓储自动化和智能化，提升库存管理能力，增强仓储作业准确、快捷，从而降低库存成本。

③实现货物智能配送，降低配送成本。

基于物联网的信息协同技术能够在物流企业的货物配送方面，对客户的地理位置、需求量、道路交通条件、费率计算等信息进行集成与整合，使得物流企业能够实时掌握货物配送状态信息，并根据该信息对物流配送过程进行智能监管，实现货物拣选、加工、包装、分割、组配等配送相关作业的智能化，加快货物配送速度，提高配送效率与准确率，有效降低物流配送成本。

④实现物流全程监控，提高货物安全性。

基于物联网的物流信息协同技术能够对物流全过程涉及的货物储存、运输、配送等信息等进行有效集成，使物流企业能够实时掌握货物的库存状态、运输状态、配送状态等数据，并对货物进行实时定位和跟踪，根据货物状态进行必要过程控制，保障物流过程的透明化管理与准确调度，提高货物运输的质量和安全。

(2) 物流信息协同效应分析。

信息协同效应可分为外部效应和内部效应，前者是指各个成员企业间因相互合作、共享业务信息和资源而衍生的整体效应，后者则指物流企业基于自动仓储、智能运输、智能配送、信息控制等不同环节、不同阶段、不同层面共同协作而产生的效应。

对于物流企业而言，战略层面的协同效应主要基于各业务主体间的信息沟通，表现为社会经济效益、环境保护效应、资源节约效应等，是一种协同外部效应。业务层面与战术层面的协同效应是在各种有形、无形的物流资源相互整合基础上产生的规模经济效应、范围经济效应、管理协同效应及学习效应等综合体现，表现为协同内部效应。

(3) 基于物联网的信息协同技术在物流领域的应用分析。

目前，基于物联网的信息协同技术在物流领域中的应用已经切实表现出提升智能运输、自动仓储、信息控制、动态配送等各项物流业务环节之间的协作程度，并减少供应链环境下不同业务主体之间的内部损耗。

一方面，在企业级物流系统中应用基于物联网的物流信息协同技术使得物流企业能够实时掌握智能运输、自动仓储、信息控制、动态配送等各项物流业务流程所包含的物流设施设备状态,如工时消耗、货物即时状态、道路交通环境等信息,从而实现对核心业务、辅助业务、增值业务、附加业务等信息的实时查询和共享,使物流企业能够控制对服务、业务、安全、标准等方面的协同管理,进而促使各项物流业务协调一致,各物流环节之间协同运作,最终实现企业对物流全过程的一体化管控,达到提升整体物流乃至供应链系统的核心竞争力。

另一方面,基于物联网的物流信息协同技术在物流服务链的应用,使供应商、生产商、零售商、分销商、物流企业及终端客户等供应链业务主体实现彼此间在核心业务、增值业务、辅助业务、附加业务等环节的流程整合,实时共享智能运输、自动仓储、信息控制、动态配送等主体业务信息,使得各主要业务环节在流程上紧密衔接。同时还能实现上述业务主体的绩效标准和技术标准的协调和兼容,使各个业务主体之间的配合更加便捷。因此,基于物联网的物流信息协同技术能够消除供应链上各业务主体间的信息孤岛,形成更加协调一致的有机整体,从而提供多功能、一体化的综合性物流服务。

2. 基于物联网的物流信息协同管理框架设计

基于物联网运作的供应链是一个在新的业务体系环境和业务流程指导下的复杂物流、信息流、商流等相互交织的动态过程,涉及多个主体、多个过程和多种信息,具体表现在供应商、生产商、分销商、零售商、物流企业和终端客户都共同参与物流领域的核心业务、增值业务、辅助业务、附加业务活动,由此产生的海量信息纷繁交错,必须对它们进行有效地管理。依据物联网环境下的信息体系框架并结合基于物联网运作的物流信息流程,本书设计出包括信息感知管理、信息监控管理、信息集成管理、信息展现管理和信息安全管理等多个层面组合式的基于物联网的物流信息协同管理框架。

第一层是处于框架底层的信息感知管理。主要针对货物动、静态属性信息实施管理,目的是全面、正确地把握有关货物的基本信息、状态信息、物流设施信息及物流环境信息。例如,道路交通信息管理就是通过物联网技术,对通过传感器及传感网络所获取的道路交通状况信息进行有效管理,从而实现对货物运载途中环境信息的感知管理。

第二层是信息监控管理。物联网环境下的物流信息非常开放和公开,大量数据透过物联网络以及与企业内、外关联的系统中被感知、采集与更新,所以为了使这些信息在感知层被安全识别和感知,实现高效传递和安全存储,并在应用层面进行集成、分析与应用,就必须对物流信息的整体传递过程进行监督、管理和控制。其主要工作包括,第一,信息流程的规范化管理,即对物流过程的各项业务流程制订便捷、规范的流程规则和分级负责的运行维护体系;第二,安全监控管理,通过对感知层节点认证和密匙协商机制、对网络层中异构网络节点制订交换机制以及密匙协商机制、对应用层相应的安全访问机制同时进行实时监控管理,保证信息流安全的实时监控;第三,一体化监控管理,即通过硬件监控设备配置信息和实时性能信息、使用系统软件监控当前的系统运行情况;第四,业务应用监控管理,通过规范检测、统计分析业务系统运行数据,以快速查找原因码、准确定位的方式对物流各项业务环节的信息流进行监控。

第三层是信息集成管理。物联网环境下的物流信息集成涉及的大多是异构数据源,怎样通过网格技术将各种源数据信息进行处理后有效集成,是实现信息的高性能共享的关键。为此，先要通过网格技术对物流系统内仓储、配送、运输等业务涉及的信息进行汇集，融为一体；同时，对外部物流服务链企业成员间的信息进行汇集融合，通过软硬件集成实现成员企业间的信息交互与共享；然后实施信息过滤管理，即通过云计算和数据网格技术提取分布在不同数据源中的信息，分析后分离出有效信息，过滤剔除冗余信息以确保接下来信息汇集、整合等集成工作高效进行；还有信息整合管理，将地理位置差异的分散信息源融合成弹性、可靠且安全的信息资源，对其实现统一的访问，以实现各业务主体间信息资源的交互与共享。

第四层为信息展现管理。物联网环境下的海量信息若能被综合化应用，必须要有适当的展现方式。所以这一层的工作先是要进行业务信息的汇集管理，将不同业务及其主体的相关信息汇集后分类整合，以便对相关信息进行有效地分析和多维展现；同时将物联网信息安全、一体化、业务应用等监控信息进行汇集后分类整合，以便于对相关信息进行有效地分析和多维展现；接下来进行辅助决策分析管理，在原始数据汇集基础上对数据进行挖掘分析，通过导出自动化指标与报表数据统计为辅助决策提供支持，并对整体安全事件和安全风险进行分析和管理；最终利用多维视图展现管理将信息分析结果通过感知信息视图、商业智能视图、智能决策结果等以多维、立体的形式形象化地进行展现与管理。

第五层是为整个信息流管理提供了安全保障信息安全管理，即通过对物联网环境下的物流信息安全问题进行的统一规划和管理。这里涉及的几个关键控制点是，第一，针对感知层和网络层的节点机密性进行安全认证，防止节点被攻击方捕获和控制使信息被泄露和篡改，从而确保节点信息的合法、可靠；第二，提供与物联网中其他机制兼容的密钥协商机制促进信息的安全共享与集成，例如，在数据传输前，提供协商会话密匙才可以进行传输，这是针对感知层和网络层中的节点密匙进行的统一协商管理；第三，建立按用户身份或其归属的某预定义组别来限制用户信息访问权限或某些控制功能的使用并对用户提供隐私信息保护的信息安全访问机制；第四，入侵安全检测，就是对物联网进行实时检测，及时发现威胁和弱点，例如，通过循环反馈做出有效响应，或深入挖掘和分析出高危险性的行为，实现运行风险提前预警。

3. 基于物联网的物流信息协同管理体系设计

从上述对物流信息协同场景和机制的分析中可以发现，因为基于物联网的物流主体业务发生了变化，传统的仓储、配送、运输、调度、过程控制等业务向着自动化、智能化、动态化的方向发展，使得物联网环境下的物流信息管理被赋予了新的内涵，侧重于解决如何实现信息安全感知、智能存储与转换、高效传输及多维视图表现等，使各业务主体在信息充分共享的基础上相互协调一致、高效运作。

以实现物流各业务环节间的横向协同与物流服务链的纵向协同作为出发点，本书设计出基于物联网的物流信息协同体系，包括感知层、网络层、协同层、应用层，以及横向的物流主体业务间的协同和纵向的物流服务链协同，通过不同层面的信息协同，实现信息交互、集成与共享。

第一，感知层主要通过物联网感知和自动识别技术安全采集货物的静态、动态属性信息及物流设施设备信息、道路交通信息,为网络层提供基础信息。

第二,网络层对感知层采集的信息进行分布式存储、冗余信息过滤、异构数据转换及高效传输等综合处理,为协同层提供更可信赖的基础信息。

第三,协同层以云计算方式和数据网格技术将网络层传输的异构信息进行汇集、整合与分享,支撑应用层的业务应用和管理决策。

第四,协同管理统筹安排和管理物流系统的整体运作,协同决策对各业务实体提供决策支持,两者交互作用构成应用层运行机制。

第五,物流系统内部各环节通过由感知层、网络层、协同层和应用层等组成的协同体系进行信息交互、集成与共享,实现信息在智能运输、自动仓储、信息控制、动态配送及全程监控等业务之间的协同。同时,通过减少物流各业务环节的停留、转换,缩短货物周转时间,降低运营成本,提高运营效率。

第六,供应商、生产商、分销商、零售商等物流业务实体利用由感知层、网络层、协同层和应用层等组成的协同体系,进行不同业务主体间的信息协同,使得物流服务链上下游企业通过信息共享实现各企业间协调一致、协同工作,实现整个物流服务链整体运作的效率优化。

10.2　物联网的物流运输管理

随着物联网技术的发展,传统物流运输行业开始朝智能化、信息化方向发展。通过现代物联网技术,可以达到对传统物流中很难知晓的运输条件、运输状态等进行监测,从而更好地满足用户的需求。通过这种智能化的方式,大大提高了物流运输行业的服务水平。因此,这里将重点介绍现代物流的运输方式、安全监测、物联网的应用以及基于物联网的农资物流管控一体化系统。

10.2.1　现代物流运输概述

1. 现代物流运输的构成要素

物流运输活动的构成要素除了实现物质、商品空间移动的输送以及时间移动的保管这两个中心要素外,还有为使物流运输顺利进行而开展的流通加工、包装、装卸、信息等要素。

(1)输送。

输送是使物品发生场所、空间移动的物流运输活动。输送系统是由包括车站、码头的运输结点、运输途径、交通机关等在内的硬件要素,以及交通控制和营运等软件要素组成的有机整体,通过这个有机整体发挥综合效应。具体来看,输送体系中运输主要指长距离两地点间的商品和服务移动,而短距离少量的输送常常被称为配送。

(2)保管。

保管具有商品储藏管理的意思,它有时间调整和价格调整的机能。保管通过调整供给与需求之间的阻隔促使经济活动安定地开展。相对于以前强调商品价值维持或储藏目的的长期保管,如今的保管更注重,为了配合销售政策的流通目的而从事短期的保管,保管的主要设施是仓库,在基于商品出入库的信息基础上进行在库管理。

(3)流通加工。

流通加工是在流通阶段所进行的为保存而进行的加工或者为同一机能形态转换而进行的加工。具体包括切割、细分化、钻孔、弯曲、组装等轻微的生产活动。除此之外,还包括单位化、价格贴付、标签贴付、备货、商品检验等为使流通顺利进行而从事的辅助作业。如今,流通加工作为提高商品附加价值、促进商品差别化的重要手段之一,其重要性越来越突出。

(4)包装。

包装是在商品输送或保管过程中,为保证商品的价值和形态而从事的物流运输活动。从机能上来看,包装可以分为保持商品的品质而进行的工业包装,和为使商品能顺利抵达消费者手中、提高商品价值、传递信息等以促进销售为目的的商业包装等两类。

(5)装卸。

装卸是跨越交通机关和物流运输设施而进行的,发生在输送、保管、包装前后的商品取放活动。它包括商品放入、卸出、分拣、备货等作业行为。装卸合理化的主要手段是集装箱货盘。

(6)信息。

通过收集与物流运输活动相关的信息,使物流运输活动能有效、顺利地进行。随着计算机和信息通信技术的发展,物流运输信息出现高度化、系统化的发展,目前订货、在库管理、所需品的出货、商品进入、输送、备货6个要素的业务流已实现了一体化。信息包括与商品数量、质量、作业管理相关的物流运输信息,以及与订货、发货和货款支付相关的商流信息。如今,大型零售店、24小时便利店为了削减流通成本、扩大销售,大多已连接了销售时点信息管理(point of sale,POS)和电子数据交换(electronic data interchange,EDI)系统,从而使物流运输信息迅速传播。

2. 现代物流运输的特征

现代物流运输是与现代社会大生产紧密联系在一起的,体现了现代企业经营和社会经济发展的需要。现代物流运输管理和运作广泛采用了先进的管理技术、工程技术和信息技术等。随着时代的进步,物流运输管理和物流运输活动的现代化水平也在不断提高。因此,现代物流运输在不同时期有不同的内涵。现代物流运输的特征可概括为以下几个方面:

(1)目标系统化。

现代物流运输从系统的角度统筹规划一个公司整体的各种物流运输活动,通过物流运输功能的最佳组合,力求实现物流运输整体的最优化目标。物流运输系统化是现代物流运输最主要的特征之一。

(2)手段现代化。

随着科学技术的发展与应用,物流运输活动及其管理由手工作业到半自动化、自动化直至智能化,这是一个渐进的发展过程。在现代物流运输活动中,运输手段的大型化、高速化、专用化,装卸搬运机械的自动化,包装单元化、仓库立体化、自动化以及信息处理和传输计算机化、电子化、网络化等,为开展现代物流运输提供了物质保证。

(3)物流运输标准化。

物流运输业的社会化和国际化趋势要求物流运输设备、物流运输系统的设计与制造必须满足统一的国际标准,以适应各国、各地区之间实现高效率物流运输运作的要求。物流运输标准化是以物流运输为一个大系统,制定系统内部设施、机械装备包括专用工具等的技术标准,包装、仓储、装卸、运输等各类作业标准,以及作为现代物流运输突出特征的物流运输信息标准,并形成全国以及和国际接轨的标准化体系。实现物流运输标准化是发展物流运输技术、实施大系统物流运输管理的有效保证。

(4)服务社会化。

在现代物流运输时代,物流运输业已得到充分发展。企业物流运输需求通过社会化物流运输服务满足的比重在不断提高,第三方物流运输将成为现代物流运输的主体,物流运输产业在国民经济中的作用越来越大。

(5)物流运输网络化。

这里,网络化有两层含义:一是指各个物流运输企业之间,物流运输企业与生产企业、商业企业之间,甚至全社会之间均通过信息网络连接在一起;二是指物流运输组织的网络化,即所谓的组织内部网。物流运输网络化是物流运输信息化的必然,是现代物流运输的主要特征之一。当今世界因特网等全球网络资源的可用性及网络技术的普及为物流运输网络化提供了良好的外部环境,物流运输网络化不可阻挡。

(6)物流运输可视化。

随着现代物流运输技术特别是电子信息技术和光电技术的发展与应用,无论是用户还是供应商,不再为找不到货物而担心或烦恼。他们可以在办公室通过网络了解货物的存储、运输状况,并以文字、数字、图片等信息形式,看见反映货物的物流运输、商流、资金流和信息流的各种情况,物流运输管理不再是“看不见的手”。例如,库存可视化可通过多重定位提供当前库存的实时资料,用户可以用获得的信息来控制和管理库存。货运可视化可以提供网站访问,以获取货运的具体情况,包括发货人、运货人、收货人、货物的详细信息以及基于事件的状态或区域更新的信息等。

(7)物流运输信息化。

物流运输信息化是现代物流运输发展的必然要求。物流运输信息化表现为物流运输信息的商品化、物流运输信息收集的数据库化和条形码化、物流运输信息处理的电子化和计算机化、物流运输信息传递的标准化和实时化、物流运输信息存储的数字化等。物流运输信息化是现代物流运输的基础,没有物流运输信息化,任何先进的技术设备都不可能应用于物流运输领域。

(8)反应快速化。

在现代物流运输信息系统、作业系统和物流运输网络的支持下,为满足用户多样化、个性化、小批量、多品种、高频次的需求,物流运输对于需求的反应速度在加快,可以实现“今日订货,明日交货;上午订货,下午交货”的理想物流运输。快速反应是当今物流运输的重要特征。同时,物流运输企业及时配送、快速补充订货、迅速调整库存结构的能力正在加强。

（9）功能集成化。

现代物流运输从传统的仓储、运输,延伸到采购、生产、分销等诸多环节,通过集成,可以优化物流运输管理,降低运营成本,提高物品价值。另外,由于科学技术的发展和在物流运输领域的广泛运用,在提高物流运输管理水平的同时,大量高新技术的采用,也使企业面临各项技术高度集成的问题。

（10）物流运输国际化。

在国际经济技术合作过程中,产生了货物和商品的转移,从而带动了国际运输和国际物流运输的产生与发展。物流运输国际化主要表现为两个方面:一是其他领域的国际化产生了对国际物流运输的需求,即国际化物流运输;二是物流运输本身的国际化,主要表现为国际物流运输贸易、国际物流运输合作、国际物流运输投资、国际物流运输交流。

（11）智能化。

这是物流运输自动化、信息化的一种高层次应用,物流运输作业过程包含大量的运筹和决策,如库存水平的确定、自动导向车的运行轨迹和作业控制、自动分拣机的运行、物流运输配送中心经营管理的决策支持等问题都需要借助大量的知识才能解决。为了提高物流运输现代化的水平,物流运输的智能化已成为现代物流运输发展的一个趋势。

（12）柔性化。

柔性化本来是为实现"以顾客为中心"理念而在生产领域提出的,但需要真正做到柔性化,即真正能根据消费者的需求变化来灵活调节生产工艺,没有配套的柔性化的物流运输系统是不可能达到目的的。柔性化的物流运输正是适应生产、流通与消费的需求而发展起来的一种新型物流运输模式。这就要求物流运输配送中心要根据消费需求"多品种、小批量、多批次、短周期"的特色,灵活组织和实施物流运输作业。

3. 现代物流运输的作用

根据物流运输的定义,可以说物流运输是一种整合。它是将采购、生产、传统物流运输、销售等予以综合考虑,形成一个科学、高效的管理链,从采购原材料开始到最后将产品送交顾客,将这一"物的流通"的全过程进行高度综合的一体化管理,除了销售物流运输和公司内部物流运输以外,还包括采购物流运输和退货与废弃物物流运输。这一过程保证了社会再生产地不断进行,提供了一系列功能平台,提高了总体经济效益。

（1）物流运输保障再生产过程。

①物流运输是生产过程的基本保证。

无论在传统的贸易方式下,还是在新的贸易(例如电子商务)条件下,生产都是商品流通之本,而生产的顺利进行需要各类物流运输活动的支持。生产的全过程从原材料的采购开始,便要求有相应的供应物流运输活动,使所采购的材料到位,否则,生产就难以进行。在生产的各工艺流程之间,也需要原材料、半成品的物流运输过程,即所谓的生产物流运输,以实现生产的流动性。部分余料、可重复利用的物资的回收,就需要所谓的回收物流运输,废弃物的处理则需要废弃物物流运输。可见,整个生产过程实际上就是系列化的物流运输活动,同时,通过降低费用从而降低成本、优化库存结构、减少资金占压、缩短生产周期,保障现代化生产的高效进行。

②物流运输是实现从生产到消费的重要环节。

合理化、现代化的物流运输,解决物的空间流动问题,使"物"完成从原材料变为产品再变为消费品这一过程.。通过物流运输,生产者得到所需的物料进行生产,经营者得到要销售的商品,顾客得到他们想要的消费品。这样,通过物流运输,将商品在适当的交货期内准确地向顾客配送;顾客的订货尽量得到满足,不使商品脱销;适当地配置仓库、配送中心,维持商品适当的库存量;使运输、装卸、保管等作业自动化;维持适当的物流运输费用;使从订货到发货的信息流畅无阻;把销售信息迅速地反馈给采购部门、生产部门和营业部门。可见,物流运输保证了生产到消费的循环过程,满足了社会的需要。

(2)提高效益,增加销售和盈利。

①运营过程的集约化。

企业的运营分别存在着采购、生产、销售等运营逻辑。物流运输的综合作用将超越所有这些逻辑,追求包含从采购到销售在内的"物的流动"的整体最佳状态。

②获得外部关系的最佳化。

物流运输过程首先把满足顾客要求放在首位,然后设计企业内部"物的流动"的整体最佳状态。这是一种向顾客提供商品的活动,可以说是一种满足需要的"需要满足功能";同时也是使企业外部供应商以及分销商等到达最终顾客的各个渠道畅通的整个"物的流动",追求整体最佳,以提高效益。

(3)提高企业的核心能力。

①通过物流运输提高企业的管理能力。

物流运输不只是简单的"物"的流动,需要高度的组织性和对于不断变化的市场与形势的适应能力。在把生产的商品送交消费者的过程中,企业的各项活动需要被高度理性化地组合起来,在这一过程中,企业本身也在不断地改变自身,提升管理的水平和层次。

②通过物流运输增强企业竞争力。

企业要使自己的商品优于其他企业商品,不仅要加强销售活动,还要搞好物流运输服务,使物流运输服务也优于其他公司。在商品的质量和价格都基本等同的情况下,必须把物流运输作为一种销售竞争的手段,争取在对顾客服务方面取得优势,所以物流运输就成为商品营销中的竞争力量。解决把所需的商品在指定场所、指定时间、以指定的价格送交顾客的问题,使需要和供给互相契合,实现"供需综合平衡功能",这正是企业核心能力的表现。提高物流运输的水平,实际上就是在提高企业自身的核心能力,使企业在竞争激烈的市场上立于不败之地。

综上所述,在现代社会生活中,缺少了物流运输是不可想象的,特别是在人们追求提高生活质量的今天,社会对物流运输的需求已成为热门话题,物流运输起着越来越重要的作用。

10.2.2 现代物流的运输方式

1. 公路运输

公路运输是主要使用汽车在公路上进行货物运输的一种方式,是我国货物运输的主要形式,在我国货运中所占的比重最大,可以与铁路、水路运输联运,形成以公路运输为主体的全国货物运输网络。

公路运输主要承担近距离、小批量的货运,水路和铁路运输难以到达地区的长途、大批量货运以及铁路、水运难以发挥优势的短途运输。由于公路运输具有很强的灵活性以及高速公路的发展,在有铁路、水运的地区,较长途的大批量运输也使用公路运输。同时,公路运输还起到补充和衔接的作用,完成其他运输方式到达不了的地区的运输任务,实现门到门的运输服务。

公路运输是影响面最广泛的一种运输方式,其优势如下:

(1)全运程速度快。

据统计,一般在中、短途运输中,公路运输的运送速度平均比铁路运输快4~6倍,比水路运输快近10倍。在公路运输过程中,不需要中转,换装环节少,因此运输速度较快,对于限时运送的货物或为适应市场临时急需的货物,公路运输的优势明显。公路可以实现"门到门"的直达运输,空间活动领域大,这一特点是其他任何运输方式所不具备的,因而公路运输在直达性上也具有明显优势。

(2)营运灵活。

公路运输有较强的灵活性,可以满足用户的多种要求。其既自成体系,又可以成为其他运输方式的接运方式;其能灵活制订运营时间表,随时调拨,运输伸缩性大;汽车载重量可调,既可单车运输,又可以拖挂运输,对货物批量的大小具有很强的适应性;汽车可到处停靠,受地形气候限制小。

同时,公路运输具有如下缺点,在进行公路运输任务安排时需要考虑如下因素的影响:

①载重量小,不适宜装载重件、大件货物。

②运输费用相对昂贵,公路运输的经济半径一般在200 km以内,不适合长途运输。

③车辆运行中振动较大,易造成货损货差,造成不必要的损失。

④汽车运行过程消耗能量多,易造成环境污染,环保性较差。

2. 铁路运输

铁路运输是指使用铁路列车运送货物的一种运输方式,是目前我国货物运输的主要方式之一,其最大特点是适合长距离的大宗货物的集中运输,并且以集中整列为最佳,整车运输。其优点是运载量较大、速度快、连续性强、远距离运输费用低(经济里程在200 km以上),一般不受气候因素影响,准时性较强,安全系数较大,是营运最可靠的运输方式。铁路运输也有其缺点,如资本密集、固定资产庞大、设备不易维修等。具体表现为:

(1)投资高,建设周期长,噪声较大。

（2）营运缺乏弹性。铁路运输受线路、货站限制，不够机动灵活。同时，铁路运输受运行时刻、配车、编列或中途编组等因素的影响，不能适应用户的紧急需要。

（3）货损较高。铁路运输可能因为列车行驶时的振动及货物装卸不当，容易造成所承载货物的损伤，而且运输过程需要多次中转，也容易导致货物损坏、遗失。

铁路货物运输，按照货物的数量、性质、形状、运输条件等，可以分为整列运输、整车运输、集装箱运输、混装运输（零担货物运输）和行李货物运输等。铁路货物运输还可以分为营业性线路运输和专用线路运输等。

根据上述特点，铁路运输主要适合大宗低值货物的中、长距离运输，也较适合运输散装货物（如煤炭、金属、矿石、谷物等）、罐装货物（如化工产品、石油产品等），此外还适于大宗货物的单次高效率运输。对于运费负担能力小、货物批量大、运输距离长的货物运输来说，铁路运输的运费比较便宜（图 10-8）。

图 10-8　铁路运输

3. 水路运输

水路运输是指使用船舶运送货物的一种运输方式。水路运输主要承担大数量、长距离的运输，是在干线运输中起主力作用的运输形式。水路运输有沿海运输、近海运输、远洋运输、内河运输四种运输形式。

（1）沿海运输，是使用船舶通过大陆附近沿海航道运送客货的一种方式，一般使用中、小型船舶。

（2）近海运输，是使用船舶通过大陆邻近国家海上航道运送客货的一种方式，视航程可以使用中型船舶，也可以使用小型船舶。

（3）远洋运输，是使用船舶跨大洋的长途运输形式，主要依靠运量大的大型船舶。

（4）内河运输，是使用船舶在陆地内的江、河、湖、川等水道进行运输的一种方式，主要使用中、小型船舶。

水路运输的特点是运输能力大、能源消耗低、航道投资省、不占用耕地面积，节约了土地资源,并且能以最低的单位运输成本提供最大的运量。尤其是在运输大宗货物或散装货物时,采用专用的船舶运输,可以取得更好的技术经济效果。但是,水路运输也存在一些缺点,如船舶平均航速较低,货物运输速度较慢;港口的装卸搬运费用较高,故不适合短距离运输;航运和装卸作业受气候条件的影响较大,例如,江河断流、海洋风暴、台风等影响,因而呈现较大的波动性及不平衡性,难以实现均衡生产。根据水路运输的上述特点,其主要适合大批量货物运输,特别是集装箱运输;原料、半成品等散货运输,如建材、石油、煤炭、矿石、谷物等;国际贸易运输,即远距离、运量大、不要求快速抵达的国际客货运输。

4. 航空运输

航空运输是在具有航空线路和航空港(飞机场)的条件下,利用飞机运载工具进行货物运输的一种运输方式。与其他运输方式相比,航空运输具有以下几方面的特征:

(1)高速直达性。高速直达性是航空运输最突出的特点。由于在空中较少受到自然地理条件的限制,因而航线一般取两点间的最短距离。这样,航空运输就能够实现两点间的高速、直达运输,尤其在远程直达上更能体现其优势。

(2)安全性。随着航空技术的发展(如维修技术的提高),航行支持设备(如地面通信设施、航空导航系统、着陆系统以及保安监测系统)的改进与发展,更提高了其安全性。尽管飞机事故的严重性最大,但按单位货运周转量或单位飞行时间损失率来衡量,航空运输的安全性是很高的。

(3)受气候条件限制。因飞行条件要求很高,航空运输在一定程度上受到天气条件的限制,从而在一定程度上影响运输的准点性与正常性。

(4)可达性差。航空运输难以实现客货的"门到门"运输,必须借助其他运输工具转运。

(5)载运量小。

(6)基本建设周期短、投资少。与修建公路和铁路相比,建设周期短、占地少、投资省、收效快。

结合上述航空运输的特点,其在运输中主要承担以下作业:

一是国际运输。这是航空运输的主要收入来源,航空运输对促进国际的技术经济合作与文化交流起着重要的作用。

二是适合高附加值、小体积的物品运输。临近机场的高级电子工业、精密机械工业、高级化学产品工业等高附加值的产业通常通过航空运输实现国际的运输。

5. 管道运输

管道运输主要是利用管道,通过一定的压力差而完成商品运输的一种现代运输方式。所运输的货物主要有石油(原油和成品油)、天然气、煤浆以及其他矿浆。管道运输与公路运输、铁路运输、水路运输和航空运输的不同之处在于管道运输所采用的运输设备是固定不动的,在管道建设好之后管道设备是静止的。

管道运输的最大优点如下:

一是运量大。管道设备可以连续不断地运行,运量大。

二是占地面积少。管道常常埋设在地底,占用的土地面积少,节约了土地资源。

三是管道运输建设周期短、费用低、运营费用低。

四是管道运输安全可靠、连续性强。由于石油、天然气易燃、易爆、易挥发、易泄漏,采用管道运输,既安全,又可大大减少挥发损耗,同时由于泄漏导致地对空气、水和土壤的污染也可大大减少,管道运输能较好地满足运输工程的绿色环保要求。此外,由于管道基本埋在地底下,其运输过程受气候条件影响小,可确保运输系统长期稳定运行。

五是管道运输耗能低、成本低、效益好。

管道运输的缺点如下:

一是灵活性差。管道系统是一个单向封闭的输送系统,不如其他运输方式灵活,且只能运输特定的货物,货物运输品种单一。

二是当运输量降低很多且超出其合理经济运行范围时,其优越性难以发挥,因此比较适合定点、量大、单向的流体运输。

10.2.3　货物运输在途安全监控系统

1. 基于 RFID 的智能物流在途系统安全架构

基于 RFID 的智能物流系统安全架构包括安全认证协议、数据传输加密和 RFID 中间件安全三方面。

(1)安全认证协议。

在基于 RFID 技术的智能物流信息系统中,系统包含大量的贴有标签的流动物品,而标签和读写器之间的无线通信信道是不安全的,标签容易被非法读取、数据易被窃听等,因此对标签和阅读器的合法性进行身份认证是非常必要的。为了解决在数据通信中阅读器和标签的身份合法性,在通信前必须对双方的身份合法性进行验证,利用对称的安全认证方式可以解决这个问题。在该安全认证方式中将应用 Hash 函数、产生随机数等这些算法或者功能中的一个或几个。

另外,阅读器的功能有限,只能对数据进行一些简单地处理,很难达到物流系统的智能需求,并且读写器和后端数据库进行数据交互时也存在一定的安全隐患,所以在 RFID 系统中加入 RFID 中间件技术来解决这些问题。尽管如此,RFID 技术的应用也存在一定安全漏洞,所以必须认证与 RFID 中间件通信的读写器的合法身份,防止读写器欺骗 RFID 中间件,骗取机密信息。

(2)数据传输加密。

在密码学理论中,加密算法主要分成两大类:对称密钥算法和非对称密钥算法。在对称密钥算法中,通信双方拥有一个相同的密钥来进行加密和解密。对于非对称密钥算法,加密密钥是公开的,而解密必须提供一个专用的密钥,属于公钥密码体制的范畴。同时两者有各自的优点和缺点,在分派和管理密钥上,对称密钥算法比较复杂,而非对称密钥算法不要求密钥有很高的保密性。另外,对称密钥算法对于计算能力要求不高,而非对称密钥算法的计算比较复杂,要求较高。

智能物流系统中,电子标签不仅存储标签的 ID 信息,而且还存储商品信息,而数据通信的信道一般是无线的,所以数据在传输时很容易被攻击者窃听,或者受到哄骗攻击。为了保证数据的安全性、有效性和完整性,采用基于流密码算法的传输方式可以解决数据传输过程中的信息泄露问题。流密码的加密过程是先把原始明文转换成数据,然后,将它与密钥序列逐位加密生成密文序列发送给接收者,接收者用相同的密钥序列对密文进行逐位解密来恢复明文。

(3)RFID 中间件安全。

RFID 中间件应用到系统中可以保护 RFID 数据的安全。RFID 中间件介于上层应用系统与数据采集子系统之间。采集层含有的硬件设备主要是读写器,而读写器的功能有限,它只能作为一个通信接口,向下向标签发出请求指令,获取标签的数据,向上将数据传输给后端数据库,因此本身无数据操作处理能力(图 10-9)。

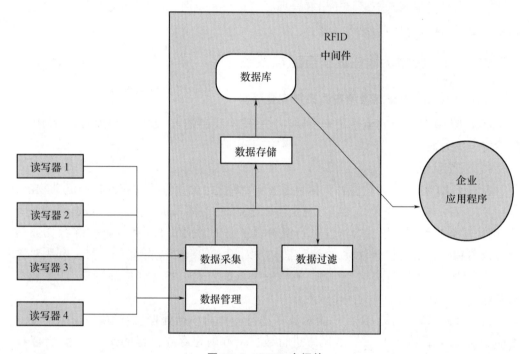

图 10-9　RFID 中间件

但是阅读器要如何操作,什么时候与标签通信,获取什么信息,这些都需要上层应用系统加以统一分配和管理。RFID 中间件可以实现这一功能,它可以根据上层应用系统要求,请求获取采集层对应的数据信息,并加以数据处理,再将其传输给上层应用系统,减少上层应用系统的工作量,可以让用户获得需要的数据和信息。

RFID 中间件的使用对于 RFID 系统有很多好处,但是也要注意它的一些安全方面的问题。在未加入 RFID 中间件的 RFID 系统中,人们一般认为后端数据库和阅读器之间的通信信道是安全的,因此不容易受到攻击。而在引入 RFID 中间件的 RFID 系统中,后端数据库与阅读器之间的信道就被分为两个部分:中间件和阅读器之间的信道;中间件与后端数据之间的通信信道。特别是中间件和阅读器之间的信道是不安全的,在这个信道范围内,一些非法的读写器能够哄骗 RFID 中间件信任它,并给它发出一些机密信息,或者冒充合法读写器,在获得一些信息后向标签发出通讯请求来获取标签中的敏感信息。另外,RFID 中间件还连接着上层应用系统,因此还必须保证中间件与上层应用系统之间通信的安全。

(4)RFID 安全协议。

国内外专家和学者已经针对物流配送及 RFID 系统的认证协议展开了大量研究,并产生了不少具有理论和实际意义的研究成果,这些成果对于进一步推进智能物流系统中射频识别技术及其认证协议的研究和实践产生了重要意义。

当前,对射频识别技术的研究和应用还处在起步阶段。在实际应用方面,依靠的是经验决策和先例借鉴;在理论方法研究方面,零散而不系统,针对性和可操作性不强。

2. 基于 RFID 的物流货物在途安全措施

常见的基于 RFID 的物流安全措施包括以下几项:

一是读写器身份合法性验证与访问控制。阅读器请求通信时,RFID 中间件需要对阅读器身份的合法性进行验证,防止非法读写器哄骗攻击。

二是操作人员身份合法性验证与访问控制操作人员登录系统必须认证其身份,防止越权操作和管理系统。

三是数据存储安全规范。存储数据时,要设置数据的机密等级,对于非常重要的数据要进行加密处理,只有一定权限的人才有解密密钥,才能对数据进行解密处理,查看数据。

10.2.4　交通运输物联网系统

1. 物联网在交通运输中的作用

(1)货物跟踪。

物联网借助互联网、RFID 等无线数据通信等技术,实现了单个商品的识别与跟踪。

基于这些特性,将其应用到物流的各个环节,保证商品的生产、运输、仓储、销售及消费全过程的安全和时效,将具有广阔的发展前景。

基于物联网的支持,电子标签承载的信息就可以实时获取,从而清楚地了解到产品的具体位置,进行自动跟踪。对制造商而言,原材料供应管理和产品销售管理是其管理的核心,物联网的应用使得产品的动态跟踪运送和信息的获取更加方便,对不合格的产品及时召回,降低产品退货率,提高了自己的服务水平,同时也提高了消费者对产品的信赖度。另外,制造商与消费者信息交流的增进使其对市场需求做出更快地响应,在市场信息的捕捉方面就夺得了先机,从而有计划地组织生产,调配内部员工和生产资料,降低甚至避免因牛鞭效应带来的投资风险。

(2)降低运输风险。

对运输商而言,电子产品代码 EPC 可以自动获取数据,进行货物分类,降低取货、送货成本。并且,EPC 电子标签中编码的唯一性和仿造的难度可以用来鉴别货物真伪。由于其读取范围较广,可实现自动通关和运输路线的追踪,从而保证了产品在运输途中的安全。即使在运输途中出现问题,也可以准确地定位,做出及时地补救,使损失尽可能降到最低。这就大大提高了运输商送货的可靠性和效率,从而提高了服务质量。

(3)降低成本。

运输商通过 EPC 可以提供新信息增值服务,从而提高收益率,维护其资产安全。不仅如此,利用 RFID 技术对高速移动物体识别的特点,可以对运输工具进行快速有效地定位与统计,方便对车辆的管理和控制。具体应用方面包括公共交通票证、不停车收费、车辆管理及铁路机车、车辆、相关设施管理等。基于 RFID 技术,可以为实现交通的信息化和智能化提供技术保障。实际上,基于 RFID 技术的军用车辆管理、园区车辆管理及高速公路不停车收费等应用已经在开展。

2. 公路运输与物联网系统

(1)RFID 技术在公路运输中的应用。

①在公路运输中应用 RFID 技术的必要性。

随着全国高速公路网络规划的逐步建成和完善,高速公路运输在综合运输体系和国民经济发展中起着越来越重要的作用。但是,高速公路运输体系所追求的快速、高效和安全,在很大程度上受各类事故和自然灾害等因素的影响和制约。例如,恶劣天气或汽车抛锚引起汽车追尾等事故所造成的损失越来越大,成为威胁人们生命及财产安全的重大隐患。因此,对高速公路车辆进行监测,及时发现各路段及关键点的车辆行驶异常情况并采取相应的应急措施,最大限度减少各类交通事故,是保证高速公路安全、舒适、快速运营的必要手段。

②RFID 技术在公路运输管理上的具体应用。

A. 系统概述。

采用 SP-D300 型读写器(最大读写距离可达 80 m)极高的防冲突性,采用多种防冲突方案,可同时识别 200 个以上不同的射频识别卡;高速度,Super RFID 的移动时速可达 200 km 以上;智能化,RFID 与收发器之间可实现双向高速数据交换,使应用灵活,数据安全得到保证。由安装在车辆内携带的超级远距离电子标签、传输处理分站(含发射天线、接收天线、目标识别器)、数据传输接口、地面中心站软件组成。当携带标识卡的车辆通过传输处理分站区域时,标识卡立即发射出具有代表身份特征的射频信号,经目标识别器接收并通过传输处理分站发送到中心站。中心站接收来自传输处理分站上的编码信号,实现对车辆跟踪定位信息的采集、分析处理、实时显示历史数据、存储报表查询打印等功能,使管理人员能及时准确地查询各种信息,方便险情的及时提醒和实时处理,提高和优化高速公路的整体管理水平。路面车辆跟踪定位基站及管理系统涉及计算机软件、数据库、电子电路、数字通信、无线识别技术等方面。在设计方案时,系统以标准的 SQL Server 2000 数据库进行后台数据交换。

系统总体设计主要体现在以下几点:

第一,实现车辆的有效识别和监测,对前方事故及车辆情况进行报警。使管理系统充分体现人性化、信息化和自动化,实现数字公路的目标。

第二,一旦发生安全事故,通过该系统立刻可以知道事故现场车辆情况及位置,保证抢险和安全救护工作的高效运作。

第三,系统设计的安全性、可扩容性、易维护性和易操作性。

B. 系统原理及构成。

公路各分站设备的车辆信息采集处理板将低频的加密数据载波信号经发射天线向外发送;随身携带的标识卡进入高频的发射天线工作区域后被激活(未进入发射天线工作区域标识卡不工作),同时将加密的载有目标识别码的信息经卡内高频发射模块发射出去;接收天线接收到标识卡发来的载波信号,经分站车辆信息采集处理板接收处理后,提取出目标识别码,并经车辆信息传输处理板送至计算机,完成预设的系统功能,从而实现车辆的自动化监控及管理。用一定数量的监测站点(读卡器)按一定间距(约160 m)设立在高速公路上构成监控带,可以自动记录各站点通过车辆的编码和通过时间,从而确定车辆在任意时刻在路面所处的位置,便于查询。在事故发生时,能够实现快速有效地处理。

监测管理部分由数据通信接口、HUB、监控主机(含监控管理软件)、打印机、网络终端、防雷设备等组成。其中通信接口是将 RS 485 接口信号转换为监控计算机 RS 232 串口信号;HUB 用于设备网络连接;监控计算机(含监测管理软件)及数据库,实现对信息的自动化管理目标,在计算机屏幕上直观动态地显示车辆的分布情况,使路面车辆情况一目了然;打印机主要用来打印车辆监测管理报表;网络终端主要是车辆监测信息的网上共享。

C. 系统软件功能。

车辆运行安全管理系统软件采用的 Delphi 2005 集成开发工具进行开发设计,该系统是在 Windows XP 环境下以 SQL Server 2000 数据库为核心并采用 C/S 与 B/S 相结合的模式开发而成的目标实时定位跟踪查询、车速监测、事故处理、历史数据查询打印、数据统计、系统设置和联网等功能。主要功能表现为:

一是目标实时定位跟踪查询。实时查询车辆的动态分布情况及数量;查询高速路上任意车辆当前位置和某一时刻所处的位置,并进行实时跟踪显示。

二是车速监测。对车辆在各个区域的车速及前后车辆情况进行监测。对前方有突发事故或其他异常情况进行报警提醒。

三是事故处理。当某路段发生事故时,可迅速确定事故发生地点、车辆数量及身份等信息,为事故处理迅速提供准确的依据,将损失减少到最少。

四是历史数据查询打印。可查询指定日期、指定车辆在任意路段的具体情况,查询和打印相关信息。

五是数据统计。将各类信息统计汇总,按指定的格式统计事故发生路段分布,提供各路段的车辆、车速情况表等。

六是系统设置和联网功能。设置系统的数据库连接,并提供基于 Web 的查询系统,能确保相关人员通过网络准确、及时地了解高速公路上各车辆的具体情况。

(2)GPS 技术在公路运输中的应用。

①GPS 技术在公路运输中的运作模式。

汽车导航系统是在 GPS 基础上发展起来的一门实用技术。它通常由 GPS 导航、自律导航、车速传感器、陀螺传感器、微处理器、CD-ROM 驱动器、IJCD 显示器组成。它通过 GPS 接收机接收到多颗 GPS 卫星的信号，经过计算得到汽车所处位置的经纬度坐标、汽车行驶速度和时间信息。它通过车速传感器检测出汽车行驶速度，通过陀螺传感器检测出汽车行驶的方向，再依据时间信息就可计算出汽车行驶的动态轨迹。将汽车实际行驶的路线与电子地图上的路线进行比较，并将结果显示输出，可以帮助驾驶人员在正确的行驶路线上行驶。

通过采用 GPS 对车辆进行定位，在任何时候，调度中心都可以知道车辆所在位置、离目的地的距离，同时还可以了解到货物尚需要多长时间才能到达目的地，其配送计划可以精确到小时。这样就提高了整个物流系统的效率。另外，借助于 GPS 提供的准确位置信息，可以对故障或事故车辆实施及时的援救。

GPS 目前在客货运输中的应用模式类似于手机运营商的模式，即使用人（单位）购买信号接收终端后，安装在需要监控车辆上，则该车辆的行驶信息即开始通过终端发送到运营商的服务器上。使用人采用 Web 网页或软件方式从运营商的服务器上获取车辆信息或下达管理指令。

目前管理方式主要有 B/S 式和 C/S 模式两种。B/S 模式，通过浏览器登录运营商网站，使用人（单位）输入对方授权的用户名和密码，即可监控或管理自己的车辆，优点是在任何地点，只要有一台可上网的电脑，即可随时监控，缺点是相关功能减少；C/S 模式，使用单位或个人在固定监控计算机上安装客户端程序，运行后自动登录运营商服务器，监控本单位的车辆。优点是监控、管理的选项多、功能多，缺点是监控地点固定。根据实际情况，也可以上述两种模式同时使用。运营商系统平台涉及通信网关技术、小负荷条件下海量信息发送技术、车载设备驱动技术等；车载终端平台则涉及不同条件下触发信号采集、判断、后续动作实施技术，TCP/UTP 两种链接方式的兼容技术，集成身份识别技术，如 IC 卡、指纹识别器、加密 U 盘等；终端软件则涉及区域查询、电子地图分析、数据库技术等。

②GPS 技术在公路运输管理上的应用。

A. 车辆跟踪、定位。

利用 GPS 和电子地图能够实时显示出车辆的实际位置，并放大、缩小、还原、换图；能够随目标移动，使目标始终保持在屏幕上；能够多窗口、多车辆、多屏幕同时跟踪；可对重要车辆和货物进行跟踪运输（图 10-10）。

B. 资料信息查询。

提供主要物标，如旅游景点、宾馆、医院等数据库，能够在电子地图上根据需要进行查询。查询的资料以语言及图像的形式显示，并在电子地图上显示其位置。同时，监测中心可以利用监测控制台对区域内任意目标的所在位置进行查询，车辆相关信息将以数字形式在控制中心的电子地图上显示出来。

C. 出行路线规划。

规划出行路线是汽车导航系统的一项重要辅助功能，包括自动路线规划，由驾驶员确定起点和终点，由计算机软件按照要求自动设计最佳行驶路线，包括最快的路线、最简单的路线、通过高速公路路段次数最少的路线等；人工路线设计，由驾驶员根据自己

图 10-10　车辆定位

的目的地设计起点、终点和途经点等,自动建立路线库。路线规划完毕后,显示器能够在电子地图上显示设计路线,并同时显示汽车运行路径和运行方法。

D. 监控运输车辆。

指挥中心可以监测区域内车辆的运行状况,对被监控车辆进行合理调度。指挥中心也可随时与被跟踪目标通话,实行管理。

E. 紧急援助。

通过 GPS 定位和监控管理系统可以对遇有险情或发生事故的车辆进行紧急援助。监控台的电子地图可显示求助信息和报警目标,规划出最优援助方案,并以报警声、报警光提醒值班人员进行应急处理。

(3) GIS 技术在公路运输中的应用。

①在公路运输中应用 GIS 技术的必要性。

高速公路监控系统主要通过外场设备对现场交通状态实时采集,针对高速公路范围内各种交通状态、交通事件和气象状况,利用建立的数学模型进行相关计算,生成相应的控制策略和控制方案,通过控制人员的确认采用不同的控制方案,通过可变情报板、可视信息等途径反馈给驾驶人员,诱导交通流运行在管理者期望的状态,达到安全、高效的目的。该系统由基于 GIS 的交通综合监控系统和外场设备控制及其数据采集系统组成。其中 GIS 的交通综合监控系统主要由 GIS 地图控制和实时反馈、从外场设备控制及其数据采集系统传输过来的信息、数据的统计与分析、设备管理、信息管理、用户管理等组成。外场设备控制及其数据采集系统主要负责对外场设备的数据采集和控制设置。

随着高速公路的迅速发展,以及车流量的不断增加,现代化的监控系统将越来越多地显示其在公路管理中不可取代的地位。目前,市场上已经出现了高速公路管理系统,但是,综观这些系统,只是在高速公路管理系统中加入了现代化的设备,并没有充分利用这些设施对高速公路进行整体上地管理和监控。高速公路本身是一种地理对象,由此我们想到,可以把地理信息系统的知识引入到高速公路的管理中去,从而实现对高速公路整体上的管理,同时辅以办公自动化技术、计算机网络技术等以实现高速公路真正意义上的现代化的管理及监控。

②GIS 技术在公路运输管理上的应用。

近年来,地理信息系统在交通领域的应用已逐渐普遍,并已取得了很大的经济效益与社会效益。随着经济的快速增长,我国的高速公路建设发展极为迅速。在如此广泛的范围内,实现高速公路的各类信息管理与查询,桌面级的 GIS 应用已不能满足要求,可移动办公势在必行,基于网络的 GIS(Web GIS)经过近几年来的理论探索与应用研究,已逐步应用到高速公路管理中来。高速公路监控系统的输入是反映公路上车辆运行情况的交通参数和交通状况,这些信息经监控系统分析、处理、判断后,可发生指令,控制道路情报板,变更其显示内容,实施对交通流的调节和控制。其性能的优劣,在一定程度上取决于车辆驾驶员能否协调配合工作,接受系统的调度和指挥。据高速公路监控系统运行资料表明,它不仅能改善高峰期间车辆行驶的平均速度,增加高峰期间的交通量,减轻交通堵塞程度和缩短车辆延滞时间,同时也能大大减少交通事故和保证交通安全,节约燃料和减少车辆的磨损,缩短运输时间,减少污染,发挥高速公路快速、安全、舒适和高效率的功能。监控系统具有较为显著的经济效益、社会效益和环境效益。随着计算机硬件性能的大幅度提高、价格不断下降以及 GIS 软件技术的日益完善,通过引入 Web GIS 技术以进一步丰富、完善和提高公路监控方法和手段,已经成为高速公路监控系统发展的必然趋势。

3. 航空运输与物联网系统

(1)RFID 技术在航空运输中的应用。

①在航空运输中应用 RFID 技术的必要性。

随着经济全球化的迅速发展,物流业越来越受到世界各国的重视。物流跟踪在物流业中占据越来越重的地位,它在提高物流质量方面起到了举足轻重的作用。RFID 技术作为物流跟踪的前沿技术,越来越受到大家的关注。20 世纪 90 年代以来,RFID 技术得到了快速发展。RFID 技术,是一种利用射频通信实现的非接触式自动识别技术。它已经迅速渗入经济发达的国家和地区的很多领域,并得到了相关技术与应用标准的国际化的积极推动。

②RFID 技术在航空运输管理上的应用。

近年来,中国的物流领域正处在高速发展期,而 RFID 技术可以显著降低供应链管理和物流管理的成本,有助于降低各种意外造成的损失,有助于减小一些体积较小的商品被盗的可能性等,在客户管理和物流供应链管理方面带来了一场革命。中国作为人口大国,经济规模不断扩大,正成为全球制造的中心,RFID 技术有着广阔的应用市场。针对物流这一快速发展的行业,中国已初步开展了 RFID 相关技术的研发及产业化工作,并在部分领域开始了应用,但由于基础薄弱,缺乏核心技术,应用分散,不具备规模优势。RFID 技术的发展与应用是一项复杂的系统工程,涉及众多行业和政府部门,影响到社会、经济、生活的诸多方面,在广泛开展国际交流与合作的基础上实现自主创新,需要政府、企业、研发机构间的统筹规划、大力协同,最大限度地实现资源合理配置和优势互补。为此,科技部会同国家发改委、交通运输部、海关总署、国家标准化管理委员会以及中国标准化协会、中国物流与采购联合会等,共同组织各部门的专家编写了 RFID 技术的推广政策,从 RFID 技术发展现状与趋势、中国发展 RFID 技术战略、中国 RFID 技术发展及优先应用领域、推进产业化战略和宏观环境建设五大方面为中国 RFID 技术与产业未来几年的发展提供系统性指南。中国国际航空公司、山东航空公司、大韩航空株式会社、全日空航空公司等航空公司均在此设立了办事处。美国康捷空、UPS 等世界500 强企业货运营业部也落户其中。随着中国改革开放的进一步深化,特别是加入WTO 之后,各家航空公司对航空物流更加重视,战略上从"轻货重客"转变为"客货并举",近年来,随着航空货运业务在全球的快速发展和自动分拣技术的普遍应用,在航空货物物流中对提高货运的效率、降低分拣差错率都提出了更高的要求。而 RFID 技术的独特之处获得了航空物流领域的青睐。具体来说,RFID 应用的主要优势包括可以增加行李/货物的可见性、降低运营成本、提高客户服务水平及客户满意度。RFID 技术在航空货运管理上的应用可以为用户带来从货物代理收货到机场货站、安检、打板以及地服交接等环节效率的提高和差错率的降低,并可监控货物的实施位置。这为航空货运行业进一步提高运能、合理利用运力资源、改善服务质量提供了可靠的技术手段。

(2)GPS 技术在航空运输中的应用。

①GPS 技术在航空运输中应用的必要性。

航空安全技术中心提出通用飞机空地指挥系统,此系统利用卫星定位系统(GPS)与地理信息系统(GIS)结合来确定飞机在空中的位置。其原理是飞机上的 GPS 接收机将飞机的位置(经度、纬度、时间)数据传给飞机上的机载计算机,机载计算机将接收到的 GPS 信息通过机载数传电台向地面发送。地面计算机的屏幕上绘有机场的空域范围及飞机应该飞行的路径,地面计算机将接收到的信息通过坐标转换,在地面计算机屏幕的相应位置显示出来,这样,就可以在地面计算机的屏幕上清楚地看出飞机偏离航线的情况及各架飞机的相互位置。在国内民航的大型机场,飞机的指挥调度系统是通过二次雷达来实现,即飞机上装有应答机,机场安装二次雷达,二次雷达将接收到的应答机信号进行解算,解算出飞机的位置和高度,在二次雷达的显示屏上显示飞机的位置、高度以及飞机的编号,管制员通过每一架飞机在屏幕的位置和高度进行指挥调度。但二次雷达的价格昂贵,安装一部二次雷达需要花费几千万元人民币,并且飞机上必须配备二次应答机。这些对中小型机场和通用飞机更是不可能的。

目前,一些通用机场的做法是通过"摆棋子"来指挥调度。即每一个棋子写有飞机的编号,管制员与飞行员不断地通话,由飞行员来回答飞机的位置,管制员将写有该飞机编号的"棋子"放在图纸的相应位置上,管制员通过"棋子"在图纸的不同位置来进行指挥调度。这种做法使管制员与飞行员工作量大大增大,而且易于出错。

精密时间是现代高科技发展的必要条件,精密时间的应用涉及从基础研究领域(天文学、地球动力学、物理学等)到工程技术领域(信息传递、电力输配、深空跟踪、空间旅行、导航定位、武器),精密时间的应用涉及从基础研究领域(天文学、地球动力学、物理学等)到工程技术领域。近 20 年来,随着我国国民经济的飞速发展,国防建设步伐的不断加快,特别是在航天和战略武器试验、电信技术和交通运输业的加速发展,都对它们所依赖的高精度时间同步提出了更高的要求。授时系统就是使仪器或计算机与国际标准时间达到精确同步。通常,可以用原子钟来保证仪器的时间与国际时间达到精确同步,但是原子钟价格昂贵。所以在民用航空系统中,在 GPS 授时系统没有出现前,都是采用传统的用计算机时钟作为时统,计算机时钟由晶体振荡器和软件计数器组成,晶体振荡器产生稳定的周期的振荡,这样 1 s 就可以通过振荡的次数来表示;软件计数器则记录时间码,即总的秒数。晶体振荡器以一定间隔使计算机产生一次中断,然后使软件计数器增加一定量来改变时间码。由于计算机本身的晶体振荡器的频率稳定度有限,使得计算机时钟精确度不高。

②GPS 技术在航空运输管理中的应用。

随着民用航空运输业的迅猛发展,对空中交通管制现代化水平提出了更高的要求。航管部门作为空中交通指挥部门,主要负责对航空器和航班的调动和管制,保障飞行安全。由于航空器具有高速运动的特性,航管部门为了能够精确、快速地对航空器进行指挥和控制,必须在航管通信中拥有准确的时间基准。目前,许多航空器上已经安装了飞机通信寻址与报告系统(ACARS)设备。通过 ACARS 设备,航空器能获取准确的全球定位系统(GPS)时间。对应的航管信息系统采用分布式结构,传统上以计算机作为时统。由于它精确度差,受外界影响大,已不宜在航管信息系统中作为时统使用。探索一种简便、可靠、准确的航管信息时统新方法是一个迫切需要解决的问题。随着 GPS 技术的发展,由于 GPS 卫星装载了高精度的铯原子钟,全球定位系统(GPS)可在全球范围内提供精确的 UTC 时间码和秒定时脉冲,利用 GPS 接收机接收卫星的 UTC 时间码和秒脉冲,通过软件从串口将 UTC 时间码和秒脉冲读到计算机,用以校准计算机时钟的频率和时间,就可以得到比计算机时钟精确得多的时间系统,所以,利用 GPS 作为时统就在很多的领域得到了广泛应用。由此,利用 GPS 授时作为时统可以避免使用价格昂贵的原子钟,节省很多的成本,又可以得到比计算机时钟精确得多且能很好地满足民航系统对时统需要的时间系统。

4. 水路运输与物联网系统

(1)RFID 技术在水路运输中的应用。

很多港口开始设立 RFID 通行卡,RFID 通行卡又名无线射频技术,通过此卡可读取该船舶及所载货物的信息、航行路线、证照信息、违章信息等,再通过航船舶综合监管系统,对这些信息进行自动比对,既提高了执法人员工作效率,也有效避免河道拥堵现象,省时省力,还避免了重复检查。通过系统自动识别,船舶如有缺陷时会自动提醒,港航管理人员会上船检查。这样既方便了船户,使无缺陷船舶一路畅通无阻,又减少了港航管理人员的工作量。除此之外,通过在水面上部署传感器网,可实现对水面环境变化的实时监测;通过在堤岸、坝体上部署传感器网,可实时测量水面变化时堤岸、坝体的应力改变,以预测可能发生的崩塌灾害。再如,通过在运载体上部署各种传感器及 RFID 读写装置,可实现对水上物流实体(运载体和货物)包括位置、关键设备运转工况、周边环境等各种信息的实时监控和安全预警。当船舶发生应急事件时,船载设备可自动向海事管理部门发出故障详细信息,应急人员可以在指挥中心,通过分析来自其他传感网传送的大量数据,迅速得出可视化模型并做出科学决策。

(2)GPS 技术在水路运输中的应用。

GPS 在水运工程和导航等领域的应用起步,现在在时间及技术上都是适宜的。由于定位精度取决于所用接收机及附属软件的性能和工作的方式,所以在不同的部门 GPS 应用系统,应有不同的需求,大体上可分为三类:

①船舶航行,100 m 的导航精度是可以接受的。购置单频导航型主要考虑经、纬度显示直观,有偏航、航路指示、通道数不少于 6 个等。在海上二维定位,起码需跟踪到三颗卫星,能跟踪到更多的卫星,位置数据更可靠。需要差分数据的用户,接收机选型时还应兼顾接收差分改正数所应具有的功能。

②港口、航道测量以及航标作业等低动态定位的部门,定位精度一般要求 2~5 m,必须采用 GPS 方式,购置单频 6~12 通道的接收机,能解决离岸百千米以上海域的定位,这与各类岸上布台的无线电定位系统相比,免除了岸上设台,经济、快速、方便的优点突出。在开阔的海域,GPS 有可能逐渐替代圆—圆、双曲线等各类无线电定位系统。

③港口工程测量,航务、航道勘测等部门要求有毫米、厘米级的精度,需要购置双频能进行载波相位测量的接收机,通道数要有 8~12 个。可用于各等级的控制测量、变形监测、岛陆联测、航标塔站定位、施工定点等。其特点是相邻站点间无须通视,免除建造高标之烦,野外观测时间不受限制,三维控制网建立简单易行,按需设站,减免一些用不着的过渡点。GPS 使用的局限性是测站周围的空间方向不能有遮挡,在建筑群、森林等地区的使用,会受到限制,需配合其他手段测量定位。但凡是开阔的地域,使用 GPS 均能取得良好的技术、经济效益。

(3)GIS 技术在水路运输中的应用。

我国是一个水资源较为丰富的国家,江河湖泊纵横交错,海岸线蜿蜒绵长,江、河、湖、海相连成网,适航河流多,里程长,具有开展内河运输得天独厚的自然地理条件。

但是由于受经济结构调整、公路和铁路等运输方式的竞争以及水路运力宏观调控不到位等因素的影响,从而造成当前船舶运力过剩、航运企业普遍效益低下甚至严重亏损。因此,必须进行运力运量供求平衡的研究,使运力结构得到调整,才能让水运资源更好地发挥作用,提高航运企业的活力,使航运业持续、稳定、协调发展,这是当前水运管理部门亟须解决的重大问题。内河运量是指在一定时期内通过内河运输这一特定的运输方式所运送的货物或旅客数量,内河运力是指运输船舶的生产能力,即船舶在一定时期和一定的技术水平条件下,所能运输货物的最大能力。两者之间的平衡问题涉及许多因素。如,河床、河岸的地形地貌,水道的水文特征;港口、航道通过能力、船舶大小、通航密度、临跨河建筑、锚地、港口吞吐量等航运相关要素;港口交通、水电、通信网等社会经济要素。描述这些要素必然涉及大量属性数据和空间数据的存储和处理,而多年来港航管理部门一直遵循着传统的管理模式,即挂图、表格、统计数据等,提供给决策者的往往是一些表征水路特征、运力运量的统计数据,而作为决策者是根本无法在短时间内从多张表格之间发现联系,从而影响了决策的时机,造成这种局面的很大程度上在于表格数据的抽象性、片面性以及忽略了许多有价值的信息,从而给最终用户呈现出不全面的分析结果。因此,必须为运力运量供求平衡规划和港航资源管理寻求一种新的现代化的方法和技术,而 GIS 作为一门新兴技术,因为其有着多种录入地理数据的方式、高效的空间数据和属性的维护能力及强大的检索查询功能,与传统管理信息系统为在管理过程中实时获取信息和分析决策提供了有效的工作平台和技术。

过去,GIS 往往被认为是一项专门技术,其应用主要限于测绘、制图、资源和环境管理等领域,随着电子地图、网络导购导游系统、汽车或船舶 GPS 导航系统进入人们的工作和生活,GIS 的研究和应用,目前已涉及资源管理、自动制图、设施管理、城市规划、人口和商业管理、交通运输、石油和天然气、教育、军事九大类别的 100 多个领域。GIS 在我国水运行业的主要有以下应用:

①许多航道航运港口部门已经或正在利用 GIS 技术建立网络型基础信息管理系统,实现港口、航道、水域的信息共享。

②利用 GIS 进行航道规划和综合治理,对航道规划各个侧面进行综合分析,可以模拟航道演变自然过程的发生、发展,对未来做出定量的趋势预测;利用 GIS 空间分析手段,从航道地理数据库中提取地形、地貌、水文特征、航运状况等数据进行处理变换和综合分析,获取隐含于航道空间数据中的关系;利用 GIS 空间分析算子建立航道管理和治理相关的分析模型。这类 GIS 具有一定的实用价值。如,长江航道局和华宇公司合作开发的 CWA2000 航道演变分析系统,利用 GIS 中成熟的数字高程模型技术、三维显示、空间叠置分析等技术,实现长江航道的三维变迁状况显示、计算等功能,加快了科学管理长江航道的步伐。

③由于物流管理中的货物产地、运输路线、中转仓库、客户分布等信息都与空间位置有关,所以利用 GIS 进行港航物流管理,实现对运输线路、方式的优化,对粮、棉等季节货物航运的优化,资源调度、仓库和无堆场运输等,零担配整、资源配货,这是电子物流的新兴技术,也是目前 GIS 在港口应用的一个趋势。

④将 GIS 与 GPS(全球卫星定位系统)、GSM(移动通信网)有机地结合在一起,实现船舶动态监控,实时了解货物的位置;船舶入港自动引航,利用 GIS 数据采集手段建立矢量电子地图和水下地形图,系统处理和分析通过 GPS 接收的卫星信号,计算船舶偏离航道中心的方向、位置和水深,为船舶入港的正确行驶提供必要信息。

10.3　本项目小结

【项目评价】

项目学习完成后,进行项目检查与评价,检查评价单如表 10-1所示。

表 10-1　检查评价单

序号	评价内容	评价标准	分值	得分
		评价内容与评价标准		
1	知识运用（20%）	掌握相关理论知识，理解本次任务要求，制订了详细计划，且计划条理清晰、逻辑正确（20 分）	20 分	
		理解相关理论知识，能根据本次任务要求制订合理计划（15 分）		
		了解相关理论知识，制订了计划（10 分）		
		没有制订计划（0 分）		
2	专业技能（40%）	能够掌握物联网系统在物流信息与物流管理中的应用（40 分）	40 分	
		能够完成物联网的物流信息与物流运输体系架构的自学（40 分）		
		没有完成任务（0 分）		
		具有良好的自主学习能力、分析并解决问题的能力，整个任务过程中有指导他人（20 分）		
3	核心素养（20%）	具有较好的学习能力、分析并解决问题的能力，整个任务过程中没有指导他人（15 分）	20 分	
		能够主动学习并收集信息，具有请教他人以解决问题的能力（10 分）		
		不主动学习（0 分）		
		设备无损坏、设备摆放整齐、工位保持整洁、没有干扰课堂秩序（20 分）		
4	课堂纪律（20%）	设备无损坏、没有干扰课堂秩序（15 分）	20 分	
		没有干扰课堂秩序（10 分）		
		干扰课堂秩序（0 分）		

【项目小结】

通过学习本项目，学生可以学习到物联网系统在物流信息与物流管理中的应用。首先，可以了解物流信息系统和管理的概念、现代物流运输的概念及其特征、作用。其次，可以学习到物流信息管理的模式、物联网的构成技术、核心技术。最后，详细学习物联网的在公路、水路、航空的物流运输管理。

【能力提高】

一、填空题

1. 物流信息管理就是对物流全过程的相关信息进行收集、整理、_____、存储和利用的信息活动过程，也就是物流信息从分散到集中，从无序到有序，从产生、传播到利用的过程。

2. 物流信息管理是为了有效地开发和利用物流信息资源，以_____技术为手段，对物流信息资源进行计划、组织、领导和控制的社会活动。

3. 物流信息管理强调信息的有效管理,即强调信息的准确性、_____、及时性、集成性、共享性。

4. _____是一种识别电子标签内存储的电子编码信息,并且能够进行信息传输的一种装置。

5. 纳米技术在物联网中的应用主要体现在_____设备、感应器设备的微小化设计、加工材料和微纳米加工技术上。

二、选择题

1. 关键成功因素一般有 5 至几个,如果能够掌握少数几项重要因素,就能确保企业具有一定的竞争力 （　　）

A. 6　　　　　　　　B. 7　　　　　　　　C. 8　　　　　　　　D. 9

2. 业务流程重组(BPR)自 20 世纪哪个年代起得到迅速发展并被广泛实施 （　　）

A. 60　　　　　　　B. 70　　　　　　　C. 80　　　　　　　D. 90

3. 采用 SP-D300 型读写器(最大读写距离可达 80 m)极高的防冲突性,采用多种防冲突方案,可同时识别 200 个以上不同的射频识别卡;高速度,Super RFID 的移动时速可达多少千米以上 （　　）

A. 100 km　　　　　B. 200 km　　　　　C. 300 km　　　　　D. 400 km

4. 港口、航道测量以及航标作业等低动态定位的部门,定位精度一般要求 2 至多少米,必须采用 GPS 方式,购置单频 6~12 通道的接收机,能解决离岸百千米以上海域的定位 （　　）

A. 3 m　　　　　　B. 4 m　　　　　　C. 5 m　　　　　　D. 6 m

5. 港口工程测量,航务、航道勘测等部门要求有毫米、厘米级的精度,需要购置双频能进行载波相位测量的接收机,通道数要有多少至 12 个 （　　）

A. 5 个　　　　　　B. 6 个　　　　　　C. 7 个　　　　　　D. 8 个

三、思考题

1. 请简要分析物联网与物流信息化的联系。

2. 请概括物流信息系统规划设计步骤与方法。

3. 请结合快递物流显示探讨货物运输在途安全监控系统的应用。

4. 请结合航空运输方式探讨航空运输与物联网系统的融合。

项目 11 物联网的物流网络与供应链物流管理

【情景导入】

随着世界经济一体化进程的加快和科学信息技术的飞速发展,物流网络产业将成为我国 21 世纪的重要产业和国民经济新的增长点。物流网络是指物流过程中相互联系的组织与设施的集合。在物联网技术的应用下,物流供应链的管理可以更加的高效和便捷,并且可以在更大限度上实现其可视化和无缝化,有效地降低物流信息的失真。为物流企业的发展提供更好的帮助。

【知识目标】

(1)了解物流网络管理的概念与分类。

(2)掌握客户关系与物流营销的网络管理方法。

【能力目标】

(1)熟悉第三方物流与第四方物流及供应链管理系统。

(2)熟悉客户关系网络管理。

【素质目标】

(1)培养学生全面发展的道德品质,通过积极参与多样化实践活动,塑造正确的价值观念。

(2)强化学生的自我认知能力、独立思考能力,培养他们发现和解决问题的能力。

【学习路径】

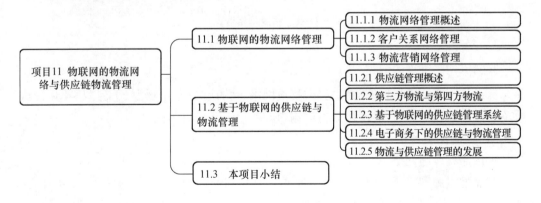

11.1 物联网的物流网络管理

11.1.1 物流网络管理概述

1. 物流网络管理的概念

网链结构是物流运作与管理的基础,也是物流基础设施网络、组织网络和信息网络等集成管理的基础。公共型物流服务可能集中于某一点也可以辐射到某个区域,而物流却必须面对整个网络,支持整个流程,这是物流管理与一般功能性物流服务最明显的区别(图11-1)。

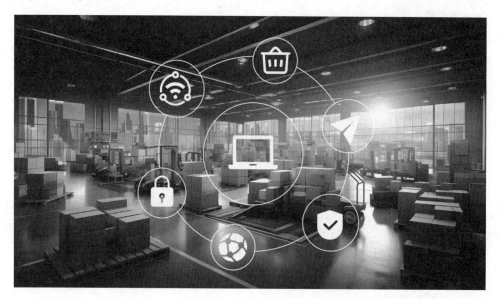

图 11-1 物流网络管理

2. 物流网络管理的分类

从设施网络建立依托的对象划分,物流网络分为产品型、市场型、工艺型等网络;从物流功能的运作划分,物流网络分为运输、仓储、组织和信息等网络。

(1)设施网络类型。

①产品型设施网络。

产品型设施网络是指以企业某一种或某一系列产品为中心,分别建立不同的设施体系。例如,家电公司的冰箱厂、电视机厂等,日用化学品公司的化妆品厂、洗涤用品厂等。这种类型设施的主要目的是能够进行大批量生产,各个厂分别面向所有的市场区域。这种类型的设施在选址时较注重接近原材料产地或供应商,在可能的条件下,也应考虑产品外运的方便和低成本。

②市场型设施网络。

市场型设施网络是企业产品面向各个市场区域销售的设施体系。这种设置方法主要考虑的是运输问题(运费、运输时间),常用于体积、重量较大的产品。例如,造纸、塑料、玻璃、管道等制造业,这些产品在每一地区均有需求,因此对于规模较大的企业来说,往往以区域需要为中心来设置不同的生产设施。此外,为了以"快速交货"为主要竞争重点,有时也采用这种方式布置设施。

③工艺型设施网络。

工艺型设施网络是指以企业整个生产工艺过程环节中的某一或某些环节为中心,分别建立不同的设施或工厂。每个厂有各自的生产工艺和技术,分别负责整个生产过程的某几个阶段,然后把其产品供应给装配总厂。这种设置方法使得各个不同厂的生产均可达到一定批量,以取得规模经济的效果。这种设置方法的各个设施之间的相互作用、相互依赖性最强。

(2)功能网络类型。

物流经营主体在物流一体化解决方案中,涉及构筑四大功能网络以实现物流运营体系,这四大功能网络即运输网络、仓储网络、组织网络、信息网络。物流主导者应当掌握四种网络的集成运作与管理。

①运输网络。

运输网络是由运输通道、中转枢纽(站点)、配送据点和运输车辆等构成的车辆调度、跟踪网络,包括铁路、公路、集装箱、船舶、飞机、港口、机场、管道仓库、配送中心、物流中心等。没有它们,物流就无法进行。运输是完成物流过程最重要的环节,因而畅通的运输通道,充足、完备、良好的车辆运力是保证运输质量的前提。

②仓储网络。

仓储网络是由物流节点的仓库等物流据点通过计算机管理系统形成的库存控制网络体系。公司信息系统将通过综合物流信息系统与全国各省市的货运交易中心、货运站的仓库、专业仓储中心等信息中心合作、联盟,从而构成自身的仓储网络(包括虚拟仓库),逐步解决、实现制造商和大型零售商的零库存管理。仓储网络与运输网络的交融,诸如通过与异地货运交易中心的信息交换,可以解决加盟运输车辆的返程货源问题,提高物流资源的利用效率。

③组织网络。

组织网络是由各经营主体通过战略联盟、动态联盟形成的业务经营、资源整合等具有经营伙伴关系的网络组织体系。通过经营组织网络可以沟通协调物流关系,整合物流资源,与具有良好的物流服务意识、高质量的服务水平、先进的物流技术、合理的物流流程的经营主体进行合作,可以实现跨区域乃至全球的物流运作。

④信息网络。

信息网络是基于因特网连接的组织网络、运输网络、仓储网络的信息通道和技术手段构成的网络体系。在信息网络中主要包含两个内容:一个是基于经营主体网站的互联网服务系统,在此系统中加盟的货源单位和运输公司、仓储公司,将为其提供无偿的企业宣传、货物跟踪查询、市场调查等服务;另一个是基于物流业务的运营管理信息系统,将该系统布设在所有加盟到物流协作网的货源单位和运输单位,利用公共平台进行网络互联,通过这套系统可以完成物流货物的组织、车辆的调度、仓储的安排和管理、在线的查询和运费的结算等功能。

3. 物流网络管理的核心内容

产品从生产者经物流企业,以及从销售商到达消费者手中的过程,其实是产品在物流网络上流动的过程。

将客户需求与制造商、分销商、零售商共同的需求和问题抽象出来,就构成了物流管理的核心部分及运作要件。

(1)监控整个物流上的库存。

从压在零售商手里的存货是多少,每天的销售量是多少,可以知道需要补货的数量是多少。从分销商的库存可以判断他的存货是不是可以补足零售商之需,是不是需要到生产厂去采购新的货物。假如有一个系统,能够让生产厂商看到商品从零售到分销的各个物流上所存在的每件商品库存的数量,动态地知道每个商品的出货情况、销售情况,他就可以比较准确地判断某项商品未来的需求是多少,什么时候需要多少,从而适当地安排生产和供应的过程。分销商也是这样,如果他知道他的下游每天分销的情况,当然就可以适时地向供应商采购。对零售业来讲,如果他能够知道每个零售店动态的销售情况,就可以为每个零售店自动补货、配货,有计划地组织采购过程。

(2)有效控制物品流动成本。

在物流的整个过程中,每个环节都会牵扯到物品的流动,无论是从供应商到生产商的原材料、配件供应,还是从生产商的成品仓库出货,通过运输商送到分销商的库房,再由分销商的库房发送到零售商的物流中心,从零售商的物流中心发送到最终的零售店里面,甚至从零售店发送到客户的手上。如何有效地控制商品的流动过程和成本,始终是整个物流的核心内容。

(3)整个订单执行过程的管理。

不论是最终客户到零售商的订货,零售商到供应商的订货,还是供应商到生产商的订货,或者是其他更直接的订货方式,这个订单将牵扯物流的指令,其处理过程决定了物流的整个过程能不能满足订单在商品数量、到货时间和质量等方面的要求。

4. 构筑全球化物流网络管理

(1)构筑全球化物流网络管理的目的。

全球供应网络是物流管理模式发展的一个新动向。由于世界范围内的国际贸易和投资的政策性壁垒的减少,国际运输和通信成本的持续降低,使得世界各地的市场变得更加容易进入。许多跨国公司逐渐改变了传统上集中于一国或少数几国选择原材料供应伙伴并组织生产,在全球部分范围内销售产品的跨国经营模式,放眼全球寻找合作伙伴,把他们的生产流程(尤其是制造过程)分解成不同的阶段,根据"比较优势"外包给不同的国家。例如,依托廉价的制造成本,OEM生产方式在国内已十分普遍,也出现了一些驰名企业,中国已经成为世界最大的产品制造加工基地。

（2）构筑全球化物流网络管理的方法。

①以国际标准作为衡量服务水平的基准。

随着中国加入世界贸易组织,跨国公司进军中国市场的步伐加快。同时,我国一些实力强大的公司也在进军全球市场。现在他们把资源集中在其具有特殊优势的研究开发、市场营销、全球品牌等方面,而把物流,甚至生产部外包。在物流业务上,按国际标准要求的是第三方物流企业提供高度集约化的物流服务,而不是互相分离的粗放的仓储、货代、报关、运输服务。由国际企业所推动的各项标准化、规范化、信息化和集约化的物流服务必然成为物流业的主流方向。

②通过战略联盟开展和完善国际物流业务。

随着中国加入 WTO,国际贸易将会大力发展,国际物流通道将会更加完善,集装箱内陆延伸会得到进一步发展,所以,不仅处于沿海的物流企业,处于内地的物流企业也要熟悉国际物流业务,如熟悉国际货运代理、国际货物运输保险、国际集装箱多式联运、一关三检等。国际货运代理是接受进出口货物收货人、发货人的委托,以委托人或自己的名义,为委托人办理国际货物运输及相关业务,并收取劳务报酬的经济组织。

国际集装箱多式联运是指按照国际集装箱多式联运合同,以至少两种不同的运输方式,由多式联运经营人将国际集装箱从一国境内接管地点运至另一国境内指定交付的地点。国际集装箱多式联运是多式联运的主要形式之一。国际集装箱多式联运管理中,单据较为复杂。国际多式联运单据是指证明多式联运合同,以及证明多式联运经营人接管集装箱货物并负责按合同条款交付集装箱货物的单据。该单据包括双方确认的取代纸张单据的电子数据交换信息。

国际集装箱多式联运单据应当载明以下事项:货物名称、种类、件数、重量、尺寸、外表形状、包装形式;集装箱箱号、箱型、数量、标志号;危险货物、冷冻货物等特种货物的特性及注意事项;多式联运经营人名称和主营业所;托运人名称;多式联运单据表明的收货人;接收货物的日期、地点;交付货物的地点和约定的日期;多式联运经营人或其授权人的签字及单据签发日期、地点;交接方式,运费的交付,约定的运达期限,货物中转地点;在法律、法规约束下双方同意列入的其他事项。

目前,托盘的标准化、集装箱运输、条形码技术、自动化仓库一直到实时的全球定位系统等,大多是在跨国公司的推动下进行的,现在国内一流物流企业也是现代物流的积极推动者,全球物流成员企业是现代物流的提供者与购买者,任何第三方物流企业如不能赶上这个由跨国公司主导的潮流,就必然会淘汰。内资企业由于传统管理体制的束缚,业务面一般较窄,精通的主营业务不能满足客户物流管理需要。那么,就需要通过建立企业战略联盟的方式,将物流业各自最精通的职能集成起来,在全球化物流网络基础的支持下,以适应全球化物流的发展。

（3）构筑全球化物流网络管理的优势。

许多公司也把他们在国内的特许经营扩张到国外,以寻求新的收入来源,组成更为强大的全球化物流网络体系参与全面竞争。企业采用全球化物流网络有诸多优点:

①节约成本。

全球化物流可以选择最优的供应商、设计人员、生产企业、销售伙伴,充分利用合作伙伴在特定地区的文化和自然资源、地理位置、人力资源、设备、服务、公共关系等方面的竞争优势,降低在供应、运输、仓储、服务等方面的支出。

②降低风险。

全球化物流可以提供多套物流过程组合,减少跨国企业经营中可能面临的政治、经济风险和自然灾害带来的损失。

③减少投资。

跨国公司可以减少在新办企业上的巨额投入,加速资金回收,避免特定国家政府对资本市场和特殊行业的管制。全球化物流作为企业参与国际市场的新形式,符合各国企业高效、迅速地成为国际型企业的要求。由于全球化物流网络的诸多优点,可以预见,它将会在未来很长时期内成为跨国公司主要的企业形态。

④强化国际物流效率。

全球化物流网络较传统的基于特定区域内的物流管理模式更加复杂,它增加了物流内部各企业对物流、资金流和信息流的控制难度。对于跨国公司来讲,有效的国际物流设计和表现可能会成为重要的区别因素和竞争力来源。现有的物流管理技术对建立全球化物流网络的满足程度是不平衡的。其中,利用因特网等方面的技术建立全球物流需求信息网络,需要将商流、物流、信息流和资金流一体化运作,如使用跨国银行、国际金融市场,并通过现代信息技术完善信用制度及金融体制,从而满足企业对资金流和信息流控制的要求。

从全国物流到全球物流所增加的物流系统的特殊性,如把分销渠道发展到物流功能千差万别的国外,以及国际运输中不同国家的进出口规则、分销方式的差异等,无疑使企业对其进行有效控制的难度体现得更加突出。可以说,建立全球化物流最大的瓶颈就在于如何有效地管理复杂的物流。

11.1.2 客户关系网络管理

1. 客户关系网络管理概述

(1)客户关系网络管理的产生。

客户关系管理的概念是美国著名的研究机构 Gartner Group 最先提出的。所谓客户关系管理,就是为企业提供全方位的管理视角,赋予企业更完善的客户交流能力,最大化的客户收益率(图 11-2)。

随着互联网的迅速发展,电子商务正在造就一个全球范围内的新经济时代,这种新经济就是利用信息技术,使企业获得新的价值、新的增长、新的商机、新的管理。而同时客户资源已成为企业最宝贵的财富。结合新经济的需求和新技术的发展,客户关系网络管理概念应运而出,面对经济全球化的趋势,客户关系网络管理已经成为企业信息技术和管理技术的核心。

具有近百年历史的美国时代华纳(Time Warner)无论是资产还是盈利规模都被不如自己的美国在线(American On-Line)公司吞并,这就是成功的客户关系网络管理的例证。美国在线公司的最大财富就是拥有 1 700 万客户,并为此投入 100 亿美元,奋斗了

10 年。

图 11-2　客户关系管理

客户关系网络管理的产生条件如下：

①市场需求推动。

客户的需求：客户的购买行为已进入"情感消费阶段"，企业提供的附加利益，企业对客户个性化需求的满足程度及企业与客户之间的相互信任，都成为影响客户的主要因素。据调查表明，西方国家中有 93% 的公司首席执行官认为，客户关系管理是企业成功和更具有竞争力的重要因素，因此有人把"客户资源"作为 21 世纪极宝贵的资源。

企业的需求：由于新技术使新产品的生命周期越来越短，以及售后服务的易模仿性，使得拥有忠诚客户是企业能够保持竞争优势的重要资源。

②技术的推动。

客户可通过电话、E-mail、网页、无线接入等从服务提供者那里得到相同的答复、个性化的服务。对企业来说，客户关系网络管理采用了数据仓库、数据挖掘等数据库技术和网络技术及基于知识、智能分析处理技术等，可以便于企业对大量的数据进行及时的分析处理，分析现有客户和潜在客户相关的需求、模式、机会、风险和成本等，为决策提供依据，也更好、更及时地回应客户，最终使企业整体上赢得最大的经济效益。

③管理理念的更新。

互联网的飞速发展使得信息的传播、交流变得前所未有的方便和快捷，信息技术和互联网不仅提供了新的手段，而且引发了企业在组织架构、工作流程的重组及整个社会管理思想等方面的变革。在这个变革的时代、创新的时代，各种新的管理理念、观念层出不穷。

（2）客户关系网络管理的概念。

客户关系网络管理（customer relationship internet management）是指利用网络等现代

信息技术手段,在企业与客户之间建立一种数字的、实时的、互动的交流管理系统。客户关系网络管理是基于互联网的客户关系管理系统。通过网络接触方式,客户关系网络管理集成和简化业务流程,使企业同客户之间自动化的、快捷的沟通成为可能。对于客户而言,完全集成化的客户关系网络管理系统可以提供快速、自动化、全天候的在线服务。对于服务提供商来讲,客户关系网络管理将前台办公系统、后台办公系统和跨部门的业务活动整合起来,有效地实现了企业在网络环境中的集成与统一。

客户关系网络管理的内涵如下:

①客户关系网络管理是一种新型的管理理念,是通过计算机管理企业和客户之间的关系,以实现客户价值最大化的方法。

②客户关系网络管理是对企业与客户间的各种关系进行全面管理,对企业与客户间的各种关系进行全面管理,将会显著提升企业的营销能力、降低营销成本、控制营销过程中可能导致客户不满的各种行为。

③客户关系网络管理是一种信息技术,它将数据挖掘、数据仓库、一对一营销、销售自动化及其他信息技术与最佳的商业实战紧密结合在一起。

客户关系网络管理的定义包括了管理理念、信息技术、具体实施三个层面。其中,管理理念是客户关系网络管理成功的关键,它是客户关系网络管理实施应用的基础;信息技术是客户关系网络管理技术的保障;客户关系网络管理的具体实施是决定其成功与否、效果如何的直接因素。

2. 客户关系网络管理的基本内容与系统建构

(1)客户关系网络管理的基本内容。

先进的客户关系管理应用系统必须借助因特网工具和平台来实现与各种客户关系、渠道关系的同步化、精确化,符合并支持电子商务的发展战略,最终成为电子商务实现的基本推动力量。互联网的出现,将交流和达成交易的权力(方便、自由)更多地移向客户一端,企业将不得不给予客户对于双方关系的更多控制权,如以客户需要的服务类型、客户需要的信息等来架构交互的方式。

客户关系网络管理包括:

①应用网站发展客户,即通过电子邮件和网站上的促销信息来发展客户并引导他们参与在线或离线的物流订单活动。

②管理 E-mail 名单的质量,即从其他数据库中获取客户 E-mail 地址和信息,便于锁定目标客户。

③应用 E-mail 营销方法来辅助向上营销和交叉营销。

④运用数据挖掘技术来改善定位。

⑤提供在线个性化定制,自动向客户推荐好的产品。

⑥提供在线客户服务便利,如频繁问询、回电、聊天支持等。

⑦保证在线服务质量,以确保首次消费的客户拥有较好的客户体验,这会促使他们再次购买。

⑧管理多渠道的客户体验,因为客户将不同媒介作为购买体验和客户生命周期的

一部分。

(2)客户关系网络管理的系统构成。

一般来说,客户关系网络管理系统由三部分构成,即前台交互中心、后台集成管理和数据挖掘分析中心。前台交互中心指客户和客户关系网络管理系统通过电话、传真、Web、E-mail 等多种方式互动进行沟通;后台集成管理指系统必须与 ERP、财务、生产、销售等集成;数据挖掘分析中心是指客户关系网络管理,记录交流沟通的信息并进行智能分析以便随时调入供工作人员查阅。

①有效解决方案应该具备的要素。

一是有效的客户交流渠道(活动平台)。在信息技术和通信技术极为丰富的时代,能否支持电话、Web、传真、E-mail、因特网等各种方式进行交流,无疑是十分重要的。

二是对获取的信息进行有效的智能分析(数据挖掘)。

三是客户关系网络管理必须能与 ERP、财务、生产和销售等方面很好的集成,能及时传达到后台的财务、生产等部门,这是企业能否有效运营的关键。

②客户关系网络管理系统。

A. 客户服务与支持。

在很多情况下,客户的保持和提高客户利润贡献度依赖于提供优质的服务,客户只需轻点鼠标或打一个电话,就可以转向企业的竞争者。因此,客户服务和支持对很多公司是极为重要的。在客户关系网络管理系统中,客户服务与支持主要是通过互动中心来实现的。在满足客户的个性化需求方面,它们的速度、准确性和效率都令人满意。系统中强有力的客户数据使得通过多种渠道(如互联网、呼叫中心)的横纵向销售成为可能,当把客户服务与支持功能同销售、营销功能比较好地结合起来时,就能为企业提供很多机会,向已有的客户销售更多的产品。客户服务与支持的典型应用包括,客户关怀,纠纷、次货及订单跟踪,现场服务,问题及其解决方法的数据库,维修行为安排和调度,服务协议和合同,服务请求管理。

B. 计算机、电话、网络的集成。

物流企业有许多同客户沟通的方法,如面对面地接触、电话、呼叫中心、电子邮件、互联网、通过合作伙伴进行间接联系等。客户关系网络管理有必要为多渠道的客户沟通提供一致的数据和客户信息。客户经常根据自己的偏好和沟通渠道的方便与否,掌握沟通渠道的最终选择权。例如,有的客户或潜在客户不喜欢那些不请自来的电子邮件,但企业偶尔打来电话却不介意,对这样的客户,企业应避免向其主动发送电子邮件,而应多利用电话这种方式。

C. 统一的渠道能给企业带来效率和利益。

这些效益主要从内部技术框架和外部关系管理表现出来。就内部来讲,建立在集中的数据模型基础上,统一的渠道方法能改进前台系统,增强多渠道的客户互动。集成和维持上述多系统之间界面的费用和困难经常使得项目的开展阻力重重,而且如果缺少一定水平的自动化,在多系统间传递数据也是很困难的。就外部来讲,企业可从多渠道间的良好客户互动中获益。如客户在同企业交涉时,不希望向不同的企业部门或人提供相同的、重复的信息,而统一的渠道方法则从各渠道收集数据,这样客户的问题或抱怨就能更快、更有效地解决,提高客户满意度。

3. 物流管理与客户关系网络管理的关系

一是流通上的物流管理包含了运输、报关、配送、包装、装卸、流通加工等各个部分,每个部分都有客户和企业中的关系存在。例如,运输中有托运方和承运方,保管中有委托保管方和保管方,而托运方和委托保管方均为客户。

二是制造业物流管理包含了销售物流、采购物流、生产物流、回收物流和废弃物流等各个部分。其中销售物流与销售系统相配合,沟通完成产品的销售工作。市场预测和开拓、指定销售计划和策略、产品推销和服务共享活动都是销售系统的功能,显然这些活动和客户关系管理系统的销售自动化、营销自动化和客户服务与支持活动是一致的。

三是对于第三方物流企业来说,委托承担物流管理工作的企业就是客户,因为企业购买了第三方物流企业的服务,第三方物流企业及委托方之间存在着客户关系。

四是国际物流也包含着运输、保管、配送、包装、装卸、流通加工等各个部分,而每个部分中均有客户与服务方。

物流管理中处处都有客户关系,所以物流管理与客户关系网络管理有密切的关系。

4. 客户关系管理与客户关系网络管理

就其实质而言,客户关系管理系统及流程本身构成了客户关系网络管理的基础。然而,为什么要转向客户关系网络管理而不是延续传统客户关系管理(我们把基于客户/服务方式的客户关系管理称为传统方式)?这是因为网络将会成为未来商务的主要通道。目前对客户关系网络管理的定义还没有达成明确的共识。但是,无论是专家,还是企业客户,他们都对客户关系网络管理的本质达成了一致意见,即客户关系网络管理是基于因特网和面向客户的。

(1)客户关系管理与客户关系网络管理的关系。

严格地讲,客户关系网络管理是客户关系管理的一个子集。技术、客户数据、客户互动和客户价值对于客户关系管理和客户关系网络管理都是十分关键的。从本质上来说,客户关系网络管理与客户关系管理的区别在于,客户关系网络管理可以通过各种电子化接触方式来实现实时的客户互动;客户关系网络管理可以通过网络为客户提供实时的服务,同时客户也可以通过在线的方式实时地获取自助服务。这些都使客户关系网络管理和一般的客户关系管理所面临的问题、方法、技术及体系结构存在着很大差异。诸如此类差异产生的真正原因,首先来源于技术和体系结构的不同,其次与客户的互动性和客户的自助服务能力等因素也密切相关。

(2)客户关系管理与客户关系网络管理的异同。

客户关系管理和客户关系网络管理的共同点在于,客户关系管理和客户关系网络管理的技术基础,都需要相关客户数据捕获、存储、清理和分配的知识来支持。但不同的是,客户关系网络管理所实现的客户数据捕获,可能主要来源于网站,而不是一个商店。其实,客户关系网络管理与一般客户关系管理在理念、方法、系统和流程方面的差异应该说是很小的,但由于通信媒介的不同,两者的体系结构与信息技术基础还是存在着一定差别的。

对于客户关系网络管理而言,其价值主要来自客户在互联网上的"完美体验",客户可以直接访问相关界面。而在一般的客户关系管理中,客户一般无法直接访问相关界面或职能。另外,一般的客户关系管理所提供的工具,更多的是针对与客户有关的部门或独立员工而设计的,而不是针对客户并直接为实现客户职能、营销和服务智能而设计的。与此相对,客户关系网络管理的所有职能都是基于互联网重新设计的,是针对客户的。同时,客户关系网络管理是基于网络的客户关系管理的应用,它包括自助服务知识库、自动电子邮件应答、个性化的网站内容、在线产品捆绑和价格等。此外,客户关系网络管理使网络用户可以利用自己所偏爱的沟通渠道同企业进行互动,从而使企业可以利用信息技术来取代昂贵的客户服务代理。这样,企业既可以极大地提高效率,也可以大大提高客户满意度,降低服务成本。

不过,从某种意义上讲,客户关系网络管理战略也是一把双刃剑,它可能导致客户满意度的降低。如果客户基于电子渠道的互动并没有被无缝整合到传统渠道中,客户可能会产生很强的挫败感或失望感。同时,如果提供给客户的内容并没有经过整合,客户可能也不会满意。更有甚者,出于信任和情感等方面的考虑,中国的一些顾客可能更偏好于"有生机"的服务人员打交道,而不是"冷冰冰"的机器或网络。因此,客户关系网络管理必须与一般的客户关系管理紧密结合,否则它可能带来负面影响,至少其预期的效果可能会得不到充分的展现。

5. 客户关系网络管理的优势

基于因特网的客户关系管理应用软件是一场巨大的变革,它可以为客户带来巨大的商业利益,其显著优势可以概括为如下几点:

(1)降低管理成本。

通过集中软件的实施和维护,可以节约时间和资金,降低管理成本。在基于因特网的软件系统中,软件是在中央服务器上而不是在最终用户的个人计算机和移动设备上实施和维护的。客户端只是一个 HTML 的用户界面,工作人员一般只需要在中央服务器上安装和维护软件就可以了,而不需要在众多的终端个人计算机和移动设备上去安装和修改软件。在中央服务器上,一旦软件的安装和客户化工作完成了,最终用户使用时是非常容易的。因此,它大大节省了 IT 人员的工作时间和资金成本。在这一方面,有兴趣的读者可以设想一下,在运行没有基于因特网的客户关系管理系统的情况下,如果要对由世界各地的 1 000 名员工使用的销售自动化系统进行升级,需要多少时间? 假设每个人的安装和测试时间都是半个小时,这就意味着 IT 部门要花费 500 个小时,销售人员也要花同样的时间。在升级过程中,新服务器软件与旧客户端软件也会存在潜在的问题,这无疑也会造成一定的损失。而如果这个系统是基于网络的,那么只需要在中央服务器上进行一次升级就可以了。

(2)增强与其他应用软件之间的"对接"。

基于网络结构的另一个优势是:与其他软件的集成度大大提高。由于基于网络的应用软件只在中央服务器上安装,因此所有其他应用软件都可以直接集成在应用服务器上。显然,这要比在成百上千的机器上实现集成要容易得多。在大多数企业中,可能都要集成许多完全不同的应用软件。这时,集中的、基于因特网的应用集成优势就体现出来了。由此,所获得的收益,不仅包括 IT 人员的时间和成本的节约,而且还可以通过更有效率的集成来提高软件的应用价值。并且,应用软件还可以根据用户所使用设备的差异而采用不同格式发送信息。例如,用户从网络电话发送和接收信息,与从办公室的电脑上发送和接收信息是不同的。因此,它的优势就在于可以让人们在自己所处的任何地方都得到所需要的个性化信息。从更深层面来说,由于不同用户、渠道和设备都不需要进行软件安装,所以企业的关系网络可以更加快速地发展,而随着这种关系网络的发展,企业的收入也就会不断增长。

(3)有利于提高企业的盈利能力,增加收入。

实施客户关系网络管理可以降低企业的经营成本,增加一个新客户成本是维护一个老客户成本的 5~8 倍,每增加 5% 的客户报酬率,将使客户净现值增加 35%~95%,使企业利润大幅增加。忠诚的客户会重复购买,增加合同份额,对价格敏感程度低,会推荐他人购买。

(4)易于使用并节约培训成本。

由于人们已经普遍具备与因特网站互动的丰富经验,这就使得基于因特网的软件非常容易使用。事实上,用户现在已经意识到,基于客户端/服务器结构的企业 ERP 系统和 SFA 系统是非常复杂的。之所以如此,是因为它们的用户界面由多重的服务器窗口组成,操作起来比较复杂。比较而言,如果采用浏览器方式,软件使用起来就会比较方便,而且用户也很容易接受这种容易使用的软件,从而为企业节约了大量用户培训成本,消除了"上了系统"却无人使用的风险。

(5)可减少在客户端硬件上的投入。

基于因特网的应用,对客户端的要求没有服务器结构那么高。由于不需要在客户端运行软件,也就不需要对硬件进行升级。这样,企业就不需要花费大量的资金和人力用于硬件升级。

(6)更有效地选定目标客户。

网络的优势在于客户的名单是经过选择的。公司只需与那些访问过公司网站、登录了姓名和地址,并且对公司产品感兴趣的客户建立联系,因为访问并浏览网站则可以说明这个客户是公司的目标客户。这种方法同赢得新客户并与之建立联系的方法是不同的,因为它吸引了客户访问网站,还允许感兴趣的客户登记个人信息。

6. 客户关系网络管理的实施和成本

(1)客户关系网络管理的实施。

①客户关系网络管理的实施条件。

实施客户关系网络管理必须对两个条件给予充分的重视:一是解决管理理念问题。二是为新的管理模式提供新的信息技术支持。其中,管理理念问题是客户关系网络管理成功的必要条件。这个问题解决不好,客户关系管理就失去了基础,同时,如果没有信息技术的支持,那么客户关系管理工作的效率就难以保证(图 11-3)。一个良好的客

户关系网络管理系统,往往可以从以下几个方面为企业提供帮助:

一是对每个客户的数据进行整合,提供对每个客户的总体看法。

二是瞄准利润贡献较高的客户,提高其对本公司的忠诚度。

三是向客户提供个性化的产品和服务。

四是提高每个销售员为企业带来的收入,同时减少销售费用和营销费用。

五是更快、更好地发现销售机会,更快、更好地响应客户的查询。

六是向高层管理人员提供关于销售和营销活动状况的详细报告。

七是对市场变化做出及时地反应等。

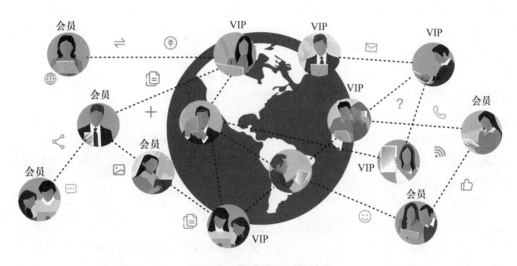

图 11-3　客户关系网络管理

②客户关系网络管理的实施流程。

第一,确定理念。确定理念主要包括组建实施小组、确定人员和时间、项目动员和客户关系网络管理理念培训。

第二,业务梳理。业务梳理是系统实施的重要步骤和控制实施周期的关键点。

第三,流程固化。流程固化的重点是在调整和优化原有工作流程的基础上,建立基于网络的客户关系管理系统。

第四,系统部署。系统部署主要完成正式启用系统的数据准备工作。

第五,应用培训。在应用培训阶段,结合应用流程对物流企业员工提供培训。

③网络客户信息收集的具体步骤。

第一,对于新客户,使用搜索引擎、门户和标题广告等吸引那些可能会访问网站的优质客户。这些措施的目的是强调网站的价值,同时采用一些非常重要的激励措施,如免费信息或积分、奖励等。

第二,刺激访问者采取行动。客户第一次访问网站是非常重要的,因为他们如果找不到想要的信息或体验,以后不会再访问。将客户从被动地使用网络的模式转变为激励客户使用网络的模式,网站的质量和可靠性必须足以维持访问者的兴趣。为了促进一对一模式,产品服务和激励措施必须在主页上醒目地标注出来。将非建档客户转变为建档客户是网站主页非常重要的目标。

第三,捕捉客户信息维系客户关系。客户档案信息通常是通过在线填表的方式获得的,客户要获得产品或服务必须填写表格:标记客户,使其放心;关键档案信息栏;将必须填写的部分标记出来,或仅包含必填项;保护隐私,消除客户对信息泄露的担心;"让它简单";解释赢得客户数据的原因,即客户可以获得什么好处;核实电子邮件、邮编,尽可能地核实数据,以确保准确。

第四,利用在线沟通进行交流。在物流公司和客户之间建立联系,主要有三种基于网络沟通的方法:给客户发邮件;当客户登录网站时,显示特定的信息,这就是所谓的"个性化";使用促销策略为个人传递信息。

另外,其他一些方法(如邮寄广告、电话或个人拜访等)都可以作为与物流客户沟通的补充方法。例如,当客户注册了网站后,公司会给客户邮寄一些促销的产品信息和一张卡片,上面写有登录名和密码用于提醒客户登录网站。忠诚计划——客户会再次访问网站,查看他们获得了多少忠诚积分,或者将它们换成产品或服务。个性化提醒——美国的 Flowers 公司拥有一套提醒系统,它会自动提醒客户重要的日期。客户辅助服务的客户一个月登录到公司网站达 100 多万次,接受技术辅助服务、查看规则程序或下载软件。当公司通过各种各样的方法来为客户提供增值服务时,公司也在利用机会通过交叉营销和向上营销来促进销售。

(2)客户关系网络管理的成本。

①客户关系网络管理的成本分析。

在很多人看来,客户关系网络管理肯定是需要大量投资和运营费用的"投资中心"和"成本中心"。的确,在中国,客户关系网络管理还是一个比较新颖的商务管理模式,许多公司兴建的呼叫中心都是"成本中心"。但是,一个系统的真正生命力,在于给企业带来真正的效益,而不是为了展示技术或者跟随潮流,它不仅应该促进企业的实际业务、提高企业的客户服务水平,而且能够主动地出击寻找客户和稳定客户,组织呼出业务,使其成为一个利润中心。

从技术上看,客户关系网络管理成为利润中心完全没有障碍。而其能否成为利润中心,则主要取决于对客户关系网络管理的管理,好的管理能让销售(利润中心)和服务(成本中心)相辅相成。

客户关系网络管理的实现过程包括互动中心和挖掘中心两个环节。具体来说,它包含三方面的工作:一是客户服务与支持,即通过控制服务品质以赢得客户的忠诚度,如对客户快速准确的技术支持、对客户投诉的快速反应、对客户提供的产品查询等,这项业务主要是提供服务的成本中心;二是客户群维系,即通过与客户的交流实现新的销售,如通过交流赢得失去的客户等,这可以使其成为一个利润中心;三是商机管理,即利用数据库开展销售,如利用现有客户数据库做新产品推广测试,通过电话促销调查确定目标客户群等,可以看出,这又可以使其成为一个利润中心。因此客户关系网络管理完全可以实现"利润—服务/支持—利润"的循环,实现成本中心和利润中心的功能。

思科公司(CISCO)是全球因特网设备供应商,它全面实施了客户关系网络管理。客户关系网络管理不仅帮助思科公司将客户服务业务转移到因特网上,使互联网在线支持服务占了全部支持服务的 70%,还使该公司能够及时和妥善地回应、处理和分析每一个 Web、电话或者其他触发方式的客户来访。这给思科公司带来了两个奇迹:一是每年为公司节省了 3.6 亿美元的客户服务费用,二是公司客户的满意度由原来的 3.4 分提高到 4.17 分(满分为 5 分),在新增员工不到 1% 的情况下,利润增长了 500%。

②成功实施客户关系网络管理为企业带来的利益。

A. 提高客户满意度。

网络环境下,客户可以随时享用电子化服务,这无疑增加了服务使用的便利性和灵活性。通常,客户关系网络管理的服务可以直接与客户的计算机平台相连接,客户可以在家中查阅物流服务的种类,选购符合自己的物流服务产品,而且所选择的产品或服务也可以得到迅速地处理和交付,从而免去了许多传统交易方式下的麻烦。事实上,网络平台还可以给客户提供在线自助服务的机会,客户可以自行设计自己需要的产品或服务,从而使产品或服务的提供与交付更为准确。同时,这也有助于保护客户的隐私。此外,客户的反馈信息也可以迅速地传递给物流企业,客户也可以及时地获得满意的答复。更为重要的是,电子化服务降低了客户的服务接触成本或时间消耗,并使更具个性化的产品或服务的创造与交付成为可能,这对于日益成熟和苛求的、繁忙的现代人而言是尤其重要的。

B. 降低物流企业的运营成本和提高运营绩效。

客户关系网络管理可以帮助物流企业实现一天 24 小时的自动化运营,而运营成本却十分低廉,这无疑可以降低单位交易成本。同时,网络渠道也为企业提供了一个更为有效的、廉价的数据传输渠道,从而简化了跨部门合作的流程,提高了作业的准确度。此外,在网络环境中,物流企业可以更方便、更完整地记载客户的行为数据,从而更有效地分析客户行为和偏好,有针对性地提供定制化的产品或服务,提高客户满意度。而客户满意度的提高,则会强化客户关系,有效地促进客户挽留。

因此,可以说,相对于一般意义上的客户关系管理而言,客户关系网络管理提高了客户关系管理的自动化程度,使得物流企业对客户关系的管理更为有效。但必须指出的是,客户关系网络管理只是客户关系管理在特定环境下的一种特殊形式,它并没有改变客户关系管理的本质和特征。

11.1.3　物流营销网络管理

1. 物流服务分销网络管理

(1)物流服务分销网络管理的概念。

物流服务分销网络是指物流服务通过交换,从生产者手中转移到消费者手中所经过的路线。物流分销网络涉及的是物流服务从生产向消费转移的整个过程。在这个过程中,起点为生产者出售物流服务,终点为消费者或用户购买、使用物流服务,位于起点和终点之间的为中间环节。中间环节包括参与从起点到终点之间物流服务流通活动的个人和机构,主要包括车站、码头和机场等站场组织,航运代理、货运代理、航空代理、船务代理及受物流公司委托建立的售票点、揽货点等代理商,铁路、公路、水路和航空运输公司等联运公司。

物流服务分销网络策略是指物流服务企业选择采用何种营销网络去销售现代物流服务的策略,包括选用自行建立直销服务网络的策略,借用他人服务营销网络的策略和建立营销战略联盟的策略等几种。其中,自行建立直销服务网络的策略是服务公司通过自己的电子商务网络或人员推销网络,将现代物流服务直接销售给客户的营销策略;借用他人服务营销网络的策略是通过他人的代理去销售自己的物流服务的策略;而建立营销战略联盟的策略是通过与同行业或其他行业的企业建立战略伙伴关系,共同推销双方的商品或服务的策略。

（2）物流服务分销网络管理的功能。

①提供方便的销售网络。

物流服务企业设计、生产服务产品、制定价格,并辅之以广告、宣传等促销手段。当消费者对物流服务产品产生购买欲望时,他们需要在某个特定的地点方便地购买到这些产品。物流服务分销网络正是发挥了这样的作用,使顾客能及时购买产品。

②发布有关物流服务产品的信息。

顾客对于服务产品的认识和了解需要部分地借助于服务分销网络来实现,如服务分销网络发放一些完全服务产品的印刷材料;同时,网络也可将顾客对产品的反映和感受反馈回来,供企业参考,做出适当的策略调整。从这个角度来说,分销网络充当了生产者与消费者之间的桥梁。

③进行咨询和协助购买。

当顾客不太清楚有关物流服务的某些事宜,或在做出购买决策时仍然心存疑虑时,销售网络可以为其提供关于产品的知识,促进其购买行为的发生。

④其他辅助活动。

除上述功能外,物流服务分销网络还能帮助企业进行一些促销活动,如受理并协助解决顾客投诉等。

（3）物流服务分销网络管理的设计。

①物流服务分销网络的设计。

物流企业在进行分销网络的设计时,必须全面考虑产品、客户、厂商控制网络的愿望与能力及竞争等影响因素,在此基础上进行分销网络的设计。

A.分销网络模式的确定。

分销网络模式的确定是指确定分销网络的长度。物流企业对分销网络进行选择时,不仅要求要保证货物及时送到目的地,同时也要求选择的分销网络必须顺畅、效率高且成本低,这样才能取得最好的经济效益。企业在对分销网络进行选择时,必须先决定采用哪种类型的分销网络,其中主要考虑是否需要通过中间商,如果需要的话,要通过的中间商属于什么类型和其规模等。

B.中间商数目的确定。

中间商数目的确定即决定网络的宽度。物流企业在决定采用中间商时,应考虑每一个分销环节应选择多少个中间商,这就要求物流企业根据所提供的物流产品、市场容量和需求面的宽窄来决定,可考虑采用以下几种策略:

一是广泛分销网络。广泛分销的目的在于,通过尽可能多的中间商向客户提供物流服务,获得最大的销售量。采用该策略常常是由于竞争激烈,物流服务产品供过于求,或者在物流服务产品的需求面广、量大的情况下使用,其缺点是不便对中间商进行控制。

二是专有分销网络。指在每个区域只选择一家或少数几家中间商进行分销,并要求中间商只经销本物流企业的物流产品。采用专有分销网络的目的是提高物流服务产品的市场形象,提高售价,并促使中间商积极销售,加强对中间商定价、促销等的控制。采用这种分销策略的物流企业虽然得不到广泛分销的好处,但却可以通过对物流服务质量地严格控制获得客户的信任,从而增加物流服务的质量。

三是选择性分销网络。这是处于广泛分销与专有分销之间的一种分销网络。它既兼顾了广泛分销网络与专有分销网络的长处,又避免了两者的短处。其目的在于加强与中间商的联系,提高网络成员的销售量,使本物流企业的物流服务产品有足够的销售面。这种方式与广泛分销网络相比,能够降低成本,并能够加强对网络的控制。

C. 明确成员的权利和义务。

物流企业确定了网络的长度与宽度后,还必须进一步明确规定网络成员之间彼此的权利与义务,涉及的内容包括:地区权利、价格政策、销售条件、每一方应提供的服务及应负的责任和义务,以及网络成员奖励措施等。

②物流服务营销网络设计的基本原则。

A. 畅通高效的原则。

合理的销售网络先要符合畅通高效的原则,做到"物"畅其流,经济高效。尽管服务产品是无形的,但销售网络要保证信息、资金、使用权等流通顺畅,并以流通时间、流通速度和费用来衡量销售效率。畅通高效的网络应以消费者需求为导向,将服务尽快、更好地通过最合理的销售网络,以最优惠的价格送达消费者方便购买的地点。不仅要让消费者在适当的地点以适当的价格购买到适当的产品,还要努力保证销售网络的经济效率,降低销售费用,节省销售成本,提高经济效益。

B. 适度原则。

企业在设计销售网络时不能只考虑网络成本、费用及产品流程,还要考虑销售网络能否将产品销售出去,并保证一定的市场占有率。因此,单纯追求销售网络成本的降低可能导致销售量下降,市场覆盖率不足,只有在规模效应的基础上追求成本的节约才是可取的做法。当然,如果企业过度扩展分销网络,造成沟通和服务障碍,也会使得销售网络难以控制和管理。

C. 稳定可调的原则。

设计和建立企业的销售网络需要花费大量的人力、物力和财力。在销售网络基本确定之后,企业一般不希望轻易地对它做出更改,如更改网络成员、转化网络模式。所以,必须保持销售网络的相对稳定,这样才能进一步提高销售的经济效益。但是由于在销售网络动作的过程中受到环境变化及各种因素的影响,销售网络难免会出现一些问题,这就需要对销售网络进行一定的调整,保持网络的生命力和适应力,以适应市场的变化。

D. 协调平衡的原则。

企业在设计销售网络时考虑自身经济利益是理所应当的,但是如果为追求自身利益最大化而忽视网络成员的利益,可能会适得其反。因此,在网络设计时应注意协调、平衡各成员之间的利益。企业对于网络成员之间的合作、冲突和竞争要具备相应的控制和管理能力,有效地引导网络成员之间进行良好地合作,鼓励成员之间进行良性竞争,减少网络摩擦和冲突,确保企业目标的实现。

E. 综合权衡的原则。

销售网络策略只是企业市场营销策略的一个方面。企业要在竞争中取胜,有时单一地依靠网络策略难以奏效,而是应将网络的设计与企业的其他策略,如产品策略、价格策略、促销策略结合起来,综合权衡,全面考虑,以发挥营销组合的作用。

(4)物流服务分销网络的管理。

物流企业对各影响因素进行分析选择了网络模式后,就要对网络实施管理。网络工作包括对中间商的选择、激励与评价以及对分销网络的调整。

①中间商的选择。

中间商选择的是否得当会直接影响物流企业的营销效果,因此物流企业应根据自身的情况,慎重决定对中间商的选择。物流企业考察中间商可从以下几个方面进行:一是,中间商的销售能力。该中间商是否有一支训练有素的销售队伍?其市场渗透能力有多强?销售地区多广?还有哪些其他经营项目?能为顾客提供哪些服务?二是,中间商的财务能力。中间商的财务能力包括其财力大小、资金融通情况、付款信誉如何等。三是,中间商的经营管理能力。这体现在其行政管理和业务管理水平上。四是,中间商的信誉。该中间商在社会上是否得到信任和尊敬。五是,中间商的地理位置、服务水平、运输和储存条件。

要了解中间商的上述情况,企业必须搜集大量有关信息。如果必要的话,企业还可以派人对所选的中间商进行实地调查。

②激励分销网络成员。

中间商选定之后,还需要进行日常地监督和激励,使之不断提高业务经营水平。必须指出,由于中间商与生产商所处的地位不同,考虑问题的不同,因而必然会产生矛盾,如何处理好产销矛盾,是一个经常存在的问题。物流企业要善于从对方的角度考虑问题,要知道中间商不是受雇于自己,而是独立的经营者,有他自己的目标、利益和策略,物流企业必须尽量避免激励过分和激励不足这两种情况发生。一般来讲,对中间商的基本激励水平,以交易关系组合为基础。如果对中间商激励不足,生产商可采取两条措施:一是提高中间商的毛利率、放宽信用条件或改变交易关系组合,使之利于中间商;二是采取人为的方法来刺激中间商,使之付出更大的努力。

处理好生产商和中间商的关系非常重要,通常根据不同情况可采取三种不同的方案:

一是与中间商建立合作关系。物流企业一方面对中间商采用高利润、特殊优惠待遇、合作推销折让、销售竞赛等方式,以激励他们的热情和工作;另一方面,对表现不佳或工作消极的中间商降低利润率,推迟装运或终止合作关系。但这些方法的缺点在于,物流企业在不了解中间商的需要、他们的长处和短处及存在问题的情况下,试图以各种方法去激励他们的工作,自然难以取得预期的效果。

二是与中间商建立一种合伙关系,达成一种协议。物流企业明确自己应该为中间商做些什么,也让中间商明确自己的责任,如市场覆盖面和市场潜量,以及应提供的咨询服务和市场信息。企业根据协议的执行情况对中间商支付报酬。

三是经销规划。这是一种最先进的办法,它是一种把物流企业和中间商的需要融为一体、有计划、专门管理的纵向营销系统。物流企业在其市场营销部门中设立一个分部,专门负责同中间商关系的规划,其任务主要是了解中间商的需要和问题,并做出经营水平、陈列计划、培训计划,以及广告和营业推广的方案等。

总之,企业对中间商应当贯彻"利益均沾、风险分担"的原则,尽力使中间商与自己站在同一立场,作为分销网络的一员来考虑问题,而不要使他们站在买方市场。这样,就可以缓和产销之间的矛盾,双方密切合作,共同搞好营销工作。

③评价网络成员。

物流企业必须遵循一定的标准,定期检查和评价中间商的销售业绩,对网络的经济效益进行评估。评价的内容通常有销售额完成情况、平均库存及交货时间、今后服务及与本企业的合作状况等。对于达不到标准的,则应寻找原因及补救的方法。物流企业有时需要做出让步,因为若断绝与某中间商的关系或用其他中间商取代,可能造成更严重的后果。但若存在比使用该中间商更为有利的方案时,物流企业就应要求中间商在所规定的时间内达到所要求的标准,否则,就要将其从分销网络中剔除。

2. 物流服务公共关系网络管理

(1)物流服务公共关系网络管理的概念。

物流服务公共关系网络管理是指通过各种传播媒介,与社会公众保持良好关系,从而为企业营销创造一个和谐的外部环境,其最终目的是树立物流企业及物流服务在公众中的良好形象,起到促销的作用。其着眼点不是眼前的暂时利益,而是企业长期和未来的利益。为此,企业需做好长期规划,有时还必须牺牲一些短期利益。

(2)物流服务公共关系网络管理的组成要素。

由于公共关系由社会组织、公众和传播媒介三个要素构成。因此,物流企业公共关系网络管理的三个要素分别为:

①主体。社会组织即物流企业。

②客体。社会公众,是公共关系的客体。物流企业的客体是与物流企业有直接或间接联系,对物流企业的发展有实际、潜在关系和影响的所有人、群体和组织。

③媒介。它是物流企业与社会公众之间的桥梁和纽带。

(3)物流服务开展公关活动的方式。

①借助新闻媒体传播信息。

物流企业应尽量与新闻单位或有关人员建立联系。通过新闻媒介传播企业及服务的相关信息,如撰写新闻,编写企业刊物、年度报告,向有关新闻单位人员发送材料等。这样既可以节约广告成本,又可以利用新闻的权威性宣传企业及服务,且效果较好。

②组织专题活动。

物流企业通过各种专题活动,扩大企业影响,如举办各种庆典活动、开业典礼等,开展知识竞赛、劳动竞赛等。

③借助公关广告。

通过公关广告宣传企业,树立形象。如向公众表示节日庆贺、致谢,就某方面情况向公众介绍、宣传,或率先发起某种社会活动,提倡某种新观念等。

④加强与企业外部公众的关系。

企业应与政府机构、中间商、客户等建立信息联系。通过赠送企业和服务的说明介绍资料、企业月报、季报、年报等资料,加强企业及服务的信誉和形象。

⑤加强与内部员工的联系。

内部员工是物流企业的支柱,企业应加强与他们之间的沟通。通过组织各种文娱、体育、演讲、旅游或培训等活动,协调部门与员工的关系,培养员工的集体意识、主人翁意识,激发他们的积极性、主动性和创造性。

(4)物流服务开展公关关系活动的过程。

①市场调查。

调查是企业制订计划、方案和行动的前提条件。物流企业在组织公关活动时,必须有相关人员对市场、环境做一个认真、全面的市场调查。了解企业目标是什么、为什么能或不能实现、公关活动应在什么时候通过哪一种方式进行、针对谁、效果将怎样、需要多少费用、外部环境怎样等,并应将这些信息进行总结、分类处理。

②确定公关关系目标。

公关关系目标是公关人员经过调查分析。确定的努力方向,是形象定位过程,是公关关系活动的核心。营销型公关活动一般有以下几个目标:建立知名度、建立信誉、激励推销队伍和中间商、降低成本等。

③选择目标群体。

选择目标群体是决定针对哪些人开展公关活动。这对公关活动的成功与否非常重要。通过对目标群体的分析,可找到适合于目标群体的媒体。

④确定公关信息和工具。

确定公关信息和工具是指确定通过哪种媒体向目标群体传播哪些信息,物流企业应随时为企业和服务准备有趣的新闻信息。

⑤拟定公关关系计划。

拟定公关关系计划主要需要确定时间、地点和参加人员等信息,计划书里特别需要注明哪些人员可以对媒体发言,哪些人员不能。

⑥评价公关关系效果。

公关关系活动往往与其他促销工具配合使用,所以很难衡量其效果。对公关关系活动的评价,主要是对曝光率、知名度、态度变化程度、销售利润变化等指标的评价,其方法主要有民意测验法、专家评估法、访问面谈法、观察法、资料分析法等。

11.2　基于物联网的供应链与物流管理

11.2.1　供应链管理概述

1. 供应链的概念

供应链是一种基于产品生产、供应、包装、运输、销售、购买等不同环节的功能性链式结构。在一个成熟的供应链中，其往往是依托每一环节的龙头企业，对信息流及物品传递方向进行有效把握，从原料提取到产品生产再到销售与配送，供应链通过链上各个环节之间的有效沟通，加强了企业物料信息共享、资金灵活运转等相互活动，形成了一条有效的增值链，通过企业之间的有效合作与协调，为企业带来较高的收益。

2. 供应链管理的内涵

从单一的企业角度来看，供应链管理是指企业通过上下游供应链管理关系整合和优化供应链中的信息流、物流、资金流，以获得企业竞争优势。

供应链管理是企业的有效性管理，表现了企业在战略和战术上对企业整个作业流程的优化，它整合和优化了供应商、制造商、零售商的企业效率，是商品正确的数量、品质，在正确的地点，以正确的时间、最佳的成本进行生产和销售。

从以上定义中可以知道，供应链管理包括了企业间（上游供应商网络，下游分销渠道）和企业内部管理，所以，从宏观上看，供应链管理包括了两个主要部分：企业内供应链管理和企业间供应链管理。

另外，还包含不同物流，如信息系统管理、资源管理、采购管理、生产流程、订单流程管理、存货管理、仓储管理、客户服务、售后包装、物流管理等。供应商网络包括了所有提供货物给本企业的提供商，这些货物包括原料和企业日常使用的办公用品、零件等易耗品，这些内部流程的协调运作是非常重要的，特别在大企业中更是如此。

供应链管理涉及企业外部上游的各个供应商的管理，这不是对单一的供应商管理，而是对企业供应商的网络管理，重点仍是物流和信息流。例如，与供应商协作、通信，企业的电子化、采购、预测、管理等。

企业外部下游的供应链组成包括分销渠道和分销流程，例如物流中心运输管理等。它们确保产品流向最终部分。

当今世界客户的价值观已发生重大变化，客户从注重商品价格到追求商品的个性化和方便性。这种新的价值观迫使企业重新考虑供应链的反应，定义供应链管理的概念，这必然驱动企业管理将重点放在企业内部和外部的效率上，将企业内部的业务流程、人员应用到伙伴企业，形成一个整合的供应链，这个整合供应链的原则是协作与优化，这就是现代供应链管理的思想，也称整合的供应链管理。

3. 供应链管理的功能和结构

供应链管理的目标、功能和结构可以借用建筑房屋的结构进行形象的描述，如图

11-4 所示。

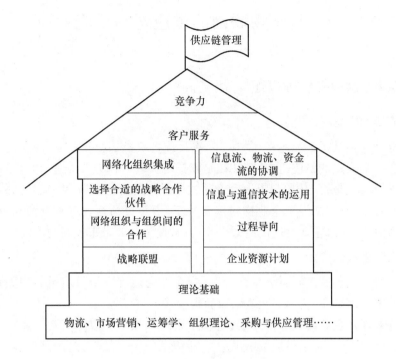

图 11-4　供应链管理结构图

  房屋的屋顶是供应链管理的最终目标,即提高核心竞争力。供应链管理的意义和价值在于提高客户服务水平。竞争力可以通过多种方法提高,如降低成本、增加对客户需求变化的柔性、提供高质量的产品和服务等。

  支撑起房顶的两根立柱分别表示供应链管理的两个重要组成部分:网络化组织集成和信息流、物流、资金流的协调。两根立柱可以进一步分解为建筑块。

  第一,构建供应链需要选择合适的战略合作伙伴,进行中长期的合作;第二,将分离的组织组合形成一个有效和成功的网络组织,寻求实际运行中的合作;第三,对于互联组织的供应链,合作者之间的战略结盟是十分必要的,它将为组织之间的集成提供支持和保障。

  通过运用信息和通信技术,可以有效协调供应链中的信息流、物流和资金流,其中信息技术可以将人工执行过程变成自动化过程,尤其在两个组织间的活动可以细化,重复的活动可以合并为一个活动。过程导向是按照新的标准和要求,对流程中的活动进行重新设计和组合,形成一个新的过程。在执行客户订单的过程中,涉及物料、人员、机器、工具等多个方面,需要通过计划的方式实现。虽然生产、分销以及购买计划已经应用了几十年,但它们大多独立运作,受到规模和范围的限制。协调不同地点和组织之间的系统化计划方式成为一种新的挑战,先进的计划系统将承担起这一重任。

  供应链管理注重总的物流成本(从原材料到最终产成品的费用)与客户服务水平之间的关系,要把供应链各职能部门有机地结合在一起,最大限度地发挥供应链整体的力量,达到供应链企业群体获益的目的。

4. 供应链管理与传统物流管理的区别

供应链管理与传统物流管理有着明显的区别,主要表现在以下几个方面:

(1)供应链管理超越了传统物流管理。

传统的物流管理主要涉及实物资源在组织内部最优化的流动,而从供应链管理的角度来看,仅有组织内部的合作是不够的。供应链管理涉及与供应链相连的所有相关企业、部门、人员。从核心企业中上游供应商直到供应链下游分销商的关系,只是供应链的一小段。供应链管理是一种垂直一体化的集成化管理模式,强调核心企业与相关企业的协作关系,通过信息共享、技术扩散、资源优化配置和有效的供应链激励机制等途径实现经营一体化。因此,供应链管理的概念不仅仅是物流的逻辑延伸,也不是企业自身的内部整合。供应链管理整合发展演化的过程分为以下几个阶段:第一阶段,每个商业功能都是独立的;第二阶段,企业开始认识到要在临近的功能之间进行整合;第三阶段,建立和实施一种"端—端"的计划框架;第四阶段,是真正的供应链整合,与第三阶段相比,将上游延伸至供应商,下游延伸至客户,这就是物流管理与供应链管理的最关键和重要的差别所在。

(2)供应链管理更注重合作与信任。

从本质上讲,物流是设计导向和框架,寻求在一个商业活动中制订单一的产品流和信息流计划。而供应链管理是建立在这一框架基础上,寻求在其组织与供应商和客户的过程之间实现连接和协调。因此,供应链管理是为了使供应链上的所有合作者获得更多的利润,是基于"联系"的管理。供应链管理着眼于合作和信任。

(3)供应链管理与物流管理目标不同。

供应链管理的目标在于提高顾客价值。供应链管理与传统物流管理相比,其管理目标不仅仅限于降低交易成本,还在于提高顾客价值。顾客价值是顾客已给定产品或服务中所期望得到的所有利益,包括产品价值、服务价值、人员价值和形象价值。拉动整个供应链的原动力是顾客需求,因此供应链是被顾客驱动的。通过供应链从下游企业向上游企业传递,只有生产出具有较高顾客价值的产品才能提高整个供应链的竞争力,才能维持供应链的稳定和发展,才能保证物流、信息流、资金流在供应链上的畅通,才能发挥供应链管理的优势。

(4)供应链管理与物流管理绩效评价方法不同。

传统物流管理绩效评价仅限于企业内部物流绩效的评价,而供应链管理不仅要对各节点企业的绩效进行评价,还要评价整个供应链的运作绩效。传统物流管理的绩效评价专注于企业各部门目标的实现,较少关心本部门目标的达成对其他部门的影响。而在供应链管理中,绩效评价不仅要反映各部门、各节点企业的运营绩效,还要评价各部门、各节点企业绩效目标达成对其他部门、其他节点企业的影响。部门或企业在实现自身绩效的过程中,若存在对供应链上其他部门或企业绩效的实现造成负面影响的行为,在供应链管理中是绝对不允许的,因为这会破坏整个供应链的稳定性和凝聚力。在评价指标上,传统企业物流管理绩效评价指标主要包括利润率、资产负债率等财务指标,时间上具有滞后性,同时也不能全面、准确地反映企业的真实绩效。供应链管理是对供应链业务流程的动态评价,而不仅是对静态经营结果的考核衡量。它坚持定量和定性分析相结合、内部评价与外部评价相结合,并注重相互间的协调。

11.2.2 第三方物流与第四方物流

1. 第三方物流

随着全球化竞争的加剧、信息技术的飞速发展,物流科学成为最有影响力的新学科之一。随着对物流的认识在理论上不断加深,企业物流管理在实践上也开始从低级阶段向高级阶段发展。其中比较明显的变化是物流功能的整合、采用第三方物流、建立物流信息系统、物流组织能力的提升等。采用第三方物流服务或把物流外包给第三方物流企业成了企业物流实践的一个重要方面(图 11-5)。

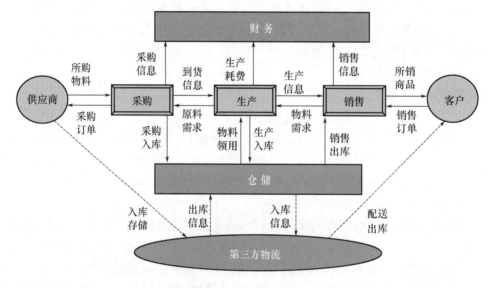

图 11-5 第三方物流

(1)第三方物流的含义。

我国《物流术语》对第三方物流所下的定义是"由供方与需方以外的物流企业提供物流服务的业务模式。"有人甚至认为,第三方物流是在物流渠道中由中间商提供的服务,中间商以合同的形式,在一定期限内,提供企业所需的全部或部分物流服务。虽然第三方物流的定义表述多种多样,但是其核心含义是企业物流功能的外包。

第三方物流是通过契约形式来规范物流经营者与物流消费者之间的关系。物流经营者根据契约规定的要求,提供多功能直至全方位的一体化物流服务,并依据契约来管理提供的所有物流服务活动及其过程。不同的物流消费者存在不同的物流服务要求,第三方物流需要根据不同物流消费者在企业形象、业务流程、产品特征、客户需求特征、竞争需要等方面的不同要求,提供针对性强的个性化物流服务和增值服务。

第三方物流应具有系统的物流功能,这是第三方物流产生和发展的基本要求。第三方物流需要建立现代管理系统才能满足运行和发展的基本要求。信息技术是第三方物流发展的基础。物流服务过程中,信息技术发展实现了信息实时共享,促进了物流管理的科学化,大大地提高了物流效率和物流效益。第三方物流经营者不仅可以自己构筑信息网络和物流网络,而且可以共享物流消费者的网络资源。从事第三方物流的物流经营者也因为市场竞争、物流资源、物流能力的影响,需要形成核心业务,不断强化所提供物流服务的个性和特色,以增强物流市场竞争能力。第三方物流提供的是专业化的物流服务,从物流设计、物流操作过程、物流技术工具、物流设施到物流管理,都必须体现专门化和专业化。

(2)第三方物流的类型。

专业化、社会化的第三方物流的承担者是物流公司。第三方物流常有以下两种分类方法:

一是按照物流公司完成的物流业务范围的大小和所承担的物流功能,可将物流公司分为综合性物流公司和功能性物流公司。功能性物流公司,也叫单一物流公司,仅仅承担和完成某一项或几项物流功能。按照其主要从事的物流功能,可将其进一步分为运输公司、仓储公司、流通加工公司等。而综合性物流公司能够完成和承担多项甚至所有的物流功能。综合性物流公司一般规模较大、资金雄厚,并且有良好的物流服务信誉。

二是按照物流公司是自行完成和承担物流业务,还是委托他人进行操作,可将物流公司分为物流自理公司和物流代理公司。物流自理公司就是平常人们所说的物流公司,它可进一步按照业务范围进行划分。物流代理公司同样可以按照物流业务代理的范围,分成综合性物流代理公司和功能性物流代理公司。功能性物流代理公司,包括运输代理公司(货代公司)、仓储代理公司(仓代公司)和流通加工代理公司等。

(3)第三方物流的价值分析。

第三方物流是一种专业化的物流组织,具有很强的经济效益和社会效益,第三方物流的发展给社会和企业带来了巨大的价值。随着第三方物流的发展,它的价值会发挥得更加充分。

①第三方物流的成本价值。

在竞争激烈的市场上,降低成本、提高利润率是企业追求的首选目标。物流成本通常被认为是企业经营中较高的成本之一,控制了物流成本,就控制了企业总成本。

企业以支付服务费用的形式获得第三方物流服务,专业的第三方物流利用规模生产的专业优势和成本优势,提高各环节的利用率,节省费用,使企业能从分离费用结构中获益;第三方物流精心策划物流计划,提高运送手段,最大限度地盘活库存,改善企业现金流量,减少企业资本积压和库存。第三方物流是企业挖掘的第三利润源,随着信息化的发展及电子商务的应用,最终的结果是企业在降低物流成本中实现根本性的突破。

第三方物流企业的利润是从工商企业降低物流成本、提高利润率中得到的,或是物流增值服务中产生的,这样既可以在不增加资本投入的情况下,提高物流业的效益,又可以为协作企业创造"第三利润源"。

②第三方物流企业的服务价值。

在专业化分工越来越细的时代,企业自身资源有限,只有利用第三方物流,扬长避短,专注于提高核心竞争力,才有助于企业的长远发展。企业采用第三方物流后,将更多精力投入到生产经营中。第三方物流企业,站在比单一企业更高的角度上处理物流问题,通过物流系统开发设计和信息技术能力,将供应链上下游的各相关企业的物流活动有机衔接起来,增加了企业的竞争优势。

此外,企业利用第三方物流信息网络和节点网络,能够加快对顾客订货的反应能力,加快订单处理,缩短订货到交货的时间,实现货物的快速交付,提高顾客满意度。第三方物流通过其先进的信息和通信技术,加强在途货物监控,及时发现、处理配送过程中的意外事故,尽可能实现对顾客的承诺,保证企业为顾客提供稳定、可靠的高水平服务,提高了顾客价值,提升了企业形象。

因此,第三方物流本身具有强大的市场需求和合理的产出机制,对其他相关产业具有明显的带动作用,第三方物流将成为新的经济增长点。

③第三方物流的风险分散价值。

企业自己运作物流面临两大风险,一是投资的风险,二是存货的风险。一方面,企业自营物流需要物流设施、设备及运作等的巨大投资,企业物流管理能力相对较弱,易造成企业内部物流资源的闲置浪费,致使物流效率低下,这部分在物流固定资产上的投资将面临无法收回的风险。另一方面,企业由于自身配送、管理能力有限,为了能对顾客订货及时做出反应,防止缺货,快速交货,往往采取高水平库存的策略。在市场需求高度变化的情况下,安全库存量占到企业平均库存的一半以上,对于企业来说就存在着很大的资金风险。而且存货要占用大量资金,随着时间的推移,变现能力会减弱,将造成巨大的资金风险。

如果企业利用第三方物流的运输、配送网络,通过其管理控制能力,可以提高顾客响应速度,加快存货的流动周转,从而减少内部的安全库存量,降低企业的资金风险,或者把这种风险分散一部分给第三方物流企业来共同承担。

④第三方物流的竞争力提升价值。

企业通过将物流外包给第三方物流公司,可以专注于核心业务,提高自身核心竞争力。采用第三方物流以后,由原来的直接面对多个客户的一对多关系变成了直接面对第三方物流的一对一关系,便于将更多精力投入自身的生产经营中。作为第三方物流企业,通过其具有的物流系统再设计能力、信息技术能力,将原材料供应商、制造商、批发商、零售商等处于供应链上下游的相关企业的物流活动有机地协调起来,使企业能够形成一种更为强大的供应链竞争优势,这是个别企业无法实现的工作。

⑤第三方物流的社会价值。

在经济发展速度日益加快的今天,第三方物流除了其独特的经济效益外,其社会价值越来越引起社会的重视。

第一,第三方物流将社会上众多的闲散物流资源有效地整合、利用起来。第三方物流专业的管理控制能力和强大的信息系统,对企业原有物流资源进行统一管理运营,组织共同存储、共同配送,将企业物流系统社会化,实现信息资源共享,促进社会物流资源的整合和综合利用,提高整体物流效率。

第二,第三方物流有助于缓解城市交通压力。通过第三方物流的专业技能,加强运输控制,通过制定合理的运输路线,采用合理的运输方式,组织共同配送、货物配载,减少了城市车辆运行数量,减少了车辆空驶迂回运输等现象,解决了由于货车运输无序化造成的城市交通混乱堵塞问题,缓解了城市交通压力。城市车辆运输效率的提高,能够减少能源消耗、减少废气排放量和噪声污染等,有利于环境的保护与改善,促进经济的可持续发展。

2. 第四方物流

(1)第四方物流的概念与功能。

第四方物流(fourth party logistics,4PL)的概念是由美国埃森哲公司率先提出的,并定义为,"一个调配和管理组织自身的及具有互补性的服务提供商的资源、能力与技术,来提供全面的供应链解决方案的供应链集成商"。它实际上是一种虚拟物流,是依靠业内最优秀的第三方物流供应商、技术供应商、管理咨询顾问和其他增值服务商,整合社会资源,为用户提供独特和广泛的供应链解决方案。

第四方物流的基本功能主要有三个方面:一为供应链管理功能,即管理从货主/托运人到用户/顾客的供应全过程;二为运输一体化功能,即负责管理运输公司、物流公司之间在业务操作上的衔接与协调问题;三为供应链再造功能,即根据货主/托运人在供应链战略上的要求,及时改变或调整战略战术,使供应链高效率地运作。

(2)第四方物流的运作模式。

按照国外专家的观点,第四方物流存在 3 种基本的运作模式:

①协同运作模型。

第四方物流和第三方物流共同开发市场,第四方物流向第三方物流提供一系列的服务,包括技术、供应链策略、进入市场的策略和项目管理的专业策略。第四方物流往往会在第三方物流公司内部工作,其思想和策略通过第三方物流这样一个具体实施者来实现,以达到为客户服务的目的。第四方物流和第三方物流一般会采用商业合同的方式或者战略联盟的方式合作。

②方案集成商模型。

在这种模式中,第四方物流为客户提供运作和管理整个供应链的解决方案。第四方物流对本身和第三方物流的资源、能力和技术进行综合管理,借助第三方物流为客户提供全面的、集成的供应链方案。第三方物流通过第四方物流的方案为客户提供服务,第四方物流作为一个枢纽,可以集成多个服务供应商的能力和客户的能力。

③行业创新者模型。

第四方物流为多个行业的客户开发和提供供应链解决方案,以整合整个供应链的职能为重点,将第三方物流加以集成,向上下游的客户提供解决方案。在这里,第四方物流的责任非常重要,因为它是上游第三方物流的集群和下游客户集群的纽带。行业解决方案会给整个行业带来最大的利益,第四方物流会通过卓越的运作策略、技术和供应链运作实施来提高整个行业的效率。

第四方物流无论采取哪种模式,都突破了单纯发展第三方物流的局限,能做到真正的低成本、高效率、实时运作,实现最大范围的资源整合。第四方物流可以不受约束地将每个领域的最佳物流提供商组合起来,为客户提供最佳物流服务,进而形成最优物流方案或供应链管理方案。而第三方物流缺乏跨越整个供应链运作以及真正整合供应链流程所需的战略专业技术,他们要么独自,要么通过与自己有密切关系的转包商来为客户提供服务,所以不太可能提供技术、仓储与运输服务的最佳结合。

(3)第三方物流与第四方物流的区别。

①从服务范围看。

第四方物流与第三方物流相比,其服务的内容更多,覆盖的地区更广,对从事货运物流服务的公司要求更高,要求其必须开拓新的服务领域,提供更多的增值服务。第四方物流最大的优越性在于它能够保证产品更快、更好、更廉价地送到需求者手中。因此,第四方物流不只是在操作层面上借助外力,而且在战略层面上也需要借助外界的力量,以提供更快、更好、更低廉的物流服务。

第四方物流公司可以提供简单的服务,即帮助客户安排一批货物运输;也可以提供复杂服务,即为一个公司设计、实施和运作整个分销和物流系统。第四方物流可以看成物流业进一步分工的结果,即进一步将企业的物流规划能力外包。

②从服务职能看。

第四方物流侧重于在宏观上对企业供应链进行优化管理,第三方物流则侧重于实际的物流运作。第三方物流在物流实际运作能力、信息技术应用、多客户管理方面具有优势,第四方物流在管理理念创新、供应链管理方案设计、组织变革管理指导、供应链信息系统开发、信息技术解决方案等方面具有较大的优势。

③从服务目标看。

第四方物流面对的是整个社会物流系统的要求,通过电子商务技术将整个物流过程一体化,最大限度地整合社会资源,将一定区域内甚至全球范围内的物流资源根据客户的要求进行优化配置,选出最优方案。第三方物流面对的是客户需求的一系列信息化服务,将供应链中的每一环节的信息进行比较、整合,力争达到满足客户需求的目的。

④从服务的技术支撑看。

实际上,网络经济的发展使第四方物流成为可能。首先,通过国际互联网网络平台可以达到信息充分共享。网络平台在信息传递方面具有及时性、高效性、广泛性等特点,通过互联网很容易达成信息共享的目的。其次,通过国际互联网网络平台减少了交易成本,实现了物流资源的最大整合。网络平台信息共享的优势减少了信息不对称,使中小物流企业也能够获益。另外,网络平台是一个虚拟的空间,不受物理空间的限制,也没有企业自身的利益面,容易组成第三方物流企业和其他物流企业都认可的形式,如联盟形式,最终实现物流产业整合。

11.2.3　基于物联网的供应链管理系统

1. 基于物联网的供应链管理

随着供应链管理理论地不断进步和完善,企业对供应链战略的具体实施提出了更高的要求,也面临着一些瓶颈。在当前的市场环境下,供应链管理主要面临着市场结构全球化、不可控风险管理、供应链有效可视性、用户需求反应速度、供应链成本控制五方面的挑战,随着物联网技术在供应链领域的应用,它将成为供应链管理的有效工具,为供应链的管理带来新机遇和新挑战。

基于物联网所形成的智能供应链强调供应链的数据智慧性、网络协同化、决策系统化。物联网使企业之间的供应链的管理由"物—人—物"的基本模式转变成为"物—物"模式,通过物与物的直接沟通,减少对人为因素的依赖,并且还能实现对供应链中产品的实时跟踪,凭借物联网上的各种信息共享,为企业提供系统化的决策,优化整个供应链管理。智能供应链管理使供应方到最终的客户之间的信息流、资金流、物流等方面实现无缝衔接,使企业以产品为焦点转变成为以客户为关注点,通过客户的反馈信息来指导企业的产品规划、采购、增值销售等,加速企业进入新的供应链时代。

2. 物联网技术在供应链系统中的工作原理

基于物联网的供应链管理系统(electronic product code,EPC)包括网络系统和电子商务平台两大部分。EPC 网络系统由 RFID 系统、神经网络软件(savant)系统、对象名解析服务系统(ONS)、物理标记语言(PML)系统和企业信息系统组成。基于 EPC 的网络系统是利用 Savant 系统通过应用程序接口(API)与企业的应用系统相连接,这样,Savant 系统就可以将从 PML 服务器上读取的产品信息自动地传递到企业应用系统,或存储到相应的数据库中,通过互联网实现信息共享。企业内部系统通过与电子商务平台集成,以及与物流配送系统和结算系统协调运作,可以实现对产品供应链的物流、资金流、信息流进行高效地控制和管理。

针对物流行业,物联网实现了物流企业所有供应链上的产品从供应商到客户的全方位管理和流动。通过电子商务平台,生产商及用户可以进行原材料和产品的电子采购,供应商可以及时掌握生产商的需求,物流服务商负责整个供应链上原材料的存储、运输等物流服务。零售商及消费者可以及时获取产品的生产、运输信息,政府部门也可以上网监管。

利用 RFID 技术,通过 RFID 阅读器获取 RFID 电子标签中的唯一电子物品代码。将读取的电子物品代码经过 Savant 系统传送到 ONS 目标名字服务器,获取对应的 PML 服务器的 IP 地址。通过 PML 服务器 IP 地址获得所查询的物品电子代码所在的 PML 服务器,查询指定物品的全部信息,这些物品信息也可以通过网络回传给 Savant 系统,进而存储到企业内部信息系统中。企业内部管理系统则在获取信息后对物品进行进、销、存自动化处理,最终实现存储信息的识别和数据的交换,它对供应链中商品的流通进行科学优化,对资源进行合理地配置,在物流过程中做到实时监控,提高了整个供应链管理的效率。

3. 基于物联网的供应链管理系统功能分析

物联网基于 EPC/RFID 技术,在实际应用中对供应链影响体现在生产环节、仓储环节、输送环节、销售环节。供应链相关的生产商、批发商、运输商、零售商通过基于物联网智能物流系统,动态跟踪产品状态,对市场快速反应,使企业能够实现零存货、高收益。企业内部信息系统结合数据仓库技术,通过 OLAP 分析、数据挖掘技术、人工智能分析等,实现产品管理、库存管理、运输管理、生产采购管理、销售管理。

(1)产品管理。

当产品经过供应链的节点时,RFID 解读器会自动捕获产品的电子代码,并且通过 Savant 系统自动收集此时的状态信息。状态信息包括供应链成员的角色、公司名称、仓库号、读写器号、时间、地点等,这些信息可以供制造商、零售商、批发商和运输企业实时查询,而且这些信息也是防伪管理中重要的信息依据。

(2)库存管理。

实现快速、准确管理。出入库产品通过物联网技术的应用,实现货物的实时盘点,实现准确发货、及时补货、降低库存。仓储产品自由放置,提升空间利用效率。自动化管理降低人力成本,同时减少盗窃、损害、送错等损耗。

(3)运输管理。

实现运输流程化。通过物联网技术,在运输车辆上贴上 RFID 标签,在运输路线关键节点安装 RFID 接收器,能够全程跟踪车辆运输状态,了解货物所处位置和预计到达时间,及时做出反应。同时,当车辆在运输途中出现故障时,也能及时采取补救措施。

(4)生产采购管理。

实现自动化运作。通过 EPC 技术,能够在产品繁多的库存中精准地找到生产最终产品所需的原材料、零部件。对整个线上的原材料、零部件、半成品和产品进行识别跟踪,自动化处理过程有效地减少了人为管理可能出现的误判和人工管理成本。通过及时反馈的信息,生产管理员能够合理安排生产和进度,使流水线稳定工作,产品质量得以保证。

(5)销售管理。

快速响应消费者需求。物联网技术的使用,使得产品能够及时补货,减少顾客排队等待时间,提升顾客满意度。同时顾客能够通过智能秤获取产品的生产日期、外观、性能等全面的信息,从而保证消费者在完全了解产品信息的情况下买到合格的产品,避免产品过期等问题,减少法律纠纷,无论对商场还是顾客都是双赢局面。

(6)消费者。

通过互联网平台,消费者可以随时掌握产品的相关信息。通过个人电脑、其他终端查询或读取标签内存储的数据信息来验证该产品的真伪,保证产品的质量安全,对有质量问题的产品及时进行责任追溯和索赔退货处理。

(7)退货/回收环节。

当库存的产品或市场流通的产品超出使用期限时,传感器能自动发出预警信号,或者利用读写器通过读取产品标签中的信息进行查验,然后传入网络,相关企业就会采取相应措施,进行回收处理。当产品被运到回收中心时,RFID 读写器将产品自动分拣,把它们归入各自的类别,而不必进行高成本的人工分拣。甚至有些产品可以直接被回收再次利用,实现产品的绿色供应链管理,比如饮料、酒水等商品的易拉罐或玻璃瓶可以直接运回各自厂家,做相关处理后再次进行灌装。

11.2.4　电子商务下的供应链与物流管理

作为一种新的商务交易模式,电子商务的兴起与发展为传统的运作管理领域带来了新的发展契机。伴随着交易的发生,同时有物流、信息流、资金流、商流的产生,因此在运作领域,供应链与物流管理充当着重要的角色。

1. 电子商务与供应链管理

(1)电子商务的概念。

电子商务(electronic commerce,EC)是经济和信息技术发展并相互作用的必然产物。顾名思义,其内容包含两个方面,一是电子方式,二是商贸活动,即利用电子方式或电子信息技术来进行商务活动。电子商务是在网络环境下特别是在因特网网上所进行的商务活动。其目的是充分提高商务活动的效率。

①狭义的电子商务。

狭义的电子商务也称作电子交易,一般是指基于数据(可以是文本、声音、图像)的处理和传输,通过开放的网络(主要是因特网)进行的商业交易。它主要是利用 Web 提供的通信手段在网上进行的交易活动,包括通过因特网买卖产品和提供服务。产品可以是实体化的,如汽车、电视;也可以是数字化的,如新闻、录像、软件等。此外,还可以提供各类服务,如安排旅游、远程教育等。总之,电子商务并不仅仅局限于在线买卖,它将从生产到消费各个方面影响商务活动的方式。除了网上购物,电子商务还大大改变了产品的订制、分配和交换的手段。而对于顾客,查找和购买产品乃至享受服务的方式也大为改进。

②广义的电子商务。

广义的电子商务是指一种全新的商务模式,是包括电子交易在内的利用 Web 进行的全部商务活动,如市场分析、客户联系、物资调配等。这些商务活动包括企业内部的业务活动,如生产、管理、财务等,以及企业间的商务活动,利用网络方式,将顾客、销售商、供应商和企业员工连在一起,将有价值的信息传递给需要的人们。它不仅仅是硬件和软件的结合,还是把买家、卖家、厂家和合作伙伴在因特网、Intranet 和 Extranet 上利用因特网技术与现有的系统结合起来进行商贸业务的综合系统。

有人把广义的电子商务系统称为企业电子商务系统,这个电子商务系统是以实体企业的基本职能和业务模块为背景构造和运行的。

(2)电子商务的概念模型。

电子商务概念模型是对现实世界中电子商务活动的一般抽象描述。它由电子商务实体、电子市场、交易事务和信息流、商流、资金流、物流等基本要素构成。

在电子商务概念模型中,电子商务实体是指能够从事电子商务的客观对象,可以是企业、银行、商店、政府机构和个人等。电子市场是指电子商务实体从事商品和服务交换的场所。它由各种各样的商务活动参与者,利用各种通信装置,通过网络连接成一个统一的整体。交易事务是指电子商务实体之间所从事的具体的商务活动的内容,例如询价、报价、转账支付、广告宣传、商品运输等。

电子商务中的任何一笔交易,都包含着几种基本的"流",即信息流、商流、资金流、物流。其中,信息流既包括商品信息的提供、技术支持、售后服务等内容,也包括诸如询价单、报价单、付款通知单、转账通知单等商业贸易单证,还包括交易方的支付能力、支付信誉等。商流是指商品在购、销之间进行交易和商品所有权转移的运动过程,具体是指商品交易的一系列活动。资金流主要是指资金的转移过程,包括付款、转账等过程。在电子商务下,以上3种流的处理都可以通过计算机和网络通信设备实现。物流,作为四流中最为特殊的一种,是指物质实体(商品或服务)的流动过程,具体包括运输、储存、配送、装卸、保管、物流信息管理等各种活动。对于少数商品和服务来说,可以直接通过网络传输的方式进行配送,如各种电子出版物、信息咨询服务、有价信息软件等。而对于大多数商品和服务来说,物流仍要经由物理方式传输,但由于一系列机械化、自动化工具的应用,准确、及时的物流信息对物流过程的监控,将使物流的流动速度加快、准确率提高,能有效地减少库存,缩短生产周期。

在电子商务概念模型的建立过程中,强调信息流、商流、资金流和物流的整合。其中,信息流最为重要,它在一个更高的位置上实现对流通过程地监控。

(3)供应链与电子商务。

为了加快供应链中物流、信息流、资金流的流动,精确、可靠、快速地采集和传送信息,供应链必须运用电子商务,采用先进的技术优化业务流程、降低运行成本和费用。

电子商务的高速发展必将促进和优化供应链管理的实现。优化供应链管理,不仅需要高效、高速的物流、资金流,更需要快速、正确的信息流,否则,优化供应链管理只能成为一句空话。而电子商务的发展,将为信息流的快速和准确传递提供了保证。假设有一条包括制造商、配送中心、批发商、零售商的供应链,且整个供应链内部都建立了Intranet,实行信息共享。那么,零售商的客户消费数据、某个产品的市场销售情况等,都会通过网络尽快地反馈到制造商,制造商再对产品进行合理地改进,必将提高产品的市场份额和市场占有率,从而使整个供应链对市场需求做出快速反应,给供应链带来极大的利益。

另外,供应链上的各家企业应有效地利用互联网,寻求新的增长点。电子商务使企业可以在更大范围内开展跨行业的经营活动,获得可观的经济效益。

2. 电子商务与物流管理

(1)电子商务对物流的影响。

从总体上来说,电子商务的发展要求物流更加适应电子商务和供应链管理的模式和环境。具体而言,电子商务对物流的影响突出体现在以下几方面:

①对物流观念的影响。

应该说,在传统商务模式下,物流作为企业内部生产销售的辅助功能,其作用是长时间被忽视的。正是由于电子商务、供应链管理的兴起,商务活动被理解为信息流、商流、资金流、物流的有机统一,物流活动才真正被业界所重视。而第三方物流、第四方物流等物流形式的产生,更是与电子商务的影响分不开。另一方面,由于电子商务、虚拟经济已经成为一种大的环境,物流系统的管理也从对有形资产存货的管理转为对无形资产(信息或知识)的管理。

②对物流系统结构的影响。

电子商务对物流系统结构的影响,主要表现在以下几个方面:

一是由于网上客户可以直接面对制造商并可获得个性化服务,故传统物流渠道中的批发商和零售商等中介将逐渐淡出,但是区域销售代理将受制造商的委托,逐步加强其在渠道和地区性市场中的地位,作为制造商产品营销和服务功能的直接延伸。但是,渠道中的中间商并非完全消失,它们面临的是功能的转换,即从传统的商品转售发展为提供附加价值。

二是由于商流的加速,导致企业交货速度的压力变大,因此,物流系统中的港、站、库、配送中心、运输线路等设施的布局、结构和任务将面临较大的调整。在企业保留若干地区性仓库以后,更多的仓库将改造为配送中心。由于存货的控制能力变强,物流系统中仓库的总数将减少,而配送活动将更加专业化和社会化,配送的服务半径也将加大。

三是对那些能够在网上直接传输的有形产品来讲,其物流系统逐渐隐形化。这类产品主要包括软件等数字化商品以及电子杂志等传统物质商品的电子化形式。

③对物流效率的影响。

电子商务作为一种先进的商务模式,对商务活动的效率有飞跃性地提高。物流作为商务活动的一种,自然也受其影响。电子商务的技术和手段使物流活动的效率得到了提高,如降低了采购成本、加快了运输速度、提高了配送的及时性和准确性等,从而也在整体上提高了物流业的客户服务水平,促进了物流业的发展。

④对存货的影响。

从某种意义上来说,物流的对象就是库存。一般来说,由于电子商务提高了物流系统各环节对市场变化反应的灵敏度,可以减少存货,节约成本,甚至实现零库存。但从物流的观点来看,这实际是借助于信息分配对存货在供应链中进行了重新安排。存货在供应链中的总量是减少的,但结构上将沿供应链向下游企业移动。即经销商的库存向制造商转移,制造商的库存向供应商转移,成品的库存变成零部件的库存,而零部件的库存将变成原材料的库存等。

(2)电子商务下物流的优势。

一是物流配送反应速度快。电子商务下的物流服务提供者对上游需求的反应速度越来越快,前置时间、配送时间越来越短,商品周转次数越来越多。

二是物流配送功能集成化。电子商务下的物流配送着重于将物流与供应链的其他环节进行集成,包括物流渠道与商流渠道的集成、物流渠道之间的集成、物流功能的集成、物流环节与制造环节的集成等。

三是物流配送服务系列化和配送作业规范化。电子商务的物流强调物流配送服务功能的恰当定位与完善化、系列化,除了传统的存储、运输、包装、流通加工等服务外,还在外延上扩展到市场调查与预测、采购及订单处理,向下延伸至物流配送咨询、物流配送方案的选择与规划、库存控制策略建议、贷款回收与结算、教育培训等增值服务,在内涵上提高了以上服务对决策的支持作用。电子商务物流强调功能作业流程、作业、运作的标准化和程序化,使复杂的作业变成简单的易于推广与考核的运作。

四是物流配送目标系统化。新型物流配送从系统角度统筹规划一个公司整体的各种物流配送活动,处理好物流配送活动与商务活动及公司目标之间、物流配送活动与物流配送活动之间的关系,不求单个活动的最优化,但求整体活动的最优化。

五是物流配送网络化和手段智能化。为了保证对产品促销提供快速、全方位的物流支持,新型物流配送要有完善、健全的物流配送网络体系,网络上点与点之间的物流配送活动保持系统性、一致性,这样可以保证整个物流配送网络有最优的库存总水平及库存分布,运输与配送快捷既能铺开又能收拢。电子商务的新型物流配送使用先进技术、设备与管理为销售提供服务,生产、流通、销售规模越大、范围越广,物流配送技术、设备及管理越现代化。

六是物流配送经营市场化。新型物流配送的具体经营采用市场机制,无论是企业自己组织物流配送,还是委托社会化的物流配送企业承担物流配送任务,都以"服务—成本"的最佳配合为目标。

七是物流配送流程自动化。物流配送流程自动化是指运送规格标准、仓储、货箱排列、装卸、搬运等按照自动化标准作业,商品按照最佳配送路线流转等。

（3）电子商务环境下物流管理创新的基本途径。

①逐步加强政府引导和行业立法。

我国的电子商务物流刚刚起步,各方面尚不完善,成熟的电子商务物流体系尚未建立,相应的法律法规还不健全,这对现代物流的发展是非常不利的。政府应当在政策与资金方面扶持电子商务物流企业的发展,制定正确的政策与行业发展战略,加强电子商务网络安全技术研究以及法律法规的制定。比如,尽快制定物流信息技术标准和信息资源标准,建立物流信息采集、处理和服务的交换共享机制;建设电子商务物流配送系统,推动电子商务物流业蓬勃发展;积极推进企业物流管理信息化,促进信息技术的广泛应用,引导企业加大对电子商务物流业的投资力度;科学合理的建设物流基础设施,建立我国物流实体网络,为物流业不断发展奠定良好基础;推动区域物流信息平台建设,鼓励城市间物流平台进行信息共享;加快行业物流公共信息平台建设,建立全国性公路运输信息网络和航空货运公共信息系统以及其他运输与服务方式的信息网络;有效整合商流、物流、资金流和信息流,形成面向全国与全球市场的交易平台等。

由于有关电子商务的政策和立法,政出多门,多头管理,综合效率低下,难以从根本上解决电子商务发展中存在的重大问题,建议尽快制定《电子商务促进法》,并将之作为我国发展电子商务的根本大法,统一思想,解决多头执政、政出多门的现状,有效规范网络交易市场,保护合法的电子商务行为,促进电子商务与国民经济更快更好地发展。

②加快物流组织结构转变,将信息化与先进管理理念相结合。

我国物流企业以中小型企业为主,具有决策圈子小、组织机构灵活以及信息路径短等优点。传统的物流活动是分散式的物流组织结构,随着企业规模的扩大、业务范围的增大、物流网络复杂性的不断增加,会带来物流目标冲突和物流作业效率低下等问题。考虑到我国物流企业规模较小的特点,物流职能一体化的组织结构更适合我国物流企业的发展,即在高层物流经理领导下,将企业所有的物流功能统一起来,实现采购、储运、配送以及物料管理运作一体化的组织单元,形成企业内部物流一体化的模式,这样更有利于整合物流资源和协调物流运作,提高企业物流作业的效率。

要将信息化与先进的管理理念相结合,打造智能物流。比如,电子仓储管理系统从根本上实现了先入先出管理,解决了手工台账查询慢、易出错等弊端;运输配送管理系统将优化车辆配载、选择运输路径,保证将正确的货物于正确的时间和地点交付给客户。此外,还要采用国外先进管理经验,如零库存(即在必要的时间提供必要数量的产品)等。未来的竞争是供应链的竞争,而不仅仅是一个物流的概念,是如何将产品从厂商送到消费者手中,如何实现最快捷、最高效、成本最低的竞争。

③重视对电子商务与物流经营管理专业人才的培养。

电子商务物流对企业物流人员的素质提出了更高的要求。高素质的物流管理人才是确保客户服务质量、物流运作效率和企业竞争力的重要前提。在人才培养方面,可依靠政府、高校、科研院所等对电子商务物流人才进行培训,使物流一线员工和管理人员通过培训更新物流专业知识,并将财务管理、信息技术、数据处理及国际物流管理知识等结合起来。物流企业还可通过大力引进先进技术与优秀人才,借此学习国外先进的技术与管理理念,也可把对电子商务物流感兴趣的人才送到国外进行培训,加强引进先进管理理念,不断提高物流技术型人才与复合型人才的综合素质。

学习引进现代化的物流管理理念与管理方式,其目的是迅速扭转国内运输市场运能低、效率低、服务水平低的落后局面。首先,要对物流服务公司的资质进行严格管理;其次,要以大中型运输企业为主导,以市场为导向,引领运输企业走上规模化、集约化、专业化经营的道路,让分散经营的小物流公司逐步走上正轨,走规模化发展的道路,为实现现代物流信息管理奠定基础;最后,要打破区域界限,建立全国性服务网络,形成高效、及时、准确的物流信息网络。

④大力发展物流金融。

物流金融对现代物流业发展起着至关重要的作用。一是拓宽物流企业和上下游企业的融资渠道,融资能力的增强能为物流链条中的各方带来发展机遇;二是提高资金使用效率,在资金紧张的情况下,缩短上游企业的应收账款周期,盘活下游企业暂时闲置的原材料和生产成品资金占用;三是降低物流企业的资金风险;四是提高物流公司服务能力,增强物流公司与上下游企业的凝聚力,实现物流公司、上下游企业与银行的多方共赢。当然,开展物流金融要慎重选择客户,慎重选择并妥善保管质押物,更要重视债务违约及资金风险,应与合作企业建立共管账户,有效监管资金流向。

11.2.5　物流与供应链管理的发展

在世界经济一体化程度不断加深的背景下,各国的物流行业开始随着电子商务、交通运输等行业的发展而逐渐蓬勃起来。在物流行业之中,供应链物流是在供应链管理中最重要、最难控制,也是内容最为丰富的部分,更是供应链管理的核心。随着各类物流行业参与国际竞争愈加频繁,当前国际范围内的大部分物流行业都面临着人力资源成本高、竞争冲击大的发展现状。基于这种整体发展背景,物流相关行业只有在与供应链管理的结合之下才能实现有效发展,才能真正地在策略方面指向未来。

1. 物流与供应链管理的未来发展方向

(1)传统物流行业的国际化进程。

随着时代的进步、经济社会的不断发展,各大公司开始逐渐推崇除了产品生产者和消费者之外的第三方物流企业,为公司物流进行服务的方式,而第三方物流发展的多样性和市场契合程度亦开始呈现出不断提升的整体趋势。然而,值得注意的是,在国际范围内,很多专业化的物流企业国际化程度相对较低,一体化服务只是停留在较为肤浅的表面上。因此,新经济社会条件下的物流企业应当积极探究,不断丰富业务类型,真正依托市场需求,对物流过程中价格、内容、效率以及服务水平等方面进行有效改进,实现链上各类企业的相互协作,协同发展。

(2)优化供应链内部服务不断优化。

当前,很多物流企业在计划与组织方面缺乏统一规程依托,弊端频现,在对外界市场环境和满足消费者的需求方面能力相对较低,长久以来,导致市场资源的不合理资源配置。在今后的发展过程中,企业要不断从实际出发,运用供应链的集成思想对企业内部发展进行有效指导,进而提升其整体服务水平,为客户提供更加优质的服务,进而实现物流行业高效率、高收益的战略目标。

(3)有效供应链信息交换平台建立。

供应链管理下的物流行业,对于信息的需求量极大。因此,相关企业要不断提升自身技术水平,搭建高效、准确、人性化的物流数据信息交换平台,并为用户提供注册、查询等服务,满足其个性化的需求,提升以消费者为导向的服务式供应链发展。

2. 物流与供应链管理的具体发展

(1)发展绿色物流。

随着经济社会的不断进步,我国正逐步开展资源节约型和环境友好型社会建设,以此探索在资源、环境、人口压力日益加大趋势下的经济发展模式。"两型社会"对现代物流发展提出了新的命题——绿色物流,它要求现代物流具备绿色理念,以实现人与环境、资源的可持续和协调发展,今后的物流发展将把有效利用资源和维护地球环境放在发展的首位,建立全新的绿色物流系统,以实现从生产到废弃全过程的效率化、信息流与物质流的循环化。

①绿色物流的概念。

绿色物流的概念最早出现于 20 世纪 90 年代中期。绿色物流(environmental logistics)是指在抑制物流活动各环节对环境造成危害的同时,实现对物流环境地净化,使物流资源得到最充分地利用(图 11-6)。其特征表现在以下几个方面:

一是环境共生型物流。绿色物流注重从环境保护与可持续发展的角度,求得环境与经济发展共存,并通过先进的管理与技术,减少或消除物流活动对环境的负面影响。

二是资源节约型物流。绿色物流不仅注重物流过程对环境的影响,而且强调对资源的节约。

三是低熵型物流。低熵型物流首先要求低能耗,其次要求物品存放有序、搬运灵活性高。

图 11-6　绿色物流

四是循环型物流。它包括原材料及副产品再循环、包装物再循环、废品回收、资源垃圾的收集和再资源化等。

②发展绿色物流的措施。

绿色物流是经济可持续发展的必然结果,对社会经济的不断发展和人类生活质量的提高具有重要意义。要实施和发展绿色物流,必须从政府政策的角度出发,对现有物流体制进行管理,构建绿色物流的发展框架。

A.进一步解放思想,提高认识,树立现代绿色物流的全新运作观念。

绿色物流刚刚兴起,人们对它的认识还非常有限。政府、企业、消费者基本上还处于仅有物流思想而没有绿色化概念的阶段,甚至存在着"环保不经济,绿色等于花费""对环境的污染主要来自生产企业,与流通企业的关系不大"等思想。也有观点表明,物流只要能适应生产和消费的要求,为其提供相适应的服务便是尽职尽责。其实这只是对物流运行的最基本要求,仅仅如此是不能满足现代社会可持续发展的需要的。现代物流不仅要树立服务观念,更应自始至终贯彻绿色理念。良好的物流服务离不开高效节能和安全优质。如果没有绿色物流的建立和发展,生产和消费就难以有效衔接,"绿色革命"和"绿色经济"就是一句空话。因此,在发展现代物流的同时,要加强绿色物流教育,在全社会树立绿色物流理念,把绿色物流作为全方位"绿色革命"的重要组成部分,确认和面向绿色物流的未来。

B.加快立法建设。

要严格实施《中华人民共和国环境保护法》《中华人民共和国固体废物污染环境防治法》和《中华人民共和国环境噪声污染防治法》等,不断完善有关环境法律法规。政府可以从以下三个方面制定政策法规,对物流体制进行宏观控制:一是控制物流活动中的污染发生源。政府应该采取有效措施,从源头上控制物流企业发展造成的环境污染。二是限制交通量。通过政府的指导作用促进企业选择合适的运输方式,通过有限的交通量提高物流效率。三是控制交通流。通过道路与铁路的立体交叉,建设都市中心环状道路,制定道路停车规则以及实现交通管制系统的现代化等措施,减少交通堵塞,提高配送效率。

C.加强对物流绿色化的研究和对物流人才的培养。

我国物流与"绿色"的理念相悖,除了认识有限和科技水平落后外,还与相关人才的缺乏有关。绿色物流作为新生事物,对营运筹划人员和各专业人员要求面广,要求层次高,各大专院校和科研机构必须有针对性地开展专业培训,才能为绿色物流业输送更多的合格人才;也只有这样,现代物流才能在绿色的轨道上健康发展。

D.加强物流产业的标准化和信息化建设。

随着通信技术和网络技术的发展,应将全球定位系统引入物流活动,结合公路、铁路、海运和空运信息,合理安排物流的路线和车辆,实现物流快速、准确运行。我国物流作业环节所使用的设备以及包装、运输、装卸等流通环节都缺少必要的行业标准和规范,导致物流效率普遍不高,要实现绿色物流,这方面的建设是必不可少的。

(2)发展逆向物流。

传统经济生活中的废品收购,如空桶、空瓶、废旧钢铁、纸张等的重复利用是一种司空见惯的社会生活现象,因此,服务于废品回收再用的逆向物流并不是什么新东西。过去十年中人们对环境保护的高度重视,使得逆向物流有了更广泛的对象,如耐用产品和耐久消费包装。后来,新的资源再生利用技术的研究与推广,使逆向物流不仅仅意味着成本的增加,而且它能带来资源节约所影响的经济效益、社会效益和环境效益的共同增加。

①逆向物流的概念。

逆向物流也称反向物流(reverse logistics),是指物品从供应链下游向上游的运动所引发的物流活动。自20世纪80年代以来,随着产品更新换代速度的加快,被消费者淘汰、丢弃的物资日益增多。同时,社会对环保的日益关注,土地掩埋空间的减少和掩埋成本的增加,可利用的资源日益匮乏,引起了人们对物料循环再利用、循环再生、物料增值的日益重视,这就是逐渐受到关注的逆向物流。逆向物流作为物流活动的重要组成部分,早已存在于人们的经济活动中。但长期以来,学者和企业管理者更多关注的是产品的"正向"流动,即供应商—生产商—批发商—消费者,而对这些物品沿供应链的反向流动却不太关注。逆向物流和正向物流方向相反,而且总是相伴发生的。

②逆向物流的构成。

逆向物流由回收物流和废弃物流构成。逆向物流的物资中,一部分可回收并再生利用,称为再生资源,形成回收物流;另一部分在循环利用过程中,基本或完全丧失了使用价值,形成无法再利用的最终排泄物,即废弃物。废弃物经过处理后,返回自然界,形成废弃物流。

③逆向物流的特点。

逆向物流和正向物流方向相反,而且总是相伴发生的。逆向物流具有以下特点:

A.输入的多元性。

正向物流的原材料供应主要由供应商实现,而逆向物流的来源来自多方:一是制造商,主要是生产过程中产生的次品和废品。二是经销商,主要包括过量存货、过季存货以及有质量缺陷的产品。三是消费者,主要指终端使用过的返回产品、报废产品等。

逆向物流的分布广泛,对于某一企业而言,其产品可能针对某一区域或某一市场,这样数据收集起来相对容易。而逆向物流的产生不可避免,即使是一定区域或特定市场的产品进入消费者手中以后,也会由于各种原因流通到不同的地区。

B. 产生的难以预见性。

废弃和回收物流产生的时间、地点、数量是难以预见的。正向物流系统一般只涉及市场需求的不确定性,而逆向物流系统中的不确定性要高得多,不仅要考虑市场对再生产品需求的不确定性,而且还要考虑废品回收供给和处理的不确定性。逆向物流的不确定性可以大致分为两个方面:内部不确定性和外部不确定性。内部不确定性如产品质量水平、再制造的交货时间、处理的产出率等;外部不确定性是指处理过程之外的因素,如逆流物返回的时间、数量和质量、需求的时间和水平等。这些将导致不稳定的库存、不准确的生产计划、市场竞争力的缺失等不确定性。

C. 发生地点的分散性。

逆向物流可能产生于生产领域、流通领域或生活消费领域,涉及任何领域、任何部门、任何个人,在社会的每个角落都在日夜不停地发生。正是这种多元性使其具有分散性。而正向物流则不然,按量、准时和指定发货点是其基本要求。这是由于逆向物流发生的原因通常与产品的质量或数量的异常有关。

D. 预测的复杂性。

由于顺流物是新产品或供应原材料的全部或一部分,那么对某一个产品而言,如果是作为整体出售,只需对其需求进行预测即可。而该产品一旦解体或报废成为逆向物流,就会产生一倍或几倍的逆向物流的种类或数量,这样需要对每一种逆向物流进行预测,就增加了预测的复杂性。

E. 价值的递减性。

逆向物流具有价值递减性。即产品从消费者流向经销商或生产商,其中产生的一系列运输、仓储、处理等费用都会冲减回流产品的价值。即报废产品对于消费者而言,没有什么价值。

F. 喇叭形供应链结构。

与前向供应链结构相反,逆向供应链是由多到少的结构,使用过的产品是逆向物流供应链的开始,众多产品的消费者都是逆向供应链的供应者,汇集到企业是逆向供应链的终点,所以表现为供应链从源到汇,从下游到上游,数量由多到少,呈现喇叭形结构。逆向物流产生的地点较为分散、无一定规则且数量小,不能集中一次向接收地转移。

④逆向物流的意义。

逆向物流包含回收物流与废弃物流。逆向物流虽不能直接给企业带来效益,但其对环境保护和资源可持续利用来说,意义十分重大,也非常有发展潜力。

一方面,逆向物流处理得好,可以增加资源的利用,降低能源的消耗,降低经济成本,有效减少环境污染,提高经济效益。例如,目前全世界生产的金属产品中,约45%的钢、40%的铜、50%的铅等,都是由回收的废金属经加工冶炼后而获得的。

另一方面,逆向物流如果处理不当,则会造成许多公害。例如,把有毒物质弃入江河,对人的健康有害;将废电池随意丢弃,对土壤损害性极大等。一些有毒有害的废弃物已经对土壤、地下水、大气等造成现实或潜在的严重污染。

对逆向物流的处理程序是将逆向物流的物资中可再利用价值的部分加以分拣、加工、分解,使其成为有用的物质,重新进入生产和消费领域。另一部分基本或完全丧失了使用价值的最终排泄物或焚烧,或送到指定地点堆放掩埋,对含有放射性物质或有毒物质等一类特殊的工业废物,还要采取特殊的处理方法,返回自然界(图 11-7)。

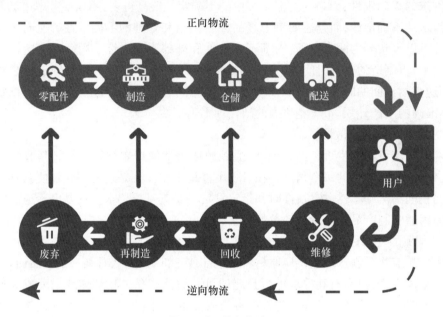

图 11-7　逆向物流

11.3　本项目小结

【项目评价】

项目学习完成后,进行项目检查与评价,检查评价单如表 11-1 所示。

表 11-1　检查评价单

评价内容与评价标准				
序号	评价内容	评价标准	分值	得分
1	知识运用(20%)	掌握相关理论知识,理解本次任务要求,制订了详细计划,且计划条理清晰、逻辑正确(20 分)	20 分	
		理解相关理论知识,能根据本次任务要求制订合理计划(15 分)		
		了解相关理论知识,制订了计划(10 分)		
		没有制订计划(0 分)		

续表 11-1

评价内容与评价标准

序号	评价内容	评价标准	分值	得分
2	专业技能（40%）	能够掌握物联网的物流网络管理(40分)	40分	
		能够完成物联网的物流网络与供应链物流体系架构的自学(40分)		
		没有完成任务(0分)		
		具有良好的自主学习能力、分析并解决问题的能力,整个任务过程中有指导他人(20分)		
3	核心素养（20%）	具有较好的学习能力、分析并解决问题的能力,整个任务过程中没有指导他人(15分)	20分	
		能够主动学习并收集信息,具有请教他人以解决问题的能力(10分)		
		不主动学习(0分)		
		设备无损坏、设备摆放整齐、工位保持整洁、没有干扰课堂秩序(20分)		
4	课堂纪律（20%）	设备无损坏、没有干扰课堂秩序(15分)	20分	
		没有干扰课堂秩序(10分)		
		干扰课堂秩序(0分)		

【项目小结】

通过学习本项目,学生可以系统学习物联网的物流网络管理,具体包括客户的关系网络管理和物流分销网络管理。进一步学习了基于物联网的供应链与物流管理的基础知识与未来发展方向。

【能力提高】

一、填空题

1._____是物流运作与管理的基础,也是物流基础设施网络、组织网络和信息网络等集成管理的基础。

2.市场型设施网络是企业产品面向各个市场区域销售的设施体系。这种设置方法主要考虑的是_____,常用于体积、重量较大的产品。

3.组织网络是由各经营主体通过战略联盟、_____形成的业务经营、资源整合等具有经营伙伴关系的网络组织体系。

4.制造业物流管理包含了销售物流、_____、生产物流、回收物流和废弃物流等各个部分。

5.通过集中软件的实施和维护,可以节约时间和资金,降低_____。

二、选择题

1.思科公司是全球因特网设备供应商,它全面实施了客户关系网络管理。客户关系网络管理不仅帮助思科公司将客户服务业务转移到因特网上,使互联网在线支持服务占了全部支持服务的百分之多少,还使该公司能够及时和妥善地回应、处理和分析每一个 Web、电话或者其他触发方式的客户来访 （　　）

A. 60%　　　　　　B. 70%　　　　　　C. 80%　　　　　　D. 90%

2. 实施客户关系网络管理可以降低企业的经营成本,增加一个新客户成本是维护一个老客户成本的 5~8 倍,每增加 5% 的客户报酬率将使客户净现值增加 35% 至百分之多少,使企业利润大幅增加 （　　）

A. 65%　　　　　　B. 75%　　　　　　C. 85%　　　　　　D. 95%

3. 客户关系网络管理可以帮助物流企业实现一天多少小时的自动化运营,而运营成本却十分低廉,这无疑可以降低单位交易成本 （　　）

A. 10 h　　　　　　B. 16 h　　　　　　C. 20 h　　　　　　D. 24 h

三、思考题

1. 请简要介绍物联网的物流网络管理内容。

2. 请说明客户关系网络管理的优势,并举例说明。

3. 试总结说明物流服务开展公关关系活动的过程。

4. 请结合生活经历探讨第三方物流与第四方物流的应用。

5. 试分析电子商务下的供应链与物流管理的创新之处。

6. 试分析逆向物流在生活中的应用。

参 考 文 献

［1］张恒,梁骏,陈彦彬. 物联网技术及应用［M］.哈尔滨:哈尔滨工程大学出版社,2022.

［2］李鑫. 工业物联网技术与应用研究［M］.天津:天津科学技术出版社,2022.

［3］李志祥,诸云霞,张岳魁. 区块链物联网融合技术与应用［M］.石家庄:河北科学技术出版社,2022.

［4］浦灵敏,宋林桂. 物联网与嵌入式技术应用开发［M］.武汉:华中科技大学出版社,2022.

［5］胡典钢. 工业物联网:平台架构、关键技术与应用实践［M］.北京:机械工业出版社,2022.

［6］于坤,蒋晓玲,蒋峰. 物联网通信技术与应用［M］.武汉:华中科技大学出版社,2022.

［7］张文静,曹旻罡. 农业物联网技术应用［M］.北京:中国农业出版社,2022.

［8］朱雪斌,林裴文,王周林. 物联网技术及应用［M］.北京:清华大学出版社,2022.

［9］尹周平,陶波. 工业物联网技术及应用［M］.北京:清华大学出版社,2022.

［10］廖艳秋. 物联网技术与应用［M］.西安:陕西科学技术出版社,2022.

［11］关雷. 物联网应用基础［M］.西安:西安电子科学技术大学出版社,2022.

［12］梁立新,周行. 基于 Web 技术的物联网应用开发［M］.北京:清华大学出版社,2022.

［13］马新明,时雷,台海江. 农业物联网技术与大田作物应用［M］.北京:科学出版社,2022.

［14］刘金亭,刘文晶. 物联网技术基础及应用项目式教程［M］.北京:冶金工业出版社,2022.

［15］李小龙. 物联网技术基础实践［M］.北京:电子工业出版社,2022.

［16］刘杨,彭木根. 物联网安全［M］.北京:北京邮电大学出版社,2022.

［17］黄姝娟,刘萍萍. 物联网系统设计与应用［M］.北京:中国铁道出版社,2022.

［18］吴功宜,吴英. 智能物联网导论［M］.北京:机械工业出版社,2022.

［19］洪波,王中生. 未来网络与物联网［M］.西安:陕西人民出版社,2022.

［20］王浩. 基于 Android 物联网技术应用［M］.北京:北京理工大学出版社,2021.

［21］卢向群. 物联网技术与应用实践［M］.北京:北京邮电大学出版社,2021.

［22］王玲维. 物联网技术应用的理论与实践探究［M］.长春:吉林人民出版社,2021.

［23］鞠全勇,牟福元,刘莎. 物联网技术与应用［M］.长春:吉林科学技术出版社,2021.

［24］邓庆绪,张金. 物联网中间件技术与应用［M］.北京:机械工业出版社,2021.

［25］苏鹏飞. 大数据时代物联网技术发展与应用［M］.北京:北京工业大学出版

社,2021.

[26]宋巍,李妍.物联网技术发展及创新应用研究[M].长春:吉林科学技术出版社,2021.

[27]乔蕊.区块链赋能物联网应用关键技术研究[M].北京:科学技术文献出版社,2021.

[28]宗平,秦军.物联网技术与应用[M].北京:电子工业出版社,2021.

[29]徐方勤.物联网技术及应用[M].上海:华东师范大学出版社,2021.

[30]付丽华,葛志远,娄虹.物联网 RFID 技术及应用[M].北京:电子工业出版社,2021.

[31]陈桂茸.云计算技术与物联网应用[M].北京:北京交通大学出版社,2021.

[32]安康,徐玮.物联网技术智能家居工程应用与实践[M].北京:机械工业出版社,2021.

[33]张勇,张丽伟.物联网技术及应用研究[M].延吉:延边大学出版社,2020.

[34]钟良骥,徐斌,胡文杰.物联网技术与应用[M].武汉:华中科技大学出版社,2020.

[35]周丽婕,朱姗,徐振.物联网技术与应用实践教程[M].武汉:华中科技大学出版社,2020.

[36]安一宁.物联网技术在智能家居领域的应用[M].天津:天津人民出版社,2020.

[37]马德新,张健.物联网关键技术及其应用研究[M].青岛:中国海洋大学出版社,2020.

[38]曾红武.物联网技术及医学应用[M].北京:中国铁道出版社,2020.

[39]王小娟,金磊,袁得嵛.物联网技术应用与安全[M].北京:科学出版社,2020.

[40]于合龙.农业物联网应用技术[M].长春:东北师范大学出版社,2020.

[41]饶志宏.物联网安全技术及应用[M].北京:电子工业出版社,2020.

[42]黄玉兰.物联网技术导论与应用[M].北京:人民邮电出版社,2020.

[43]杜博,徐杰.物联网技术概论与产业应用[M].昆明:云南人民出版社,2020.

[44]王宜怀.窄带物联网技术基础与应用[M].北京:人民邮电出版社,2020.

[45]王江锋,闫学东,马路.交通检测与物联网技术基础及应用[M].北京:北京交通大学出版社,2020.